"十二五"普通高等教育本科国家级规划教材 计算机系列教材

邓辉文 编著

离散数学（第4版）

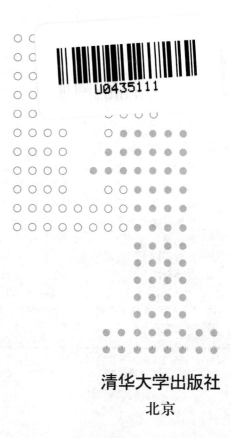

清华大学出版社
北京

内 容 简 介

本书根据 IEEE-CS/ACM Computing Curricula 2020 的要求，系统地阐述离散数学的经典内容. 全书共 9 章，内容包括：集合、映射与运算，关系，命题逻辑，谓词逻辑，初等数论，图论，几类特殊的图，组合计数，代数结构. 各章的每一节都提供了精选的习题，书后提供了部分习题的答案及提示.

本书以集合、映射、运算和关系为主线，内容联系紧密，逻辑性强，叙述详尽，通俗易懂，结构严谨，逻辑清晰，便于自学.

本书可作为高等学校计算机及相关专业离散数学课程的教材，也可供参加相关专业硕士研究生入学考试者及程序员参考.

本书封面贴有清华大学出版社防伪标签，无标签者不得销售。
版权所有，侵权必究。举报：010-62782989，beiqinquan@tup.tsinghua.edu.cn。

图书在版编目(CIP)数据

离散数学/邓辉文编著. —4 版. —北京：清华大学出版社，2019(2025.1重印)
计算机系列教材
ISBN 978-7-302-53696-3

Ⅰ．①离… Ⅱ．①邓… Ⅲ．①离散数学—高等学校—教材 Ⅳ．O158

中国版本图书馆 CIP 数据核字(2019)第 189293 号

责任编辑：汪汉友　战晓雷
封面设计：常雪影
责任校对：白　蕾
责任印制：曹婉颖

出版发行：清华大学出版社
网　　址：https://www.tup.com.cn，https://www.wqxuetang.com
地　　址：北京清华大学学研大厦 A 座　　邮　编：100084
社　总　机：010-83470000　　邮　购：010-62786544
投稿与读者服务：010-62776969，c-service@tup.tsinghua.edu.cn
质　量　反　馈：010-62772015，zhiliang@tup.tsinghua.edu.cn

印 装 者：小森印刷霸州有限公司
经　　销：全国新华书店
开　　本：185mm×260mm　　印　张：19　　字　数：460 千字
版　　次：2006 年 10 月第 1 版　2019 年 12 月第 4 版　印　次：2025 年 1 月第 15 次印刷
定　　价：58.00 元

产品编号：082551-02

前 言

离散数学是研究离散量的结构及关系的学科,它的研究对象与计算机所处理的对象一致.离散数学是教育部2009年发布的"高等学校计算机科学与技术专业核心课程教学实施方案"中的8门核心课程(程序设计语言、离散数学、数据结构与算法、计算机组成原理、操作系统、计算机网络、数据库和软件工程)之一,在计算机科学与技术专业教学体系中起着重要的基础理论支撑作用.

本书自出版以来被多所高校选用,已多次印刷,于2012年入选"十二五"普通高等教育本科国家级规划教材,于2020年入选重庆市重点建设教材.根据教育部的要求,入选教材应持续修订完善,及时补充反映最新知识、技术和成果的内容,与时俱进.为此,"编者根据《IEEE-CS/ACM Computing Curricula 2020》《高等学校计算机科学与技术专业核心课程教学实施方案》《中国软件工程知识体系 C-SWEBOK》《培养计算机类专业学生解决复杂工程问题的能力》和《计算机类专业教学质量国家标准》,对本书第3版做了如下修订.

(1) 在第1章给出了常见的证明方法:直接法、举反例法、数学归纳法和反证法等.

(2) 将初等数论知识从第3版的第1章和第2章中抽出来,并进行了系统化,单独作为第5章.这主要是为了突出数论的重要性,也是为了让第1章和第2章更集中于集合论知识的讲解.

(3) 考虑到大多数学校的学时和教学情况,精简了代数结构的内容,并将其调整到本书的最后,作为第9章.

本着离散数学为计算机科学与技术专业的其他专业课程(如数据结构、操作系统、计算机组成原理、数据库原理、算法设计与分析、编译原理、软件工程、计算机网络、人工智能、形式语言与自动机等)的学习提供必要数学基础的原则,全书共分9章,主要内容为集合、映射与运算,关系,命题逻辑,谓词逻辑,初等数论,图论,几类特殊的图,组合计数,代数结构.本书以集合、映射、运算和关系为主线,内容联系紧密,逻辑性强.每一节都提供了精选的习题,书后提供了部分习题答案及提示.

本书各章之间的联系如图1所示.

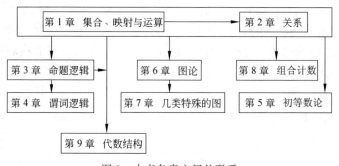

图1 本书各章之间的联系

本书的目标是培养学生的抽象思维能力(包括符号抽象和计算抽象)、严密的逻辑思维能力以及计算思维能力,使学生能够将计算机作为认知工具,按计算机的方式求解问题.

本书全部内容的讲授大约需要72学时(见表1).使用本书的学校根据学时以及学生具体情况,可适当删减第4章和第9章的内容,也可以考虑适当删减以下章节:第1章1.5节和1.6节、第2章2.4节和2.6节、第3章3.4.4节、3.5.1节、3.6节和3.7.3节、第6章6.5.2节和6.6.3节、第7章7.7节,这样即可适合54学时的教学安排.如果适当增加部分内容或加强习题训练,本书也可供90学时的教学使用.若结合与本书配套的《离散数学习题解答(第4版)》进行学习,能起到举一反三、加深理解的作用.

表 1　学时安排

章　号	章内每节的学时及章的总学时
第 1 章	2 + 2 + 2 + 1 + 1 + 1 = 9
第 2 章	2 + 1 + 2 + 1 + 1 + 1 + 2 = 10
第 3 章	1 + 2 + 2 + 2 + 1 + 1 + 1 = 10
第 4 章	1 + 1 + 1 + 1 + 1 + 1 = 6
第 5 章	3 + 2 + 1 = 6
第 6 章	2 + 1 + 1 + 1 + 2 + 1 + 1 = 9
第 7 章	1 + 1 + 2 + 2 + 1 + 1 + 1 + 1 = 10
第 8 章	2 + 2 + 2 = 6
第 9 章	1 + 2 + 1 + 2 = 6

读者在学习过程中可查阅以下网络教学资源:

(1) Kenneth H. Rosen website. http://www.mhhe.com/rosen.

(2) ArsDigita University. Discrete Mathematics Course. http://aduni.org/courses/discrete/index.php?view=cw.

(3) Harver Mudd College. Discrete Mathematics Course. http://www.infocobuild.com/education/learn-through-videos/mathematics/discrete-mathematics.html.

(4) MIT. Discrete Mathematics Course.
http://ocw.mit.edu/OcwWeb/Electrical-Engineering-and-Computer-Science/6-042JFall-2005/CourseHome/index.htm.

(5) 爱课程网. http://www.icourses.cn.

(6) 网易公开课. http://open.163.com.

教材建设是一个长期的、艰苦的过程.限于编者水平,书中难免有不足之处,恳请读者提出宝贵意见,以便编者不断改进和完善.欢迎教师与编者联系(huiwend@swu.edu.cn).与本书配套的教学PPT和三十多套考试题可在清华大学出版社网站(http://www.tup.com.cn)本书页面下载.本书配套MOOC可通过"智慧树"(www.zhihuishu.com)学习.

感谢重庆市2013年高等学校教学改革研究项目和西南大学专业核心课程建设项目(第一批)对本书的资助.

编　者

2020年2月

学习资源

目　录

第 1 章　集合、映射与运算 ·· 1
　1.1　集合的有关概念 ·· 1
　　　1.1.1　集合 ·· 1
　　　1.1.2　子集 ·· 2
　　　1.1.3　幂集 ·· 3
　　　1.1.4　n 元组 ·· 4
　　　1.1.5　笛卡儿积 ·· 4
　　　习题 1.1 ·· 5
　1.2　映射的有关概念 ·· 5
　　　1.2.1　映射的定义 ··· 5
　　　1.2.2　映射的性质 ··· 7
　　　1.2.3　逆映射 ·· 9
　　　1.2.4　复合映射 ·· 10
　　　习题 1.2 ·· 11
　1.3　运算的定义及性质 ·· 12
　　　1.3.1　运算的定义 ··· 13
　　　1.3.2　运算的性质 ··· 14
　　　习题 1.3 ·· 18
　1.4　集合的运算 ·· 19
　　　1.4.1　并运算 ·· 19
　　　1.4.2　交运算 ·· 20
　　　1.4.3　补运算 ·· 21
　　　1.4.4　差运算 ·· 23
　　　1.4.5　对称差运算 ··· 24
　　　习题 1.4 ·· 25
　1.5　集合的划分与覆盖 ·· 26
　　　1.5.1　集合的划分 ··· 26
　　　1.5.2　集合的覆盖 ··· 28
　　　习题 1.5 ·· 29
　1.6　集合对等 ·· 29
　　　1.6.1　集合对等的定义 ··· 29
　　　1.6.2　无限集合 ·· 30

  1.6.3 集合的基数 ··· 30
  1.6.4 可数集合 ··· 31
  1.6.5 不可数集合 ··· 31
  1.6.6 基数的比较 ··· 32
  习题 1.6 ·· 32
本章小结 ·· 32

第 2 章 关系 ·· 35
 2.1 关系的概念 ·· 35
  2.1.1 n 元关系的定义 ··· 35
  2.1.2 二元关系 ··· 36
  2.1.3 关系的定义域和值域 ··· 37
  2.1.4 关系的表示 ··· 38
  2.1.5 函数的关系定义 ··· 39
  习题 2.1 ·· 40
 2.2 关系的运算 ·· 41
  2.2.1 关系的集合运算 ··· 41
  2.2.2 关系的逆运算 ·· 42
  2.2.3 关系的复合运算 ··· 42
  2.2.4 关系的其他运算 ··· 45
  习题 2.2 ·· 46
 2.3 关系的性质 ·· 47
  2.3.1 自反性 ··· 47
  2.3.2 反自反性 ··· 48
  2.3.3 对称性 ··· 49
  2.3.4 反对称性 ··· 49
  2.3.5 传递性 ··· 50
  习题 2.3 ·· 53
 2.4 关系的闭包 ·· 54
  2.4.1 自反闭包 ··· 54
  2.4.2 对称闭包 ··· 55
  2.4.3 传递闭包 ··· 55
  习题 2.4 ·· 59
 2.5 等价关系 ·· 60
  2.5.1 等价关系的定义 ··· 60
  2.5.2 等价类 ··· 61
  习题 2.5 ·· 62
 2.6 相容关系 ·· 63
  2.6.1 相容关系的定义 ··· 64

    2.6.2　相容类 ·· 65
   习题 2.6 ·· 65
  2.7　偏序关系 ··· 66
    2.7.1　偏序关系的定义 ·· 66
    2.7.2　偏序集的哈斯图 ·· 67
    2.7.3　偏序集中的特殊元素 ··· 68
   习题 2.7 ·· 70
 本章小结 ··· 71

第 3 章　命题逻辑 ·· 74
  3.1　命题的有关概念 ··· 74
   习题 3.1 ·· 76
  3.2　逻辑联结词 ··· 76
    3.2.1　否定联结词 ¬ ·· 76
    3.2.2　合取联结词 ∧ ··· 77
    3.2.3　析取联结词 ∨ ··· 77
    3.2.4　异或联结词 ⊕ ··· 77
    3.2.5　条件联结词 → ··· 78
    3.2.6　双条件联结词 ↔ ·· 79
    3.2.7　与非联结词 ↑ ··· 79
    3.2.8　或非联结词 ↓ ··· 79
    3.2.9　条件否定联结词 ↦ ·· 79
   习题 3.2 ·· 80
  3.3　命题公式及其真值表 ··· 80
    3.3.1　命题公式的定义 ·· 80
    3.3.2　命题的符号化 ··· 81
    3.3.3　命题公式的真值表 ··· 82
    3.3.4　命题公式的类型 ·· 82
   习题 3.3 ·· 84
  3.4　逻辑等值的命题公式 ··· 85
    3.4.1　逻辑等值的定义 ·· 85
    3.4.2　基本等值式 ·· 86
    3.4.3　等值演算法 ·· 87
    3.4.4　对偶原理 ··· 88
   习题 3.4 ·· 89
  3.5　命题公式的范式 ··· 90
    3.5.1　命题公式的析取范式及合取范式 ······································· 90
    3.5.2　命题公式的主析取范式及主合取范式 ································· 93
   习题 3.5 ·· 98

3.6 联结词集合的功能完备性 ·············· 100
      3.6.1 联结词的个数 ·············· 100
      3.6.2 功能完备联结词集 ·············· 100
      习题 3.6 ·············· 102
   3.7 命题逻辑中的推理 ·············· 103
      3.7.1 推理形式有效性的定义 ·············· 103
      3.7.2 基本推理规则 ·············· 104
      3.7.3 命题逻辑的自然推理系统 ·············· 105
      习题 3.7 ·············· 109
   本章小结 ·············· 110

第 4 章 谓词逻辑 ·············· 113
   4.1 个体、谓词、量词和函词 ·············· 113
      4.1.1 个体 ·············· 113
      4.1.2 谓词 ·············· 114
      4.1.3 量词 ·············· 114
      4.1.4 函词 ·············· 116
      习题 4.1 ·············· 116
   4.2 谓词公式及命题的符号化 ·············· 117
      4.2.1 谓词公式 ·············· 117
      4.2.2 命题的符号化 ·············· 118
      习题 4.2 ·············· 119
   4.3 谓词公式的解释及类型 ·············· 121
      4.3.1 谓词公式的解释 ·············· 121
      4.3.2 谓词公式的类型 ·············· 122
      习题 4.3 ·············· 123
   4.4 逻辑等值的谓词公式 ·············· 124
      4.4.1 谓词公式等值的定义 ·············· 124
      4.4.2 基本等值式 ·············· 124
      习题 4.4 ·············· 126
   4.5 谓词公式的前束范式 ·············· 126
      4.5.1 谓词公式的前束范式的定义 ·············· 127
      4.5.2 谓词公式的前束范式的计算 ·············· 127
      习题 4.5 ·············· 127
   4.6 谓词逻辑中的推理 ·············· 128
      4.6.1 逻辑蕴涵式 ·············· 128
      4.6.2 基本推理规则 ·············· 128
      4.6.3 谓词逻辑的自然推理系统 ·············· 129
      习题 4.6 ·············· 131

本章小结 ·· 132

第 5 章　初等数论 ·· 135
　5.1　整除关系与素数 ··· 135
　　　5.1.1　整除关系与带余除法 ··· 135
　　　5.1.2　素数与素因数分解 ·· 136
　　　5.1.3　最大公因数 ··· 138
　　　5.1.4　最小公倍数 ··· 141
　　　习题 5.1 ·· 141
　5.2　模同余关系 ·· 142
　　　5.2.1　模同余关系 ··· 142
　　　5.2.2　模同余方程(组) ··· 145
　　　习题 5.2 ·· 147
　5.3　RSA 密码算法 ·· 148
　　　5.3.1　加密与解密过程 ·· 148
　　　5.3.2　RSA 密码算法 ·· 148
　　　习题 5.3 ·· 149
　　本章小结 ·· 150

第 6 章　图论基础 ·· 152
　6.1　图的基本概念 ··· 152
　　　6.1.1　图的定义 ·· 152
　　　6.1.2　邻接 ··· 154
　　　6.1.3　关联 ··· 154
　　　6.1.4　简单图及补图 ··· 154
　　　习题 6.1 ·· 155
　6.2　节点的度数 ·· 156
　　　习题 6.2 ·· 158
　6.3　子图、图的运算和图同构 ·· 158
　　　6.3.1　子图 ··· 158
　　　6.3.2　图的运算 ·· 159
　　　6.3.3　图同构 ··· 160
　　　习题 6.3 ·· 161
　6.4　路与回路 ··· 162
　　　6.4.1　路 ·· 162
　　　6.4.2　回路 ··· 162
　　　习题 6.4 ·· 163
　6.5　图的连通性 ··· 164
　　　6.5.1　无向图的连通性 ·· 164

  6.5.2 连通无向图的点连通度与边连通度 ················· 165
  6.5.3 有向图的连通性 ·· 166
  习题 6.5 ·· 168
 6.6 图的矩阵表示 ··· 169
  6.6.1 图的邻接矩阵 ·· 169
  6.6.2 图的可达矩阵 ·· 170
  6.6.3 图的关联矩阵 ·· 171
  习题 6.6 ·· 172
 6.7 赋权图及最短路径 ·· 173
  6.7.1 赋权图 ·· 173
  6.7.2 最短路径 ·· 174
  习题 6.7 ·· 175
本章小结 ··· 176

第 7 章 几类特殊的图 ··· 178

 7.1 欧拉图 ·· 178
  7.1.1 欧拉图的有关概念 ································· 178
  7.1.2 欧拉定理 ·· 178
  7.1.3 中国邮递员问题 ···································· 179
  习题 7.1 ·· 180
 7.2 哈密顿图 ·· 181
  7.2.1 哈密顿图的有关概念 ····························· 181
  7.2.2 哈密顿图的必要条件 ····························· 182
  7.2.3 哈密顿图的充分条件 ····························· 182
  7.2.4 旅行商问题 ··· 184
  习题 7.2 ·· 184
 7.3 无向树 ·· 185
  7.3.1 无向树的定义 ·· 185
  7.3.2 无向树的性质 ·· 186
  7.3.3 生成树 ·· 187
  7.3.4 最小生成树 ··· 188
  习题 7.3 ·· 189
 7.4 有向树 ·· 189
  7.4.1 有向树的定义 ·· 190
  7.4.2 根树 ··· 190
  7.4.3 m 叉树 ··· 191
  7.4.4 有序树 ·· 194
  7.4.5 定位二叉树 ··· 194
  习题 7.4 ·· 196

7.5 平面图 ··· 198
    7.5.1 平面图的有关概念 ··· 198
    7.5.2 欧拉公式 ··· 199
    7.5.3 库拉托夫斯基定理 ·· 200
    7.5.4 平面图的对偶图 ··· 200
    习题 7.5 ·· 201
7.6 平面图的面着色 ·· 202
    7.6.1 平面图的面着色定义 ·· 203
    7.6.2 图的节点着色 ·· 203
    7.6.3 任意图的边着色 ··· 204
    习题 7.6 ·· 205
7.7 二部图及匹配 ··· 206
    7.7.1 二部图 ·· 206
    7.7.2 匹配 ··· 207
    习题 7.7 ·· 208
本章小结 ·· 208

第 8 章 组合计数 ··· 211
8.1 计数原理、排列组合与二项式定理 ······························· 211
    8.1.1 计数原理 ··· 211
    8.1.2 排列 ··· 212
    8.1.3 组合 ··· 213
    8.1.4 二项式定理 ·· 214
    习题 8.1 ·· 214
8.2 生成函数 ·· 214
    8.2.1 组合计数生成函数 ·· 215
    8.2.2 排列计数生成函数 ·· 217
    习题 8.2 ·· 218
8.3 递归关系 ·· 218
    8.3.1 递归关系的概念 ··· 219
    8.3.2 常用的递归关系求解方法 ··································· 220
    习题 8.3 ·· 225
本章小结 ·· 225

第 9 章 代数结构 ··· 227
9.1 代数结构简介 ··· 227
    9.1.1 代数结构的定义 ··· 227
    9.1.2 两种最简单的代数结构：半群及独异点 ··················· 228
    9.1.3 子代数 ·· 229

    9.1.4 代数结构的同态与同构 ………………………………………………… 229
    习题 9.1 ……………………………………………………………………… 231
  9.2 群 ………………………………………………………………………………… 232
    9.2.1 群的有关概念 …………………………………………………………… 232
    9.2.2 子群 ……………………………………………………………………… 235
    9.2.3 群的同态 ………………………………………………………………… 235
    习题 9.2 ……………………………………………………………………… 236
  9.3 环和域 …………………………………………………………………………… 237
    9.3.1 环的定义 ………………………………………………………………… 237
    9.3.2 几种特殊的环 …………………………………………………………… 238
    9.3.3 域的定义 ………………………………………………………………… 239
    9.3.4 有限域 …………………………………………………………………… 240
    习题 9.3 ……………………………………………………………………… 240
  9.4 格与布尔代数 …………………………………………………………………… 241
    9.4.1 格的定义和性质 ………………………………………………………… 242
    9.4.2 分配格 …………………………………………………………………… 245
    9.4.3 有补格 …………………………………………………………………… 246
    9.4.4 布尔代数 ………………………………………………………………… 247
    习题 9.4 ……………………………………………………………………… 249
  本章小结 ……………………………………………………………………………… 250

附录 A 离散数学常用符号 ……………………………………………………………… 253
附录 B 中英文名词对照表 ……………………………………………………………… 258
附录 C 部分习题答案及提示 …………………………………………………………… 263
参考文献 …………………………………………………………………………………… 288

第1章 集合、映射与运算

集合是现代数学最基本的概念,映射是现代数学的基本概念,运算本质上就是映射,其基本内容在中学已出现. 由于信息科学很多理论研究和应用研究都与集合、映射和运算有关,所以需要进一步系统、深入地学习集合、映射和运算的有关内容.

集合、映射、运算和关系是贯穿于本书的一条主线,它们可使离散数学内容不"离散".

1.1 集合的有关概念

1.1.1 集合

现代数学均建立在集合基础之上,集合已渗透到自然科学以及社会科学的各个研究领域. 集合是表示(离散)对象的数学工具. 在非数值信息的表示及处理中,可以借助于集合实现数据的表示、删除、插入、排序以及描述数据间的关系,这在程序设计、数据结构、数据库和软件工程等课程中会经常用到.

众所周知,集合论创始人、德国数学家 G. Cantor(1845—1918)在讨论函数项级数的收敛点问题时定义了集合. 根据 G. Cantor 的朴素集合论观点,**集合**(set)是具有某种特定性质的对象汇集成的一个整体,其中的每一个对象都称为该集合的**元素**(element),如班上的所有男生就组成一个集合,计算机中的所有指令构成了计算机指令集. 我们把一些特定对象看作一个整体,就是一个集合,尽管这种理解存在不足之处.

数学上常用一对大括号(即{ })表示一个整体.

在讨论集合时,应该先指定讨论的范围,这是避免在集合论中出现某些悖论的最好方法. 指定的范围本身就是一个集合,称为**全集**(universal set),有时称为论域,用 U 表示. 在一定范围内,特定对象汇集成的整体就是集合. 在画维恩图(Venn diagram)时,用一个矩形框表示,如图 1-1 所示.

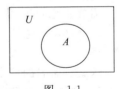

图 1-1

因此,集合是指定范围内具有某种特定性质的对象汇集成的整体. 集合通常用大写字母 $A,B,C,\cdots$ 表示.

给定一个集合,比如 A,对于全集中的任意元素 x,有且只有下述两种情形出现:

(1) 若 x 是 A 中的元素,则称 x **属于** A,记为 $x \in A$.

(2) 若 x 不是 A 中的元素,则称 x **不属于** A,记为 $x \notin A$.

显然,集合 A 有明确的边界.

思考 将班上的所有高个子同学看作一个整体时是一个**模糊集合**(fuzzy set)[1],你能想出描述它的方法吗?

常见的数的集合(用黑正体字母表示)有以下几个:$\mathbf{N}$ 是自然数集合,包括数 0;$\mathbf{Z}$ 是整数集合(正整数集合也可以记为 $\mathbf{Z}^+$);$\mathbf{Q}$ 是有理数集合;$\mathbf{R}$ 是实数集合;$\mathbf{C}$ 是复数集合;$\mathbf{Z}_m$ 是

模 m 整数集合,$\mathbf{Z}_m=\{0,1,2,\cdots,m-1\}$.

表示集合的常用方法有下面几种.

(1) **列举法**. 列举法又称枚举法(enumeration/roster method),就是将集合中的元素按一定规律列举出来,元素之间用逗号隔开,如小于10的偶自然数组成的集合为$\{0,2,4,6,8\}$,自然数集合 $\mathbf{N}=\{0,1,2,3,\cdots\}$,$\mathbf{Z}=\{\cdots,-3,-2,-1,0,1,2,3,\cdots\}$. 这种表示方法适用于元素个数有限或元素出现的规律性很强(元素可列)的集合.

注意 所有素数组成的集合 $\mathbf{P}$ 在理论上可用列举法表示(见 1.6.4 节),但由于素数有无限多个且尚未找到其出现规律,用列举法表示在实际操作时存在一定的困难.

(2) **描述法**(description/comprehension method). 这种方法用得最多,它只需要把集合中元素满足的条件描述出来即可,一般形式是$\{x|x$满足的条件$\}$. 例如,小于 10 的偶自然数组成的集合可表示为$\{x|x$是自然数且 x 是偶数且 x 小于 $10\}$.

(3) **迭代法**. 迭代法又称为归纳法(iteration/inductive method). 首先给出这个集合的初始元素;然后给出由集合中已知元素构造其他元素的方法;最后,有限次使用前面的步骤得到的元素是集合中仅有的元素.

【**例 1-1**】 自然数集合 $\mathbf{N}$ 可以归纳定义如下:

(1) $0\in\mathbf{N}$.

(2) 若 $n\in\mathbf{N}$,则 n 的后继 $n+1\in\mathbf{N}$.

(3) 有限次使用前面的步骤得到的元素是集合 $\mathbf{N}$ 中仅有的元素.

在集合的迭代定义中,最后的步骤很重要,它强调除有限次使用前面的步骤得到的元素是集合中元素外,不含有别的元素.

在计算机科学中,还可以用别的方法定义集合,例如定义一种程序设计语言的语法时常采用的 BNF 法等(参见编译原理课程).

若集合 A 是有限集合,则用 $|A|$ 表示集合 A 中元素的个数,它与函数项级数收敛点的多少密切相关. 集合 A 中元素的个数在中学使用的记号是 $card(A)$.

需要注意的是,集合中的元素可以是任意对象,如元素本身又可以是集合等. 例如 $A=\{a,\{a,b\},b,c\}$,这时$|A|=4$,即 A 中有 4 个元素,分别是 $a,\{a,b\},b,c$.

思考 所有不以自身为元素的集合能构成集合吗?

这就是著名的罗素(B. A. M. Russell)悖论. 该悖论的出现引发了数学的第三次危机. 所谓悖论,就是逻辑上不一致. 假设存在集合$A=\{X|X\notin X\}$,则无论 $A\in A$ 或 $A\notin A$ 都是矛盾的. 避免这种悖论的方法是指定全集[4],这就体现了全集的重要性. 由于信息科学中出现的集合不会有悖论,因此本书不讨论公理化集合论.

在没有特别说明的情况下,集合之间的元素是没有次序的,前面的集合 A 也可以记为$A=\{a,b,c,\{a,b\}\}$等. 注意,程序是有序集合. 此外,若没有特别说明,本书所讨论的集合不是多重集,即集合中的元素原则上不重复,所以集合$\{a,\{a,b\},b,b,c\}$就是集合 A.

若集合 A 中有两个 a 元素、5 个 b 元素和无限多个 c 元素,则 A 是可重集,这时 A 可以表示为$A=\{2\cdot a,5\cdot b,\infty\cdot c\}$. 可重集在讨论组合计数时经常用到.

不含有任何元素的集合称为**空集**(empty set,null set),记为$\varnothing$或$\{\}$. 例如空钱包、空文件夹等.

1.1.2 子集

一般来说,集合的子集比其本身要"小"一些.

【定义 1-1】 给定两个集合 A 和 B,若 A 中的任意元素都属于 B,则称 A 是 B 的**子集**(subset),或称 A 包含在 B 中,或称 B 包含 A,记为 $A\subseteq B$,如图 1-2 所示.

若 A 不是 B 的子集,这时集合 A 中至少有一个元素不属于 B.

显然有下面的定理.

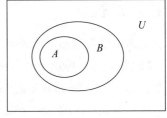

图 1-2

【定理 1-1】 对于任意的集合 A,有 $\varnothing \subseteq A$.

若两个集合 A,B 有完全相同的元素,则称这两个集合**相等**,记为 $A=B$.

于是有下述结论.

【定理 1-2】 设 A,B,C 是任意集合,下列结论成立.

(1) $A\subseteq A$.

(2) 若 $A\subseteq B$ 且 $B\subseteq A$,则 $A=B$.

(3) 若 $A\subseteq B$ 且 $B\subseteq C$,则 $A\subseteq C$.

我们知道,上述定理中结论(2)的逆也成立,这就是定理 1-3.

【定理 1-3】 $A=B$ 的充要条件是 $A\subseteq B$ 且 $B\subseteq A$.

该定理是证明两个集合相等的基本方法.

【定义 1-2】 若 $A\subseteq B$ 且 $A\neq B$,则称 A 是 B 的**真子集**(proper subset),记为 $A\subset B$.

在此,需要注意 $\in$ 与 $\subseteq$ 的区别,前者讨论的是元素与集合的关系,后者讨论的是集合与集合的关系,参见下面的例子.

【例 1-2】 设 A,B,C 是任意集合,若 $A\subseteq B, B\in C$,是否必有 $A\subseteq C$?

解 不成立. 例如,$A=\{a,b\}, B=\{a,b,c\}, C=\{a,\{a,b,c\}\}$,这时有 $A\subseteq B, B\in C$,而 $b\notin C$,所以结论不成立.

注意 在很多情况下,可以直接根据已知条件得出结论;但对于有些问题的讨论,举反例是一种最具说服力的方法.

1.1.3 幂集

【定义 1-3】 给定集合 X,由 X 的所有子集组成的集合称为 X 的**幂集**(power set),记为 $P(X)$,即

$$P(X)=\{A \mid A\subseteq X\}$$

$P(X)$ 也可以记为 2^X,这种记法与下面的定理 1-4 有一定的关系.

【例 1-3】 设 $X=\{a,\{a,b\}\}$,计算 $P(X)$.

解 X 的子集有:空集 $\varnothing$;由一个元素构成的子集 $\{a\}, \{\{a,b\}\}$;由两个元素构成的子集 $\{a,\{a,b\}\}$. 于是 $P(X)=\{\varnothing, \{a\}, \{\{a,b\}\}, \{a,\{a,b\}\}\}$.

【定理 1-4】 若 $|X|=n$,则 $|P(X)|=2^n$.

证 $\varnothing$ 是 X 的一个子集;由 X 中一个元素构成的子集有 C_n^1 个;由 X 中两个元素构成的子集有 C_n^2 个……由 X 中 $n-1$ 个元素构成的子集有 C_n^{n-1} 个;由 X 中 n 个元素构成的子集有 C_n^n 个. 因此,由加法原理和二项式定理知 X 的子集合的个数为

$$1+C_n^1+C_n^2+\cdots+C_n^{n-1}+C_n^n=(1+1)^n=2^n$$

上述定理也可以用乘法原理很方便地证得,见习题 1.1.

1.1.4 n 元组

下面用最简捷的方式介绍 n 元组.

【定义 1-4】 将从论域 U 中选取的 n 个元素 $x_1,x_2,\cdots,x_n$ 按照一定顺序排列,就得到一个 n 元有序组,简称 **n 元组**(ordered n-tuple),记为 $(x_1,x_2,\cdots,x_n)$ 或 $\langle x_1,x_2,\cdots,x_n\rangle$.

在不强调排列的元素个数时,n 元组可以简称**元组**.

线性代数中的 n 维向量是 n 元组,有 n 个元素的字符串是 n 元组. 在 n 元组 $(x_1,x_2,\cdots,x_n)$ 中,x_i 称为第 i 分量或第 i 位置元素($1\leqslant i\leqslant n$),它本身又可以是集合.

平面直角坐标系中任意一个点可用二元组表示;空间直角坐标系中任意一个点可用三元组表示.

n 元组在数据结构中是一个线性表、栈或队列;在数据库中是一条记录,如(张三,男,19,重庆).

显然,两个 n 元组 $(x_1,x_2,\cdots,x_n)$ 和 $(y_1,y_2,\cdots,y_n)$ 相同的充要条件是其对应的分量或坐标相同,即 $x_i=y_i, 1\leqslant i\leqslant n$.

一般来说,$(x,y)\neq(y,x)$. 例如二元组 $(2,3)$ 和 $(3,2)$ 是不相同的,这一点可以在平面直角坐标系下直观地看出. 同时,$((a,b),c)$ 是二元组,它与二元组 $(a,(b,c))$ 是不同的.

通常把二元组称为**有序对**或**序偶**(ordered pair).

1.1.5 笛卡儿积

给定一些集合,可以按下列方式构造出"新"的集合.

【定义 1-5】 设 $A_1,A_2,\cdots,A_n$ 是集合,称集合 $\{(x_1,x_2,\cdots,x_n)\mid x_i\in A_i, i=1,2,\cdots,n\}$ 为 $A_1,A_2,\cdots,A_n$ 的**笛卡儿积**(Cartesian product)、**直积**(product set)或**叉积**(cross product),记为 $A_1\times A_2\times\cdots\times A_n$.

解析几何之父笛卡儿(R. Descartes,1596—1650)是法国数学家,"我思故我在"和"越学习越发现自己无知"是他的名言.

由定义可知,笛卡儿积是一个集合,该集合中的元素是 n 元组. 为了方便,将 $\underbrace{A\times A\times\cdots\times A}_{n}$ 记为 A^n.

【例 1-4】 设 $A=\{a,b\}, B=\{1,2\}, C=\{\varnothing\}$,试分别计算 $A\times B, B\times A, B\times C$ 和 $A\times B\times C$.

解 $A\times B=\{(a,1),(a,2),(b,1),(b,2)\}$

$B\times A=\{(1,a),(1,b),(2,a),(2,b)\}$

$B\times C=\{(1,\varnothing),(2,\varnothing)\}$

$A\times B\times C=\{(a,1,\varnothing),(a,2,\varnothing),(b,1,\varnothing),(b,2,\varnothing)\}$

根据定义有 $A\times\varnothing=\varnothing\times A=\varnothing$,但是一般来说 $A\times B\neq B\times A$.

利用乘法原理,容易证明定理 1-5.

【定理 1-5】 若 $|A|=m, |B|=n$,则 $|A\times B|=mn$.

习题 1.1

1. 用列举法表示下列集合：
(1) $\{x \mid x \in \mathbf{R}, x^2 - 5x + 6 = 0\}$.
(2) $\{2x \mid x \in \mathbf{N}\}$.

2. 比较集合 $\varnothing, \{\varnothing\}$ 和 $\{\{\varnothing\}\}$ 的不同之处.

3. 判定下列断言是否成立，说明理由：
(1) $\varnothing \subseteq \varnothing$.
(2) $\varnothing \in \varnothing$.
(3) $\varnothing \subseteq \{\varnothing\}$.
(4) $\varnothing \in \{\varnothing\}$.

4. 设 A 和 B 是集合，举出使 $A \in B$ 和 $A \subseteq B$ 同时成立的例子.

5. 对于任意集合 A, B, C，判定下列断言是否成立，说明理由：
(1) 若 $A \subseteq B$ 且 $B \in C$，则 $A \notin C$.
(2) 若 $A \subseteq B$ 且 $B \in C$，则 $A \subseteq C$.
(3) 若 $A \in B$ 且 $B \subseteq C$，则 $A \in C$.
(4) 若 $A \in B$ 且 $B \in C$，则 $A \subseteq C$.

6. 分别计算下列幂集：
(1) $P(P(\varnothing))$.
(2) $P(\{a, b, c\})$.
(3) $P(\{\{a,b,c\}\})$.

7. 用乘法原理证明定理 1-4.

8. 证明定理 1-5.

9. 设 $A = \{a, b\}$，$B = \{1, 2, 3\}$，分别计算 $A \times A$，$A \times B$，$B \times A$，$A \times B \times A$，$(A \times B) \times A$.

10. 对于任意集合 A, B, C，由 $A \times B = A \times C$ 能否得出 $B = C$？为什么？若 $A \neq \varnothing$ 呢？

11. 设 $|S| = n$，给出一种列出 S 的所有子集的方法.

1.2 映射的有关概念

1.2.1 映射的定义

映射就是函数. 函数是在 17 世纪 30 年代物理学家研究曲线运动时产生的一个概念，但是这个概念在 1673 年才由莱布尼茨(G. W. Leibniz,1646—1716)开始使用，而函数表达式 $f(x)$ 在 1734 年才由欧拉(L. Euler,1707—1783)引入.

当今函数研究的是任意两个集合之间的一种对应关系，它将其中一个集合的元素按某种规则指定为另一个集合中的元素. 在初等数学及高等数学中讨论的函数是在实数范围内进行的.

映射也是现代数学中的基本概念，其思想在各学科中广泛使用. 函数在信息科学中得到了充分的应用,编写 C 语言程序就是编写函数. 实际上,计算机的任何输出都可以看作某些输入的函数. 借助映射思想,可以得出一些深刻的结论.

与集合一样,映射贯穿本书的所有内容.深刻理解与映射有关的内容,对于其他内容的学习至关重要. 当然,映射本身是重点,也是难点.

【定义 1-6】 任意给定两个集合 A 和 B,若存在对应法则 f,使得对于任意 $x \in A$ 均存在唯一的 $y \in B$ 与它对应,则称 f 是集合 A 到 B 的一个**映射**(mapping),或称其为 A 到 B 的一个**函数**(function),记为 $f: A \to B$,如图 1-3 所示.

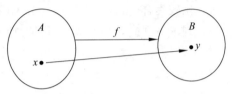

图 1-3

在实际应用中通常将 A 到 A 的映射称为 A 上的**变换**(transformation).

有些映射可以采用解析表达式表示,如 $f: \mathbf{R} \to \mathbf{R}, y = f(x) = x^2 + 1$.

函数 $g: \mathbf{Z} \to \mathbf{N}$,其中

$$y = g(x) = \begin{cases} 1, & x \text{ 为奇数} \\ 0, & x \text{ 为偶数} \end{cases}$$

是分段函数.

假定 A 是论域 U 上的集合,可以定义为 $\mu_A : U \to [0,1]$,其中

$$\mu_A(x) = \begin{cases} 1, & x \in A \\ 0, & x \notin A \end{cases}$$

这里 μ_A 称为集合 A 的特征函数.

下面介绍两个计算机科学中广泛应用的实数集 $\mathbf{R}$ 到整数集 $\mathbf{Z}$ 的函数:$\lceil x \rceil$ 和 $\lfloor x \rfloor$. 对于任意实数 x,用 $\lceil x \rceil$ 表示大于或等于 x 的最小整数,称为**天花板函数**(ceiling function). 用 $\lfloor x \rfloor$ 表示小于或等于 x 的最大整数,称为**地板函数**(floor function). 通常,**取整函数** $[x]$ 是地板函数. 例如,$\lceil 1.4 \rceil = 2$,$\lceil -1.4 \rceil = -1$,$\lfloor 1.4 \rfloor = 1$,$\lfloor -1.4 \rfloor = -2$. 显然,有 $x - 1 < \lfloor x \rfloor \leqslant x \leqslant \lceil x \rceil < x + 1$. 最接近实数 x 的整数为 $\lceil x - 0.5 \rceil$ 或 $\lfloor x + 0.5 \rfloor$,除非 x 位于两个相邻整数的中间.

在算法分析时,复杂度均为正整数集合 $\mathbf{Z}^+$ 到正实数集合 $\mathbf{R}^+$ 的函数. 例如,利用冒泡算法对 n 个实数按从小到大顺序排序的执行时间为 $T(n) = \dfrac{a}{2} n(n-1) + b$,其中 a 和 b 为常数[5]. 建议查阅哈希函数(Hash function)的定义及其在计算机中的应用情况。

函数符号通常用英文字母 $f, g, h, \cdots, F, G, H, \cdots$ 或希腊字母 $\varphi, \psi, \cdots$ 表示(可以带下标),也可以根据具体情况选用几个字母表示,如 sin,cos,tan,exp,max,min,add,root,average,hanoi,delete_string.

假定 $f: A \to B, y = f(x)$,通常把 x 称为自变量,自变量的取值范围称为**定义域**(domain),记为 dom f. 将 y 称为因变量,而把因变量的范围称为**值域**(range),记为 ran f.

这里讨论的映射有两个特点:

(1) 函数 f 的定义域是集合 A,因而这里定义的函数是全函数,而不是一般意义下的偏函数,即 dom $f \subseteq A$.

(2) 任意 $x \in A$ 均对应 B 中唯一的元素 $f(x)$,$f(x)$ 称为 x 在映射 f 下的函数值(但不

一定是数)或 x 在映射 f 下的像,通常记为 $y=f(x)$.

对于集合 A 和 B,用 B^A(读作"B 上 A")表示 A 到 B 的所有映射组成的集合,即
$$B^A = \{f \mid f:A \to B\}$$

【例 1-5】 若 $A=\{x_1,x_2,x_3\}$,$B=\{y_1,y_2\}$,求 B^A.

解 A 到 B 的映射为 $f_i,i=1,2,\cdots,8$,其中:

$f_1(x_1)=y_1,\quad f_1(x_2)=y_1,\quad f_1(x_3)=y_1;$
$f_2(x_1)=y_1,\quad f_2(x_2)=y_1,\quad f_2(x_3)=y_2;$
$f_3(x_1)=y_1,\quad f_3(x_2)=y_2,\quad f_3(x_3)=y_1;$
$f_4(x_1)=y_1,\quad f_4(x_2)=y_2,\quad f_4(x_3)=y_2;$
$f_5(x_1)=y_2,\quad f_5(x_2)=y_1,\quad f_5(x_3)=y_1;$
$f_6(x_1)=y_2,\quad f_6(x_2)=y_1,\quad f_6(x_3)=y_2;$
$f_7(x_1)=y_2,\quad f_7(x_2)=y_2,\quad f_7(x_3)=y_1;$
$f_8(x_1)=y_2,\quad f_8(x_2)=y_2,\quad f_8(x_3)=y_2.$

【定理 1-6】 对于集合 A 和 B,若 $|A|=m$,$|B|=n$,则 $|B^A|=n^m$.

证 设 $f:A\to B$,对于任意的 $x\in A$,显然 $f(x)$ 可取 B 中 n 个元素中的任意一个,而 $|A|=m$,根据乘法原理,结论成立.

【定义 1-7】 设 $f:A\to B$,令 $X\subseteq A$,用 $f(X)=\{f(x)\mid x\in X\}$ 表示 X 在映射 f 下的**像**(image). 令 $Y\subseteq B$,用 $f^{-1}(Y)=\{x\mid f(x)\in Y\}$ 表示 Y 在映射 f 下的**原像**(inverse image).

注意 这里的 $f^{-1}(Y)$ 是一个整体记号,可使用 $f^{\leftarrow}(Y)$ 记号.

在函数的定义中,假定 $A=A_1\times A_2\times\cdots\times A_n$,则对任意 $x\in A$,有 $x=(x_1,x_2,\cdots,x_n)$,其中 $x_i\in A_i$,$1\leqslant i\leqslant n$. 这时,
$$f(x) = f((x_1,x_2,\cdots,x_n)) = f(x_1,x_2,\cdots,x_n)$$
称 f 为 $A_1,A_2,\cdots,A_n$ 到 B 的 **n 元函数**(n-ary function). 若还有 $B=B_1\times B_2\times\cdots\times B_m$,则 f 是 n 元向量函数. C 语言编写函数时,所做的声明就是在交代这些 A 和 B.

显然,在 n 元函数 $f(x_1,x_2,\cdots,x_n)$ 中,参数位置是有次序的. 当 $n=0$ 时,f 是 C 语言中的无参函数,可理解为**空映射**:$\emptyset\to B$,视为 B 中的一个元素. 如果 $f:\overbrace{A\times A\times\cdots\times A}^{n}\to B$,则称 f 为 A 到 B 的 n 元函数.

函数可以递归定义,参见参考文献[6]及习题 1.2 的第 14 题.

思考 函数在计算机中是如何实现的?(参见图 1-4.)

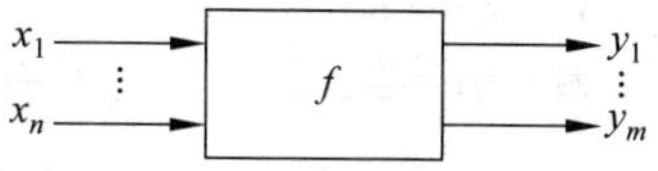

图 1-4

1.2.2 映射的性质

1. 单射

【定义 1-8】 假设 $f:A\to B$,如果对任意 $x_1,x_2\in A$,由 $f(x_1)=f(x_2)$ 可推出 $x_1=x_2$,则称 f 是 A 到 B 的**单射**(injection),或称 f 是 A 到 B 的一对一(one-to-one)映射.

等价地,对任意 $x_1,x_2\in A$,若 $x_1\neq x_2$,可得出 $f(x_1)\neq f(x_2)$,则称 f 是 A 到 B 的单射,如图 1-5(a)所示.

【例1-6】 设 $f:\mathbf{N}\to\mathbf{N}$，$f(x)=2x$，则 f 是 $\mathbf{N}$ 到 $\mathbf{N}$ 的单射．试证明之．

证 对任意 $x_1,x_2\in\mathbf{N}$，由 $f(x_1)=f(x_2)$ 可得出 $2x_1=2x_2$，进而 $x_1=x_2$．

2. 满射

【定义1-9】 假设 $f:A\to B$，如果对任意 $y\in B$，均存在 $x\in A$，使得 $y=f(x)$，则称 f 是 A 到 B 的**满射**（surjection），或称 f 是 A 到 B 的**映上**（onto）的映射．

显然，f 是 A 到 B 的满射的充要条件是 f 的值域为 B，即 $\mathrm{ran}f=B$，如图 1-5(b) 所示．

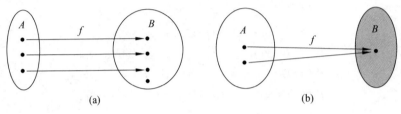

图 1-5

【例1-7】 设 $f:\mathbf{Z}\to\mathbf{N}$，$f(x)=|x|$，则 f 是 $\mathbf{Z}$ 到 $\mathbf{N}$ 的满射．试证明之．

证 对任意 $y\in\mathbf{N}$，取 $x=y\in\mathbf{Z}$，显然有 $y=f(x)$．

3. 双射

【定义1-10】 假设 $f:A\to B$，若 f 既是单射又是满射，则称 f 是 A 到 B 的**双射**（bijection），或称 f 是 A 到 B 的**一一对应**（one-to-one correspondence）．

【例1-8】 试建立一个 $\mathbf{Z}$ 到 $\mathbf{N}$ 的一一对应．

解 令 $f:\mathbf{Z}\to\mathbf{N}$，
$$f(x)=\begin{cases}2x, & x\geqslant 0\\ 2|x|-1, & x<0\end{cases}$$

很容易验证，f 是一个 $\mathbf{Z}$ 到 $\mathbf{N}$ 的一一对应．

事实上，$\mathbf{Z}$ 到 $\mathbf{N}$ 的一一对应不是唯一的．记住：一一对应思想就是配对思想．

【例1-9】 试建立一个 $(0,1)$ 到 $\mathbf{R}$ 的一一对应．

解 令 $f:(0,1)\to\mathbf{R}$，$f(x)=\dfrac{1}{1-x}-\dfrac{1}{x}$．

【定义1-11】 若 A 是有限集合，通常把 A 到 A 的双射称为 A 上的**置换**（permutation）．

【例1-10】 写出 $A=\{1,2,3\}$ 上的所有置换．

解 $A=\{1,2,3\}$ 上的所有置换有 6 个，分别是

$p_1(1)=1,\quad p_1(2)=2,\quad p_1(3)=3;$

$p_2(1)=2,\quad p_2(2)=1,\quad p_2(3)=3;$

$p_3(1)=3,\quad p_3(2)=2,\quad p_3(3)=1;$

$p_4(1)=1,\quad p_4(2)=3,\quad p_4(3)=2;$

$p_5(1)=2,\quad p_5(2)=3,\quad p_5(3)=1;$

$p_6(1)=3,\quad p_6(2)=1,\quad p_6(3)=2.$

上面的 6 个置换常用另外两种方式书写，请自己总结书写规则．

第一种方式：$p_1=\begin{pmatrix}1 & 2 & 3\\ 1 & 2 & 3\end{pmatrix},\quad p_2=\begin{pmatrix}1 & 2 & 3\\ 2 & 1 & 3\end{pmatrix},\quad p_3=\begin{pmatrix}1 & 2 & 3\\ 3 & 2 & 1\end{pmatrix},$

$$p_4 = \begin{pmatrix} 1 & 2 & 3 \\ 1 & 3 & 2 \end{pmatrix}, \quad p_5 = \begin{pmatrix} 1 & 2 & 3 \\ 2 & 3 & 1 \end{pmatrix}, \quad p_6 = \begin{pmatrix} 1 & 2 & 3 \\ 3 & 1 & 2 \end{pmatrix}.$$

第二种方式：$p_1 = (1)(2)(3), \quad p_2 = (12)(3), \quad p_3 = (13)(2),$
$\qquad\qquad\quad p_4 = (1)(23), \quad p_5 = (123), \quad p_6 = (132).$

利用置换可以对信息加密. 例如，给定 26 个英文字母的一个置换如下：

$$p = \begin{pmatrix} a\,b\,c\,d\,e\,f\,g\,h\,i\,j\,k\,l\,m\,n\,o\,p\,q\,r\,s\,t\,u\,v\,w\,x\,y\,z \\ f\,j\,h\,l\,d\,n\,q\,k\,x\,p\,s\,a\,v\,y\,b\,o\,g\,w\,t\,m\,r\,c\,i\,u\,z\,e \end{pmatrix}$$

可将 i love you 写成 x abcd zbr，其中 i love you 是**明文**(plaintext)，x abcd zbr 是**密文**(ciphertext)，p 是**密钥**(key).

1.2.3 逆映射

设 $f: A \to B$ 如图 1-6(a) 所示，将 f 的方向逆转后成为如图 1-6(b) 所示的 f^{-1}，易见 f^{-1} 不是 B 到 A 的映射.

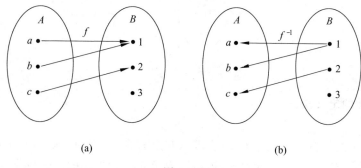

图 1-6

【**定义 1-12**】 设 $f: A \to B$，如果将对应关系 f 的方向逆转后，可得到一个集合 B 到集合 A 的映射，则该映射称为 f 的**逆映射**或**逆函数**（常称为**反函数**，invertible function），记为 f^{-1}.

假定 $f: A \to B$，将对应关系 f 的方向逆转后能得到 B 到 A 的映射，需要两个条件：第一，f 必须是单射；第二，f 必须是满射. 于是有下述定理.

【**定理 1-7**】 设 $f: A \to B$，则 f 的逆映射存在的充要条件是 f 是双射.

回忆一下，在以前学习反函数时，对反函数有一些限制条件. 例如，正弦函数 $y = \sin x$，为了讨论其反函数，通常限制 $x \in [-\pi/2, \pi/2]$，就是为了保证 $\sin: [-\pi/2, \pi/2] \to [-1, 1]$ 是一个双射（一一对应）.

显然，双射 $f: A \to B$ 的逆映射 $f^{-1}: B \to A$ 也是双射且 $(f^{-1})^{-1} = f$.

【**例 1-11**】 判定以下给出的映射是否有逆映射. 若有，求出其逆映射.

(1) $f: \mathbf{R} \to \mathbf{R}, f(x) = x^2$.

(2) $g: \mathbf{R} \to \mathbf{R}, g(x) = x^3$.

解 (1) 因为 $f(2) = f(-2) = 4$，f 不是单射，所以 f 不存在逆映射.

(2) 显然，g 是双射，其逆映射为 $g^{-1}: \mathbf{R} \to \mathbf{R}, g^{-1}(y) = \sqrt[3]{y}$. 例如，$g(-3) = -27$，于是有 $g^{-1}(-27) = -3$.

1.2.4 复合映射

显然,有以下定理.

【定理 1-8】 设 $f:A→B,g:B→C$,对于任意 $x∈A$,令 $h(x)=g(f(x))$,则 h 是集合 A 到集合 C 的映射.

于是有以下定义.

【定义 1-13】 设 $f:A→B,g:B→C$,对任意 $x∈A,h(x)=g(f(x))$,称 h 为 f 和 g 的**复合映射**或**复合函数**(composition of f and g),记为 $f∘g$.

映射 f 和 g 的复合映射 $f∘g$ 可以按图 1-7 所示的方式理解.程序中函数 g 调用函数 f 即为函数复合 $f∘g$.

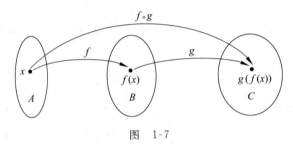

图 1-7

由复合函数的定义知,

$$(f∘g)(x) = g(f(x))$$

注意,f 和 g 的复合映射记为 $f∘g$,要求从左至右进行.它与传统的两个函数复合的记号在次序上不尽一致,也显得不太自然,若将函数 f 对 x 的作用的方式写成 x^f 形式,则

$$x^{f∘g} = (x^f)^g$$

就比较自然了.

之所以这样处理,是因为两个对象参加运算一般是从左至右进行的(可见习题 1.3 第 10 题关于置换的复合运算以及 2.2.3 节中函数 f 与函数 g 的复合 $f∘g$).

【例 1-12】 设 $A=\{a,b,c\},B=\{1,2,3\},C=\{α,β,γ,δ\}$,令 $f:A→B,g:B→C,f(a)=2,f(b)=3,f(c)=3,g(1)=β,g(2)=α,g(3)=δ$.试计算复合映射 $f∘g$.

解 复合映射 $f∘g:A→C,(f∘g)(a)=g(f(a))=g(2)=α,(f∘g)(b)=g(f(b))=g(3)=δ,(f∘g)(c)=g(f(c))=g(3)=δ$.

注意 复合映射又称为复合函数.要保证复合映射 $f∘g$ 有意义,必须满足

$$f(A)⊆\mathrm{dom}(g)$$

【例 1-13】 设 **R** 到 **R** 有两个映射 f 和 g,定义如下:$f(x)=x^2,g(x)=x+2$,试分别计算复合映射 $f∘g$ 和 $g∘f$.

解 对任意 $x∈\mathbf{R}$,分别有

$$(f∘g)(x) = g(f(x)) = g(x^2) = x^2+2$$
$$(g∘f)(x) = f(g(x)) = f(x+2) = (x+2)^2$$

对于例 1-13 来说,计算两个函数的复合映射可以采用高等数学中的方法,直接计算 $g(f(x))$ 以及 $f(g(x))$.

注意 一般来说,即使复合映射 $f\circ g$ 和 $g\circ f$ 均有意义,也不能保证 $f\circ g=g\circ f$ 成立.

设 A 是集合,令 $f:A\to A, f(x)=x$,称 f 为集合 A 上的**恒等映射**(identity function on A),记为 I_A.

显然有下述结论.

【定理 1-9】 若 $f:A\to B$ 是双射,则有 $f\circ f^{-1}=I_A$, $f^{-1}\circ f=I_B$. 特别地,若 $f:A\to A$ 是双射,则 $f\circ f^{-1}=f^{-1}\circ f=I_A$.

下面的定理讨论了映射的性质与复合映射之间的关系.

【定理 1-10】 设 $f:A\to B, g:B\to C$.

(1) 若 f 和 g 是单射,则 $f\circ g$ 是单射.

(2) 若 f 和 g 是满射,则 $f\circ g$ 是满射.

(3) 若 f 和 g 是双射,则 $f\circ g$ 是双射且 $(f\circ g)^{-1}=g^{-1}\circ f^{-1}$.

证 (1) 对任意 $x_1, x_2\in A$,假定 $(f\circ g)(x_1)=(f\circ g)(x_2)$,即 $g(f(x_1))=g(f(x_2))$. 已知 g 是单射,于是有 $f(x_1)=f(x_2)$. 由于 f 是单射,所以 $x_1=x_2$. 进而 $f\circ g$ 是单射.

(2)和(3)作为练习.

【定理 1-11】 设 $f:A\to B$, $g:B\to C$.

(1) 若 $f\circ g$ 是单射,则 f 是单射,但 g 不一定是单射.

(2) 若 $f\circ g$ 是满射,则 g 是满射,而 f 不一定是满射.

证 (1) 作为练习.

(2) 对于任意 $z\in C$,由于 $f\circ g$ 是满射,必存在 $x\in A$,使得 $(f\circ g)(x)=g(f(x))=z$. 令 $y=f(x)\in B$,有 $g(y)=z$,因此,g 是满射.

设 $A=\{a,b,c\}$, $B=\{1,2,3\}$, $C=\{\alpha,\beta\}$,令 $f:A\to B$, $g:B\to C$, $f(a)=2, f(b)=3$, $f(c)=3, g(1)=\beta, g(2)=\alpha, g(3)=\beta$. 这时,$(f\circ g)(a)=g(f(a))=\alpha$, $(f\circ g)(b)=g(f(b))=\beta$,显然有 $\operatorname{ran}(f\circ g)=\{\alpha,\beta\}$, $f\circ g$ 是满射. 而 $\operatorname{ran} f=\{2,3\}$, f 不是满射.

下面的定理会经常使用.

【定理 1-12】 设 $f:A\to B, g:B\to C, h:C\to D$,则 $(f\circ g)\circ h=f\circ(g\circ h)$.

证 对任意 $x\in A$,由于 $((f\circ g)\circ h)(x)=h((f\circ g)(x))=h(g(f(x)))$,而 $(f\circ(g\circ h))(x)=(g\circ h)(f(x))=h(g(f(x)))$,由此可见,$((f\circ g)\circ h)(x)=(f\circ(g\circ h))(x)$. 所以 $(f\circ g)\circ h=f\circ(g\circ h)$.

注意 由定理 1-12 可知,对多个函数求复合时可以不加括号,即 $f\circ g\circ h=(f\circ g)\circ h=f\circ(g\circ h)$.

习题 1.2

1. 分别计算 $\lceil 1.5\rceil, \lceil -1\rceil, \lceil -1.5\rceil, \lfloor 1.5\rfloor, \lfloor -1\rfloor, \lfloor -1.5\rfloor$.

2. 下列映射中,哪些是单射?哪些是满射?哪些是双射?说明理由.

(1) $f:\mathbf{Z}\to\mathbf{Z}, f(x)=3x$.

(2) $f:\mathbf{Z}\to\mathbf{N}, f(x)=|x|+1$.

(3) $f:\mathbf{R}\to\mathbf{R}, f(x)=x^3+1$.

(4) $f:\mathbf{N}\times\mathbf{N}\to\mathbf{N}, f(x_1,x_2)=x_1+x_2+1$.

(5) $f: \mathbf{N} \to \mathbf{N} \times \mathbf{N}, f(x) = (x, x+1)$.

3. 对于有限集合 A 和 B,假定 $f: A \to B$ 且 $|A| = |B|$. 证明:f 是单射的充要条件是 f 是满射. 对于无限集合,上述结论成立吗? 举例说明.

4. 设 $f: A \to B$. 证明:

(1) $f \circ I_B = f$.

(2) $I_A \circ f = f$.

特别地,若 $f: A \to A$,则 $f \circ I_A = I_A \circ f = f$.

5. 举例说明 $f \circ f = f$ 成立,其中 $f: A \to A$ 且 $f \neq I_A$. 若 f 的逆映射存在,满足条件的 f 还存在吗?

6. 设 $f: A \to B, g: B \to C$. 证明:若 f 和 g 是满射,则 $f \circ g$ 是满射.

7. 设 $f: A \to B, g: B \to C$. 证明:若 $f \circ g$ 是单射,则 f 是单射. 举例说明这时 g 不一定是单射.

8. 设 $f: A \to B$,若存在 $g: B \to A$,使得 $f \circ g = I_A$ 且 $g \circ f = I_B$,证明:f 是双射且 $f^{-1} = g$.

9. 设 $f: A \to B, g: B \to C$. 证明:若 f 和 g 是双射,则 $f \circ g$ 是双射且 $(f \circ g)^{-1} = g^{-1} \circ f^{-1}$.

10. 设 G 是集合 A 到 A 的所有双射组成的集合. 证明:

(1) 对于任意 $f, g \in G$,有 $f \circ g \in G$.

(2) 对于任意 $f, g, h \in G$,有 $(f \circ g) \circ h = f \circ (g \circ h)$.

(3) 设 $I_A \in G$,对于任意 $f \in G$,有 $I_A \circ f = f \circ I_A = f$.

(4) 对于任意 $f \in G$,有 $f^{-1} \in G$ 且 $f \circ f^{-1} = f^{-1} \circ f = I_A$.

11. 若 $A = \{a, b, c\}, B = \{1, 2\}$,$A$ 到 B 的满射、单射、双射各有多少个? 试推广结论范围.

12. 设 A, B, C, D 是任意集合,f 是 A 到 B 的双射,g 是 C 到 D 的双射,令 $h: A \times C \to B \times D$,对任意 $(a,c) \in A \times C, h(a,c) = (f(a), g(c))$. 证明:$h$ 是双射.

13. 设 $f: A \to B, g: B \to C, h: C \to A$. 证明:若 $f \circ g \circ h = I_A, g \circ h \circ f = I_B, h \circ f \circ g = I_C$,则 f, g, h 均可逆. 求 f^{-1}, g^{-1}, h^{-1}.

14. 已知阿克曼(Ackermann)函数 $A: \mathbf{N} \times \mathbf{N} \to \mathbf{N}$ 的定义如下:

(1) $A(0, n) = n+1, n \geq 0$.

(2) $A(m, 0) = A(m-1, 1), m > 0$.

(3) $A(m, n) = A(m-1, A(m, n-1)), m > 0, n > 0$.

分别计算 $A(2, 3)$ 和 $A(3, 2)$.

1.3 运算的定义及性质

运算是由已知对象得出新对象的一种方法. 其实,以前已经接触过很多运算,如数之间的加法运算、多项式之间的乘法运算、矩阵的逆运算、向量的线性运算等. 在讨论离散数据结构时也会经常遇到各种各样的运算,如在 1.4 节研究的集合运算.

虽然运算本质上是映射,但两者研究的侧重点不同,在运算中更注重运算满足的一些性质,而根据这些性质可以对一些离散对象分门别类进行讨论,参见第 9 章.

运算器是计算机的四大部件之一. 本节将对运算的一般定义及其性质进行抽象讨论.

1.3.1 运算的定义

【定义 1-14】 设 $A_1, A_2, \cdots, A_n$ 和 B 是集合,若
$$f: A_1 \times A_2 \times \cdots \times A_n \to B$$
则称 f 为 $A_1, A_2, \cdots, A_n$ 到 B 的 **n 元运算**(n-ary operation).

由定义可知,n 元运算就是 n 元函数,即 n 个对象参加运算得到唯一运算结果.

在不需要强调集合 $A_1, A_2, \cdots, A_n$ 和 B 时,可简称 f 为**运算**. 若 $f: \overbrace{A \times A \times \cdots \times A}^{n\text{个}} \to B$,则称 f 为 A 到 B 的 n 元运算,或 A 上的 n 元运算.

若对于任意 $x_1, x_2, \cdots, x_n \in A$,有 $f(x_1, x_2, \cdots, x_n) = y \in A$,则称 f 为 A 上的 n 元**封闭运算**(closed operation),或 A 上的 n 元**代数运算**.

设 f 为 $A_1, A_2, \cdots, A_n$ 到 B 的 n 元运算,在 $y = f(x_1, x_2, \cdots, x_n)$ 中,$x_1, x_2, \cdots, x_n$ 是参加运算的 n 个有顺序的对象,正因为这样,f 称为 n 元运算,y 是运算结果,由定义 1-14 知道,运算结果一定是唯一的.

【例 1-14】 设 $f: \mathbf{Z} \to \mathbf{N}, f(x) = |x|$,这时,$f$ 是整数集合 $\mathbf{Z}$ 上的取绝对值运算,f 是一元运算.

【例 1-15】(**模 m 运算**) 对于固定的正整数 m,设 $f: \mathbf{Z} \to \mathbf{N}, f(x) = x(\bmod\ m)$,其中 $x(\bmod\ m)$ 表示整数 x 除以 m 的余数. 根据带余除法知,$x(\bmod\ m)$ 是使 $x = qm + r, 0 \leqslant r < m$ 成立的整数 r. 显然,f 是 $\mathbf{Z}$ 上的一元运算,称 f 为 $\mathbf{Z}$ 上的模 m 运算,可简称模运算.

【例 1-16】 对于给定的正整数 m,整数集合 $\mathbf{Z}$ 上的**模 m 加法运算** $+_m$ 和**模 m 乘法运算** $\cdot_m$ 分别定义如下:对于任意整数 x 和 y,$x +_m y = (x+y)(\bmod\ m), x \cdot_m y = (xy)(\bmod\ m)$. 例如 $m = 3, 3 +_3 (-5) = (-2)(\bmod\ 3) = 1, 3 \cdot_3 (-5) = (-15)(\bmod\ 3) = 0$.

实际上,模 m 加法运算 $+_m$ 和模 m 乘法运算 $\cdot_m$ 是 $\mathbf{Z}_m = \{0, 1, 2, \cdots, m-1\}$ 上的封闭运算,见习题 1.3 第 8 题.

从运算的定义知道,运算本质上就是函数,只是在不同场合的不同称呼,所以函数符号是运算符号. 对于常见的运算,如数的加法运算、减法运算等,如果未加特殊说明,其运算的含义最好不要改变. 实际上,运算符号可以自己规定,如 ∗、⊗、⊕、△、&、□、:、|、•、⊙、∪、∘、♣、◆、♥、♠ 等,但一定要把运算的含义定义清楚. 例如,在 C 语言中就出现了很多运算符号.

运算符号既可以像函数符号一样放在最前面,也可以放在最后或中间. 二元运算符号按照习惯都写在中间位置;对于一元运算,通常将运算符号前置(如 $\neg x$)、顶置(如 $\bar{x}$)或肩置(如 x'). C 语言中唯一的三元运算——条件运算使用的运算符号为"?:",其书写形式为 x ? $a : b$,将参加运算的 3 个对象分别写在第一、第二及第三位置. 数字逻辑中的与或非门是一个 4 元运算,有其独特的运算符号 $\overline{AB + CD}$.

如果集合 $A = \{x_1, x_2, \cdots, x_n\}$,则 A 上的一元或二元运算可以用一个表格表示. 例如,A 上的二元运算 ∗ 可以表示为表 1-1;对于集合 $A = \{a, b, c\}$,A 上的 ∗ 运算可以如表 1-2 所示来定义.

表 1-1

*	x_1	$\cdots$	x_j	$\cdots$	x_n
x_1					
$\vdots$					
x_i			$x_i * x_j$		
$\vdots$					
x_n					

表 1-2

*	a	b	c
a	b	a	c
b	b	c	c
c	c	a	b

1.3.2 运算的性质

之所以讨论运算的性质,是为了便于根据运算的性质对离散数学结构进行分类,特别是在讨论代数结构的时候.正因为这样,下面均假定涉及的运算是根据问题需要定义的代数运算,这也为讨论运算的结合性以及分配性提供了方便.

1. 对合性

【定义1-15】 设 * 是 A 上的一元代数运算,若对于任意的 $x \in A$,均有

$$*(*x) = x \tag{1-1}$$

则称 * 运算具有**对合**(involutive)**性**,或称 * 运算满足**对合律**.

【例1-17】 实数集 **R** 上的取相反数运算 - 具有对合性,而其上的绝对值运算 | | 不具有对合性. 矩阵的逆运算及转置运算具有对合性,因为 $(\boldsymbol{A}^{-1})^{-1} = \boldsymbol{A}$ 且 $(\boldsymbol{A}^T)^T = \boldsymbol{A}$.

2. 幂等性

【定义1-16】 设 * 是 A 上的二元代数运算,若对于 $x \in A$ 有

$$x * x = x \tag{1-2}$$

则称 x 为关于 * 运算的**幂等元**(idempotent element);若对于任意的 $x \in A$,x 均为幂等元,则称 * 运算具有**幂等**(idempotent)**性**,或称 * 运算满足**幂等律**.

表 1-3

*	1	2	3
1	1	3	2
2	2	3	2
3	3	1	3

【例1-18】 设 $A = \{1,2,3\}$,A 上的 * 运算见表1-3.从表1-3容易知道,1和3是关于 * 运算的幂等元,但因为2不是幂等元,因此 * 运算不具有幂等性.

【例1-19】 集合的并运算和交运算均具有幂等性. 但对于实数集合 **R** 上的乘法运算来说,只有0和1是幂等元,从而 **R** 上的乘法运算不具有幂等性.

3. 交换性

【定义1-17】 设 * 是 A 上的二元代数运算,若对于任意的 $x, y \in A$,均有

$$x * y = y * x \tag{1-3}$$

则称 * 运算具有**交换**(commutative)**性**,或称 * 运算满足**交换律**.

【例1-20】 整数集合 **Z** 上的加法运算 + 满足交换律,而 **Z** 上的减法运算 - 不满足交换律,试验证.

解 显然,+ 具有交换性. 取 $2, 3 \in \mathbf{Z}$,因为 $3 - 2 \neq 2 - 3$,所以,- 不具有交换性.

【例1-21】 设 * 是有理数集合 **Q** 上的二元运算,定义如下:任意 $x_1, x_2 \in \mathbf{Q}$,$x_1 * x_2 = x_1^{x_2}$. 证明 * 运算不具有交换性.

证 取 $x = 2, y = 3$,这时,$x * y = 2^3 = 8$,而 $y * x = 3^2 = 9$,从而 * 运算不具有交换性.

由 1.2 节知,一般来说 $f \circ g \neq g \circ f$,所以映射的复合运算不满足交换律.

4. 结合性

【定义 1-18】 设 $*$ 是 A 上的二元代数运算,若对于任意的 $x,y,z \in A$,均有

$$(x * y) * z = x * (y * z) \tag{1-4}$$

则称 $*$ 运算具有**结合**(associative)**性**,或称 $*$ 运算满足**结合律**.

【例 1-22】 试验证:整数集合 **Z** 上的加法运算 $+$ 满足结合律,而 **Z** 上的减法运算 $-$ 不满足结合律.

解 显然,加法运算 $+$ 具有结合性. 取 $2,3,5 \in \mathbf{Z}$,因为 $(2-3)-5 \neq 2-(3-5)$,所以减法运算 $-$ 不具有结合性.

【例 1-23】 根据表 1-4 所示的运算表,分别判定集合 $A=\{1,2,3,4,5\}$ 上定义的 $*$ 运算是否满足交换律、结合律.

解 因为 $2*4=3 \neq 1=4*2$,由此可见,$*$ 运算不具有交换性. 又由于 $(2*3)*4=4 \neq 2=2*(3*4)$,所以 $*$ 运算不具有结合性.

表 1-4

*	1	2	3	4	5
1	1	2	3	4	5
2	2	4	1	3	4
3	3	1	2	1	2
4	4	1	3	4	3
5	5	4	1	3	5

从运算表判定运算是否满足交换律,只需要检查运算表是否关于主对角线对称. 而从运算表判定运算是否满足结合律就困难一些.

注意 若运算满足结合律,则多个元素参加运算可不加括号.

5. 幺元律

【定义 1-19】 设 $*$ 是 A 上的二元代数运算,若存在 $e \in A$,对于任意的 $x \in A$,下列条件均成立:

$$e * x = x \tag{1-5}$$

$$x * e = x \tag{1-6}$$

则称 e 为集合 A 关于 $*$ 运算的**幺元素**(identity element)或**单位元素**,或称 $*$ 运算满足**幺元律**. 式(1-5)中的 e 称为**左幺元素**,式(1-6)中的 e 称为**右幺元素**.

【例 1-24】 试验证:整数集合 **Z** 关于加法运算 $+$ 的单位元素为 0,而 **Z** 关于乘法运算 $\cdot$ 的单位元素为 1,**Z** 关于减法运算 $-$ 没有单位元素.

解 对任意 $x \in \mathbf{Z}$,$0+x=x=x+0$ 及 $1 \cdot x=x=x \cdot 1$ 成立,所以 **Z** 关于加法运算 $+$ 的单位元素为 0,而 **Z** 关于乘法运算 $\cdot$ 的单位元素为 1. 因为 $x-e=x=e-x$ 对任意 x 都成立的元素 e 在 **Z** 中不存在,因此 **Z** 关于减法运算 $-$ 没有单位元素.

集合 A 关于 $*$ 运算的单位元素可记为 1. 为避免与数 1 混淆,将单位元素记为 e.

【定理 1-13】 若 A 关于 $*$ 运算有单位元素,则单位元素是唯一的.

证 设 e_1 和 e_2 是 A 关于 $*$ 运算的单位元素,则有 $e_1 = e_1 * e_2 = e_2$.

6. 零元律

【定义 1-20】 设 $*$ 是 A 上的二元代数运算,若存在 $\theta \in A$,对于任意的 $x \in A$,下列条件均成立:

$$\theta * x = \theta \tag{1-7}$$

$$x * \theta = \theta \tag{1-8}$$

则称 θ 为集合 A 关于 $*$ 运算的**零元素**(zero element),或称 $*$ 运算满足**零元律**. 式(1-7)中的 θ 称为左零元素,式(1-8)中的 θ 称为右零元素.

【例 1-25】 试验证:整数集合 $\mathbf{Z}$ 关于加法运算 $+$ 和减法运算 $-$ 均没有零元素,而 $\mathbf{Z}$ 关于乘法运算 $\cdot$ 的零元素为 0.

本例作为练习.

集合 A 关于 $*$ 运算的零元素可记为 0. 为避免与数 0 混淆,将零元素记为 θ.

【定理 1-14】 若 A 关于 $*$ 运算有零元素,则零元素是唯一的.

证明略.

7. 逆元性

若 A 关于 $*$ 运算有单位元素 e,则可以讨论 A 中取定的元素 x 是否有逆元.

【定义 1-21】 设 $*$ 是 A 上的二元代数运算且有单位元素 e,若对于 $x \in A$,存在 $y \in A$,使得下列条件均成立:

$$y * x = e \tag{1-9}$$

$$x * y = e \tag{1-10}$$

则称 y 为 x 的**逆元素**(invertible element),或称 x 关于 $*$ 运算具有**逆元性**. 式(1-9)中的 y 称为左逆元素,式(1-10)中的 y 称为右逆元素.

显然,一个方阵关于乘法运算的逆元素就是其逆矩阵,这是因为单位元素是单位矩阵. 对于函数来说,一个映射关于函数的复合运算 $\circ$ 的逆元素就是其逆映射,当然只有双射才有逆元素,其单位元素是恒等映射.

【例 1-26】 分别考察实数集合 $\mathbf{R}$ 中各元素关于加法运算 $+$ 和乘法运算 $\cdot$ 的逆元素.

解 (1) $\mathbf{R}$ 关于加法运算 $+$ 的单位元素是 0. 对于任意 $x \in \mathbf{R}$,取 $y = -x$,因为 $x + (-x) = 0 = (-x) + x$,于是 $\mathbf{R}$ 中任意元素 x 均存在逆元素 $-x$.

(2) $\mathbf{R}$ 关于乘法运算 $\cdot$ 的单位元素是 1. 对于任意 $x \in \mathbf{R}$,若 $x \neq 0$,取 $y = 1/x$,因为 $x \cdot 1/x = 1 = 1/x \cdot x$,于是非零元素 x 均存在逆元素 $1/x$;若 $x = 0$,显然不存在任何 $y \in \mathbf{R}$,满足条件 $0 \cdot y = 1$,从而 0 关于乘法运算无逆元素.

表 1-5

$*$	a	b	c
a	a	b	c
b	b	a	a
c	c	a	c

【例 1-27】 设 $A = \{a, b, c\}$,关于 $*$ 运算的运算表如表 1-5 所示.

由表 1-5 可知,a 是 $A = \{a, b, c\}$ 关于 $*$ 运算的单位元素. 因为 $b * b = a$ 且 $b * c = c * b = a$,所以 b, c 都是 b 的逆元素.

对于 $\mathbf{Z}_6 = \{0, 1, 2, 3, 4, 5\}$ 中的模 6 乘法运算 $\cdot_6$ 来说,由于 1 是该运算的单位元素,容易验证关于 $\cdot_6$ 运算 1 和 5 有逆元素,分别为 1 和 5,而 $2, 3$ 和 4 不存在逆元素. 对于模 6 加法运算 $+_6$ 来说,由于 0 是该运算的单位元素,容易验证 $\mathbf{Z}_6 = \{0, 1, 2, 3, 4, 5\}$ 中的每个元素关于 " $+_6$ " 运算均有逆元素,分别为 $0, 5, 4, 3, 2, 1$.

由上面的例子可知,一个元素的逆元素不一定存在,即使存在也不一定唯一. 但有下面的定理.

【定理 1-15】 设 A 关于 $*$ 运算的单位元素为 e 且 $*$ 运算满足结合律,若 $x \in A$ 在 A 中

有左逆元素 y 及右逆元素 z,则 $y=z$. 进而,对于一个满足结合律的运算来说,若一个元素有逆元素,则其逆元素是唯一的.

证 由已知条件有 $y*x=e$ 且 $x*z=e$. 于是
$$y = y*e = y*(x*z) = (y*x)*z = e*z = z$$

若元素 $x \in A$ 有唯一逆元素,则将其记为 x^{-1}.

8. 消去性

【**定义 1-22**】 设 $*$ 是 A 上的二元代数运算. 如果 A 关于 $*$ 运算有零元素,则记为 θ,如果对于任意的 $x,y,z \in A$,只要 $x \neq \theta$,下列情况均成立:

由 $x*y=x*z$ 可推出
$$y=z \tag{1-11}$$

由 $y*x=z*x$ 可推出
$$y=z \tag{1-12}$$

则称 $*$ 具有**消去**(cancellation)**性**,或称 $*$ 满足**消去律**. 若由条件推出式(1-11)的情形,称 $*$ 运算具有左消去性;若由条件推出式(1-12)的情形,称 $*$ 运算具有右消去性.

【**例 1-28**】 试验证:整数集合 $\mathbf{Z}$ 上的加法运算 $+$ 和乘法运算 $\cdot$ 均满足消去律.

证 由于 $+$ 和 $\cdot$ 满足交换性,因此只需要验证式(1-11)即可. 对于任意 $x,y,z \in \mathbf{Z}$,若 $x+y=x+z$,有 $y=z$ 成立,所以 $+$ 运算具有消去性. 同样,因为 $\mathbf{Z}$ 关于乘法运算的零元素为 0,而对于任意的 $x,y,z \in \mathbf{Z}$,若 $x \neq 0$,则由 $x \cdot y = x \cdot z$ 显然可推出 $y=z$,因此 $\cdot$ 运算具有消去性.

【**例 1-29**】 试说明:对于实数集 $\mathbf{R}$ 上的所有 2 阶方阵组成的集合 $M_2(\mathbf{R})$,其上的矩阵乘法运算不满足消去律.

解 因为 A 关于矩阵乘法运算的零元素是 $\begin{pmatrix} 0 & 0 \\ 0 & 0 \end{pmatrix}$,取 $x = \begin{pmatrix} 1 & 0 \\ 0 & 0 \end{pmatrix} \neq \begin{pmatrix} 0 & 0 \\ 0 & 0 \end{pmatrix}$,由于 $\begin{pmatrix} 1 & 0 \\ 0 & 0 \end{pmatrix} \begin{pmatrix} 0 & 0 \\ 1 & 0 \end{pmatrix} = \begin{pmatrix} 1 & 0 \\ 0 & 0 \end{pmatrix} \begin{pmatrix} 0 & 0 \\ 1 & 1 \end{pmatrix}$,而 $\begin{pmatrix} 0 & 0 \\ 1 & 0 \end{pmatrix} \neq \begin{pmatrix} 0 & 0 \\ 1 & 1 \end{pmatrix}$,所以 $M_2(\mathbf{R})$ 上的矩阵乘法运算不满足消去律.

9. 分配性

【**定义 1-23**】 设 $*$ 和 $\circ$ 是集合 A 上的两个二元代数运算,若对于任意 $x,y,z \in A$,有
$$x*(y \circ z) = (x*y) \circ (x*z) \tag{1-13}$$
$$(y \circ z)*x = (y*x) \circ (z*x) \tag{1-14}$$

则称 $*$ 运算对 $\circ$ 运算**可分配**(distributive). 若出现式(1-13)的情形,则称 $*$ 运算对 $\circ$ 运算具有左分配性;若出现式(1-14)的情形,则 $*$ 运算对 $\circ$ 运算具有右分配性.

【**例 1-30**】 试验证:实数集合 $\mathbf{R}$ 上的乘法运算 $\cdot$ 对加法运算 $+$ 可分配,但加法运算 $+$ 对乘法运算 $\cdot$ 不可分配.

解 对于任意的 $x,y,z \in \mathbf{R}$,有 $x \cdot (y+z) = (x \cdot y) + (x \cdot z)$ 且 $(y+z) \cdot x = (y \cdot x) + (z \cdot x)$,于是乘法运算 $\cdot$ 对加法运算 $+$ 可分配. 因为 $2+(3 \cdot 5) \neq (2+3) \cdot (2+5)$,因此加法运算 $+$ 对乘法运算 $\cdot$ 不可分配.

注意 当 $*$ 运算满足交换性时,式(1-13)和式(1-14)之一成立即可.

【**例 1-31**】 设 $\mathbf{R}[x]$ 表示实数集 $\mathbf{R}$ 上的所有关于 x 的一元多项式组成的集合. 试验证:

多项式的乘法运算对多项式的加法运算可分配.

本例作为练习.

【例 1-32】 设 $M_n(\mathbf{R})$ 表示实数集 $\mathbf{R}$ 上的所有 n 阶方阵组成的集合. 试验证:矩阵的乘法运算对矩阵的加法运算可分配.

本例作为练习.

10. 吸收性

【定义 1-24】 设 $*$，$\circ$ 是集合 A 上的两个二元代数运算,若对于任意 $x,y \in A$,有

$$x * (x \circ y) = x \tag{1-15}$$

$$(x \circ y) * x = x \tag{1-16}$$

则称 $*$ 运算对 $\circ$ 运算**可吸收**（**absorptive**）. 其中,对于式(1-15)的情形,称 $*$ 运算对 $\circ$ 运算具有左吸收性;对于式(1-16)的情形,称 $*$ 运算对 $\circ$ 运算具有右吸收性.

如果 $*$ 和 $\circ$ 是集合 A 上的两个可交换的二元代数运算,则 $*$ 运算对 $\circ$ 运算可吸收只需要满足式(1-15)或式(1-16)即可,但吸收性本身不需要 $*$ 运算和 $\circ$ 运算可交换.

【例 1-33】 实数集合 $\mathbf{R}$ 上的乘法运算 $\cdot$ 对加法运算 $+$ 不可吸收,因为不满足以下条件:对于任意 $x,y \in \mathbf{R}$,有 $x \cdot (x+y) = x$.

11. 德·摩根律

【定义 1-25】 设 $\overline{}$ 是集合 A 上的一元代数运算,$*$ 和 $\circ$ 是 A 上的两个二元代数运算,若对于任意 $x,y \in A$,均有下面两个等式成立:

$$\overline{(x * y)} = (\overline{x}) \circ (\overline{y}) \tag{1-17}$$

$$\overline{(x \circ y)} = (\overline{x}) * (\overline{y}) \tag{1-18}$$

则称这三种运算满足**德·摩根**（**De Morgan**，1806—1871）**律**.

【例 1-34】 非负实数集合上的求算术平方根运算与其上的加法运算、乘法运算不满足德·摩根律,因为对于某些 $x,y \in \mathbf{R}$,有 $\sqrt{x \cdot y} \neq \sqrt{x} + \sqrt{y}$.

上面讨论了运算可能具有的常见性质. 在特定的数学结构中,还会出现其他的运算性质,如定理 2-3 中的结论,在此不再一一列举.

上面介绍了运算的定义及性质.在实际应用中,可能会有几种运算同时出现的情况,这时请注意括号的添加. 当然,为了方便起见,可以约定运算的顺序,参见有关的 C 程序设计语言教材[3].

习题 1.3

1. 分别判定取绝对值运算 | |、加法运算 $+$、减法运算 $-$、取大运算 max、取小运算 min 是否为自然数集合 $\mathbf{N}$ 上的代数运算.

2. 证明:集合 $A = \{3^n \mid n \in \mathbf{N}\}$ 关于数的加法运算不封闭.

3. 设 $A = \{a,b,c\}$,求 A 上的二元代数运算的个数.

4. 设 $A = \{1,2,3\}$,试根据表 1-6 和表 1-7 给出的运算表分别讨论其幂等性、交换性,并判断其是否有单位元素,若有,请指出 A 中各元素的逆元素.

5. 证明:整数集合 $\mathbf{Z}$ 上的取大运算 max 和取小运算 min 相互可吸收.

6. 设 $\mathbf{R}[x]$ 表示实数集 $\mathbf{R}$ 上的所有关于 x 的一元多项式组成的集合. 验证以下结论:

(1) 多项式的加法运算和多项式的乘法运算均满足结合律.

表 1-6

*	1	2	3
1	1	2	3
2	2	2	3
3	3	3	2

表 1-7

*	1	2	3
1	1	2	3
2	2	2	2
3	3	1	3

(2) 多项式的乘法运算对多项式的加法运算可分配.

7. 设 $M_n(\mathbf{R})$ 表示实数集 $\mathbf{R}$ 上的所有 n 阶方阵组成的集合.

(1) 验证:矩阵的乘法运算对矩阵的加法运算可分配.

(2) $M_n(\mathbf{R})$ 关于矩阵乘法的单位元素是什么? $M_n(\mathbf{R})$ 中哪些元素关于乘法运算有逆元素?

8. 令 $\mathbf{Z}_m = \{0,1,2,\cdots,m-1\}$,$\mathbf{Z}_m$ 上的两个二元运算分别是模 m 的加法运算 $+_m$ 和模 m 的乘法运算 $\cdot_m$. 这两个运算定义如下:对于任意 $x,y \in \mathbf{Z}_m$,$x +_m y = (x+y)(\bmod m)$,$x \cdot_m y = (xy)(\bmod m)$.

(1) 给出 $\mathbf{Z}_6$ 关于 $+_6$ 和 $\cdot_6$ 的运算表.

(2) 证明:$\cdot_m$ 运算对 $+_m$ 运算可分配.

9. 验证:$\mathbf{Z}$ 关于加法运算 $+$ 和减法运算 $-$ 均没有零元素,而 $\mathbf{Z}$ 关于乘法运算 $\cdot$ 的零元素为 0.

10. 举例说明映射的复合运算 $\circ$ 不具有消去性.

11. 令 G 表示集合 $S = \{1,2,3\}$ 上所有置换组成的集合.

(1) 给出 G 关于复合映射 $\circ$ 的运算表.

(2) 指出 G 关于复合映射 $\circ$ 的单位元素及 G 中每个元素的逆元素.

1.4 集合的运算

最常见的集合运算是并运算、交运算和补运算.

1.4.1 并运算

【定义 1-26】 设 A 和 B 是集合,则 A 和 B 的**并集**(union)$A \cup B$ 定义如下:
$$A \cup B = \{x \mid x \in A \text{ 或 } x \in B\}$$

集合 $A \cup B$ 就是将集合 A 与 B 中的元素全部取出来构成的集合,也可以记为 $A+B$,它在文氏图中的表示是图 1-8 中的阴影部分.

显然,集合的并运算是 $P(U)$ 上的二元封闭运算,即 $\cup: P(U) \times P(U) \to P(U)$,在不强调运算所依赖的集合 $P(U)$ 时,就说成是集合的并运算,这是大家所默认的.

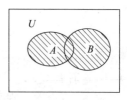

图 1-8

【定理 1-16】 设 A 和 B 是集合,则 $A \cup B$ 是包含集合 A 和集合 B 的最小集合.

证 显然,$A \cup B \supseteq A$ 且 $A \cup B \supseteq B$. 令 C 是任意一个包含 A 和 B 的集合,即 $C \supseteq A$,$C \supseteq B$,

这时有 $C \subseteq A \cup B$,也就是说 $A \cup B$ 比 C "小".

显然,有以下定理.

【定理 1-17】 设 A,B,C 是集合,则

(1) $A \cup A = A$(幂等律).

(2) $A \cup B = B \cup A$(交换律).

(3) $(A \cup B) \cup C = A \cup (B \cup C)$(结合律).

(4) $A \cup \varnothing = \varnothing \cup A = A$(空集 $\varnothing$ 是并运算 $\cup$ 的单位元素).

(5) $A \cup U = U \cup A = U$(全集 U 是并运算 $\cup$ 的零元素).

两个集合的并运算可以推广到更多个集合的并运算. 设 $A_i (1 \leqslant i \leqslant n)$ 是集合,则

$$\bigcup_{i=1}^{n} A_i = A_1 \cup A_2 \cup \cdots \cup A_n = \{x \mid x \in A_1, 或 x \in A_2, \cdots, 或 x \in A_n\}$$

并运算还可以推广到更一般的情形: $\bigcup_{i \in I} A_i$,其中 I 是指标集,如 $\bigcup_{i=1}^{\infty} A_i$.

【例 1-35】 设 $f:A \to B$,对于任意 $X \subseteq A, Y \subseteq A$,证明: $f(X \cup Y) = f(X) \cup f(Y)$.

证 因为 $X \subseteq X \cup Y$,显然有 $f(X) \subseteq f(X \cup Y)$,同样,$f(Y) \subseteq f(X \cup Y)$,进而有 $f(X) \cup f(Y) \subseteq f(X \cup Y)$.

下面证明 $f(X \cup Y) \subseteq f(X) \cup f(Y)$. 对于任意 $b \in f(X \cup Y)$,必存在 $a \in X \cup Y$,使得 $b = f(a)$. 这时,$a \in X$ 或 $a \in Y$. 若 $a \in X$,则 $b = f(a) \in f(X)$;若 $a \in Y$,则 $b = f(a) \in f(Y)$,因此 $b \in f(X) \cup f(Y)$,于是 $f(X \cup Y) \subseteq f(X) \cup f(Y)$.

由定理 1-3 知,$f(X \cup Y) = f(X) \cup f(Y)$.

1.4.2 交运算

【定义 1-27】 设 A 和 B 是集合,则 A 和 B 的**交集**(intersection)$A \cap B$ 定义如下:

$$A \cap B = \{x \mid x \in A 且 x \in B\}$$

集合 $A \cap B$ 就是将集合 A 与集合 B 中所有公共元素取出来构成的集合,也可以记为 $A \cdot B$ 或 AB,它在维恩图中的表示是图 1-9 中的阴影部分.

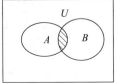

图 1-9

【例 1-36】 设集合 $\pi_1 = \{\{1,4\},\{2,3\}\}, \pi_2 = \{\{1\},\{2,3,4\}\}$,计算集合 $\pi = \{X \mid X 非空且 X = A \cap B, A \in \pi_1, B \in \pi_2\}$.

解 $\pi = \{\{1\},\{4\},\{2,3\}\}$.

可以证明以下定理.

【定理 1-18】 设 A 和 B 是集合,则 $A \cap B$ 是包含在集合 A 和集合 B 中的最大集合.

证 显然,$A \cap B \subseteq A$ 且 $A \cap B \subseteq B$. 令 C 是任意一个包含在 A 和 B 的集合,即 $C \subseteq A$,$C \subseteq B$,这时有 $C \subseteq A \cap B$,也就是说 $A \cap B$ 比 C "大".

显然,有以下定理.

【定理 1-19】 设 A,B,C 是集合,则

(1) $A \cap A = A$(幂等律).

(2) $A \cap B = B \cap A$(交换律).

(3) $(A \cap B) \cap C = A \cap (B \cap C)$(结合律).

(4) $A \cap U = U \cap A = A$(全集 U 是交运算 $\cap$ 的单位元素).

(5) $A \cap \varnothing = \varnothing \cap A = \varnothing$(空集 $\varnothing$ 是交运算 $\cap$ 的零元素).

两个集合的交运算可以推广到更多个集合的交运算. 设 $A_i(1 \leqslant i \leqslant n)$ 是集合, 则

$$\bigcap_{i=1}^{n} A_i = A_1 \cap A_2 \cap \cdots \cap A_n = \{x \mid x \in A_1, 且 x \in A_2, \cdots, 且 x \in A_n\}$$

交运算还可以推广到更一般的情形: $\bigcap_{i \in I} A_i$, 其中 I 是指标集.

【例 1-37】 设 $f: A \to B$, 对于任意 $X \subseteq A, Y \subseteq A$, 判定 $f(X \cap Y) = f(X) \cap f(Y)$ 是否成立, 说明理由.

本例作为练习.

下面的定理讨论的是并运算与交运算之间的性质.

【定理 1-20】 设 A, B, C 是集合, 则

(1) $\begin{cases} A \cap (A \cup B) = A & (\cap 对 \cup 可吸收) \\ A \cup (A \cap B) = A & (\cup 对 \cap 可吸收) \end{cases}$.

(2) $\begin{cases} A \cap (B \cup C) = (A \cap B) \cup (A \cap C) & (\cap 对 \cup 可分配) \\ A \cup (B \cap C) = (A \cup B) \cap (A \cup C) & (\cup 对 \cap 可分配) \end{cases}$.

【例 1-38】 对于集合 A, B, 证明下列 3 个命题等价:

(1) $A \subseteq B$.

(2) $A \cap B = A$.

(3) $A \cup B = B$.

证 由(1)推(2): 显然有 $A \cap B \subseteq A$. 对于任意 $x \in A$, 由已知条件 $A \subseteq B$, 有 $x \in B$, 进而 $x \in A \cap B$, 于是 $A \subseteq A \cap B$, 因此 $A \cap B = A$.

由(2)推(1): 因为 $A \cap B \subseteq B$, 而已知 $A \cap B = A$, 所以 $A \subseteq B$.

类似地可以证明(1)与(3)等价.

1.4.3 补运算

【定义 1-28】 设 U 是全集, 对于集合 A, 定义 A 的**补集**(complement)$\overline{A}$ 如下:

$$\overline{A} = \{x \mid x \in U, 但 x \notin A\}$$

由补运算的定义可知, 一个集合的补集依赖于全集的选取.

【例 1-39】 设集合 $A = \{a, b, c\}$, 分别取全集 $U = \{a, b, c, d\}$ 和 $U = \{a, b, c, \{a, b\}, \{b, c\}, \{\{c\}\}\}$, 求 $\overline{A}$.

解 若 $U = \{a, b, c, d\}$, 则 $\overline{A} = \{d\}$; 若 $U = \{a, b, c, \{a, b\}, \{b, c\}, \{\{c\}\}\}$, 则 $\overline{A} = \{\{a, b\}, \{b, c\}, \{\{c\}\}\}$.

A 的补集符号 $\overline{A}$ 是由罗素(B. A. W. Russell, 1872—1970)等人在 1900 年左右引入的. 集合 $\overline{A}$ 在唯恩图中的表示为图 1-10 中的阴影部分.

显然, 补运算具有对合性: $\overline{\overline{A}} = A$. 下面的定理是重要的, 它是经典集合特有的一个性质, 称为**排中律**.

【定理 1-21】 设 A 是集合, 则 A 的补集 $\overline{A}$ 满足

(1) $A \cup \overline{A} = U$.

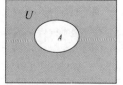

图 1-10

(2) $A \cap \bar{A} = \varnothing$.

结合图 1-10 很容易理解上述定理. 它说明,对于全集中的任意元素 x, $x \notin A$ 当且仅当 $x \in \bar{A}$,即 $x \in A$ 或 $x \in \bar{A}$ 必居其一,具有"非此即彼"的二元性,不具有"亦此亦彼"的中间过渡性.

集合的补运算和集合的并、交运算满足德·摩根律.

【定理 1-22】 设 A, B 是集合,则

(1) $\overline{A \cup B} = \bar{A} \cap \bar{B}$.

(2) $\overline{A \cap B} = \bar{A} \cup \bar{B}$.

证明作为练习.

有些与整数 n 有关的结论的证明可以使用数学归纳法,其有效性是显然的.

第一数学归纳法(the first principle of mathematical induction) 设 n_0 是整数[①],给定一个关于整数 $n \geqslant n_0$ 的命题 $P(n)$,若

(1) 归纳基础:$P(n_0)$ 成立.

(2) 归纳步骤:对任意的 $n > n_0$,由 $P(n-1)$ 成立可以得出 $P(n)$ 成立.

则对于任意 $n \geqslant n_0$ 均有 $P(n)$ 成立.

第二数学归纳法(the second principle of mathematical induction) 设 n_0 是整数,给定一个关于整数 $n \geqslant n_0$ 的命题 $P(n)$,若

(1) 归纳基础:$P(n_0)$ 成立.

(2) 归纳步骤:对任意的 $n > n_0$,由 $P(n_0), P(n_0+1), \cdots, P(n-1)$ 成立可以得出 $P(n)$ 成立.

则对于任意 $n \geqslant n_0$ 均有 $P(n)$ 成立.

推广的德·摩根律 设 $A_1, A_2, \cdots, A_n$ 是集合,则

(1) $\overline{A_1 \cup A_2 \cup \cdots \cup A_n} = \overline{A_1} \cap \overline{A_2} \cap \cdots \cap \overline{A_n}$.

(2) $\overline{A_1 \cap A_2 \cap \cdots \cap A_n} = \overline{A_1} \cup \overline{A_2} \cup \cdots \cup \overline{A_n}$.

证 (1) 对 n 使用数学归纳法. 当 $n=2$ 时,结论显然成立. 假设 $n-1$ 时结论成立,则

$$\overline{A_1 \cup A_2 \cup \cdots \cup A_n} = \overline{(A_1 \cup A_2 \cup \cdots \cup A_{n-1}) \cup A_n}$$
$$= \overline{(A_1 \cup A_2 \cup \cdots \cup A_{n-1})} \cap \overline{A_n}$$
$$= (\overline{A_1} \cap \overline{A_2} \cap \cdots \cap \overline{A_{n-1}}) \cap \overline{A_n}$$
$$= \overline{A_1} \cap \overline{A_2} \cap \cdots \cap \overline{A_n}$$

(2) 的证明留作练习.

集合的 $\cup, \cap, \overline{}$ 运算的重要性质列举如下:

(1) $\bar{\bar{A}} = A$(对合律).

(2) $A \cup A = A, A \cap A = A$ (幂等律).

(3) $A \cup B = B \cup A, A \cap B = B \cap A$ (交换律).

(4) $(A \cup B) \cup C = A \cup (B \cup C), (A \cap B) \cap C = A \cap (B \cap C)$ (结合律).

(5) $A \cup (A \cap B) = A, A \cap (A \cup B) = A$(吸收律).

(6) $A \cup (B \cap C) = (A \cup B) \cap (A \cup C), A \cap (B \cup C) = (A \cap B) \cup (A \cap C)$(分配律).

---

① 很多时候 $n_0 = 1$.

(7) $A \cup \bar{A} = U, A \cap \bar{A} = \varnothing$(有补律,$A$ 有补元 $\bar{A}$).

(8) $\overline{A \cup B} = \bar{A} \cap \bar{B}, \overline{A \cap B} = \bar{A} \cup \bar{B}$(德・摩根律).

(9) $A \cup \varnothing = \varnothing \cup A = A, A \cap U = U \cap A = A$($\cup, \cap$ 有单位元素).

(10) $A \cup U = U \cup A = U, A \cap \varnothing = \varnothing \cap A = \varnothing$($\cup, \cap$ 有零元素).

下面介绍集合的差运算和对称差运算.

1.4.4 差运算

【**定义 1-29**】 集合 A, B 的**差集**(subtraction)定义如下：
$$A - B = \{x \mid x \in A \text{ 且 } x \notin B\}$$

集合 $A - B$ 就是从集合 A 中去掉属于集合 B 的元素,也可记为 $A \backslash B$,它在维恩图中的表示是图 1-11 中集合 A 中阴影部分,而集合 B 中阴影部分是 $B - A$.

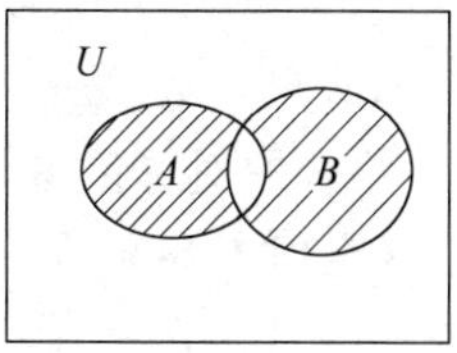

【**例 1-40**】 设 $A = \{a, b, c\}, B = \{b, c, d, e, f\}$,分别计算 $A - B$ 和 $B - A$.

图 1-11

解 $A - B = \{a\}, B - A = \{d, e, f\}$.

显然,$A - B \neq B - A$,即集合的差运算不满足交换律. 集合 A, B 满足什么条件时 $A - B = B - A$ 成立？这个问题请大家思考.

【**例 1-41**】 计算 $\mathbf{R} - \mathbf{Q}$,其中 $\mathbf{R}$ 是实数集合,$\mathbf{Q}$ 是有理数集合.

解 $\mathbf{R} - \mathbf{Q} = \{x \mid x \text{ 是无理数}\}$.

显然,$\bar{A} = U - A$. 鉴于补运算本身的特殊性,1.4.3 节单独讨论了补运算. 下面的定理是有关差运算的重要结论.

【**定理 1-23**】 对于集合 A, B,有 $A - B = A \cap \bar{B}$.

证 (1) 先证明 $A - B \subseteq A \cap \bar{B}$. 对任意 $x \in A - B$,根据差运算的定义知 $x \in A$ 且 $x \notin B$,这时 $x \in A$ 且 $x \in \bar{B}$,于是 $x \in A \cap \bar{B}$,因此有 $A - B \subseteq A \cap \bar{B}$.

(2) 再证明 $A \cap \bar{B} \subseteq A - B$. 对任意 $x \in A \cap \bar{B}$,这时 $x \in A$ 且 $x \in \bar{B}$,于是 $x \in A$ 且 $x \notin B$,根据差运算的定义知 $x \in A - B$,所以有 $A \cap \bar{B} \subseteq A - B$.

由(1)和(2)知,$A - B = A \cap \bar{B}$.

利用上述定理,可以方便地证明一些与差运算有关的结论.

【**例 1-42**】 对于任意集合 A, B, C,证明：$(A - B) - C = A - (B \cup C)$.

证 $(A - B) - C = (A \cap \bar{B}) - C = (A \cap \bar{B}) \cap \bar{C} = A \cap (\bar{B} \cap \bar{C})$
$= A \cap \overline{B \cup C} = A - (B \cup C)$

【**例 1-43**】 设 A, B 是集合,证明：$A \subseteq B$ 当且仅当 $A - B = \varnothing$.

证明作为练习.

【**例 1-44**】 对于任意集合 A, B, C,找出使等式
$$(A - B) \cup (A - C) = \varnothing$$
成立的最简单的充要条件.

解 因为 $(A - B) \cup (A - C) = (A \cap \bar{B}) \cup (A \cap \bar{C}) = A \cap (\bar{B} \cup \bar{C}) = A \cap \overline{B \cap C} = A - (B \cap C)$,由已知条件有 $A - (B \cap C) = \varnothing$. $A - (B \cap C) = \varnothing$ 的充要条件是 $A \subseteq B \cap C$.

1.4.5 对称差运算

【定义 1-30】 集合 A,B 的**对称差**(symmetric difference)定义如下：
$$A \oplus B = (A-B) \cup (B-A)$$

集合的对称差运算又可称为**环和**(cycle sum)运算，它是针对运算符号而言的．

集合 $A \oplus B$ 在维恩图中的表示是图 1-12 中的两个对称的差 $A-B$ 与 $B-A$ 的并．

从图 1-12 容易看出
$$A \oplus B = (A \cup B) - (A \cap B)$$

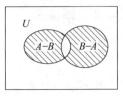

图 1-12

【例 1-45】 设 $A=\{a,b,c\}, B=\{b,c,d,e,f\}$，计算 $A \oplus B$．

解 因为 $A-B=\{a\}, B-A=\{d,e,f\}$，所以 $A \oplus B = \{a,d,e,f\}$．

集合的对称差运算具有以下性质．

【定理 1-24】 对于集合 A,B，有

(1) $A \oplus B = B \oplus A$．

(2) $A \oplus \varnothing = A$．

(3) $A \oplus A = \varnothing$．

(4) $(A \oplus B) \oplus C = A \oplus (B \oplus C)$．

证明略．

【例 1-46】 对于任意集合 A,B,C，若 $A \oplus B = A \oplus C$，则 $B=C$．试证明．

证 因为 $A \oplus B = A \oplus C$，所以 $A \oplus (A \oplus B) = A \oplus (A \oplus C)$．由定理 1-24 的性质(4)，有 $(A \oplus A) \oplus B = (A \oplus A) \oplus C$．再由性质(3)，有 $\varnothing \oplus B = \varnothing \oplus C$．最后由性质(2)得出 $B=C$．

关于对称差运算的性质(3)，有更进一步的结论．

【例 1-47】 设 A,B 是集合，证明：$A \oplus B = \varnothing$ 当且仅当 $A=B$．

证 若 $A=B$，则由性质(3)知 $A \oplus B = \varnothing$．反过来，若 $A \oplus B = \varnothing$，因为 $A \oplus B = (A-B) \cup (B-A)$，所以 $A-B=\varnothing$，且 $B-A=\varnothing$，于是 $A \subseteq B$ 且 $B \subseteq A$，从而有 $A=B$．

可以考虑集合的交运算以及并运算与对称差运算之间的关系．

【例 1-48】 设 A,B,C 是集合．

(1) 证明 $A \cap (B \oplus C) = (A \cap B) \oplus (A \cap C)$（$\cap$ 对 $\oplus$ 可分配）．

(2) 举例说明 $A \cup (B \oplus C) = (A \cup B) \oplus (A \cup C)$ 不成立（$\cup$ 对 $\oplus$ 不可分配）．

本例留作练习．

思考 还能给出集合的其他运算吗？计算机如何做这些运算？

提示 $\overline{A \cup B}, \overline{A \cap B}, \overline{A-B}, \overline{A \oplus B}$（部分参见习题 1.4 的第 12 题）．

容斥原理(inclusion-exclusion principle)是加法原理的推广形式．

容斥原理 设 A,B 是有限集合，则 $|A \cup B| = |A| + |B| - |A \cap B|$．

该原理可以从维恩图直观理解，它的另一种形式如下．

容斥原理的另一种形式 设 A,B 是有限集合，则
$$|\overline{A} \cap \overline{B}| = |U| - |A| - |B| + |A \cap B|$$

证 因为 $\overline{A} \cap \overline{B} = \overline{A \cup B}$，而 $|\overline{A \cup B}| = |U| - |A \cup B|$．

【例 1-49】 计算由 $1,2,\cdots,n(n\geqslant 4)$ 构成的 1 与 2 不相邻且 3 与 4 不相邻的全排列个数.

解 由 $1,2,\cdots,n(n\geqslant 4)$ 构成的全排列是全集 U. 显然, $|U|=n!$. 令 A,B 分别表示 U 中 1 与 2 相邻且 3 与 4 相邻的全排列组成的集合, 则

$$|A|=|B|=2(n-1)!, \quad |A\cap B|=4(n-2)!$$

由于所求的满足条件的排列个数为 $|\overline{A}\cap\overline{B}|$, 于是有

$$|\overline{A}\cap\overline{B}|=|U|-|A|-|B|+|A\cap B|=n!-2\cdot 2(n-1)!+4(n-2)!$$
$$=(n^2-5n+8)(n-2)!$$

推广的容斥原理 设 $A_1,A_2,\cdots,A_n$ 是有限集合, 则

$$|A_1\cup A_2\cup\cdots\cup A_n|=\sum_{i=1}^{n}|A_i|-\sum_{1\leqslant i<j\leqslant n}|A_i\cap A_j|+\sum_{1\leqslant i<j<k\leqslant n}|A_i\cap A_j\cap A_k|$$
$$-\cdots+(-1)^{n+1}|A_1\cap A_2\cap\cdots\cap A_n|$$

由于 $|\overline{A_1}\cap\overline{A_2}\cap\cdots\cap\overline{A_n}|=|\overline{A_1\cup A_2\cup\cdots\cup A_n}|$, 于是有下述结论.

推广的容斥原理的另一种形式 设 $A_1,A_2,\cdots,A_n$ 是集合, 则

$$|\overline{A_1}\cap\overline{A_2}\cap\cdots\cap\overline{A_n}|=|U|-\sum_{i=1}^{n}|A_i|+\sum_{1\leqslant i<j\leqslant n}|A_i\cap A_j|-\sum_{1\leqslant i<j<k\leqslant n}|A_i\cap A_j\cap A_k|$$
$$+\cdots+(-1)^n|A_1\cap A_2\cap\cdots\cap A_n|$$

习题 1.4

1. 设全集 $U=\{a,b,c,d,e,f,g,h\}$, 令集合 A,B,C,D 分别为 $A=\{a,b,c,g\}$, $B=\{d,e,f,g\}$, $C=\{a,c,f\}$, $D=\{f,h\}$. 分别计算以下各式:

   (1) $A\cup B$;
   (2) $B\cap C$;
   (3) $A-D$;
   (4) $(A\cap B)-C$;
   (5) $\overline{D}$;
   (6) $B\oplus C$;
   (7) $A\cap(B\cup C)$;
   (8) $(A\cup D)-\overline{C}$;
   (9) $\overline{A\cup C}$;
   (10) $A\cup B\cup C$.

2. 设 $A\subseteq C$ 且 $B\subseteq C$, 证明: $A\cup B\subseteq C$, 进而 $A\cap B\subseteq C$.

3. 证明德·摩根律.

4. 对于集合 A,B, 证明: $A\subseteq B$ 当且仅当 $\overline{B}\subseteq\overline{A}$.

5. 设 $f:A\to B$, 对于任意 $X\subseteq A$ 及 $Y\subseteq A$, 证明: $f(X\cap Y)\subseteq f(X)\cap f(Y)$. 一般来说, $f(X\cap Y)\neq f(X)\cap f(Y)$, 举例说明之.

6. 对于任意集合 A,B,C, 证明: $(A-B)-C=(A-C)-B$.

7. 设 A,B,C 是集合, 下列命题是否成立? 为什么?

   (1) 若 $A\cup B=A\cup C$, 则 $B=C$.
   (2) 若 $A\cap B=A\cap C$, 则 $B=C$.

(3) 若 $A \cup B = A \cup C$ 且 $A \cap B = A \cap C$，则 $B = C$.

8. 设 A, B 是任意集合.

(1) 证明：$P(A) \cap P(B) = P(A \cap B)$.

(2) 证明：$P(A) \cup P(B) \subseteq P(A \cup B)$. 并举例说明 $P(A) \cup P(B) = P(A \cup B)$ 不成立.

9. 设 A, B 是集合，证明：$A \subseteq B$ 当且仅当 $A - B = \varnothing$.

10. 对于任意集合 A, B, C，分别找出使下列等式成立的最简单的充要条件：

(1) $(A - B) \cup (A - C) = A$.

(2) $(A - B) \cap (A - C) = \varnothing$.

(3) $(A - B) \oplus (A - C) = \varnothing$.

11. 设 A, B 和 C 是任意集合，则

(1) $A \times (B \cup C) = (A \times B) \cup (A \times C)$.

(2) $A \times (B \cap C) = (A \times B) \cap (A \times C)$.

12. 设 A, B 是集合，定义 $\otimes$（**环积**，cycle product）运算如下：
$$A \otimes B = \overline{A \oplus B}$$
证明：$A \otimes B = (A \cup \bar{B}) \cap (\bar{A} \cup B)$，并讨论 $\otimes$ 运算具有的性质.

13. 对于任意集合 A, B, C，证明：

(1) $A \cap (B \oplus C) = (A \cap B) \oplus (A \cap C)$.

(2) $(B \oplus C) \cap A = (B \cap A) \oplus (C \cap A)$.

14. 设 A, B, C 是集合，举例说明 $A \cup (B \oplus C) = (A \cup B) \oplus (A \cup C)$ 不成立.

15. 根据集合运算 $\cup$ 和 $\cap$ 相互可吸收，证明 $\cup$ 和 $\cap$ 满足幂等性.

16. 设 A, B, C 是集合，利用两个集合的容斥原理证明
$$|A \cup B \cup C| = (|A| + |B| + |C|)$$
$$- (|A \cap B| + |A \cap C| + |B \cap C|) + |A \cap B \cap C|$$
这个结论能推广到更一般的 n 个集合的情形吗？

17. （**错排问题**）对 $1, 2, \cdots, n$ 共 n 个元素进行排列，若第 i 个元素都没有排在第 i 个位置 $(i = 1, 2, \cdots, n)$，称这样的排列为**错排**(derangement). 利用 n 个集合的容斥原理计算错排的个数.

1.5 集合的划分与覆盖

集合的划分就是集合元素间的一种分类. 在信息科学中，对知识库分类就是集合的一种划分，因此研究集合的划分具有特别重要的意义. 比集合的划分更广的概念是集合的覆盖. 这些内容在第 2 章会用到.

1.5.1 集合的划分

硬盘分区、实验分组以及各种分类等都是划分.

【**定义 1-31**】 设 A 是任意集合，π 是由 A 的若干子集组成的集合. 如果下列 3 个条件成立：

(1) 对于任意 $A_i \in \pi$，均有 $A_i \neq \varnothing$（不空）.

(2) 对于任意 $A_i, A_j \in \pi, i \neq j$，均有 $A_i \cap A_j = \varnothing$（不交）.

(3) $\bigcup\limits_{A_i \in \pi} A_i = A$（不漏）.

则称 π 是集合 A 的一种**划分**(partition).

由集合 A 的划分 π 的定义知,π 是由 A 的非空子集组成的集合,其中任意两个不同子集是不相交的,而所有这样的子集的并就是集合 A,参见图 1-13.

需要说明的是,定义 1-31 中的集合 A 称为论域,一般情况下 A 是非空集合.为了以后讨论的方便,若 A 是空集合,则约定 A 的划分不存在,即 A 的划分为空.

集合 A 的划分 π 中的每个元素称为划分的一个**块**(block 或 cell).

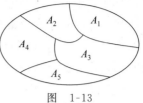

图 1-13

【例 1-50】 设 $A=\{a,b,c\}$,容易验证 $\{\{a,b\},\{c\}\}$ 是集合 A 的划分.实际上,集合 A 的所有不同的划分分别为

$$\pi_1=\{\{a,b,c\}\},\quad \pi_2=\{\{a,b\},\{c\}\},\quad \pi_3=\{\{a,c\},\{b\}\},$$
$$\pi_4=\{\{c,b\},\{a\}\},\quad \pi_5=\{\{a\},\{b\},\{c\}\}$$

【例 1-51】 设 $A=\{a,b,c,d\}$,求集合 A 的所有不同的划分(作为练习).

【例 1-52】 设 $A=\{a,b,c,d,e,f,g,h\}$,考虑下列 A 的子集合:

$$A_1=\{a,b,c,d,e\},\quad A_2=\{d,e,f,g,h\},\quad A_3=\{a,d,e\},$$
$$A_4=\{b,c,f\},\quad A_5=\{g,h\}$$

则 $\{A_1,A_2\}$ 不是 A 的划分,因为 $e\in A_1\cap A_2\neq\varnothing$;$\{A_3,A_4\}$ 不是 A 的划分,因为 $g\notin A_3\cup A_4$;$\{A_3,A_4,A_5\}$ 是 A 的划分.

【例 1-53】 对于整数集合 $\mathbf{Z}$,令 A_1 是所有偶数组成的集合,A_2 是所有奇数组成的集合,则 $\{A_1,A_2\}$ 是 $\mathbf{Z}$ 的划分.

【定理 1-25】 设集合 A 有两种划分:$\pi_1=\{A_i|i\in I\}$ 和 $\pi_2=\{B_j|j\in J\}$,令所有满足 $A_i\cap B_j\neq\varnothing(i\in I,j\in J)$ 的 $A_i\cap B_j$ 组成的集合为 π:

$$\pi=\{A_i\cap B_j|A_i\cap B_j\neq\varnothing,i\in I,j\in J\}$$

则 π 是 A 的一种划分,该划分称为划分 π_1 和 π_2 的**交叉划分**.

证 显然,π 中元素均非空,对于 π 中两个不同元素 $A_i\cap B_j$ 和 $A_k\cap B_l$,它们的交是 $\varnothing$,而 π 中所有元素的并

$$\bigcup_{i\in I,j\in J}(A_i\cap B_j)=\left(\bigcup_{i\in I}A_i\right)\cap\left(\bigcup_{j\in J}B_j\right)=A\cap A=A$$

所以,π 是 A 的一种划分.

还可以定义更多个划分的交叉划分,它是**粗糙集**(rough set)理论研究中最基本的内容,它与第 2 章介绍的等价关系密切相关.粗糙集理论是信息科学中基于不完整数据、不精确知识的表达、学习、归纳等的一种新的数学工具,参见文献[7,8].

【例 1-54】 设集合 A 有两种划分:$\pi_1=\{A_i|i\in I\}$ 和 $\pi_2=\{B_j|j\in J\}$.$\pi_1\cap\pi_2$ 是否必是 A 的划分?为什么?

解 $\pi_1\cap\pi_2$ 不必是 A 的划分.例如,取 $A=\{a,b,c,d\}$,$\pi_1=\{\{a,b\},\{c\},\{d\}\}$,$\pi_2=\{\{a,b\},\{c,d\}\}$,显然 π_1 和 π_2 是集合 A 的划分,而 $\pi_1\cap\pi_2=\{\{a,b\}\}$ 不是集合 A 的划分.

给定集合 A 的两种划分:$\pi_1=\{A_i|i\in I\}$ 和 $\pi_2=\{B_j|j\in J\}$,若对于任意 $A_i\in\pi_1$,均存在 $B_j\in\pi_2$,使得 $A_i\subseteq B_j$ 成立,则称 π_1 是 π_2 的**加细划分**.

显然,由定理 1-25 知 π_1 和 π_2 的交叉划分分别是 π_1 和 π_2 的加细划分. 要获得一个划分的加细,只要把划分的块划分成更小的一些块即可. 例如,学院学生分成年级学生,年级学生又可分成若干班,后者就是前者的加细.

最后介绍一个有限集合的所有划分个数问题,希望大家对此有所了解.

由例 1-50 知,若 $|A|=3$,则 A 的所有不同划分的个数为 5. 事实上,若 $|A|=4$,则 A 的所有不同划分的个数为 15.

设 $|A|=n\geqslant 1$,下面考虑 A 的所有不同划分的个数 $N(n)$.

令 $S(n,k)$ 表示将 n 个元素集合划分成 k 个块的方案数,称 $S(n,k)$ 为**第二类斯特林**(**J. Stirling**,1692—1770)**数**,显然

$$N(n)=\sum_{k=1}^{n}S(n,k)$$

且有下列等式成立(其证明作为练习):

(1) $S(n,1)=1$.

(2) $S(n,n)=1$.

(3) $S(n,2)=2^{n-1}-1$.

下面先给出一个关于 $S(n,k)$ 的递推关系.

【**定理 1-26**】 对于 $n>1$,下列关于 $S(n,k)$ 的递推关系成立:

$$S(n,k)=S(n-1,k-1)+kS(n-1,k)$$

证 设 $A=\{x_1,x_2,\cdots,x_n\}$,取出 A 中的一个元素 x_1,将 A 划分成 k 个块,分以下两种情况讨论:

(1) x_1 单独在一个块中,其方案数为 $S(n-1,k-1)$.

(2) x_1 不单独在一个块中,这相当于将剩下的 $n-1$ 个元素划分成 k 个块,有 $S(n-1,k)$ 种方案数,再将 x_1 放在其中一个块中,有 k 种方式. 因此,此种情况的划分方案数为 $kS(n-1,k)$.

根据加法原理(参见 8.1 节),有 $S(n,k)=S(n-1,k-1)+kS(n-1,k)$.

由定理 1-26 中的递推关系可得 $N(1)=1$,$N(2)=2$,$N(3)=5$,$N(4)=15$,$N(5)=52$.

1.5.2 集合的覆盖

集合的覆盖推广了集合的划分的概念,其定义如下.

【**定义 1-32**】 设 A 是集合,若 A 的若干非空子集的并集等于 A,则称由这些非空子集构成的集合为 A 的**覆盖**(covering).

集合 A 的覆盖不必要求两个不同的子集不相交. 所以,集合 A 的划分是集合 A 的覆盖,但反过来不成立.

【**例 1-55**】 设 $A=\{a,b,c\}$,则 $\{\{a,b\},\{b,c\}\}$ 是 A 的覆盖,但不是 A 的划分.

你能写出集合 $A=\{a,b,c\}$ 的所有不同的覆盖吗?若 $|A|=n$,则 A 的所有不同的覆盖个数是多少?参见参考文献[9].

习题 1.5

1. 设 $A=\{a,b,c,d\}$，求集合 A 的所有不同的划分．

2. 对于整数集合 $\mathbf{Z}$，令
$$A_1=\{3k\mid k\in\mathbf{Z}\},\quad A_2=\{3k+1\mid k\in\mathbf{Z}\},\quad A_3=\{3k+2\mid k\in\mathbf{Z}\}$$
则 $\{A_1,A_2,A_3\}$ 是 $\mathbf{Z}$ 的划分．试证明之．

3. 设 $\pi=\{A_i\mid i\in I\}$ 是集合 A 的一种划分，对于集合 B，所有 $A_i\cap B\ne\varnothing$ 的 $A_i\cap B$ 组成的集合是 $A\cap B$ 的划分．试证明之．

4. 设集合 A 有两种划分：$\pi_1=\{A_i\mid i\in I\}$ 和 $\pi_2=\{B_j\mid j\in J\}$．$\pi_1\cup\pi_2$ 是否必是 A 的划分？为什么？$\pi_1-\pi_2$ 呢？

5. 设 $n\geqslant 1$，证明：

(1) $S(n,1)=1$.

(2) $S(n,n)=1$.

(3) $S(n,2)=2^{n-1}-1$.

6. 设 $A=\{a,b,c,d,e,f,g,h,i,j\}$，$A_1=\{a,b,c,d\}$，$A_2=\{e,f,g\}$，$A_3=\{d,e,g,i\}$，$A_4=\{d,h,j\}$，$A_5=\{h,i,j\}$，$A_6=\{a,b,c,f,h,j\}$．分别判定下列集合是否是 A 的划分、覆盖：

(1) $\{A_1,A_2,A_5\}$.

(2) $\{A_1,A_3,A_5\}$.

(3) $\{A_3,A_6\}$.

(4) $\{A_2,A_3,A_4\}$.

7. 写出集合 $A=\{a,b\}$ 的所有不同的覆盖．

1.6 集合对等

下面利用函数讨论集合对等，它是集合间的另一种关系．通过集合对等以及相关内容的学习，可以加深对函数概念的理解，提高正确使用函数工具作为研究手段的能力．

1.6.1 集合对等的定义

【定义 1-33】 设 A,B 是集合，若存在一个 A 到 B 的双射，则称集合 A 和 B **对等**，记为 $A\sim B$．

【例 1-56】 自然数集合 $\mathbf{N}$ 与其中的所有偶数组成的集合 E 对等．试证明之．

证 令 $f:\mathbf{N}\to E, f(x)=2x$，则 f 是 $\mathbf{N}$ 到 E 的双射，所以 $\mathbf{N}\sim E$．

【例 1-57】 试证明：$(0,1)\sim\mathbf{R}$．

证 令 $f:(0,1)\to\mathbf{R}, f(x)=\tan(x-1/2)\pi$．显然 f 是双射．

【例 1-58】 试证明：$\mathbf{N}\sim\mathbf{N}\times\mathbf{N}$．

证 可按如下箭头方向建立一个 $\mathbf{N}$ 与 $\mathbf{N}\times\mathbf{N}$ 的一一对应：

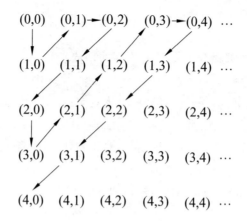

【定理 1-27】 集合对等关系是等价关系(等价关系见 2.5 节).

(1) $A \sim A$.

(2) 若 $A \sim B$,则 $B \sim A$.

(3) 若 $A \sim B$ 且 $B \sim C$,则 $A \sim C$.

证 (1) A 上的恒等映射是 A 到 A 的双射.

(2) 因为 $A \sim B$,于是存在 A 到 B 的双射 f.显然,f^{-1} 是 B 到 A 的双射,所以,$B \sim A$.

(3) 由已知条件可知,存在 A 到 B 的双射 f 和 B 到 C 的双射 g,显然,$f \circ g$ 是 A 到 C 的双射,故 $A \sim C$.

思考 关于对等关系的等价类是什么?

1.6.2 无限集合

有了集合对等的概念,就可以给出无限集合及有限集合的严格定义.无限集合在很多问题的深入讨论中会用到.

【定义 1-34】 设 A 是集合,若 A 存在一个子集与自然数集合对等,则称 A 为**无限集合**(infinite set),否则称 A 为**有限集合**(finite set).

【例 1-59】 自然数集合本身是无限集合.

【例 1-60】 $[0,1]$ 是无限集合,试证明之.

证 显然,$\{0,1,1/2,1/3,\cdots,1/n,\cdots\} \subseteq [0,1]$.而 $\{0,1,1/2,1/3,\cdots,1/n,\cdots\} \sim \mathbf{N}$,因此,$[0,1]$ 是无限集合.

1.6.3 集合的基数

在 1.1 节中已经定义了有限集合的基数:有限集合 A 的基数就是 A 的元素个数,因为 $0=\varnothing, 1=\{\varnothing\}, n+1=n \cup \{n\}$.借助于集合对等概念,可以将其扩展到无限集合.

【定义 1-35】 若集合 A 和 B 对等,则称这两个集合的**基数**(cardinality)相同.

集合 A 的基数用 $|A|$ 表示.上述定义并未给出集合基数的定义,它只是说明了对等的两个集合 A,B 有相同的基数.从直观上理解,两个集合有相同的基数,是指这两个集合有相同的元素个数,因为它们之间可以建立一一对应,在讨论 n 个元素的 r-可重组合的计算公式时还会用到此技巧.对于有限集合,这更容易理解.实际上,在没有出现数的概念之前,比较两

个有限集合元素个数就是采用对等的方法. 由于对等的集合有相同的基数, 若假定自然数集合 **N** 的基数为 $\aleph_0$(阿列夫 0):

$$|\mathbf{N}| = \aleph_0$$

则与 **N** 对等的集合的基数都是 $\aleph_0$; 若假定实数集合 **R** 的基数为 $\aleph$(阿列夫):

$$|\mathbf{R}| = \aleph$$

则与 **R** 对等的集合的基数都是 $\aleph$.

由例 1-56 知,自然数集合 **N** 与其中的全体偶数组成的集合 **E** 有相同的基数. 由例 1-57 知,(0,1) 与 **R** 有相同的基数. 由例 1-58 知, **N** 与 **Q** 有相同的基数. 这些结论从直观上理解是困难的, 当时的集合论创始人康托尔(G. Cantor, 1845—1918) 就被这些问题折磨得难以自拔. 这个问题必须借助于映射加以理解, 基数之间的运算更是这样.

在更深入的问题讨论中, 还会用到可数集合和不可数集合的概念. 在学习概率论与数理统计时会用到可列集合.

1.6.4 可数集合

借助于集合对等可以定义可数集合. 设集合 $A \sim \mathbf{N}$, 则存在双射 $f: A \to \mathbf{N}$, 这时 $A = \{f^{-1}(0), f^{-1}(1), f^{-1}(2), \cdots\}$. 于是与自然数集合对等的集合有一个特点: 其元素可以按第 1 个元素、第 2 个元素、第 3 个元素……一个接一个地"数"(或"列")出来.

【定义 1-36】 能与自然数集合 **N** 对等的集合称为**可数集合**(countable set), 又可称为**可列集合**.

根据无限集合的定义知:**任意无限集合均存在一个可数的子集合**. 根据这一点, 可以证明无限集合的性质, 即以下定理.

【定理 1-28】 设 A 是无限集合, 则存在 A 的一个真子集 B, 使得 $A \sim B$.

证 因为 A 是无限集合, A 存在一个可数的子集 $\{a_0, a_1, a_2, \cdots\}$. 令 $B = A - \{a_0\}$, 显然 B 是 A 的真子集. 建立一个 A 到 B 的双射 f 如下: 对任意 $x \in A$,

$$f(x) = \begin{cases} x, & x \notin \{a_0, a_1, a_2, \cdots\} \\ a_{i+1}, & x = a_i (i = 0, 1, 2, \cdots) \end{cases}$$

容易知道, f 是 A 到 B 的双射, 故 $A \sim B$.

利用这些结论以及例 1-58 可以证明, 可数集合的无限子集是可数集合; 若干个可数集合的并是可数集合.

【例 1-61】 有理数集合 **Q** 是可数集合.

证明作为练习.

由于命题变元的个数是可数的, 所以容易知道命题公式组成的集合也是可数集合.

1.6.5 不可数集合

是否所有无限集合都是可数的? 答案是否定的.

【例 1-62】 证明:(0,1) 是不可数集合.

证 采用反证法, 利用对角线法则这一技巧. 假定 (0,1) 是可数集合, 则 $(0,1) = \{a_0, a_1, a_2, \cdots\}$. 因为 $a_i \in (0,1), i = 0, 1, 2, \cdots$, 将其写成唯一的无限小数形式(例如约定不允许从小数点某位开始都是 0, 例如 0.12 要写成 $0.119999\cdots$):

$$a_i = 0.a_{i0}a_{i1}a_{i2}\cdots a_{in}\cdots, \quad i = 0, 1, 2, \cdots$$

取 $r=0.b_0b_1b_2\cdots b_n\cdots$,其中

$$b_n = \begin{cases} 1, & a_{nn} \neq 1 \\ 3, & a_{nn} = 1 \end{cases}, \quad n=0,1,2,\cdots$$

这时,一方面有 $r \in (0,1)$,另一方面 $r \neq a_i, i=0,1,2,\cdots$. 这显然矛盾.

由上述证明过程可知,除有限集合外,只有可数集合才能使用列举法表示.

因为 $(0,1) \sim \mathbf{R}$,所以实数集合是不可数集合. 由此可见,自然数集合与实数集合之间是不存在双射的,因此 $\mathbf{N}$ 与 $\mathbf{R}$ 不对等,进而有 $\aleph_0 \neq \aleph$.

注意 反证法是常用的一种证明方法. 在本章已经看到,证明方法有直接证明法、举反例法、数学归纳法等. 今后还会学习形式证明方法.

1.6.6 基数的比较

最后讲解集合基数的比较.

【**定义 1-37**】 给定集合 A,B,若存在 A 到 B 的单射,则称 A 的基数小于或等于 B 的基数,记为 $|A| \leqslant |B|$. 若进一步,不存在 A 到 B 的双射,则称 A 的基数小于 B 的基数,记为 $|A| < |B|$.

由定义易知,若存在 A 到 B 的满射,则 $|B| \leqslant |A|$.

显然,根据前面的讨论知 $\aleph_0 < \aleph$,即 $|\mathbf{N}| < |\mathbf{R}|$. 下面的问题在使用选择公理的公理系统中不可判定[4,10]:

思考 是否存在一个集合 A,满足 $\aleph_0 < |A| < \aleph$?

下面的定理从直观上很容易理解,但证明较困难,限于篇幅不予证明.

【**定理 1-29**】 对于集合 A,B,若 $|A| \leqslant |B|$ 且 $|B| \leqslant |A|$,则 $|A| = |B|$.

【**例 1-63**】 证明: $|(0,1)| = |[0,1]|$.

证 令 $f:(0,1) \to [0,1], f(x) = x, f$ 是单射,所以有 $|(0,1)| \leqslant |[0,1]|$.

令 $g:[0,1] \to (0,1), g(x) = \dfrac{x}{3} + \dfrac{1}{6}, g$ 是单射,所以有 $|[0,1]| \leqslant |(0,1)|$. 由定理 1-29 知, $|(0,1)| = |[0,1]|$.

习题 1.6

1. 证明:任意无限集合均存在可数子集.
2. 证明: $(0,1) \sim [0,1]$.
3. 证明: $[0,1] \sim [a,b]$,其中 $a<b$.
4. 证明:有理数集合 $\mathbf{Q}$ 是可数集合.
5. 证明:全体无理数组成的集合 $\mathbf{R}-\mathbf{Q}$ 与 $\mathbf{R}$ 有相同的基数.
6. (康托尔定理)对于任意集合 $A, P(A)$ 是 A 的幂集. 证明: $|A| < |P(A)|$.

本 章 小 结

1. 集合的有关概念

集合就是一些对象构成的整体. 若 x 是集合 A 中的元素,记为 $x \in A$,否则 $x \notin A$. 理解集合就是要把集合中的元素搞清楚,需要知道一些背景知识,如整数、整除、偶数、素数、

因数、空集、n 元组等．表示集合可以用列举法、描述法和递归法．集合中的元素可以是任意对象，例如元素本身又可以是集合；集合中的元素没有顺序关系；集合中的元素原则上不重复．

给定集合 B，B 的子集 A 就是集合 B 中的一些元素构成的"新"集合，记为 $A \subseteq B$．要注意 $\in$ 和 $\subseteq$ 的区别．证明两个集合相等常用到"$A = B$ 的充要条件是 $A \subseteq B$ 且 $B \subseteq A$"，这一结论．

集合 X 的幂集 $P(X)$ 是 X 的所有子集构成的集合．注意 $\varnothing \in P(X)$．要求会计算给定集合的幂集．重要结论是：若 $|X| = n$，则 $|P(X)| = 2^n$．

选取的 n 个元素 $x_1, x_2, \cdots, x_n$ 按一定顺序排列起来就是一个 n 元组 $(x_1, x_2, \cdots x_n)$．

笛卡儿积 $A_1 \times A_2 \times \cdots \times A_n = \{(x_1, x_2, \cdots, x_n) | x_i \in A_i, i = 1, 2, \cdots, n\}$．要求能熟练计算笛卡儿积．若 $|X| = m$，$|Y| = n$，则 $|X \times Y| = mn$．

2. 映射的有关概念

映射 $f: A \to B$ 就是将集合 A 中的元素唯一对应到集合 B 中的元素．要深入理解映射的含义，包括函数符号的选取和多元函数，区分 f 和 $f(x)$ 的不同，了解天花板函数和地板函数．

设 $f: A \to B$．若不同的 A 中的元素对应不同的 B 中的元素，f 就是单射；若函数值充满整个集合 B，f 就是满射；既是单射又是满射即为双射．

设 $f: A \to B$．若将 f 的方向逆转能得到 B 到 A 的函数，它就是 f 的反函数，记为 f^{-1}．函数 f 有反函数的充要条件是 f 是双射．

先进行映射 $f: A \to B$，再进行映射 $g: B \to C$，可得到 A 到 C 的映射，它就是 f 与 g 的复合映射，记为 $f \circ g$．要求掌握两个函数的复合运算．一般来说，$f \circ g \ne g \circ f$，但 $(f \circ g) \circ h = f \circ (g \circ h) = f \circ g \circ h$．特别应注意函数的复合运算与单射、满射和双射之间的关系．

3. 运算的定义及性质

运算的目的就是从已知元素得出新的元素．n 元运算就是 n 元函数．集合 A 上的 n 元封闭运算 f 是指对于 A 中的任意 n 个元素进行 f 运算的结果仍属于集合 A．要求掌握封闭运算的定义，深入理解整数集合 $\mathbf{Z}$ 上的模 m 运算．了解运算符号的选取、运算符号的位置和运算表．

深入理解一元运算具有对合性，二元运算具有幂等性、交换性、结合性、幺元性、零元性、逆元性和消去性等性质，两个二元运算具有分配性、吸收性，一个一元运算和两个二元运算具有德·摩根性，能对给定的运算判断其性质．

4. 集合的运算

集合常见的并、交、补、差和对称差运算如下：

$$A \cup B = \{x | x \in A \text{ 或 } x \in B\}$$
$$A \cap B = \{x | x \in A \text{ 且 } x \in B\}$$
$$\overline{A} = \{x | x \in U, \text{ 且 } x \notin A\}$$
$$A - B = \{x | x \in A \text{ 且 } x \notin B\} = A \cap \overline{B}$$
$$A \oplus B = (A - B) \cup (B - A) = (A \cup B) - (A \cap B)$$

要求掌握集合的运算以及与运算有关的重要结论，会利用这些结论证明新的集合等式，会根据集合相等的定义证明如 $A \cup (A \cap B) = A$，$\overline{A \cup B} = \overline{A} \cap \overline{B}$ 和 $A - B = A \cap \overline{B}$ 这样的

结论. 最简单的容斥原理：$|A\cup B|=|A|+|B|-|A\cap B|$.

5. 集合的划分与覆盖

集合的划分就是对该集合元素进行分类. 3 个元素的集合有 5 种不同的划分，4 个元素的集合有 15 种不同的划分.

如果 A 的若干非空子集之并就是集合 A，就得到 A 的覆盖. 集合的覆盖不要求子集之间不相交.

6. 集合的对等

利用函数可深入讨论集合之间的对等关系：若两个集合之间存在一个双射，这两个集合就是对等的.

了解无限集合：若集合 A 的某子集能与自然数集合 $\mathbf{N}$ 对等，则称 A 是无限集合.

了解基数：两个对等的集合具有相同的基数，因而 $|\mathbf{Z}|=|\mathbf{N}|$ 及 $|\mathbf{R}|=|(0,1)|$.

了解可数集合：能与自然数集合 $\mathbf{N}$ 对等的集合是可数集合，否则是不可数集合. 有理数集合 $\mathbf{Q}$ 是可数集合，$(0,1)$ 是不可数集合.

了解基数的大小比较：若存在 A 到 B 的单射，则 $|A|\leqslant|B|$. 若 $|A|\leqslant|B|$ 且不存在 A 到 B 的双射，则 $|A|<|B|$.

第 2 章 关 系

世间万物都存在着联系,科学研究的主要任务是发现事物间的内在规律性.借助于集合,可以给出刻画这种联系的数学模型——关系(relation).这里不以个别特殊关系为研究对象,而是关注关系的一般特性.

在信息科学中,数据与数据之间总存在着一定的关系,数据科学研究的就是数据间的关联关系.本章内容对学习模态逻辑、数据结构以及数据库等很多课程都是很重要的.

本章讨论的关系与数理逻辑、代数结构、图论以及组合计数等都有密切联系.从这个角度看,离散数学的内容也是不"离散"的.

2.1 关系的概念

2.1.1 n 元关系的定义

在日常生活中会遇到各种各样的关系,如一个家庭与其电话号码之间的关系、一个人与其工资之间的关系、亲属关系、师生关系、上下级关系、同事关系、电影票与位置的关系、因果关系、关联关系、语义关系、意向性关系等.在数学中也出现了很多的关系,如大于关系、小于或等于关系、相等关系、平行关系、相似关系、全等关系、属于关系、包含关系等.在信息科学中,数据与数据之间存在着多种关系.下面再看一个例子.

设 A 是若干学生组成的集合,$A=\{$张三,李四,王五$\}$,B 是由课程组成的集合,$B=\{$英语,C语言,离散数学,数据结构,算法$\}$,C 是学习成绩组成的集合,$C=\{$优,良,合格,不合格$\}$.用 R 表示学生与课程之间的选修关系,如张三选修离散数学,借助于序偶可表示为(张三,离散数学),张三选修数据结构可表示为(张三,数据结构),张三选修英语可表示为(张三,英语),李四选修数据结构可表示为(李四,数据结构),王五选修C语言可表示为(王五,C语言),王五选修汇编语言可表示为(王五,算法).这时 R 为集合 A 与集合 B 之间的一种二元关系,可以将 R 表示为:

$R=\{$(张三,离散数学),(张三,数据结构),(张三,英语),(李四,数据结构),
  (王五,C语言),(王五,算法)$\}\subseteq A\times B$

当课程结束后,老师会给出成绩.假定把学生所选课程的成绩也考虑在内,如张三所修的离散数学成绩为优,借助于三元有序组可表示为(张三,离散数学,优),由此可得到一个学生、课程及成绩之间的关系 S,它是集合 A,B,C 之间的一种三元关系,可以将 S 表示为

$S=\{$(张三,离散数学,优),(张三,数据结构,良),(张三,英语,优),
  (李四,数据结构,优),(王五,C语言,合格),(王五,算法,良)$\}\subseteq A\times B\times C$

这样的例子在数据结构及数据库等课程中会经常出现.为了数学和计算机科学研究的需要,将关系概念作为各种各样关系的一种数学模型,其定义在上面的例子已现端倪.下面给出 n 元关系的定义.

【定义 2-1】 设 $A_1, A_2, \cdots, A_n$ 是集合，把 $A_1 \times A_2 \times \cdots \times A_n$ 的任意子集 R 都称为 A_1, $A_2, \cdots, A_n$ 间的 **n 元关系**(n-ary relation).

从定义可以看出，$A_1, A_2, \cdots, A_n$ 间的 n 元关系 $R \subseteq A_1 \times A_2 \times \cdots \times A_n$. 在定义 2-1 中，若 R 为 $A_1, A_2, \cdots, A_n$ 间的 n 元关系且 $A_1 = A_2 = \cdots = A_n = A$，即

$$R \subseteq \overbrace{A \times A \times \cdots \times A}^{n \uparrow}$$

则通常又称 R 为 A 上的 n 元关系.

结合前面的例子可知，$R \subseteq A \times B$ 是 A, B 间的二元关系，$S \subseteq A \times B \times C$ 是 A, B, C 间的三元关系.

要深入理解关系的概念，需要清楚 n 元有序组的含义以及集合的使用. 下面的一些内容可以进一步帮助理解.

2.1.2 二元关系

两个集合间的关系称为二元关系. 深入理解二元关系是今后学习的基础. 由于 $n(n \geqslant 3)$ 元关系的讨论与二元关系是类似的，若没有特殊说明，今后所涉及的关系均为二元关系.

R 是 A 到 B 的关系，是指 $R \subseteq A \times B$；R 是 A 上的关系，是指 $R \subseteq A \times A$.

【例 2-1】 设 $A = \{a, b\}, B = \{1, 2, 3\}$，若取 $R = \{(a, 3), (a, 2), (b, 1), (b, 3)\}$，则 R 是 A, B 间的一个关系. 因为

$$A \times B = \{(a, 1), (a, 2), (a, 3), (b, 1), (b, 2), (b, 3)\}$$

而显然 $R \subseteq A \times B$.

需要注意的是，虽然关系中的每个元素是序偶，序偶内部的两个元素有顺序，但关系中的元素与元素之间是没有顺序的，即例 2-1 中的 R 也可以写成如下形式：

$$R = \{(a, 2), (b, 1), (a, 3), (b, 3)\}$$

根据关系的定义知，只要 $R \subseteq A \times B$，则 R 均是 A 与 B 间的一个关系或 A 到 B 的一个关系，特别地，因为 $\varnothing \subseteq A \times B$ 且 $A \times B \subseteq A \times B$，它们是 A 到 B 的关系，分别称为 A 到 B 的**空关系**和 A 到 B 的**全关系**. 特别地，A 上的空关系和全关系分别为 $\varnothing$ 和 $A \times A$.

在例 2-1 中，由于 $|A \times B| = 6$，根据幂集的元素个数的计数公式，很容易知道，A, B 间的关系共有 $2^6 = 64$ 个，例 2-1 中写出的 R 仅是其中的一个. 一般有下述结论.

【定理 2-1】 若 $|A| = m, |B| = n$，则 A, B 间的关系共有 2^{mn} 个.

显然，若 $|A| = m$，则 A 上的关系共有 2^{m^2} 个.

设 $R \subseteq A \times B$，若 $(x, y) \in R$，则称 A 中的元素 x 与 B 中的元素 y 有关系 R，通常记为 xRy. 这时，关系符号写在中间位置，它符合人们以前总是把关系符号写在两元素之间的习惯. 有时也可记为 Rxy.

【例 2-2】 设 $A = \{2, 3\}, B = \{1, 2, 3, 4\}$，则 A 中元素与 B 中元素有大于关系的有 $2 > 1$, $3 > 1, 3 > 2$，即 A, B 间的大于关系为 $R = \{(2, 1), (3, 1), (3, 2)\}$，显然是唯一的. 不过，$A$ 与 B 间的关系共有 $2^{2 \times 4} = 2^8$ 个.

以前学习过的两元素的相等关系 $=$、两直线的平行关系 $\parallel$、两图形的全等关系 $\cong$、对象间的相似关系 $\sim$、元素与集合的属于关系 $\in$、两集合的包含关系 $\subseteq$ 等都是将关系符号写在

中间位置的. 大家可能已经注意到了,在意义清楚的情况下,关系所涉及的集合可以省略.

关系所用符号的选取方法:首先,由于是借助于集合来定义关系的,而关系是集合,于是任意集合符号都可以作为关系符号;其次,对于常见的很有用的关系像前面提到的一些关系符号一样可以给出一个固定的特殊符号;当然,还可以自己选择一些符号表示特定的关系.

通常谈到的大于关系 $>$ 是实数集合 **R** 上的大于关系,按集合记号应写成
$$>=\{(x,y)\mid x,y\in \mathbf{R}\text{ 且 } x>y\}$$

【例 2-3】 对于任意整数 m 和 n,若存在整数 q,使得 $n=qm$,称 m 整除 n,记为 $m\mid n$,即 $\mid$ 是整数集合 **Z** 上的一种关系,称为 **Z** 上的**整除关系**(见 5.1 节).

这时 $\mid=\{(x,y)\mid x,y\in\mathbf{Z}\text{ 且 }x\mid y\}$. 特别地,$(2,6),(-2,6),(2,-6),(-2,-6),(2,-2),(-2,2)\in\mid$.

【例 2-4】 设 m 是正整数,定义整数集 **Z** 上的**模 m 同余关系** $\equiv_m$(见 5.2 节)如下:
$$(x,y)\in\equiv_m \text{ 当且仅当 } m\mid(x-y)$$

显然,$\equiv_m$ 是 **Z** 上的关系. 之所以称 $\equiv_m$ 为模 m 同余关系,是因为 $m\mid(x-y)$ 当且仅当 x 除以 m 的余数等于 y 除以 m 的余数,也就是说 $x\equiv_m y$ 当且仅当 $x \bmod m=y \bmod m$,由此可以看出"模 m 同余关系"与"模 m 运算"的区别和联系.

对于 A 上的关系,有一个特别重要的关系:A 上的恒等关系 I_A,其定义如下.

【定义 2-2】 设 A 是集合,称 $I_A=\{(x,x)\mid x\in A\}$ 为 A 上的**恒等关系**.

【例 2-5】 设 $A=\{a,b,c,d\}$,则 $I_A=\{(a,a),(b,b),(c,c),(d,d)\}$ 是 A 上的恒等关系.

注意 $\{(a,a),(b,b),(c,c)\}$ 不是 $A=\{a,b,c,d\}$ 上的恒等关系.

由前面的讨论知,通常一个集合到另一个集合的关系非常多,但在一个实际问题中,需要找到一个与问题有关的有助于问题解决的关系,这就要求大家逐渐学会自己定义关系. 仔细体会下面的几个关系的定义.

【例 2-6】 设 R 是复数集合 **C** 上的关系,定义如下:
$$xRy \text{ 当且仅当 } x-y=a+bi$$
其中 a,b 为非负整数.

【例 2-7】 设 A 是正整数的序偶组成的集合 $A=\{(x,y)\mid x,y\text{ 是正整数}\}$,定义 A 上的关系 R 如下:
$$(x,y)R(u,v) \text{ 当且仅当 } xv=yu$$

2.1.3 关系的定义域和值域

一般地,关系中每个分量的取值范围称为域,对于二元关系可定义其定义域和值域.

【定义 2-3】 设 $R\subseteq A\times B$,R 的**定义域**是由所有 $(x,y)\in R$ 中的 x 组成的集合,即
$$\text{dom}R=\{x\mid \text{存在 }y\in B,\text{使}(x,y)\in R\}$$

R 的**值域**是由所有 $(x,y)\in R$ 中的 y 组成的集合,即
$$\text{ran}R=\{y\mid \text{存在 }x\in A,\text{使}(x,y)\in R\}$$

显然，若 $R \subseteq A \times B$，则 $\text{dom} R \subseteq A$，$\text{ran} R \subseteq B$. 就例 2-2 来说，$\text{dom} R = \{2,3\}$，$\text{ran} R = \{1,2\}$.

【例 2-8】 设 $A = \{1,2,3,4\}$，R 是 A 上的关系，定义如下：
$$R = \{(x,y) \mid x,y \in A \text{ 且 } (y-x)/2 \text{ 是整数}\}$$
求 R 以及 $\text{dom} R$ 和 $\text{ran} R$.

解 由已知条件，有 $R = \{(1,1),(1,3),(2,2),(2,4),(3,1),(3,3),(4,2),(4,4)\}$，进一步得出 $\text{dom} R = \{1,2,3,4\}$，$\text{ran} R = \{1,2,3,4\}$.

2.1.4 关系的表示

前面介绍的是关系的集合表示. 对于有限集合 A 和 B 以及 A 到 B 的关系 R，为了更直观地理解关系 R，特别是后面要学习的关系的性质等有关内容，需要掌握关系 R 的关系图 G_R 表示. 同时，为了用代数知识处理关系以及借助于计算机处理关系，需要掌握关系 R 的关系矩阵 $\boldsymbol{M}_R$ 表示.

1. 关系图

分两种情形讨论关系图(graph of relation)的画法.

情形 1 R 是 A 到 B 的关系(包括 R 是 A 上的关系). 通常将集合中的所有元素用点(小的空心点或实心点)表示，集合 A 画在左边，集合 B 画在右边；若 $(x,y) \in R$，则从集合 A 中的元素 x 到集合 B 中的元素 y 画一条有向弧(通常称为有向边). 这样画出的图形就是关系 R 的关系图 G_R.

【例 2-9】 设 $A = \{a,b,c,d\}$，$B = \{1,2,3\}$，A 到 B 的关系 R 取为
$$R = \{(a,2),(a,3),(c,2),(d,2)\}$$
则关系 R 的关系图 G_R 如图 2-1 所示.

情形 2 R 是 A 上的关系. 可以按情形 1 进行处理，但通常只将集合 A 中所有的元素用点(小的空心点或实心点)表示，画到一块，点与点之间没有顺序关系；若 $(x,y) \in R$，则从元素 x 到元素 y 画一条有向边. 所画出的图形就是关系 R 的关系图 G_R.

【例 2-10】 设 $A = \{a,b,c,d\}$，A 上的关系 R 取为
$$R = \{(a,b),(a,c),(c,a),(d,c),(d,d)\}$$
则关系 R 的关系图 G_R 如图 2-2 所示.

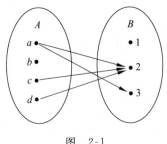

图 2-1

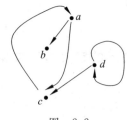

图 2-2

在画关系图时，集合 A(及集合 B)中所有元素都要用一个点表示，例如图 2-1 中的元素 b 及元素 1. 只要 $(x,y) \in R$，则都要从元素 x 到元素 y 画一条有向边，这意味着，关系 R 中有

多少个序偶,则在关系图 G_R 中就有多少条有向边,特别要注意的是图 2-2 中元素 d 到 d 的一条有向边,它又称为 d 到 d 的一个环(或自环).

2. 关系矩阵

在求关系矩阵(matrix of relation)时,不需要分成上述两种情形讨论. 令 $A=\{x_1,x_2,\cdots,x_m\}$, $B=\{y_1,y_2,\cdots,y_n\}$(对于 A 上的关系 R,有 $B=A$),对于给定的 A 到 B 的关系 R,其关系矩阵 $\boldsymbol{M}_R=(m_{ij})_{m\times n}$ 是一个 $m\times n$ 矩阵,其中

$$m_{ij}=\begin{cases}1, & (x_i,y_j)\in R \\ 0, & (x_i,y_j)\notin R\end{cases}$$

若将关系矩阵写成通常的表格形式,则如表 2-1 所示.

表 2-1

	y_1	y_2	$\cdots$	y_n
x_1	m_{11}	m_{12}	$\cdots$	m_{1n}
x_2	m_{21}	m_{22}	$\cdots$	m_{2n}
$\vdots$	$\vdots$	$\vdots$	$\ddots$	$\vdots$
x_m	m_{m1}	m_{m2}	$\cdots$	m_{mn}

【**例 2-11**】 写出例 2-9 所给出的关系 R 的关系矩阵 $\boldsymbol{M}_R$.

解

$$\boldsymbol{M}_R=\begin{matrix} & \begin{matrix}1 & 2 & 3\end{matrix} \\ \begin{matrix}a\\b\\c\\d\end{matrix} & \begin{bmatrix}0 & 1 & 1\\0 & 0 & 0\\0 & 1 & 0\\0 & 1 & 0\end{bmatrix}_{4\times 3}\end{matrix}$$

【**例 2-12**】 写出例 2-10 所给出的关系 R 的关系矩阵 $\boldsymbol{M}_R$.

解

$$\boldsymbol{M}_R=\begin{matrix} & \begin{matrix}a & b & c & d\end{matrix} \\ \begin{matrix}a\\b\\c\\d\end{matrix} & \begin{bmatrix}0 & 1 & 1 & 0\\0 & 0 & 0 & 0\\1 & 0 & 0 & 0\\0 & 0 & 1 & 0\end{bmatrix}_{4\times 4}\end{matrix}$$

需要说明的是,对于任何 A 到 B 的关系 R,令 $X=A\cup B$,则 R 可看作 X 上的关系,这是因为由 $R\subseteq A\times B$,很容易可推出 $R\subseteq(A\cup B)\times(A\cup B)=X\times X$.

2.1.5 函数的关系定义

最后,借助于关系(关系是集合)可以对函数给出一个严格定义. 在定义之前,先结合一个具体的函数例子,看一看是如何将函数转换为关系的.

【**例 2-13**】 设集合 $A=\{a,b,c\}$, $B=\{1,2,3\}$,令 $f:A\to B$,定义如下: $f(a)=2$, $f(b)=3$, $f(c)=3$. 以前将 f 仅仅看作一个函数符号;现在将 f 看作一个关系符号:若 $f(x)=$

y,则规定$(x,y)\in f$.于是,有
$$f=\{(a,2),(b,3),(c,3)\}$$

显然,若$f:A\to B$,则f是集合A到B的一个关系.但不是任何一个集合A到B的关系都可构成集合A到B的函数,例如$R=\{(a,2),(a,3),(c,3)\}$.

若$f:A\to B$,则根据函数的定义知,由f得到的关系满足两个条件:

(1) $\text{dom} f=A$,即A中任意元素都有B中元素与之对应.

(2) 对于任意$x\in A$,若$(x,y_1)\in f$且$(x,y_2)\in f$,则$y_1=y_2$,即一个$x\in A$只能有唯一的y与之对应.

当然,反过来可知,满足上述(1)及(2)的A到B的关系是A到B的函数.因此,借助于关系给函数作如下定义.

【**定义 2-4**】 设A,B是集合,f是A到B的关系,若f满足下面两个条件:

(1) $\text{dom} f=A$.

(2) 对于任意$x\in A$,若$(x,y_1)\in f$且$(x,y_2)\in f$,则$y_1=y_2$(单值性).

则称f为A到B的**函数**.

若f为A到B的函数,与第1章一样,记为$f:A\to B$.

注意 记号$f:A\to B$与$f\subseteq A\times B$有区别.

函数的这种定义与第1章所给的定义本质上是相同的.前面提到,集合是现代数学中最基本的概念,意味着其他概念都可以借助于它加以定义.同时,函数的关系定义有效地避开了"对应"这个不容易交代清楚的概念.

显然,关系是函数的推广.这样,以前的函数符号就是关系符号,也就是集合符号.要求大家能转变观念,可以将例1-5中的8个函数用关系表示出来;也要求大家对于给定的A到B的关系能判断出它是否是A到B的函数.

【**例 2-14**】 判断自然数集合$\mathbf{N}$上的下列关系能否构成函数.

(1) $f=\{(x,y)|x,y\in\mathbf{N},x+y<5\}$.

(2) $f=\{(x,y)|x,y\in\mathbf{N},y$为小于或等于$x$的素数个数$\}$,$p$是素数是指$p>1$且$p$的正的公约数只能是1或它本身.

解 (1) 显然,$(2,1)\in f$,$(2,2)\in f$,不满足单值性要求,所以f不可能构成函数.

(2) 对于任意$x\in\mathbf{N}$,满足小于或等于x的素数个数是唯一的,且一定属于$\mathbf{N}$,即与x对应的y是唯一的,根据函数的关系定义,满足关系的两个条件,故f是$\mathbf{N}$上的函数.

习题 2.1

1. 举出3个二元关系的例子.

2. 设$A=\{a,b\}$,求出A上的所有关系,并验证定理2-1的结论.

3. 设$A=\{0,1,2,3,4\}$,A上的关系$R=\{(x,y)|x=y+1$或$y=x/2\}$,用列举法求出R.

4. 对于如下给出的4个关系,用列举法求出所给关系R,$\text{dom} R$,$\text{ran} R$,画出R的关系图G_R,写出R的关系矩阵$\mathbf{M}_R$.

(1) $A=\{0,1,2,3,4,5,6\}$,$R=\{(x,y)|x\geq 2$且$x|y\}$.

(2) $A=\{0,1,2,3,4,5\}$,$R=\{(x,y)|1\leq x-y\leq 2\}$.

(3) $A=\{2,3,4,5,6\}$,$R=\{(x,y)||x-y|=2\}$.

(4) $A=\{0,1,2,3,4,5,6\}$,$R=\{(x,y)|x>y$ 且 y 是素数$\}$.

5. 指出图 2-3～图 2-6 的关系图所给出的关系 R 是否是 A 到 B 的函数,为什么?

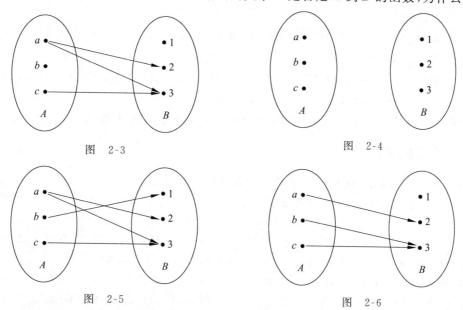

图 2-3　　　　　　　　　图 2-4

图 2-5　　　　　　　　　图 2-6

6. 判断实数集合 **R** 上的下列关系能否构成函数.
(1) $f=\{(x,y)|x,y\in \mathbf{R},x=y^2\}$.
(2) $f=\{(x,y)|x,y\in \mathbf{R},y=x^2\}$.

2.2　关系的运算

讨论关系的运算是为了从已知的关系得出新的关系.

2.2.1　关系的集合运算

根据关系的定义知,关系就是集合.所以在第 1 章中给出的集合的 5 种常见运算也可以用于关系.

设 R 和 S 是集合 A 到 B 的关系,即 $R,S\subseteq A\times B$,则**关系的并、交、补、差及对称差**运算 $R\cup S,R\cap S,\bar{R},R-S,R\oplus S$ 就是相应的集合运算, 其运算性质就是集合的运算性质.

显然,只要 $R,S\subseteq A\times B$,就有 $R\cup S,R\cap S,\bar{R},R-S,R\oplus S\subseteq A\times B$. 特别地,若 R 和 S 是集合 A 上的关系,则对其进行集合运算后仍为 A 上的关系.

注意　若 $R\subseteq A\times B$,因为 A 到 B 的全关系为 $A\times B$,它就是讨论集合时的全集,所以 $\bar{R}=A\times B-R$. 若 $R\subseteq A\times A$,$A\times A$ 是 A 上的全关系,这时 $\bar{R}=A\times A-R$.

【**例 2-15**】　设 $A=\{2,3,4\}$,令 R 为 A 上的整除关系,S 为 A 上的小于关系,分别计算 $R\cup S,R\cap S,\bar{R},R-S,R\oplus S$.

解　先求出 R 和 S:
$$R=\{(2,2),(2,4),(3,3),(4,4)\}$$
$$S=\{(2,3),(2,4),(3,4)\}$$

再计算 $R\cup S, R\cap S, \bar{R}, R-S, R\oplus S$：

$R\cup S=\{(2,2),(2,4),(3,3),(4,4),(2,3),(3,4)\}$

$R\cap S=\{(2,4)\}$

$\bar{R}=A\times A-R=\{(2,3),(3,2),(4,2),(3,4),(4,3)\}$

$R-S=\{(2,2),(3,3),(4,4)\}$

$R\oplus S=(R-S)\cup(S-R)=\{(2,2),(3,3),(4,4)\}\cup\{(2,3),(3,4)\}$
$=\{(2,2),(3,3),(4,4),(2,3),(3,4)\}$

就本例来说，$R\cup S$ 表示 A 上整除或小于关系，$R\cap S$ 表示 A 上整除且小于关系。

2.2.2 关系的逆运算

若 x 与 y 有关系 R，这时 y 与 x 之间的关系就是 R 的逆关系。

【定义 2-5】 设 $R\subseteq A\times B, R$ 的**逆关系**(inverse)R^{-1} 定义为

$$R^{-1}=\{(y,x)\mid(x,y)\in R\}$$

显然，若 $R\subseteq A\times B$，则 R^{-1} 是集合 B 到 A 的关系，即 $R^{-1}\subseteq B\times A$。在本书中，$R$ 的逆关系不用符号 R^C 表示，是考虑到逆关系 R^{-1} 在一定的条件下可以构成逆函数。

很容易知道，大于关系 $>$ 的逆关系就是小于关系 $<$，即有 $>^{-1}=<$。例如 $3>2$，则 $2<3$。集合包含关系 $\subseteq$ 的逆关系是 $\supseteq$，即 $\subseteq^{-1}=\supseteq$。例如 $A\subseteq B$，则 $B\supseteq A$。关系 "x 是 y 的老师" 的逆关系是 "y 是 x 的学生" 等。下面再举一个例子。

【例 2-16】 设 $A=\{a,b,c,d\}, B=\{1,2,3\}$，若 $R=\{(a,3),(c,2),(a,2),(b,2)\}$，求 R^{-1}。

解 容易知道，$R^{-1}=\{(3,a),(2,c),(2,a),(2,b)\}$。

根据给定的关系 R 的关系图 G_R，很容易画出其逆关系 R^{-1} 的关系图 $G_{R^{-1}}$；从关系 R 的关系矩阵 $\boldsymbol{M}_R$，很容易求出其逆关系 R^{-1} 的关系矩阵 $\boldsymbol{M}_{R^{-1}}$，请读者自己总结其规律。

下面讨论关系的逆运算的性质。

由关系的逆运算的定义，可以得到以下定理。

【定理 2-2】 $(R^{-1})^{-1}=R$。

下面的定理给出的是关系的逆运算与关系的集合运算之间的性质。

【定理 2-3】 设 $R, S\subseteq A\times B$，则下列结论成立。

(1) $(R\cup S)^{-1}=R^{-1}\cup S^{-1}$。

(2) $(R\cap S)^{-1}=R^{-1}\cap S^{-1}$。

(3) $(\bar{R})^{-1}=\overline{R^{-1}}$。

证 只证明(1)，其余留作练习。

先证明 $(R\cup S)^{-1}\subseteq R^{-1}\cup S^{-1}$。对任意 $(u,v)\in(R\cup S)^{-1}$（显然，$u\in B, v\in A$），可得出 $(v,u)\in R\cup S$，于是 $(v,u)\in R$ 或 $(v,u)\in S$，从而 $(u,v)\in R^{-1}$ 或 $(u,v)\in S^{-1}$，因此，$(u,v)\in R^{-1}\cup S^{-1}$。

上述过程反过来，就可以证明 $R^{-1}\cup S^{-1}\subseteq(R\cup S)^{-1}$。结论(1)得证。

至于关系的逆运算与关系的差及对称差运算的有关性质，可以从定理 2-3 推出。

2.2.3 关系的复合运算

1. 关系 R 与关系 S 的复合 $R\circ S$

若 x 与 y 有关系 R，且 y 与 z 有关系 S，这时 x 与 z 之间的关系就是关系 R 与 S 的复合。

【定义 2-6】 设 A, B, C 是集合，若 $R \subseteq A \times B, S \subseteq B \times C$，则关系 R 与关系 S 的**复合**（composition）$R \circ S$ 定义为

$$R \circ S = \{(x, z) \mid x \in A, z \in C, 存在 y \in B 使得 (x, y) \in R, (y, z) \in S\}$$

对于初学者来说，关系的这种运算是比较难理解的．先看一个例子．

【例 2-17】 设 $A = \{a, b, c, d\}, B = \{1, 2, 3, 4\}, C = \{\alpha, \beta, \gamma, \delta\}$，$A$ 到 B 的关系 R 取为
$$R = \{(a, 1), (a, 2), (b, 2), (d, 3), (c, 4)\}$$
B 到 C 的关系 S 取为
$$S = \{(1, \alpha), (2, \beta), (2, \delta), (3, \beta)\}$$
试计算 $R \circ S$．

解 根据复合运算的定义，求出所有满足条件的序偶 (x, z)．
(1) $(a, \alpha) \in R \circ S$，因为存在 $y = 1 \in B$，使得 $(a, 1) \in R, (1, \alpha) \in S$．
(2) $(a, \beta) \in R \circ S$，因为存在 $y = 2 \in B$，使得 $(a, 2) \in R, (2, \beta) \in S$．
(3) $(a, \delta) \in R \circ S$，因为存在 $y = 2 \in B$，使得 $(a, 2) \in R, (2, \delta) \in S$．
(4) $(b, \beta) \in R \circ S$，因为存在 $y = 2 \in B$，使得 $(b, 2) \in R, (2, \beta) \in S$．
(5) $(b, \delta) \in R \circ S$，因为存在 $y = 2 \in B$，使得 $(b, 2) \in R, (2, \delta) \in S$．
(6) $(d, \beta) \in R \circ S$，因为存在 $y = 3 \in B$，使得 $(d, 3) \in R, (3, \beta) \in S$．
于是，$R \circ S = \{(a, \alpha), (a, \beta), (a, \delta), (b, \beta), (b, \delta), (d, \beta)\}$．

借助于关系图，可以用图 2-7 来理解例 2-19．

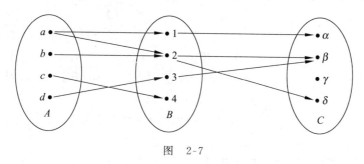

图 2-7

在这个例子中需要注意的是，虽然有 $(c, 4) \in R$，但不存在 $(4, z) \in S$，所以不存在 $(c, z) \in R \circ S$，这是初学者要特别注意的问题．

由复合运算的定义可知，若 $R \subseteq A \times B, S \subseteq B \times C$，则 $R \circ S \subseteq A \times C$，即 $R \circ S$ 是集合 A 到 C 的关系．

也可以借助于一些例子来理解关系的复合：若 x 是 y 的母亲，y 是 z 的妻子，则 x 是 z 的岳母；若 x 是 y 的父亲，y 是 z 的父亲，则 x 是 z 的祖父．大家可以再举出一些类似的例子，以帮助自己理解两个关系的复合．

需要注意的是，不是任意两个关系都可以求复合的．根据复合运算的定义知，只有在 $R \subseteq A \times B, S \subseteq B \times C$ 时，有一个公共的集合 B，$R \circ S$ 才有意义．换句话说，即使 $R \circ S$ 有意义，不能保证 $S \circ R$ 有意义．就例 2-17 来说，虽然 $R \circ S$ 有意义，但 $S \circ R$ 没有意义．

若 $R \subseteq A \times B, S \subseteq B \times A$，则 $R \circ S$ 及 $S \circ R$ 都有意义．特别地，若 R, S 是 A 上的关系，则 $R \circ S$ 及 $S \circ R$ 都有意义．但即使 $R \circ S$ 及 $S \circ R$ 都有意义，也不能保证 $R \circ S = S \circ R$，见下面的例 2-20．也就是说，关系的复合运算不满足交换律，即一般来说，

$$R \circ S \neq S \circ R$$

【例 2-18】 设 $A=\{0,1,2,3\}$, A 上的关系 R 和 S 定义如下：
$$R = \{(x,y) \mid x,y \in A, y = x+1 \text{ 或 } y = x/2\}$$
$$S = \{(x,y) \mid x,y \in A, x = y+2\}$$

计算 $R \circ S$ 及 $S \circ R$.

解 由题意知，$R=\{(0,1),(1,2),(2,3),(0,0),(2,1)\}$, $S=\{(2,0),(3,1)\}$, 于是有
$$R \circ S = \{(1,0),(2,1)\}$$
$$S \circ R = \{(2,1),(2,0),(3,2)\}$$

显然有 $R \circ S \neq S \circ R$, 所以, 在讨论两个关系复合的时候, 要注意它们的顺序.

【例 2-19】 设 $A=\{a,b,c,d\}$, A 上的关系 R, S 和 T 分别为 $R=\{(b,b),(b,c),(c,a)\}$, $S=\{(b,a),(c,a),(c,d),(d,c)\}$, $T=\{(a,b),(c,b),(d,a)\}$, 试计算 $(R \circ S) \circ T$ 和 $R \circ (S \circ T)$.

解
(1) 由于 $R \circ S = \{(b,a),(b,d)\}$, 于是 $(R \circ S) \circ T = \{(b,b),(b,a)\}$.
(2) 因为 $S \circ T = \{(b,b),(c,b),(c,a),(d,b)\}$, 所以 $R \circ (S \circ T) = \{(b,b),(b,a)\}$.

下面讨论关系复合运算的性质.

前面已经知道, 关系的复合运算不满足交换律, 但可以证明关系的复合运算满足结合律.

【定理 2-4】 设 $R \subseteq A \times B$, $S \subseteq B \times C$, $T \subseteq C \times D$, 则下式成立：
$$(R \circ S) \circ T = R \circ (S \circ T)$$

证 先证明 $(R \circ S) \circ T \subseteq R \circ (S \circ T)$. 对任意 $(x,w) \in (R \circ S) \circ T$, 由复合运算的定义知, 存在 $z \in C$ 使得 $(x,z) \in R \circ S$ 且 $(z,w) \in T$. 其次, 根据复合运算的定义知, 存在 $y \in B$ 使得 $(x,y) \in R$ 且 $(y,z) \in S$. 因为 $(y,z) \in S$ 且 $(z,w) \in T$, 所以 $(y,w) \in S \circ T$. 又因为 $(x,y) \in R$, 于是有 $(x,w) \in R \circ (S \circ T)$. 因此, 有 $(R \circ S) \circ T \subseteq R \circ (S \circ T)$.

类似地, 可以证明 $R \circ (S \circ T) \subseteq (R \circ S) \circ T$. 实际上, 上述过程可倒推回去.

所以, 有 $(R \circ S) \circ T = R \circ (S \circ T)$.

正因为关系的复合运算满足结合律, 所以 $R \circ S \circ T$ 有意义, 可以理解成 $(R \circ S) \circ T$, 也可以理解成 $R \circ (S \circ T)$.

【定理 2-5】 设 $R \subseteq A \times B$, $S, T \subseteq B \times C$, 则
(1) $R \circ (S \cup T) = (R \circ S) \cup (R \circ T)$.
(2) $R \circ (S \cap T) \subseteq (R \circ S) \cap (R \circ T)$.

证 只证明 (2), (1) 留作练习.

对任意 $(x,z) \in R \circ (S \cap T)$, 根据定义知, 存在 $y \in B$ 使得 $(x,y) \in R$, $(y,z) \in S \cap T$, 这时 $(y,z) \in S$ 且 $(y,z) \in T$, 进而由定义有 $(x,z) \in R \circ S$ 且 $(x,z) \in R \circ T$, 于是有 $(x,z) \in (R \circ S) \cap (R \circ T)$. 所以结论成立.

需要注意的是, 一般来说, 等式 $R \circ (S \cap T) = (R \circ S) \cap (R \circ T)$ 不成立, 即复合运算对关系的交运算不满足分配律. 下面是一个例子.

【例 2-20】 设 $A=\{a,b,c,d\}$, A 上的关系 R、S 和 T 分别取为
$$R = \{(a,b),(a,c)\}, S = \{(b,d)\}, T = \{(c,d)\}$$

显然, $S \cap T = \varnothing$, 进而 $R \circ (S \cap T) = \varnothing$. 另一方面, $R \circ S = R \circ T = \{(a,d)\}$, 所以, $(R \circ S) \cap$

$(R \circ T) = \{(a,d)\}$，因此有 $R \circ (S \cap T) \neq (R \circ S) \cap (R \circ T)$.

下面的定理给出复合运算与逆运算之间的关系.

【定理 2-6】 设 $R \subseteq A \times B, S \subseteq B \times C$，则 $(R \circ S)^{-1} = S^{-1} \circ R^{-1}$.

证 先证明 $(R \circ S)^{-1} \subseteq S^{-1} \circ R^{-1}$. 对任意 $(u,v) \in (R \circ S)^{-1}$，由逆关系的定义有 $(v,u) \in R \circ S$，进而存在 $y \in B$，使得 $(v,y) \in R, (y,u) \in S$. 于是，$(y,v) \in R^{-1}, (u,y) \in S^{-1}$，根据复合运算的定义有 $(u,v) \in S^{-1} \circ R^{-1}$.

再证明 $S^{-1} \circ R^{-1} \subseteq (R \circ S)^{-1}$. 将上述过程逆推即可. 定理得证.

下面的定理给出复合运算与恒等关系之间的一个结论.

【定理 2-7】 设 $R \subseteq A \times B$，则

(1) $I_A \circ R = R$.

(2) $R \circ I_B = R$.

证明留作练习.

2. 关系 R 的方幂运算 R^n

设 $R \subseteq A \times B$，由复合运算的定义知，一般来说 $R \circ R$ 都没有意义，除非 R 是集合 A 上的关系. 为了讨论关系 R 的**方幂**（power）**运算**，需要假定 $R \subseteq A \times A$.

【定义 2-7】 设 $R \subseteq A \times A$，定义 $R^0 = I_A$（A 上的恒等关系），$R^1 = R$，$R^n = \overbrace{R \circ R \circ \cdots \circ R}^{n \uparrow}, n \geq 2$.

由于关系的复合运算满足结合律，上述定义是有意义的. 需要注意的是，关系 R 是集合，n 个集合可以定义笛卡儿积运算，参见 1.1.5 节的有关内容，但这里的 R^n 是 n 个 R 求复合运算，这根据上下文不难判别. 在很多时候，R^2 写成 $R \circ R$.

显然，对于非负整数 m,n，下面的结论成立.

【定理 2-8】 设 $R \subseteq A \times A$，对于非负整数 m,n，有

(1) $R^m \circ R^n = R^{m+n}$.

(2) $(R^m)^n = R^{mn}$.

(3) $(R^m)^{-1} = (R^{-1})^m$.

【例 2-21】 设 $A = \{a,b,c\}$，集合 A 上的关系 $R = \{(a,b),(b,c),(c,a)\}$，试计算 R^n（n 为正整数）.

解
$$R^1 = R = \{(a,b),(b,c),(c,a)\}$$
$$R^2 = \{(a,c),(b,a),(c,b)\}$$
$$R^3 = \{(a,a),(b,b),(c,c)\} = I_A$$

进而有 $R^4 = R^3 \circ R = I_A \circ R = R, R^5 = R^3 \circ R^2 = I_A \circ R^2 = R^2$，继续该过程，可知，对于任意正整数 k，有 $R^{3k} = I_A, R^{3k+1} = R, R^{3k+2} = R^2$.

请注意，例 2-21 的结论不是偶然的，参见习题 2.2.

3. 函数 f 与函数 g 的复合 $f \circ g$

设 $f: A \rightarrow B$ 且 $g: B \rightarrow C$，函数 f 与函数 g 的复合记为 $f \circ g$. 由 2.1 节知 $f \subseteq A \times B$ 且 $g \subseteq B \times C$，关系 f 与关系 g 的复合也记为 $f \circ g$. 它们是完全一致的.

2.2.4 关系的其他运算

在具体应用中，如在数据库理论中，还会涉及关系的其他运算[4,12]，如关系的连接运算、

关系的投影运算、关系的限制运算、关系的除运算等,由于篇幅限制和侧重点不同,在此不作讨论.但为了后面讨论子格的方便,下面简要介绍关系的限制运算中的一种特殊情况:关系在一个子集上的限制.

【定义 2-8】 设 R 是集合 A 上的关系,B 是 A 的子集,则 **R 在 B 上的限制**为
$$R|_B = \{(x,y) \mid x,y \in B \text{ 且 } (x,y) \in R\}$$

将 B 上的关系 $R|_B$ 仍记为 R.

【例 2-22】 设 $A=\{a,b,c,d,e,f,g\}$,A 上的关系 $R=I_A \cup \{(g,d),(g,b),(g,a),(d,b),(d,a),(g,e),(g,a),(e,a),(g,f),(g,c),(f,c),(f,a),(c,a)\}$,取 $B=\{a,b,c,d,g\}$,则 R 在 B 上的限制为
$$R|_B = I_B \cup \{(g,d),(g,b),(g,a),(d,b),(d,a),(g,a),(g,c),(c,a)\}$$

后面在讲了关系的性质后,还要学习关系的 3 种闭包运算,它们分别是自反闭包 $r(R)$、对称闭包 $s(R)$ 和传递闭包 $t(R)$.

在 C 语言中所出现的关系符号按数学方式写有 <(小于)、≤(小于或等于)、>(大于)、≥(大于或等于)、=(等于)和 ≠(不等于)6 个符号.它们所涉及的关系表达式[3]实际上是判断两个元素是否有关系,因而有一个逻辑值.

思考 关系的计算机表示及关系运算如何实现?

习题 2.2

1. 设 $A=\{0,1,2,3\}$,A 上的关系 R 和 S 分别为
$$R=\{(x,y) \mid x,y \in A, x+y=3\}$$
$$S=\{(x,y) \mid x,y \in A, y-x=1\}$$
计算 $R \cup S, R \cap S, \bar{R}, R-S, S-R, R \oplus S$.

2. 设 $R,S \subseteq A \times B$,证明:
 (1) $(R \cap S)^{-1} = R^{-1} \cap S^{-1}$.
 (2) $(\bar{R})^{-1} = \overline{R^{-1}}$.
 (3) $(R-S)^{-1} = R^{-1} - S^{-1}$.
 (4) $(R \oplus S)^{-1} = R^{-1} \oplus S^{-1}$.

3. 设 $A=\{a,b,c,d\}$,A 上的关系 R 和 S 分别为
$$R = \{(b,b),(b,c),(c,a)\}$$
$$S = \{(b,a),(c,a),(c,d),(d,c)\}$$
计算 $R^{-1}, S^{-1}, R \circ S, S \circ R, R^2, S^2, R \circ S \circ R, S \circ R^2$.

4. 设 R 是 A 上的关系,$\varnothing$ 是 A 上的空关系,证明 $R \circ \varnothing = \varnothing \circ R = \varnothing$.

5. 设 $R \subseteq A \times B, S,T \subseteq B \times C$,证明:$R \circ (S \cup T) = (R \circ S) \cup (R \circ T)$.

6. 设 $S,T \subseteq A \times B, R \subseteq B \times C$,证明:$(S \cap T) \circ R \subseteq (S \circ R) \cap (T \circ R)$,并举例说明不能将 $\subseteq$ 改为 $=$.

7. 设 $R \subseteq A \times B$,证明:
 (1) $I_A \circ R = R$.
 (2) $R \circ I_B = R$.

8. 设 R,S 和 T 为集合 A 上的关系,若 $S \subseteq T$,证明 $R \circ S \subseteq R \circ T$.

9. 设 $R \subseteq A \times A$，证明：对于非负整数 m，有 $(R^m)^{-1} = (R^{-1})^m$.

10. 设 $|A| = n$，R 是 A 上的关系，证明：存在自然数 i, j，使得 $R^i = R^j$，其中 $0 \leq i < j \leq 2^{n^2}$.

11. 设 $A = \{a, b, c, d\}$，A 上的关系为 $R = \{(b,b), (b,c), (c,a)\}$，计算 $\bigcup_{n=0}^{\infty} R^n$.

12. 设 R 和 S 是集合 A 上的关系且 $R \circ S = I_A$.
(1) 证明：若 A 是有限集合，则 R 和 S 都是 A 上的双射.
(2) 举例说明，若 A 是无限集合，则 R 和 S 不一定是 A 上的双射.

2.3 关系的性质

前面定义的关系是一般的关系，但在实际问题中，人们感兴趣的是具有某种或同时具有某几种特殊性质的关系.

集合 A 上的关系 $R \subseteq A \times A$ 最常见的性质有 5 种，分别介绍如下.

2.3.1 自反性

【定义 2-9】 设 $R \subseteq A \times A$，若对于任意 $x \in A$，均有 $(x, x) \in R$，即 xRx，则称 R 为 A 上的**自反关系**，或称 R 在 A 上是自反的，或称 R 在集合 A 上具有自反性(reflexive property).

【例 2-23】 设 $A = \{a, b, c, d\}$，A 上的关系
$$R = \{(a,a), (a,b), (b,b), (c,c), (c,a), (d,d)\}$$
是自反的，因为对于任意 $x \in A$，均有 $(x, x) \in R$.

需要注意的是，要判断 R 是否为 A 上的自反关系，只需判断是否对于 A 中的任意元素 x，x 与 x 都有关系 R. 于是，若 R 取为 $\{(a,a), (a,b), (b,b), (c,c), (c,a)\}$，则因为 $d \in A$，而 $(d,d) \notin R$，它不是自反的. 另外，若 R 取为 $\{(a,a), (b,b), (c,c), (c,a), (d,d)\}$，则它仍是自反的，它与 (a,b) 是否属于 R 无关.

整数集合 $\mathbf{Z}$ 上的整除关系 | 是自反的；集合 X 的幂集 $P(X)$ 上的包含关系 $\subseteq$ 是自反的；实数集合 $\mathbf{R}$ 上的小于或等于关系 $\leq$ 是自反的；实数集合 $\mathbf{R}$ 上的小于关系 $<$ 不是自反的.

下面的定理给出判断 R 自反的充要条件.

【定理 2-9】 设 $R \subseteq A \times A$，则 R 在 A 上自反的充要条件是 $I_A \subseteq R$，其中 I_A 是 A 上的恒等关系.

证 只需注意到 $I_A = \{(x, x) | x \in A\}$ 即可.

显然，空集 $\varnothing$ 上的关系只有一个空关系 $\varnothing$，该空关系 $\varnothing$ 是空集 $\varnothing$ 上的自反关系，因为 $A = \varnothing$，所以 $I_A = \varnothing$，而 $R = \varnothing$，这时有 $I_A \subseteq R$，故结论成立. 这是一种非常特殊的情况.

在关系图 G_R 中，若每一个点处都有一个自环，则 R 是自反的；否则，只要在某一个点处没有自环，则就 R 不是自反的. 例 2-23 所给 R 的关系如图 2-8 所示.

从 R 的关系矩阵 M_R 也可以判断 R 是否自反. 若 M_R 中主对角线元素全为 1，则 R 是自反的；若 M_R 中主对角线元素不全为

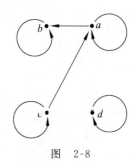

图 2-8

1(即至少有一个元素为0),则 R 不是自反的.例2-23所给 R 的关系矩阵为

$$M_R = \begin{bmatrix} 1 & 1 & 0 & 0 \\ 0 & 1 & 0 & 0 \\ 1 & 0 & 1 & 0 \\ 0 & 0 & 0 & 1 \end{bmatrix}_{4\times 4}$$

对于初学者来说,关系性质的判定不是很容易的.正确理解概念是至关重要的.

2.3.2 反自反性

【定义 2-10】 设 $R \subseteq A \times A$,若对于任意 $x \in A$,均有 $(x,x) \notin R$,则称 R 为 A 上的**反自反关系**,或称 R 在 A 上是反自反的,或称 R 在集合 A 上具有反自反性(irreflexive property).

【例 2-24】 设 $A=\{a,b,c,d\}$,A 上的关系
$$R = \{(b,a),(a,b),(b,c),(c,d),(c,a)\}$$
是反自反的,因为对于任意 $x \in A$,均有 $(x,x) \notin R$.

注意 要判断 R 是否为 A 上的反自反关系,只需判断是否对于 A 中的任意元素 x,x 与 x 都没有关系 R.于是,在例 2-24 中,若 R 取为 $\{(a,a),(a,b),(b,c),(c,d),(c,a)\}$,则因为 $a \in A$,而 $(a,a) \in R$,所以它不是反自反的.另外,若关系 R 取为 $\{(b,a),(b,c),(c,d),(c,a)\}$,则它仍是反自反的,它与 (a,b) 是否属于 R 无关.

整数集合 $\mathbf{Z}$ 上的整除关系 $|$ 不是反自反的;集合 X 的幂集 $P(X)$ 上的包含关系 $\subseteq$ 不是反自反的;实数集合 $\mathbf{R}$ 上的小于或等于关系 $\leqslant$ 不是反自反的;实数集合 $\mathbf{R}$ 上的小于关系 $<$ 是反自反的.

下面的定理给出判断 R 反自反的充要条件.

【定理 2-10】 设 $R \subseteq A \times A$,则 R 在 A 上反自反的充要条件是 $I_A \cap R = \varnothing$,其中 I_A 是 A 上的恒等关系.

证明留作练习.

显然,空集 $\varnothing$ 上的空关系 $\varnothing$ 也是其上的反自反关系,因为 $A = \varnothing$,所以 $I_A = \varnothing$,而 $R = \varnothing$,这时有 $I_A \cap R = \varnothing$,故结论成立.于是,空集 $\varnothing$ 上的空关系 $\varnothing$ 既是自反的,也是反自反的.例 2-25 所举的关系既不是自反的,也不是反自反的.

【例 2-25】 设 $A=\{a,b,c,d\}$,A 上的关系
$$R = \{(a,a),(a,b),(b,b),(c,d),(c,a)\}$$
因为对于 $c \in A$,有 $(c,c) \notin R$,所以 R 不是自反的;因为 $a \in A$,有 $(a,a) \in R$,所以 R 不是反自反的.

例 2-23 给出的是自反但不是反自反的关系例子,例 2-24 给出的是反自反但不是自反的关系例子.

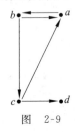

图 2-9

在关系图 G_R 中,若每一个点处都没有自环,则 R 是反自反的;否则,只要在某一个点处有自环,则 R 就不是反自反的.例 2-24 所给 R 的关系图如图 2-9 所示.

从 R 的关系矩阵 M_R 可以判断 R 是否反自反若 M_R 中主对角线元素全为 0,则 R 是反自反的;若 M_R 中主对角线元素不全为 0(即至少有一个元素为1),则 R 不是反自反的.例 2-24 所给 R 的关系矩阵为

$$M_R = \begin{bmatrix} 0 & 1 & 0 & 0 \\ 1 & 0 & 1 & 0 \\ 1 & 0 & 0 & 1 \\ 0 & 0 & 0 & 0 \end{bmatrix}_{4 \times 4}$$

2.3.3 对称性

【定义 2-11】 设 $R \subseteq A \times A$，对于任意 $x, y \in A$，如果 $(x,y) \in R$，那么有 $(y,x) \in R$，则称 R 为 A 上的**对称关系**，或称 R 在 A 上是对称的，或称 R 在集合 A 上具有对称性（symmetric property）。

【例 2-26】 设 $A = \{a, b, c, d\}$，A 上的关系
$$R = \{(b,a), (a,b), (b,b), (d,c), (c,d)\}$$
是对称的。

关系 R 为 A 上的对称关系，必须满足：只要 $(x,y) \in R$，就一定有 $(y,x) \in R$。于是，I_A 中的元素不影响关系 R 的对称性。在例 2-26 中，若 R 取为 $\{(b,a), (a,b), (b,b), (d,c)\}$，则因为 $(d,c) \in R$，而 $(c,d) \notin R$，所以它不是对称的。

整数集合 $\mathbf{Z}$ 上的整除关系 $|$ 不是对称的；集合 $X(|X| \geqslant 1)$ 的幂集 $P(X)$ 上的包含关系 $\subseteq$ 不是对称的；实数集合 $\mathbf{R}$ 上的小于或等于关系 $\leqslant$ 不是对称的；实数集合 $\mathbf{R}$ 上的小于关系 $<$ 不是对称的；三角形之间的全等关系 $\cong$ 是对称关系；整数集 $\mathbf{Z}$ 上的模 k 同余关系 $\equiv_k$ 是对称的。

下面的定理给出判断 R 对称的充要条件。

【定理 2-11】 设 $R \subseteq A \times A$，则 R 在 A 上对称的充要条件是 $R = R^{-1}$。

证明留作练习。

在关系图 G_R 中，若每一对不同点之间的边都是成对出现的，则 R 是对称的；否则，只要边在某一对点处没有成对出现，则 R 不是对称的。例 2-26 所给 R 的关系图如图 2-10 所示。

图 2-10

显然，R 对称充要条件是 M_R 中元素关于主对角线对称，即 M_R 对称。例 2-26 所给 R 的关系矩阵为

$$M_R = \begin{bmatrix} 0 & 1 & 0 & 0 \\ 1 & 1 & 0 & 0 \\ 0 & 0 & 0 & 1 \\ 0 & 0 & 1 & 0 \end{bmatrix}_{4 \times 4}$$

2.3.4 反对称性

【定义 2-12】 设 $R \subseteq A \times A$，对于任意 $x, y \in A$，如果 $(x,y) \in R$ 且 $(y,x) \in R$，那么一定有 $x = y$，则称 R 为 A 上的**反对称关系**，或称 R 在 A 上是反对称的，或称 R 在集合 A 上具有反对称性（antisymmetric property）。

关系 R 反对称的等价定义为：R 为 A 上的反对称关系，是指对于任意 $x, y \in A$，若 $x \neq y$，则 $(x,y) \in R$ 与 $(y,x) \in R$ 不能同时成立。

【例 2-27】 设 $A = \{a, b, c, d\}$，A 上的关系

$$R = \{(a,a),(a,b),(b,b),(b,c),(d,c)\}$$

是反对称的.

根据反对称关系的定义知，I_A 中的元素不影响其反对称性，像例 2-27 中的 (a,a), (b,b). 关系 R 反对称，则 A 中任意两个不同元素 x,y，$(x,y)\in R$ 与 $(y,x)\in R$ 不能同时成立，当然可以都不成立：$(x,y)\notin R$ 且 $(y,x)\notin R$. 若 R 取为 $\{(a,a),(a,b),(b,b),(b,c),(c,b)\}$，则因为 $b,c\in A, b\neq c$，而 $(b,c)\in R$ 且 $(c,b)\in R$，因此，R 不是反对称的；同时，这样取的关系 R 也不是对称的，因为 $(a,b)\in R$，但 $(b,a)\notin R$. 例 2-26 给出的是对称但不是反对称的关系例子，例 2-27 给出的是反对称但不是对称的关系例子. 再看一个例子.

【例 2-28】 设 $A=\{a,b,c,d\}$，A 上的关系
$$R = \{(a,a),(c,c)\}$$
既是对称的，也是反对称的.

整数集合 $\mathbf{Z}$ 上的整除关系 | 不是反对称的，例如 $2|-2$ 且 $-2|2$；X 的幂集 $P(X)$ 上的包含关系 $\subseteq$ 是反对称的，因为对于任意 $A,B\in P(X)$，若 $A\subseteq B$ 且 $B\subseteq A$，一定有 $A=B$；实数集合 $\mathbf{R}$ 上的小于或等于关系 $\leq$ 是反对称的；实数集合 $\mathbf{R}$ 上的小于关系 $<$ 是反对称的，因为对于任意 $x,y\in \mathbf{R}$，若 $x\neq y$，则 $x<y$ 和 $y<x$ 不会同时成立.

下面的定理给出判断 R 反对称的充要条件.

【定理 2-12】 设 $R\subseteq A\times A$，则 R 在 A 上反对称的充要条件是 $R\cap R^{-1}\subseteq I_A$，其中 I_A 是 A 上的恒等关系.

证 (1) 假定 R 反对称. 若 $(x,y)\in R\cap R^{-1}$，则 $(x,y)\in R$ 且 $(x,y)\in R^{-1}$. 由 $(x,y)\in R^{-1}$ 可得出 $(y,x)\in R$. 由 R 反对称知，$x=y$，这时有 $(x,y)\in I_A$，于是 $R\cap R^{-1}\subseteq I_A$.

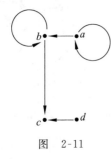

图 2-11

(2) 假定 $R\cap R^{-1}\subseteq I_A$. 对任意 $x,y\in A$，若 $(x,y)\in R$ 且 $(y,x)\in R$，由 $(y,x)\in R$ 可推出 $(x,y)\in R^{-1}$，所以 $(x,y)\in R\cap R^{-1}$. 而 $R\cap R^{-1}\subseteq I_A$，于是 $(x,y)\in I_A$，进而 $x=y$. 根据反对称的定义知，R 反对称.

在关系图 G_R 中，若每一对不同点之间的边都没有成对出现，则 R 是反对称的；否则，只要在某一对点之间的边成对出现，则 R 不是反对称的. 例 2-27 所给 R 的关系图如图 2-11 所示.

关系 R 反对称的充要条件是关系矩阵 $\boldsymbol{M}_R$ 中关于主对角线对称的元素不能同时为 1. 例 2-27 所给 R 的关系矩阵为

$$\boldsymbol{M}_R = \begin{bmatrix} 1 & 1 & 0 & 0 \\ 0 & 1 & 1 & 0 \\ 0 & 0 & 0 & 0 \\ 0 & 0 & 1 & 0 \end{bmatrix}_{4\times 4}$$

2.3.5 传递性

【定义 2-13】 设 $R\subseteq A\times A$，对于任意 $x,y,z\in A$，如果 $(x,y)\in R$ 且 $(y,z)\in R$，那么 $(x,z)\in R$，则称 R 为 A 上的**传递关系**，或称 R 在 A 上是传递的，或称 R 在集合 A 上具有传递性(transitive property).

【例 2-29】 设 $A=\{a,b,c,d\}$，A 上的关系
$$R = \{(a,a),(a,b),(b,b),(b,c),(a,c),(c,a)\}$$

是不传递的,因为$(c,a)\in R$且$(a,c)\in R$,但$(c,c)\notin R$.

【例 2-30】 设 $A=\{a,b,c,d\}$,A 上的关系
$$R=\{(a,a),(a,b),(b,b),(b,c),(c,b),(a,c),(c,a),(c,c),(b,a)\}$$
是传递的.

根据传递关系的定义,只要$(x,y)\in R$且$(y,z)\in R$,就一定有$(x,z)\in R$,则 R 是传递的. 在例 2-29 中,虽然由$(a,b)\in R$且$(b,c)\in R$有$(a,c)\in R$,甚至由$(a,c)\in R$且$(c,a)\in R$有$(a,a)\in R$,但因为$(c,a)\in R$且$(a,c)\in R$,但$(c,c)\notin R$,所以 R 不传递.

整数集合 $\mathbf{Z}$ 上的整除关系|是传递的;集合 X 的幂集 $P(X)$ 上的包含关系 $\subseteq$ 是传递关系;实数集合 $\mathbf{R}$ 上的小于或等于关系 $\leqslant$ 是传递的;实数集合 $\mathbf{R}$ 上的小于关系 $<$ 是传递的.

下面的定理给出判断 R 传递的充要条件.

【定理 2-13】 设 $R\subseteq A\times A$,则 R 在 A 上传递的充要条件是 $R\circ R\subseteq R$.

证 ($\Rightarrow$)对于任意$(x,z)\in R\circ R$,由关系复合运算的定义知,存在 $y\in A$ 使得$(x,y)\in R$且$(y,z)\in R$.因为 R 传递,所以$(x,z)\in R$,于是 $R\circ R\subseteq R$.

($\Leftarrow$)对于任意 $x,y,z\in A$,设$(x,y)\in R$且$(y,z)\in R$,由关系复合运算的定义知$(x,z)\in R\circ R$.因为 $R\circ R\subseteq R$,所以$(x,z)\in R$,故 R 传递.

【例 2-31】 设 $A=\{a,b,c,d\}$,A 上的关系
$$R=\{(a,b),(a,c)\}$$

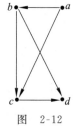

图 2-12

是传递的,因为经计算知 $R\circ R=\varnothing$,显然有 $R\circ R\subseteq R$. 值得特别注意的是,不能因为$(a,b)\in R$,而没有$(b,c)\in R$之类,就认为 R 不传递. 若取
$$R=\{(a,b)\}$$
则 R 也是传递的.

在关系图 G_R 中,对任意 $x,y,z\in A$,只要 x 到 y 有边且 y 到 z 有边,就一定有 x 到 z 有边,则 R 是传递的.假设关系 R 的关系如图 2-12 所示,则关系 R 不传递,因为 a 到 c 有边且 c 到 d 有边,但 a 到 d 没有边.

根据定理 2-13,考虑 $R\circ R$ 的关系矩阵与 R 的关系矩阵的关系,可得出从 R 的关系矩阵 $\mathbf{M}_R$ 判断 R 的传递性的方法.

上面介绍的是关系常见的 5 种性质,在实际问题中可能会遇到具有其他性质的关系(如连续性、欧几里得性、连通性、反传递性、循环性等,部分性质参见习题 2.3).下面的例子是根据给定的关系判断其具有何性质.当然,可以考虑让计算机判断关系具有哪些性质.

【例 2-32】 设 $A=\{0,1,2,3,4,5\}$,A 上的关系
$$R=\{(x,y)\mid x,y\in A, x+y=5\}$$
试判断 R 具有的性质(自反、反自反、对称、反对称和传递),说明理由.

解 (1) R 不具有自反性:$(0,0)\notin R$.

(2) R 具有反自反性:对任意 $x\in A$,显然有$(x,x)\notin R$.

(3) R 具有对称性:对任意 $x,y\in A$,若$(x,y)\in R$,则 $x+y=5$,显然 $y+x=5$,即$(y,x)\in R$.

(4) R 不具有反对称性:$(2,3)\in R$,$(3,2)\in R$.

(5) R 不具有传递性:因为 $(2,3)\in R,(3,2)\in R$,但 $(2,2)\notin R$.

综上所述,R 具有反自反性和对称性(事实上,可以先求出 R,再讨论其性质).

【例 2-33】 设 R 是集合 A 上的对称且传递的关系,可得出 R 是集合 A 上的自反关系吗?

有人做如下推导:对于任意 $x\in A$,由于 R 是对称的,则由 $(x,y)\in R$ 可得出 $(y,x)\in R$;又因为 R 是传递的,由 $(x,y)\in R$ 及 $(y,x)\in R$ 可得出 $(x,x)\in R$. 所以 R 是自反的. 请举例指出上述推理的错误之处.

解 取 $A=\{a,b,c\}$,令 $R=\{(a,a),(a,b),(b,a),(b,b)\}$,容易知道 R 是集合 A 上的对称的、传递的关系. 由于 $c\in A$,而 $(c,c)\notin R$,因此 R 不是 A 上的自反关系.

上述推导错在对 R 是 A 上的对称关系的理解上. R 是 A 上的对称关系,是指对于任意 $x,y\in A$,如果 $(x,y)\in R$,那么可得出 $(y,x)\in R$. 若"$(x,y)\in R$"不成立,则上述推导失效.

最后考察关系的性质与关系运算之间的关系.

【例 2-34】 设 R,S 是集合 A 上的传递关系,试判断 $R\circ S$ 是否一定传递,说明理由. $R\circ R$ 是否一定传递?

解 $R\circ S$ 不一定传递. 例如,取 $A=\{a,b,c,d\}$,令
$$R=\{(a,b),(b,c),(a,c)\}, \quad S=\{(b,c),(c,a),(b,a)\}$$
很容易验证,R,S 是集合 A 上的传递关系. 而
$$R\circ S=\{(a,c),(a,a),(b,a)\}$$
因为
$$(b,a)\in R\circ S,(a,c)\in R\circ S$$
但 $(b,c)\notin R\circ S$,因此 $R\circ S$ 不传递.

由于 R 是传递的,于是 $R\circ R\subseteq R$,因此 $(R\circ R)\circ(R\circ R)\subseteq R\circ R$,所以 $R\circ R$ 是传递的.

表 2-2 给出关系的性质与关系运算之间的联系,表中 √ 表示正确(True),× 表示错误(False).

表 2-2

运算	性质				
	自反性	反自反性	对称性	反对称性	传递性
$R\cap S$	√	√	√	√	√
$R\cup S$	√	√	√	×	×
$R-S$	×	√	√	√	×
R^{-1}	√	√	√	√	√
$R\circ S$	√	×	×	×	×

【例 2-35】 设 R,S 是集合 A 上的对称关系.

(1) 举例说明 $R\circ S$ 不一定对称.

(2) 证明:$R\circ S$ 对称的充要条件是 $R\circ S=S\circ R$.

解 (1) 例如,取 $A=\{a,b,c\}$,令
$$R=\{(a,b),(b,a)\}, \quad S=\{(b,c),(c,b)\}$$
显然,R,S 是集合 A 上的对称关系.而 $R\circ S=\{(a,c)\}$,因为 $(a,c)\in R\circ S$,但 $(c,a)\notin R\circ S$,因此 $R\circ S$ 不对称.

(2) 由于 R,S 对称,所以 $R^{-1}=R$,且 $S^{-1}=S$.

($\Rightarrow$) 若 $R\circ S$ 对称,则 $(R\circ S)^{-1}=R\circ S$,而 $(R\circ S)^{-1}=S^{-1}\circ R^{-1}=S\circ R$,因此 $R\circ S=S\circ R$.

($\Leftarrow$) 若 $R\circ S=S\circ R$,因为 $(R\circ S)^{-1}=S^{-1}\circ R^{-1}=S\circ R$,进而 $(R\circ S)^{-1}=R\circ S$,于是 $R\circ S$ 对称.

习题 2.3

1. 设 $R\subseteq A\times A$,证明 R 在 A 上反自反的充要条件是 $I_A\cap R=\varnothing$,其中 I_A 是 A 上的恒等关系.

2. 设 $R\subseteq A\times A$,证明 R 在 A 上对称的充要条件是 $R=R^{-1}$.

3. 设 $A=\{a,b,c\}$,A 上的关系 $R=\{(a,b),(b,c)\}$,试求出 3 个包含关系 R 的传递关系.

4. 设 $R\subseteq A\times A$,对于任意 $x,y,z\in A$,如果 $(x,y)\in R$ 且 $(y,z)\in R$,那么 $(x,z)\notin R$,则称 R 为 A 上的**反传递关系**.

(1) 举出一个反传递关系的例子.

(2) 证明:R 反传递的充要条件是 $(R\circ R)\cap R=\varnothing$.

5. 设 $R\subseteq A\times A$,对于任意 $x,y,z\in A$,如果 $(x,y)\in R$ 且 $(y,z)\in R$,那么 $(z,x)\in R$,则称 R 为 A 上的**循环关系**.

(1) 举出一个循环关系的例子.

(2) 证明:若 R 是自反的和循环的,则 R 具有对称性和传递性.

6. 若 $|A|=n$,R 为 A 上的反对称关系,求 $R\cap R^{-1}$ 的关系矩阵中至少有多少个元素是 0.

7. 设 $R\subseteq A\times A$,若 R 具有自反性及传递性,则 $R\circ R=R$.其逆命题为真吗?

8. 设 R 是复数集合 **C** 上的关系,定义如下:
$$R=\{(x,y)\mid x,y\in \mathbf{C} \text{且} x-y=a+bi, \text{其中} a,b \text{为非负整数}\}$$
确定 R 的性质(自反、反自反、对称、反对称和传递),说明理由.

9. 确定三角形之间的相似关系 $\backsim$ 具有哪些性质(自反、反自反、对称、反对称和传递),说明理由.

10. 设 $X\neq\varnothing$,R 是 $P(X)$ 上的关系,定义如下:
$$R=\{(A,B)\mid A,B\in P(X) \text{且} A\cap B\neq\varnothing\}$$
确定 R 的性质(自反、反自反、对称、反对称和传递),说明理由.

11. 设 $A=\{a,b,c,d\}$,举出一个 A 上的关系的例子,使其同时不具有自反性、反自反性、对称性、反对称性和传递性.

12. 设 R,S 是集合 A 上的关系,判断下列命题的真假,说明理由.

(1) R 和 S 是自反的,则 $R\cup S$ 自反.

(2) R 和 S 是反自反的,则 $R\cup S$ 反自反.

(3) R 和 S 是对称的,则 $R \cup S$ 对称.

(4) R 和 S 是反对称的,则 $R \cup S$ 反对称.

(5) R 和 S 是传递的,则 $R \cup S$ 传递.

2.4 关系的闭包

通过关系的一些运算可以得到新的关系. 对于 A 上的关系 R,希望 R 具有某些有用的性质,如自反性. 若 R 不具有自反性,通过在 R 中添加一些有序对使其变成自反关系,这样也可以得到 A 上的一些新的关系.

2.4.1 自反闭包

先看下面的例子.

【例 2-36】 设 $A=\{a,b,c\}$,A 上的关系 $R=\{(a,a),(b,a),(b,c),(c,a),(a,c)\}$,试求所有的包含 R 的自反关系.

解 下面的 4 个关系都是包含 R 的自反关系:

$R_1 = R \cup \{(b,b),(c,c)\} = \{(a,a),(b,a),(b,c),(c,a),(a,c),(b,b),(c,c)\}$

$R_2 = R \cup \{(b,b),(c,c),(a,b)\}$
$= \{(a,a),(b,a),(b,c),(c,a),(a,c),(b,b),(c,c),(a,b)\}$

$R_3 = R \cup \{(b,b),(c,c),(c,b)\}$
$= \{(a,a),(b,a),(b,c),(c,a),(a,c),(b,b),(c,c),(c,b)\}$

$R_4 = R \cup \{(b,b),(c,c),(a,b),(c,b)\}$
$= \{(a,a),(b,a),(b,c),(c,a),(a,c),(b,b),(c,c),(a,b),(c,b)\}$

从 R_1,R_2,R_3 和 R_4 可以看出,对于包含关系"$\subseteq$"来说,R_1 是 4 个包含 R 的自反关系中最小的,即有 $R_1 \subseteq R_i(i=1,2,3,4)$. 此时就把 R_1 称为 R 的自反闭包.

【定义 2-14】 设 $R \subseteq A \times A$,最小的包含 R 的自反关系称为 R 的**自反闭包**(reflexive closure),记为 $r(R)$.

从定义 2-14 可知,R 的自反闭包 $r(R)$ 是 A 上的关系,且必须满足以下 3 个条件:

(1) 包含 R.

(2) 自反性.

(3) 最小性.

在计算 R 的自反闭包 $r(R)$ 时,为了保证最小性,在关系 R 的基础上尽可能少地添加元素,但要保证添加元素后的关系是自反的. 实际上,只要把 A 上的恒等关系 I_A 中的全部元素加进去就可以了. 可以证明以下定理.

【定理 2-14】 设 $R \subseteq A \times A$,则 $r(R) = R \cup I_A$.

证 (1) 显然 $R \cup I_A$ 包含 R.

(2) 因为 $I_A \subseteq R \cup I_A$,所以 $R \cup I_A$ 自反.

(3) 对于任意的包含 R 的自反关系 R',有 $R \subseteq R'$ 且 $I_A \subseteq R'$,进而有 $R \cup I_A \subseteq R'$.

故,$R \cup I_A$ 是最小的包含 R 的自反关系,即自反闭包.

很容易从关系 R 的关系图得出其自反闭包 $r(R)$ 的关系图.

【例 2-37】 设 $A=\{a,b,c,d\}$，A 上的关系 R 的关系图 G_R 如图 2-13 所示，试画出 R 的自反闭包 $r(R)$ 的关系图 $G_{r(R)}$。

解 要画出 R 的自反闭包 $r(R)$ 的关系图 $G_{r(R)}$，只需在 R 的关系图 G_R 的每一个点都画上一个自环即可，如图 2-14 所示。

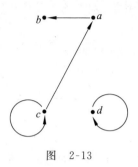
图 2-13

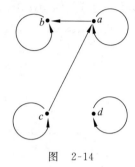
图 2-14

2.4.2 对称闭包

【定义 2-15】 设 $R \subseteq A \times A$，最小的包含 R 的对称关系称为 R 的**对称闭包**（symmetric closure），记为 $s(R)$。

计算 R 的对称闭包 $s(R)$ 时，在关系 R 的基础上尽可能少地添加元素，但要保证添加元素后的关系是对称的。实际上，把 R 的逆关系 R^{-1} 中的全部元素加进去就可以了。可以证明以下定理。

【定理 2-15】 设 $R \subseteq A \times A$，则 $s(R) = R \cup R^{-1}$。

证明留作练习。

【例 2-38】 设 $A=\{a,b,c\}$，A 上的关系 $R=\{(a,a),(b,a),(b,c),(c,a),(a,c)\}$，试求 R 的对称闭包 $s(R)$。

解 $s(R) = R \cup R^{-1} = \{(a,a),(b,a),(b,c),(c,a),(a,c)\}$
$\cup \{(a,a),(a,b),(c,b),(a,c),(c,a)\}$
$= \{(a,a),(b,a),(b,c),(c,a),(a,c),(a,b),(c,b)\}$

要画出 R 的对称闭包 $s(R)$ 的关系图 $G_{s(R)}$，在 R 的关系图 G_R 的基础上，若一对不同的点之间有边，则必须成对出现。

【例 2-39】 设 $A=\{a,b,c,d\}$，A 上的关系 R 的关系图 G_R 如图 2-13 所示，试画出 R 的对称闭包 $s(R)$ 的关系图 $G_{s(R)}$。

解 R 的对称闭包 $s(R)$ 的关系图 $G_{s(R)}$ 如图 2-15 所示。

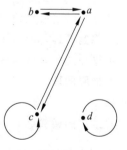
图 2-15

2.4.3 传递闭包

【定义 2-16】 设 $R \subseteq A \times A$，最小的包含 R 的传递关系称为 R 的**传递闭包**（transitive closure），记为 $t(R)$。

【例 2-40】 设 $A=\{a,b,c\}$，A 上的关系 $R=\{(a,b),(b,c),(b,a)\}$，试求出 R 的传递闭包 $t(R)$。

解 $t(R) = \{(a,b),(b,c),(b,a),(a,c),(a,a),(b,b)\}$。

注意 在根据定义计算传递闭包 $t(R)$ 时,同样是尽可能少地添加元素,但要保证添加后得到的关系是传递的.在例 2-40 中,不能仅因为 $(a,b),(b,c) \in R$,添加元素 (a,c) 就认为可以了,因为这样得到的关系 $\{(a,b),(b,c),(b,a),(a,c)\}$ 是不传递的,因此还要添加 $(a,a),(b,b)$,这是初学者容易出错的地方.建议在做完后要检查关系是否传递.

【例 2-41】 设 $A=\{a,b,c,d\}$,A 上的关系 R 的关系图 G_R 如图 2-13 所示,试画出 R 的传递闭包 $t(R)$ 的关系图 $G_{t(R)}$.

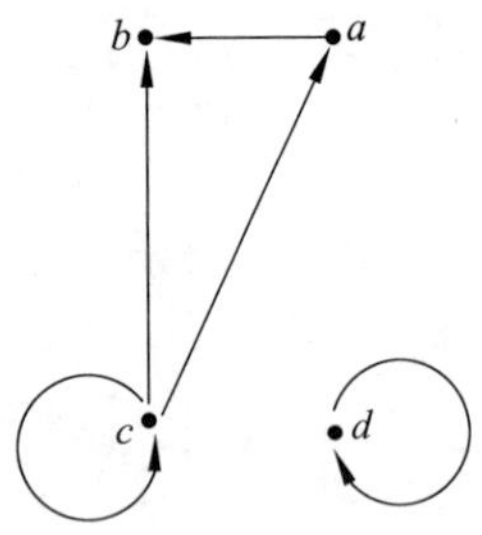

图 2-16

解 R 的传递闭包 $t(R)$ 的关系图 $G_{t(R)}$ 如图 2-16 所示.

计算传递闭包的一般公式是比较复杂的.

【定理 2-16】 设 $R \subseteq A \times A$,则 $t(R) = \bigcup_{i=1}^{\infty} R^i = R \cup R^2 \cup R^3 \cup \cdots$.

证 为讨论方便起见,令 $R^+ = \bigcup_{i=1}^{\infty} R^i = R \cup R^2 \cup R^3 \cup \cdots$.下面证明 $t(R) = R^+$.

(1) R^+ 是传递的.对于任意 $x,y,z \in A$,假设 $(x,y) \in R^+$ 且 $(y,z) \in R^+$,根据并运算的定义知,存在正整数 r,s,使得 $(x,y) \in R^r$,$(y,z) \in R^s$,于是有 $(x,z) \in R^r \circ R^s = R^{r+s} \subseteq R^+$,所以 R^+ 是传递的.显然 $R \subseteq R^+$,由传递闭包的定义知,$t(R) \subseteq R^+$.

(2) 因为 $R \subseteq t(R)$,使用数学归纳法可以证明
$$R^i \subseteq t(R), \quad i=1,2,3,\cdots$$
假定 $R^i \subseteq t(R)$,任取 $(x,y) \in R^{i+1} = R^i \circ R$,存在元素 $a \in A$ 使得 $(x,a) \in R^i$ 且 $(a,y) \in R$;由归纳假定有 $R^i \subseteq t(R)$,而 $R \subseteq t(R)$,所以 $(x,a) \in t(R)$,$(a,y) \in t(R)$;根据 $t(R)$ 传递知,$(x,y) \in t(R)$,于是 $R^{i+1} \subseteq t(R)$.因为 $R^i \subseteq t(R)$,$i=1,2,3,\cdots$,所以 $R \cup R^2 \cup R^3 \cup \cdots = R^+ \subseteq t(R)$.

由(1)和(2),有 $t(R) = R^+$.证毕.

定理 2-16 不适用于计算传递闭包,因为要计算 R^i,$i=1,2,3,\cdots$,是不现实的.但在集合 A 中元素有限时,定理 2-17 是有用的.

先介绍鸽笼原理(又称抽屉原理),其结论是显然的,它主要用于得出具有某种性质的元素是存在的这一结论.

鸽笼原理(pigeonhole principle) $n+1$ 只或更多只鸽子飞进 n 个笼子时,一定有一个笼子里面至少有两只鸽子.

抽屉原理 $n+1$ 个或更多个苹果放进 n 个抽屉时,一定有一个抽屉里面至少有两个苹果.

推广的鸽笼原理(extended pigeonhole principle) n 只鸽子飞进 m 个笼子时,一定有一个笼子里面至少有 $\left\lceil \dfrac{n}{m} \right\rceil$ 只鸽子.

【定理 2-17】 设 $|A|=n$,$R \subseteq A \times A$,则 $t(R) = \bigcup_{i=1}^{n} R^i = R \cup R^2 \cup \cdots \cup R^n$.

证 设 $(x,y) \in t(R)$,由定理 2-16 知,存在正整数 p 使得 $(x,y) \in R^p$,不妨设 p 是满足该条件的最小正整数.根据 R^p 的定义,存在集合 A 中的元素 $x,e_1,e_2,\cdots,e_{p-1},e_p=y$,满足

$$(x,e_1) \in R, (e_1,e_2) \in R, \cdots, (e_{p-1},e_p) \in R$$

假定 $p>n$,因为 $|A|=n$,由于 $\left\lceil \dfrac{p}{n} \right\rceil >1$,根据推广的鸽笼原理,$e_1,e_2,\cdots,e_{p-1},e_p$ 中必存在相同元素 $e_r=e_s$,$1\leqslant r<s\leqslant p$. 因此,有

$$(x,e_1) \in R, \cdots, (e_{r-1},e_r) \in R, \cdots, (e_s,e_{s+1}) \in R, \cdots, (e_{p-1},y) \in R$$

再根据复合运算的定义知,$(x,y) \in R^{r+(p-s)} = R^{p-(s-r)}$. 因为 $p-(s-r)<p$,与 p 的最小性矛盾,故 $p>n$ 不成立. 证毕.

当 $A=\varnothing$ 时,有 $R=\varnothing$,于是显然有 $t(R)=\varnothing$.

【例 2-42】 利用定理 2-17 重新计算例 2-40 中 R 的传递闭包 $t(R)$.

解 因为 $R=\{(a,b),(b,c),(b,a)\}$,所以有

$$R^2 = \{(a,c),(a,a),(b,b)\}$$

$$R^3 = R \circ R^2 = \{(a,b),(b,c),(b,a)\}$$

因此,$t(R)=R \cup R^2 \cup R^3 = \{(a,b),(b,c),(b,a),(a,c),(a,a),(b,b)\}$.

根据定理 2-17,可以得出由关系矩阵 $\boldsymbol{M}_R$ 求传递闭包的关系矩阵 $\boldsymbol{M}_{t(R)}$ 的方法. 但当集合 A 中元素较多时,这种方法很烦琐,为此,沃舍尔(S. Warshall,1935—2006)在 1962 年提出了一个求传递闭包的有效算法[10,12,13].

最后考虑闭包运算与其他内容的联系.

1. 关系的闭包运算与其他运算之间的联系

下面的定理给出了关系的闭包运算与关系的并运算之间的一些结论.

【定理 2-18】 设 $R_1 \subseteq A \times A, R_2 \subseteq A \times A$,则

(1) $r(R_1 \cup R_2) = r(R_1) \cup r(R_2)$.

(2) $s(R_1 \cup R_2) = s(R_1) \cup s(R_2)$.

(3) $t(R_1 \cup R_2) \supseteq t(R_1) \cup t(R_2)$.

证 只证明(2)和(3),(1)留作练习.

(2) $s(R_1 \cup R_2) = (R_1 \cup R_2) \cup (R_1 \cup R_2)^{-1} = (R_1 \cup R_2) \cup (R_1^{-1} \cup R_2^{-1})$
$= (R_1 \cup R_1^{-1}) \cup (R_2 \cup R_2^{-1}) = s(R_1) \cup s(R_2)$

(3) 由定理 2-16 知,

$$t(R_1) = \bigcup_{i=1}^{\infty} R_1^i = R_1 \cup R_1^2 \cup R_1^3 \cup \cdots$$

$$t(R_2) = \bigcup_{i=1}^{\infty} R_2^i = R_2 \cup R_2^2 \cup R_2^3 \cup \cdots$$

$$t(R_1 \cup R_2) = \bigcup_{i=1}^{\infty} (R_1 \cup R_2)^i = (R_1 \cup R_2) \cup (R_1 \cup R_2)^2 \cup (R_1 \cup R_2)^3 \cup \cdots$$

显然,由关系运算的性质有 $(R_1 \cup R_2)^i \supseteq R_1^i \cup R_2^i$,于是 $t(R_1 \cup R_2) \supseteq t(R_1) \cup t(R_2)$.

例 2-43 说明,在定理 2-18 的结论(3)中,不能把 $\supseteq$ 改为 $=$.

【例 2-43】 举例说明 $t(R_1 \cup R_2) \neq t(R_1) \cup t(R_2)$.

解 设 $A=\{a,b,c\}$,令 $R_1=\{(a,b),(b,c)\}$,$R_2=\{(b,a)\}$,这时 $t(R_1)=\{(a,b),(b,c),(a,c)\}$,$t(R_2)=\{(b,a)\}$,所以

$$t(R_1) \cup t(R_2) = \{(a,b),(b,c),(a,c),(b,a)\}$$

而由例 2-42 的结果知,$t(R_1 \cup R_2)=\{(a,b),(b,c),(a,c),(b,a),(a,a),(b,b)\}$,因此,有 $t(R_1 \cup R_2) \neq t(R_1) \cup t(R_2)$.

2. 闭包运算与关系的性质的联系

【定理 2-19】 设 $R \subseteq A \times A$.

(1) 若 R 自反,则 $s(R)$ 及 $t(R)$ 也自反.

(2) 若 R 对称,则 $r(R)$ 及 $t(R)$ 也对称.

(3) 若 R 传递,则 $r(R)$ 也传递,而 $s(R)$ 不一定传递.

证 只证明(2)和(3),(1)留作练习.

(2) 由 R 对称,有 $R=R^{-1}$. 由于 $r(R)=R \cup I_A$,而 $(r(R))^{-1}=(R \cup I_A)^{-1}=R^{-1} \cup I_A^{-1}=R \cup I_A=r(R)$,所以 $r(R)$ 对称.

因为 R 对称,所以 $(R^i)^{-1}=(R^{-1})^i=R^i$. 由于
$$t(R)=\bigcup_{i=1}^{\infty} R^i = R \cup R^2 \cup R^3 \cup \cdots$$
于是
$$(t(R))^{-1}=(R \cup R^2 \cup R^3 \cup \cdots)^{-1}=R^{-1} \cup (R^2)^{-1} \cup (R^3)^{-1} \cup \cdots$$
$$=R \cup R^2 \cup R^3 \cup \cdots = t(R)$$

所以 $t(R)$ 也对称.

(3) 因为 R 传递,所以 $R \circ R \subseteq R$. 而 $r(R)=R \cup I_A$,这时
$$r(R) \circ r(R)=(R \cup I_A) \circ (R \cup I_A)=R \circ (R \cup I_A) \cup I_A \circ (R \cup I_A)$$
$$=R \circ R \cup R \circ I_A \cup I_A \cup I_A \circ (R \cup I_A)$$
$$=R \circ R \cup R \cup (R \cup I_A) \subseteq R \cup R \cup (R \cup I_A)$$
$$=R \cup I_A = r(R)$$

因此,$r(R)$ 传递.

例如,$A=\{a,b,c\}$,$R=\{(a,b)\}$,显然 R 传递. 而 $s(R)=\{(a,b),(b,a)\}$ 不传递.

关系的性质与关系的闭包运算之间的联系如表 2-3 所示.

表 2-3

闭包运算	性质				
	自反性	反自反性	对称性	反对称性	传递性
$r(R)$	√	×	√	√	√
$s(R)$	√	√	√	×	×
$t(R)$	√	×	√	×	√

3. 多重闭包运算

由于关系的闭包运算在其他计算机专业课(如编译原理)中很有用,下面再对多重闭包问题进行简单讨论.

对于多重闭包运算,规定从右至左依次进行运算. 例如:
$$tsr(R)=t(s(r(R)))$$

很容易知道,$rt(R)=r(R \cup R^2 \cup R^3 \cup \cdots)=I_A \cup R \cup R^2 \cup R^3 \cup \cdots$.

【定理 2-20】 设 $R \subseteq A \times A$.

(1) $rs(R)=sr(R)$.

(2) $rt(R)=tr(R)$(可记 $R^*=tr(R)$).

(3) $st(R)\subseteq ts(R)$.

证 只证明(3),(1)和(2)留作练习.

(3) $$\begin{aligned}st(R)&=s(R\cup R^2\cup\cdots)=(R\cup R^2\cup\cdots)\cup(R\cup R^2\cup\cdots)^{-1}\\&=(R\cup R^2\cup\cdots)\cup(R^{-1}\cup(R^2)^{-1}\cup\cdots)\\&=(R\cup R^2\cup\cdots)\cup(R^{-1}\cup(R^{-1})^2\cup\cdots)\\&=(R\cup R^{-1})\cup(R^2\cup(R^{-1})^2)\cup\cdots\subseteq(R\cup R^{-1})\cup(R\cup R^{-1})^2\cup\cdots\\&=ts(R).\end{aligned}$$

下面的例子说明,在定理 2-20 的结论(3)中,不能把$\subseteq$改为$=$.

【例 2-44】 试举例说明 $st(R)\neq ts(R)$.

解 设 $A=\{a,b,c\}$,令 $R=\{(a,b),(b,c)\}$,则

$st(R)=s(t(R))=\{(a,b),(b,c),(a,c),(b,a),(c,b),(c,a)\}$

$ts(R)=t(s(R))=\{(a,b),(b,c),(b,a),(c,b),(c,a),(a,c),(a,a),(b,b),(c,c)\}$

显然,$st(R)\neq ts(R)$.

习题 2.4

1. 设 $R\subseteq A\times A$,证明:$s(R)=R\cup R^{-1}$.

2. 设 $A=\{a,b,c,d\}$,A 上的关系

$$R=\{(a,a),(a,b),(b,a),(b,c),(c,d)\}$$

求 R 的自反闭包 $r(R)$、对称闭包 $s(R)$和传递闭包 $t(R)$.

3. 设关系 R 的关系图如图 2-17 所示,分别给出 R 的自反闭包 $r(R)$、对称闭包 $s(R)$和传递闭包 $t(R)$的关系图.

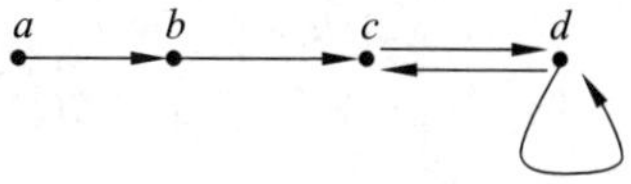

图 2-17

4. 设整数集合 $\mathbf{Z}$ 上的关系 $R=\{(x,y)\mid x,y\in\mathbf{Z}$ 且 $y=x+1\}$,说明 R 的传递闭包 $t(R)$是小于关系$<$.

5. 设 R 和 S 是集合 A 上的关系,若 $R\subseteq S$,证明:

(1) $r(R)\subseteq r(S)$.

(2) $s(R)\subseteq s(S)$.

(3) $t(R)\subseteq t(S)$.

6. 设 $R_1\subseteq A\times A$,$R_2\subseteq A\times A$,证明:$r(R_1\cup R_2)=r(R_1)\cup r(R_2)$.

7. 类似于定理 2-18,分析关系的闭包运算与关系的交运算之间的联系.

8. 设 $R\subseteq A\times A$,证明:若 R 自反,则 $s(R)$和 $t(R)$也自反.

9. 设 $R\subseteq A\times A$,证明:

(1) 若 R 反自反,$s(R)$也反自反,但 $r(R)$和 $t(R)$不一定反自反.

(2) 若 R 反对称,$r(R)$也反对称,但 $s(R)$和 $t(R)$不一定反对称.

10. 设 $A=\{a,b,c\}$,$R=\{(a,b),(b,c)\}$,求 $rt(R)$.

11. 设 $R\subseteq A\times A$,证明:

(1) $rs(R)=sr(R)$.

(2) $rt(R)=tr(R)$.

12. 设 $R \subseteq A \times A$，记 $R^+ = t(R)$，$R^* = tr(R)$，证明：

(1) $(R^+)^+ = R^+$.

(2) $(R^*)^* = R^*$.

(3) $R \circ R^* = R^* \circ R = R^+$.

2.5 等价关系

在实际应用时，具有某几种性质的关系是有用的。本节、2.6节和2.7节分别介绍集合 A 上的等价关系、相容关系和偏序关系。

等价关系是一种非常重要的特殊关系，它是相等关系 $=$、全等关系 $\cong$ 等的一种推广。等价关系基于某种标准，如颜色相同、形状相同等，对事物进行分类。又如研究整数时，基于能否被2整除，将整数分为奇数和偶数两类，进而有"奇数加偶数是奇数"的结论。

等价关系以及根据它对集合进行划分是**粗糙集**（rough set）理论的基础。粗糙集理论是智能信息处理的重要方法之一。

2.5.1 等价关系的定义

【**定义 2-17**】 设 $R \subseteq A \times A$，若 R 具有自反性、对称性以及传递性，则称 R 为 A 上的**等价关系**（equivalent relation）。

【**例 2-45**】 设 $A = \{a, b, c\}$，$R = \{(a,a), (b,b), (c,c), (b,c), (c,b)\}$，很容易验证 R 是 A 上的等价关系。

【**例 2-46**】 试验证整数集 $\mathbf{Z}$ 上的模3同余关系（见例2-3）

$$R = \{(x, y) \mid x, y \in \mathbf{Z} \text{ 且 } 3 \mid (x-y)\}$$

是 $\mathbf{Z}$ 上的等价关系。

解 (1) 对任意 $x \in \mathbf{Z}$，由于 $3 \mid (x-x)$，所以有 $(x,x) \in R$，于是 R 具有自反性。

(2) 对任意 $x, y \in \mathbf{Z}$，若 $(x,y) \in R$，则 $3 \mid (x-y)$，显然有 $3 \mid (-(x-y))$，即 $3 \mid (y-x)$，于是有 $(y,x) \in R$，因此，R 具有对称性。

(3) 对任意 $x, y, z \in \mathbf{Z}$，若 $(x,y) \in R$ 且 $(y,z) \in R$，则 $3 \mid (x-y)$ 且 $3 \mid (y-z)$，从而 $3 \mid ((x-y)+(y-z))$，即 $3 \mid (x-z)$，所以 $(x,z) \in R$，因此，R 具有传递性。

根据定义知，R 是 $\mathbf{Z}$ 上的等价关系。

由定理1-27知，集合之间的对等关系 $\sim$ 是等价关系。很容易证明定理2-21。

【**定理 2-21**】 设 R 和 S 是集合 A 上的两个等价关系，则 R^{-1} 和 $R \cap S$ 是集合 A 上的两个等价关系。

证 根据等价关系的定义，由表2-2知结论成立。

设 R 和 S 是集合 A 上的两个等价关系，表2-4给出了等价关系与关系运算的联系。

表 2-4

关系运算	$R \cup S$	$R \cap S$	$\bar{R}$	$R - S$	$R \oplus S$	R^{-1}	$R \circ S$
是否等价	×	✓	×	×	×	✓	×

2.5.2 等价类

【定义 2-18】 设 R 是 A 上的等价关系,对于任意 $x \in A$,称集合
$$\{y \mid y \in A \text{ 且 } (x,y) \in R\}$$
为元素 x 关于等价关系 R 所在的**等价类**(equivalent class),记为 $[x]_R$. 称 x 为该等价类的**代表元**.

【例 2-47】 根据例 2-45 中的等价关系,求出 A 中各元素所在的等价类.

解 $[a]_R = \{a\}, [b]_R = \{b,c\}, [c]_R = \{b,c\}$.

虽然根据给定的等价关系,每个元素都有其所在的等价类,但从例 2-49 可知,不同的等价类为 $\{a\}, \{b,c\}$. 对于等价类 $\{b,c\}$,其代表元可以是 b:$[b]_R = \{b,c\}$,也可以是 c:$[c]_R = \{b,c\}$. 根据定义,可以证明定理 2-22.

【定理 2-22】 设 R 是集合 A 上的等价关系,$x, y \in A$,则 $[x]_R = [y]_R$ 当且仅当 $(x,y) \in R$.

证 ($\Rightarrow$) 因为 $(y,y) \in R$,所以根据等价类的定义有 $y \in [y]_R$. 由已知 $[x]_R = [y]_R$,可得出 $y \in [x]_R$,所以有 $(x,y) \in R$.

($\Leftarrow$) 对于任意 $z \in [x]_R$,由定义有 $(x,z) \in R$. 因为 $(x,y) \in R$,而 R 是等价关系,所以 $(y,x) \in R$,进而 $(y,z) \in R$. 于是有 $z \in [y]_R$,因此有 $[x]_R \subseteq [y]_R$. 同理可证 $[y]_R \subseteq [x]_R$,所以有 $[x]_R = [y]_R$.

【例 2-48】 根据例 2-46 中的等价关系,求出 $\mathbf{Z}$ 中各元素所在的等价类.

解 $\mathbf{Z}$ 中各元素所在的等价类分别为
$$[0]_R = \{\cdots, -6, -3, 0, 3, 6, \cdots\} = \cdots = [-6]_R = [-3]_R = [0]_R = [3]_R = [6]_R = \cdots$$
$$[1]_R = \{\cdots, -5, -2, 1, 4, 7, \cdots\} = \cdots = [-5]_R = [-2]_R = [1]_R = [4]_R = [7]_R = \cdots$$
$$[2]_R = \{\cdots, -4, -1, 2, 5, 8, \cdots\} = \cdots = [-4]_R = [-1]_R = [2]_R = [5]_R = [8]_R = \cdots$$

从上面两个例子还可以看出:不同的等价类是不相交的,即有以下定理.

【定理 2-23】 设 R 是集合 A 上的等价关系,$x, y \in A$,若 $[x]_R \neq [y]_R$,则 $[x]_R \cap [y]_R = \varnothing$.

证 (反证) 若 $[x]_R \cap [y]_R \neq \varnothing$,则存在 $z \in [x]_R \cap [y]_R$,于是 $(x,z) \in R$ 且 $(y,z) \in R$,进而 $(z,y) \in R$,所以有 $(x,y) \in R$. 由定理 2-22,$[x]_R = [y]_R$,与已知矛盾.

【定义 2-19】 设 R 是集合 A 上的等价关系,称所有等价类组成的集合 $\{[x]_R \mid x \in A\}$ 为集合 A 关于等价关系 R 的**商集**(quotient set),记为 A/R(读作 A 模 R),即
$$A/R = \{[x]_R \mid x \in A\}.$$

由例 2-47 知 $A/R = \{\{a\}, \{b,c\}\}$,由例 2-48 知
$$\mathbf{Z}/R = \{\{\cdots, -6, -3, 0, 3, 6, \cdots\}, \{\cdots, -5, -2, 1, 4, \cdots\},$$
$$\{\cdots, -4, -1, 2, 5, \cdots\}\}$$

它们分别是集合 $A = \{a,b,c\}$ 和整数集合 $\mathbf{Z}$ 的划分.

【定理 2-24】 设 R 是集合 A 上的等价关系,则 A 关于 R 的商集 A/R 是集合 A 的划分.

证 很容易证明等价关系的下列性质(留作练习):

(1) 每一个等价类 $[x]_R$ 非空.

(2) 不同的等价类不相交(定理 2-23);

(3) 所有等价类的并是整个集合 A：$\bigcup_{x \in A}[x]_R = A$.

因此，给定集合 A 上的一个等价关系 R，根据该等价关系可以得到集合 A 的一种划分．反过来，若给定了集合 A 的一种划分 π，可以证明（留作练习）按下面的方式可构造出集合 A 上的一个**与划分 π 对应的等价关系 R**：

$$xRy \Leftrightarrow x \text{ 和 } y \text{ 在划分 } \pi \text{ 的同一个块中}$$

【**例 2-49**】 设 $A = \{a, b, c\}$，A 上的划分 $\pi = \{\{a\}, \{b, c\}\}$，试确定由 π 所产生的等价关系 R．

解 $R = \{(a, a), (b, b), (c, c), (b, c), (c, b)\}$.

已知集合 $A = \{a, b, c\}$ 上的不同的划分共 5 个，通过计算知道集合 A 上的所有不同的等价关系也是 5 个，分别为 $R_1 = A \times A$，$R_2 = \{(a, b), (b, a)\} \bigcup I_A$，$R_3 = \{(b, c), (c, b)\} \bigcup I_A$，$R_4 = \{(a, c), (c, a)\} \bigcup I_A$，$R_5 = I_A$．

可以证明定理 2-25.

【**定理 2-25**】 对于任意集合 A，集合 A 上的所有划分组成的集合 X 与其上的所有等价关系组成的集合 Y 是对等的．

证 对于任意给定的 $\pi \in X$，定义集合 A 上的等价关系 R 为 $xRy \Leftrightarrow x$ 和 y 在划分 π 的同一个块中．显然有 $A/R = \pi$.

按如下方式建立集合 X 到集合 Y 的映射 $f : \pi \to R$.

(1) 对于任意 $\pi_1, \pi_2 \in X$，令 $f(\pi_1) = R_1$，$f(\pi_2) = R_2$．若 $f(\pi_1) = f(\pi_2)$，即 $R_1 = R_2$，则 $A/R_1 = A/R_2$，所以有 $\pi_1 = \pi_2$，进而 f 是单射．

(2) 任意 $R \in Y$，由定理 2-24 知 $A/R \in X$. 显然，由划分 A/R 定义的等价关系就是 R，即存在 $\pi = A/R \in X$，使得 $f(\pi) = R$，所以 f 是满射．

故 f 是集合 X 到集合 Y 的一一对应．证毕．

一种特殊的情况是 $A = \varnothing$，这时 $X = \varnothing$ 且 $Y = \varnothing$.

设 R_1 和 R_2 是集合 A 上的等价关系，由定理 2-21 知 $R_1 \bigcap R_2$ 也是等价关系，这时 $A/(R_1 \bigcap R_2)$ 与 A/R_1 和 A/R_2 之间的联系值得进一步研究（留作练习）．

习题 2.5

1. 设 $A = \{a, b, c, d\}$，验证 $R = \{(a, b), (b, a)\} \bigcup I_A$ 是 A 上的等价关系．

2. 设 $A = \mathbf{Z} \times \mathbf{Z}$，$A$ 上的关系 R 定义如下：

$$(x, y) R(u, v) \text{ 当且仅当 } x + v = y + u$$

证明 R 是 A 上的等价关系．

3. 设 R 和 S 分别是集合 A 和集合 B 上的等价关系，令

$$T = \{((x_1, y_1), (x_2, y_2)) \mid (x_1, x_2) \in R, (y_1, y_2) \in S\}$$

证明：T 是 $A \times B$ 上的等价关系．

4. 对于正整数 m，验证整数集 $\mathbf{Z}$ 上的模 m 同余关系

$$x \equiv_m y \text{ 当且仅当 } m \mid (x - y)$$

是 $\mathbf{Z}$ 上的等价关系．

5. 设 X 是集合，$A = P(X)$，分别判断下列关系 R 是否是 A 上的等价关系，说明理由．

(1) $R=\{(x,y)|x,y\in P(X)$且 $x\subseteq y$ 或 $y\subseteq x\}$.

(2) $R=\{(x,y)|x,y\in P(X)$且 $x\oplus y\subseteq C\}$,其中 $C\subseteq X$.

6. 设 R 和 S 是集合 A 上的两个等价关系,举例说明下列各式不一定是集合 A 上的等价关系.

(1) $R\cup S$.

(2) $R-S$.

(3) $R\circ S$.

7. 设 $R\subseteq A\times A$,求出最小的包含 R 的等价关系.

8. 设 $A=\{a,b,c,d\}$,$R=\{(a,c),(c,a),(b,d),(d,b)\}\cup I_A$.

(1) 验证 R 是 A 上的等价关系.

(2) 求出商集 A/R.

9. 设 $f:A\to B$,定义 A 上的关系 R 如下:
$$R=\{(x,y)\mid x,y\in A, f(x)=f(y)\}$$

证明:R 是 A 上的等价关系.

10. 设 R 是集合 A 上的等价关系,证明:A 关于 R 的商集 A/R 是集合 A 的划分.

11. 若给定集合 A 的一种划分 π,按下面的方式构造集合 A 上的关系 R:
$$xRy \text{ 当且仅当 } x \text{ 与 } y \text{ 在划分 } \pi \text{ 的同一个块中}$$

证明:R 是 A 上的等价关系且商集 $A/R=\pi$.

12. 若 $|A|=4$,求出 A 上所有的等价关系的个数.

13. 设 R_1 和 R_2 是集合 A 上的等价关系,考察 $A/(R_1\cap R_2)$ 与 A/R_1 和 A/R_2 的关系.

14. 设 R_1 和 R_2 是集合 A 上的等价关系,则对于集合 A 的划分,A/R_1 是 A/R_2 的加细划分当且仅当 $R_1\subseteq R_2$.

15. 设 R 是集合 A 上的等价关系,令
$$S=\{(x,y)\mid \exists c\in A, \text{使}(x,c)\in R \text{ 且 } (c,y)\in R\}$$

证明:S 是集合 A 上的等价关系.

16. 设 R 是集合 A 上的关系,构造 A 上的关系 S 如下:对于任意 $x,y\in A$,
$$(x,y)\in S \Leftrightarrow (x,y)\in R \text{ 且 } (y,x)\in R$$

要使得 S 是等价关系,关系 R 必须满足哪些性质?

2.6 相容关系

在实际问题中,两个事物可能具有某种共同的性质,例如两个英文单词有一些相同字母,两个图形有些相似,等等,与等价关系不同,这种共性可能不具有传递性.

【例 2-50】 设集合 A 是由一些英文单词组成的:$A=\{\text{set},\text{logic},\text{algebra},\text{graph}\}$,考虑 $R=\{(x,y)|x,y\in A$ 且 x 与 y 有相同的字母$\}$,验证 R 具有自反性和对称性且不具有传递性.

解 对于任意 $x\in A$,显然 x 与 x 有相同的字母,即 $(x,x)\in R$,于是 R 具有自反性.

对于任意 $x,y\in A$,若 $(x,y)\in R$,则 x 与 y 有相同的字母,显然 y 与 x 也有相同的字母,所以有 $(y,x)\in R$,因此 R 具有对称性.

因为 $(\text{set},\text{algebra})\in R$ 且 $(\text{algebra},\text{graph})\in R$,而 $(\text{set},\text{graph})\notin R$,所以 R 不具有传

递性.

相容关系就是对具有这种性质的事物进行的数学描述,根据它可以得出集合的覆盖.

2.6.1 相容关系的定义

【定义 2-20】 设 $R \subseteq A \times A$,若 R 具有自反性和对称性,则称 R 为 A 上的**相容关系**(compatible relation)或**相似关系**(similar relation).

在实际问题中,相容有相似、相像或类似之意. 显然,等价关系是相容关系,而相容关系不一定是等价关系,例 2-50 就是这方面的例子. 容易验证,相容关系的传递闭包是等价关系.

【例 2-51】 设 $R \subseteq A \times A$,则 $R \cup R^{-1} \cup I_A$ 是集合 A 上的相容关系.

证 因为 $I_A \subseteq R \cup R^{-1} \cup I_A$,所以 $R \cup R^{-1} \cup I_A$ 是自反的. 而 $(R \cup R^{-1} \cup I_A)^{-1} = R^{-1} \cup (R^{-1})^{-1} \cup (I_A)^{-1} = R^{-1} \cup R \cup I_A = R \cup R^{-1} \cup I_A$,于是 $R \cup R^{-1} \cup I_A$ 是对称的. 由此可知, $R \cup R^{-1} \cup I_A$ 是 A 上的相容关系.

【例 2-52】 设 R 和 S 是集合 A 上的两个相容关系,举例说明 $R \circ S$ 不必是 A 上的相容关系.

解 例如 $A = \{a, b, c\}$,取 $R = \{(a,b),(b,a)\} \cup I_A$,$S = \{(b,c),(c,b)\} \cup I_A$. 显然 R 和 S 是集合 A 上的两个相容关系,但 $R \circ S = \{(a,c),(a,b),(b,a),(b,c),(c,b)\} \cup I_A$,这时 $(a,c) \in R \circ S$,而 $(c,a) \notin R \circ S$,于是 $R \circ S$ 不对称,进而 $R \circ S$ 不是 A 上的相容关系.

设 R 和 S 是集合 A 上的两个相容关系,表 2-5 给出了相容关系与关系运算的联系.

表 2-5

关系运算	$R \cup S$	$R \cap S$	$\overline{R}$	$R - S$	$R \oplus S$	R^{-1}	$R \circ S$
是否相容	是	是	否	否	否	是	否

由 2.5 节可知,由集合 A 的划分可得出集合 A 的等价关系. 同样,根据集合 A 的覆盖可产生集合 A 的相容关系. 先看一个例子.

【例 2-53】 设 $A = \{a,b,c,d\}$,$\{A_1, A_2\}$ 是集合 A 的覆盖,其中 $A_1 = \{a,b,c\}$,$A_2 = \{c,d\}$,这时

$$A_1 \times A_1 = \{(a,a),(a,b),(a,c),(b,a),(b,b),(b,c),(c,a),(c,b),(c,c)\}$$
$$A_2 \times A_2 = \{(c,c),(c,d),(d,c),(d,d)\}$$

令 $R = (A_1 \times A_1) \cup (A_2 \times A_2)$,容易知道 R 是 A 上的相容关系.

一般地有以下定理.

【定理 2-26】 设 $\{A_i \mid i \in I\}$ 是集合 A 的覆盖,则 $R = \bigcup_{i \in I} A_i \times A_i$ 是 A 上的相容关系.

证明留作练习.

注意 集合 A 的不同覆盖按上面的方式可以得到集合 A 上的相同的相容关系.

【例 2-54】 设 $A = \{a,b,c,d\}$,取集合 A 的覆盖为 $\{\{a,b\},\{b,c\},\{a,c\},\{c,d\}\}$,则其产生的覆盖与例 2-53 中的覆盖 R 所产生的相容关系是相同的.

在例 2-50 中,令 $x_1 = \text{set}$,$x_2 = \text{algebra}$,$x_3 = \text{logic}$ 及 $x_4 = \text{graph}$,则 $A = \{x_1, x_2, x_3, x_4\}$ 且 $R = \{(x_1,x_2),(x_2,x_1),(x_2,x_3),(x_3,x_2),(x_2,x_4),(x_4,x_2),(x_3,x_4),(x_4,x_3)\} \cup I_A$.

在关系 R 的关系图 G_R 中,在任何点处都有环,且任意两个不同的点之间若有边则成对出现. 鉴于此,作以下两个约定:每个点处的自环省略;成对出现的有向边用一条无向边

代替. 这样画出的图称为**相容关系 R 的简化关系图**. 例 2-50 中的相容关系的简化关系图如图 2-18 所示.

2.6.2 相容类

由于一般的相容关系不是传递的,所以相容类的定义不同于等价类.

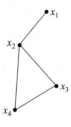

图 2-18

【**定义 2-21**】 设 R 是集合 A 上的相容关系, $\varnothing \neq C \subseteq A$, 若对于任意 $x, y \in C$, 均有 $(x, y) \in R$, 则称 C 是由相容关系 R 产生的**相容类** (compatible class).

在例 2-50 中, $\{x_1\}, \{x_1, x_2\}, \{x_2\}, \{x_2, x_3\}, \{x_2, x_4\}, \{x_2, x_3, x_4\}$ 等是由相容关系 R 产生的相容类, 而 $\{x_1, x_3\}$ 等不是.

由相容关系 R 产生的相容类是很多的, 我们主要关心的是极大相容类.

【**定义 2-22**】 设 R 是集合 A 上的相容关系, C 是由相容关系 R 产生的相容类. 若对于任意 $C \subset D \subseteq A$, D 不是相容类, 则称 C 是由相容关系 R 产生的**极大相容类** (maximal compatible class).

可以证明, 集合 A 中的任意元素至少在由相容关系 R 产生的一个极大相容类中.

在例 2-50 中, $\{x_1, x_2\}, \{x_2, x_3, x_4\}$ 是由相容关系 R 产生的所有的极大相容类.

在相容关系 R 的简化关系图中, 一个极大的完全多边形对应的 A 中元素构成一个极大相容类. 所谓完全多边形是指该多边形的任意两个顶点都有边. 特别地, 一个点和一条线段是退化的完全多边形. 图 2-19 给出的分别是完全三边形和完全四边形. 极大的完全多边形是指不存在比其更大的完全多边形.

由于集合 A 中的任意元素都至少会出现在某个由相容关系 R 产生的极大相容类中, 所以所有的极大相容类构成集合 A 的一种覆盖, 相容关系是事物聚类的一种标准.

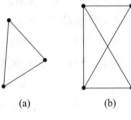

图 2-19

习题 2.6

1. 设集 A 是英文单词组成的, $A = \{$set, function, operation, relation, logic, algebra, graph$\}$, 定义 A 上的关系 R 如下:
$$R = \{(x, y) \mid x, y \in A \text{ 且 } x \text{ 与 } y \text{ 有相同的字母}\}$$
(1) 验证 R 是 A 上的相容关系.
(2) 求出 R 中的所有元素.
(3) 画出相容关系 R 的简化关系图.
(4) 计算 R 产生的所有极大相容类.

2. 设 $A = \{1, 2, 3, 4, 5\}$, $R = \{(x, y) \mid x, y \in A, y = x + 3\}$.
(1) 计算相容关系 $R \cup R^{-1} \cup I_A$.
(2) 求出 A 关于 $R \cup R^{-1} \cup I_A$ 的所有极大相容类.

3. 设 $\{A_i \mid i \in I\}$ 是集合 A 的覆盖.
(1) 证明 $R = \bigcup_{i \in I} A_i \times A_i$ 是集 A 上的相容关系.

(2) 说明在什么条件下 R 是 A 上的等价关系.

4. 设 R 是集合 A 上的相容关系，证明 $\bigcup_{i=1}^{\infty} R^i$ 是 A 上的等价关系.

5. 设 R 和 S 为 A 上的相容关系. 对于表 2-5 中的每一个关系运算，若是 A 上的相容关系则给出证明，若不是 A 上的相容关系则举出反例.

2.7 偏序关系

在解决实际问题时，常依据某个标准对事物进行比较，同时按这个标准对事物的先后进行排序. 在计算机科学中，对数据进行拓扑排序是十分有意义的工作[14]，如 Goolge 的 PageRank 和 2015 年的 RankBrain.

偏序关系是最基本、最常用的一种序关系，它本质上是两实数之间的小于或等于关系 $\leqslant$ 的一种推广.

本节在偏序的基础上，介绍偏序集中的特殊元素.

2.7.1 偏序关系的定义

【定义 2-23】 设 $R \subseteq A \times A$，若 R 具有自反性、反对称性和传递性，则称 R 为 A 上的**偏序关系**，简称**偏序**(partial order).

先看两个在 2.3 节讨论过的例子.

【例 2-55】 证明：实数集 **R** 上的小于或等于关系 $\leqslant$ 是偏序关系.

证 (1) 对于任意 $x \in \mathbf{R}$，因为 $x \leqslant x$，所以 $\leqslant$ 是自反的；

(2) 对于任意 $x, y \in \mathbf{R}$，若 $x \leqslant y$ 且 $y \leqslant x$，则必有 $x = y$，所以 $\leqslant$ 是反对称的.

(3) 对于任意 $x, y, z \in \mathbf{R}$，若 $x \leqslant y$ 且 $y \leqslant z$，则有 $x \leqslant z$，所以 $\leqslant$ 是传递的.

因此，$\leqslant$ 是实数集 **R** 上的偏序.

显然，自然数集 **N** 上或有理数集 **Q** 上的小于或等于关系 $\leqslant$ 也是其上的偏序关系.

【例 2-56】 证明：集合 X 的幂集 $P(X)$ 上的包含关系 $\subseteq$ 是偏序关系.

证 (1) 对于任意 $A \in P(X)$，因为 $A \subseteq A$，所以 $\subseteq$ 是自反的.

(2) 对于任意 $A, B \in P(X)$，若 $A \subseteq B$ 且 $B \subseteq A$，则必有 $A = B$，所以 $\subseteq$ 是反对称的；

(3) 对于任意 $A, B, C \in P(X)$，若 $A \subseteq B$ 且 $B \subseteq C$，则有 $A \subseteq C$，所以 $\subseteq$ 是传递的；

因此，$\subseteq$ 是 $P(X)$ 上的偏序.

由上面的两个例子可知，偏序关系是实数集 **R** 上的小于或等于关系 $\leqslant$ 的一种推广. 为了方便，对于一般的偏序 R 可记为 $\leqslant$，且称 $(A, \leqslant)$ 为**偏序集**(partially ordered set, poset). 之所以借用 $\leqslant$ 这个符号，是因为一般的偏序 R 与小于或等于关系 $\leqslant$ 有类似的性质，且借助于小于或等于关系 $\leqslant$ 可以帮助理解偏序 R 的有关概念，如后面要讲的偏序集中的特殊元素. 也正因为如此，一般的偏序 $\leqslant$ 可以读作小于或等于.

但要注意，一般意义上的偏序 $\leqslant$ 与实数间的小于或等于关系 $\leqslant$ 在概念上是有一定区别的. 考虑到这些区别，有些文献采用类似于小于或等于关系 $\leqslant$ 的符号(参见参考文献[10]). 但对于特殊的偏序还是用大家熟悉的符号，如例 2-56 中的 $\subseteq$ 以及下例中的 $|$.

【例 2-57】 证明：正整数集合 $\mathbf{Z}^+$ 上的整除关系 $|$ 是其上的偏序关系.

证 （1）对于任意 $x \in \mathbf{Z}^+$，因为 $x|x$，所以 | 是自反的.

（2）对于任意 $x,y \in \mathbf{Z}^+$，若 $x|y$ 且 $y|x$，则必有 $x=y$，所以 | 是反对称的.

（3）对于任意 $x,y,z \in \mathbf{Z}^+$，若 $x|y$ 且 $y|z$，则有 $x|z$，所以 | 是传递的.

因此，| 是正整数集合 $\mathbf{Z}^+$ 上的偏序.

但要注意，整数集合 $\mathbf{Z}$ 上的整除关系不是其上的偏序关系，因为 $2|-2$ 且 $-2|2$，但 $2 \neq -2$，即整数集合 $\mathbf{Z}$ 上的整除关系不具有反对称性.

线性序关系是最常见、最简单的一种偏序关系.

【**定义 2-24**】 设 $(A, \leqslant)$ 是偏序集，若对任意 $x,y \in A$，有 $x \leqslant y$ 或 $y \leqslant x$，则称 $\leqslant$ 是线性序关系，简称**线性序**(linear order)，又称为**全序**(total order).

显然，实数集上的数的小于或等于关系 $\leqslant$ 是线性序.

【**例 2-58**】 设 $R \subseteq A \times A$，若 R 具有反自反性和传递性，则称 R 为 A 上的严格偏序关系，简称**严格偏序**(strict partial order, SPO). 证明下面结论.

（1）严格偏序具有反对称性.

（2）若 R 为 A 上的严格偏序，则 $r(R) = R \cup I_A$ 为 A 上的偏序.

（3）若 R 为 A 上的偏序，则 $R - I_A$ 为 A 上的严格偏序.

证 （1）对于任意 $x,y \in A$，若 $(x,y) \in R$ 且 $(y,x) \in R$，因为 R 传递，所以有 $(x,x) \in R$，与 R 反自反矛盾，因此 $(x,y) \in R$ 与 $(y,x) \in R$ 不能同时成立，故严格偏序具有反对称性.

（2）（3）的证明留作练习.

几种满足特殊性质的关系如表 2-6 所示.

表 2-6

关系\性质	自反性	反自反性	对称性	反对称性	传递性
等价关系	√	×	√	×	√
相容关系	√	×	√	×	×
偏序关系	√	×	×	√	√
严格偏序关系	×	√	×	√	√

2.7.2 偏序集的哈斯图

在偏序的关系图中，每个点处都有环，可以不必画出来. 又因为它的反对称性和传递性，其边的方向是一致的，例如都是从下到上，更主要的是可去掉由于传递出现的边，同时去掉边的方向. 按这种方式得到的图就是**哈斯图**(Hasse diagram)，是以德国数学家哈斯(Helmut Hasse)的名字命名的.

【**例 2-59**】 设 $A = \{1,2,3,4\}$，A 上的数的小于或等于关系 $\leqslant$ 是其上的偏序关系，试画出 $(A, \leqslant)$ 的哈斯图.

解 A 关于 $\leqslant$ 的关系图见图 2-20(a)，哈斯图见图 2-20(b).

显然，哈斯图表明了偏序集中的元素按相对大小、位置进行的排序.

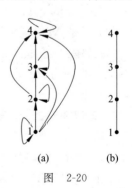

图 2-20

为了更具体地说明哈斯图的画法,先定义偏序集中的元素 y 盖住元素 x.

【定义 2-25】 设$(A, \leqslant)$是偏序集,$x, y \in A$,若下列3个条件同时成立,则称**元素 y 盖住元素 x**:

(1) $x \neq y$.

(2) $x \leqslant y$.

(3) 不存在异于 x 和 y 的元素 $z \in A$,使 $x \leqslant z$ 且 $z \leqslant y$ 同时成立.

直观地看,y 盖住 x 是指 y 是 x 的"顶头上司". 记 $\text{COV}(A) = \{(x, y) | x, y \in A$ 且 y 盖住 $x\}$.

【例 2-60】 设 $X = \{a, b\}$,令 $A = P(X) = \{\varnothing, \{a\}, \{b\}, \{a, b\}\}$,集 A 上的包含关系 $\subseteq$ 是其上的偏序关系,求 $\text{COV}(A)$.

解 根据定义知,$\{a\}$ 盖住 $\varnothing$,$\{b\}$ 盖住 $\varnothing$,$\{a, b\}$ 盖住 $\{a\}$,$\{a, b\}$ 盖住 $\{b\}$. 因此 $\text{COV}(A) = \{(\varnothing, \{a\}), (\varnothing, \{b\}), (\{a\}, \{a, b\}), (\{b\}, \{a, b\})\}$.

设$(A, \leqslant)$是偏序集,按下面的方式画出的图称为$(A, \leqslant)$的哈斯图:

(1) 用黑点或小圆圈代表集合 A 中的元素;

(2) 对于任意$(x, y) \in \text{COV}(A)$,即 y 盖住 x,都将 y 画在 x 的上方且在 y 与 x 之间画一条无向边.

注意 只有在一条线上的两个元素可以比较大小:下方元素$\leqslant$上方元素,不同线上的两个元素不能比较大小,即没有关系,这是偏序名称的来历. 线性序的哈斯图是一条链(chain).

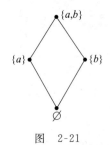

图 2-21

例 2-60 中的偏序集的哈斯图见图 2-21. $(P(\{a, b, c\}), \subseteq)$的哈斯图见图 9-4(c).

2.7.3 偏序集中的特殊元素

在偏序集$(A, \leqslant)$中,设$\varnothing \neq S \subseteq A$,对于 A 中的偏序$\leqslant$而言,S 中处于某些特殊位置的元素是很重要的. 建议在理解这些特殊元素时,将偏序$\leqslant$当作"小于或等于",虽然它一般不是数的小于或等于.

【定义 2-26】 设$(A, \leqslant)$是偏序集,$\varnothing \neq S \subseteq A, b \in S$.

(1) 若对于任意 $x \in S$,均有 $x \leqslant b$,则称 b 是子集 S 的**最大元**(greatest element).

(2) 若对于任意 $x \in S$,均有 $b \leqslant x$,则称 b 是子集 S 的**最小元**(least element).

在例 2-55 中的偏序集$(\mathbf{R}, \leqslant)$中,若取 $S = \mathbf{Z}$,则 S 既无最大元也无最小元,这就说明一个子集的最大(小)元不一定存在.

在例 2-56 的$(P(X), \subseteq)$中,取 $S = P(X)$,因为对于任意 $A \in P(X)$,均有 $A \subseteq X$,所以 S 的最大元是 X. 同理可知,S 的最小元是 $\varnothing$.

就整除关系而言,因为对于任意 $x \in \mathbf{Z}^+$,均有 $1 | x$,于是例 2-57 中的偏序集中,$\mathbf{Z}^+$ 的最小元是 1. 因为没有被所有正整数整除的正整数,所以 $\mathbf{Z}^+$ 无最大元.

若取 $S = \{2, 4, 6, 12\}$,则 S 的最大元为 12,S 的最小元为 2.

【定理 2-27】 在偏序集$(A, \leqslant)$中,$\varnothing \neq S \subseteq A$,若 S 的最大(小)元存在,则是唯一的.

证 设 a, b 是 S 的最大元,因为 a 是最大元,所以有 $b \leqslant a$;同样,因为 b 是最大元,所以有 $a \leqslant b$. 由于偏序$\leqslant$是反对称的,因而有 $a = b$. 同理可证最小元的唯一性.

在偏序集$(A, \leqslant)$中,A 的最大元通常记为 1,A 的最小元通常记为 0.

借助于偏序集$(A,\leqslant)$中非空集S的最小元的概念,可以给出以下定义:

【定义 2-27】 设$(A,\leqslant)$是偏序集,若对于任意$\varnothing\neq S\subseteq A$,$S$都存在最小元,则称$\leqslant$是$A$上的**良序**(well order),称$(A,\leqslant)$是**良序集**(well ordered set).

【例 2-61】 证明**良序原理**:自然数集合$\mathbf{N}$关于数的小于或等于关系$\leqslant$是良序集.

证 对于任意$\mathbf{N}$的非空子集S,在S中取一个元素,再判断比它小的元素是否属于S,即可得出S的最小元,故$(\mathbf{N},\leqslant)$是良序集.

可以证明以下定理.

【定理 2-28】 任意良序集$(A,\leqslant)$是线性序集.

证 对于任意$x,y\in A$,由于$(A,\leqslant)$是良序集,所以$\{x,y\}$必存在最小元,假设是x,显然$x\leqslant y$,即$(A,\leqslant)$是线性序集.

一般来说,线性序不一定是良序.

【例 2-62】 验证:$(\mathbf{Z},\leqslant)$是线性序,但不是良序.

解 显然,$(\mathbf{Z},\leqslant)$是线性序.由于$\mathbf{Z}$本身不存在最小元,所以$(\mathbf{Z},\leqslant)$不是良序集合.

容易证明以下定理.

【定理 2-29】 任意有限的线性序集是良序集.

下面继续讨论偏序集中的另外一些特殊元素.

【定义 2-28】 设$(A,\leqslant)$是偏序集,$\varnothing\neq S\subseteq A,b\in S$.

(1) 对于任意$x\in S$,若$b\leqslant x$,有$x=b$,则称b是子集S的**极大元**(maximal element).

(2) 对于任意$x\in S$,若$x\leqslant b$,有$x=b$,则称b是子集S的**极小元**(minimal element).

事实上,b是S的极大元是指S中没有比b更大的元素;b是S的极小元是指S中没有比b更小的元素.

在例 2-55 中,取$S=\mathbf{R}$,则S既无极大元也无极小元,这就说明子集的极大(小)元不一定存在.

【例 2-63】 在哈斯图(图 2-22)的偏序集中,$\{a,b,c,d,e,f\}$的极大元是a,b;$\{a,b,c,d,e,f\}$的极小元是e,f.

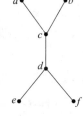

图 2-22

上述例子说明,一个子集的极大(小)元不一定存在.若存在也不一定唯一.但若S的最大(小)元存在,则S的极大(小)元存在且唯一.

显然,在偏序集$(A,\leqslant)$中,任意有限的非空子集都存在极小元.若A是有限集,利用这个结论可以在集合A上定义一个与$\leqslant$一致的线性序,进而对A进行拓扑排序,其算法参见参考文献[2].

【定义 2-29】 设$(A,\leqslant)$是偏序集,$\varnothing\neq S\subseteq A$.

(1) 若存在$a\in A$,对于任意$x\in S$,均有$x\leqslant a$,则称a为子集S的**上界**(upper bound).

(2) 若存在$a\in A$,对于任意$x\in S$,均有$a\leqslant x$,则称a为子集S的**下界**(lower bound).

容易知道,A中元素a是S上(下)界是指a在S中每一个元素的上(下)方.

在例 2-63 中,取$S=\{c,d\}$,则S的上界为a,b,c,下界为d,e,f.若取$S=\{a,b,c,d,e,f\}$,则S既无上界也无下界,只需注意元素a和b以及元素e和f没有偏序关系即可.

【定义 2-30】 设$(A,\leqslant)$是偏序集,$\varnothing\neq S\subseteq A$.

(1) 子集S的最小上界称为S的**上确界**(least upper bound),记为$\text{lub}(S)$或$\sup(S)$.

(2) 子集 S 的最大下界称为 S 的**下确界**(greatest lower bound)，记为 $\text{glb}(S)$ 或 $\inf(S)$.

因为子集 S 的上(下)界不一定存在，所以子集 S 的上(下)确界不一定存在. 下例说明，即使子集 S 的上(下)界存在，子集 S 的上(下)确界也不一定存在.

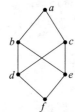

图 2-23

【**例 2-64**】 在哈斯图(图 2-23)的偏序集中，试说明 $\{d,e\}$ 有上界但无上确界，$\{b,c\}$ 有下界但没有下确界.

解 显然，a,b,c 是 $\{d,e\}$ 的上界，但由于 $\{a,b,c\}$ 无最小元，即 $\{d,e\}$ 无上确界. 同样，d,e,f 是 $\{b,c\}$ 的下界，而 $\{d,e,f\}$ 无最大元，即 $\{b,c\}$ 无下确界.

【**定理 2-30**】 设 $(A,\leqslant)$ 是偏序集，$\varnothing\neq S\subseteq A$，若 S 的上(下)确界存在，则唯一.

证明留作练习.

【**例 2-65**】 设 X 是集合，证明：偏序集 $(P(X),\subseteq)$ 中任意两个元素均存在上确界以及下确界.

证 对于任意 $A,B\in P(X)$，显然 $A\cup B\in P(X)$. 由于 $A\subseteq A\cup B$ 且 $B\subseteq A\cup B$，所以 $A\cup B$ 是 A 和 B 的上界. 假设 C 是 A 和 B 的上界，即 $A\subseteq C, B\subseteq C$，因此 $A\cup B\subseteq C$，故 $A\cup B$ 是 A 和 B 的最小上界，即有 $\sup\{A,B\}=A\cup B$. 同理可证，$\inf\{A,B\}=A\cap B$.

习题 2.7

1. 令 D_{12} 是 12 的所有正公因数组成的集合，证明其上的整除关系 $|$ 是偏序关系，并画出 $(D_{12},|)$ 的哈斯图.

2. 设集合 $A=\{a,b,c,d,e\}$ 上的关系为
$$R=\{(a,a),(a,b),(a,c),(a,d),(a,e),(b,b),(b,c),(b,e),(c,c),\\(c,e),(d,d),(d,e),(e,e)\}$$
证明：(A,R) 是偏序集，并画出哈斯图.

3. 若 $(A,\leqslant)$ 是偏序集，$S\subseteq A$，证明：$\leqslant$ 在 S 上的限制 $\leqslant|_S$ 是 S 上的偏序. 通常将 $(S,\leqslant|_S)$ 记为 $(S,\leqslant)$.

4. 若 $(A,\leqslant)$ 是偏序集，记 $\leqslant^{-1}$ 为 $\geqslant$，证明：$(A,\geqslant)$ 是偏序集.

5. 设 R 和 S 是集合 A 上的两个偏序，对于表 2-7 中的每一个关系运算，若是 A 上的偏序则给出证明，若不是 A 上的偏序则举出反例.

表 2-7

关系运算	$R\cup S$	$R\cap S$	$\bar{R}$	$R-S$	$R\oplus S$	R^{-1}	$R\circ S$
是否偏序							

6. 证明：

(1) 若 R 为 A 上的拟序，则 $r(R)=R\cup I_A$ 为 A 上的偏序.

(2) 若 R 为 A 上的偏序，则 $R-I_A$ 为 A 上的拟序.

7. 证明：任意有限的非空偏序集 $(A,\leqslant)$ 都存在极小元及极大元.

8. 设偏序集 $(A, \leqslant)$ 的哈斯图如图 2-24 所示.

(1) 求集合 A 的最大元、最小元、极大元和极小元.

(2) 求子集 $\{b, c, d\}$ 的上界、下界、上确界和下确界.

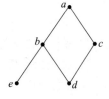

图 2-24

9. 设 $(A, \leqslant)$ 是偏序集, $\varnothing \neq S \subseteq A$, 证明: 若 S 的上(下)确界存在, 则一定唯一.

10. 在偏序集 $(P(X), \subseteq)$ 中, 证明: $\inf \{A, B\} = A \cap B \in P(X)$.

11. 设 $F(\mathbf{N})$ 是自然数集合 $\mathbf{N}$ 的全体有限子集组成的集合.

(1) 证明: $(F(\mathbf{N}), \subseteq)$ 是偏序集.

(2) $(F(\mathbf{N}), \subseteq)$ 是否有极大元? 为什么?

(3) $(F(\mathbf{N}), \subseteq)$ 是否有极小元? 为什么?

(4) 对于任意 $A, B \in F(\mathbf{N})$, 是否存在 $\sup\{A, B\}$?

(5) 对于任意 $A, B \in F(\mathbf{N})$, 是否存在 $\inf\{A, B\}$?

12. 设 S 为集合且 $A = P(S) - \{S, \varnothing\} \neq \varnothing$, 求 $(A, \subseteq)$ 的极小元、极大元、最小元及最大元.

13. 设 A 和 B 是集合, $A \neq \varnothing$, $(B, \leqslant)$ 是偏序集. 定义 B^A 上的关系 R 如下:
$$(f, g) \in R \Leftrightarrow f(x) \leqslant g(x), \quad \forall x \in A$$

(1) 证明: 关系 R 是 B^A 上的偏序.

(2) 给出 (B^A, R) 存在最大元的必要条件和最大元的一般形式.

14. 设 A 是集合, P 是 A 的所有划分组成的集合, 对于任意 $\pi_1 \in P$ 和 $\pi_2 \in P$, 规定 P 上的关系 R 如下:
$$\pi_1 R \pi_2 \Leftrightarrow \forall X \in \pi_1, \exists Y \in \pi_2, X \subseteq Y$$

证明: R 是集合 P 上的偏序.

本 章 小 结

1. 关系的概念

离散数学研究的是离散对象, 主要研究对象之间的联系, 即关系. n 个对象之间的关系就是 n 元关系, 借助于集合可对 n 元关系建立数学模型.

设 A 和 B 是集合, 若 $R \subseteq A \times B$, 则称 R 为 A 到 B 的二元关系. 集合 A 上的二元关系 R 是指 $R \subseteq A \times A$. 若 $|A| = m, |B| = n$, 则 A 与 B 间的关系共有 2^{mn} 个.

深入理解整数集 $\mathbf{Z}$ 上的整除关系和模 m 同余关系.

关系 R 中所有序偶第一坐标构成的集合为 R 的定义域 $\mathrm{dom}\, R$, 所有序偶第二坐标构成的集合为 R 的值域 $\mathrm{ran}\, R$.

熟练掌握 A 到 B 的关系和 A 上的关系的关系图表示方法, 能写出关系的关系矩阵.

了解函数的关系定义. 实际上, 关系是函数的推广.

2. 关系的运算

关系是集合, 所以关系可进行集合运算 $R \cup S, R \cap S, \bar{R}, R - S, R \oplus S$.

设 $R \subseteq A \times B$, 则
$$R^{-1} = \{(y, x) \mid (x, y) \in R\}.$$

设 A, B, C 是集合，若 $R \subseteq A \times B, S \subseteq B \times C$，则 $R \circ S = \{(x,z) | x \in A, z \in C,$ 存在 $y \in B$ 使得 $(x,y) \in R, (y,z) \in S\}$.

熟练掌握关系的运算及与运算有关的结论.

3. 关系的性质

关系的性质是本章重点内容之一，也是难点内容.

(1) 设 $R \subseteq A \times A$，若对于任意 $x \in A$，均有 $(x,x) \in R$，则 R 就是 A 上的自反关系. R 在 A 上自反的充要条件是 $I_A \subseteq R$.

(2) 设 $R \subseteq A \times A$，若对于任意 $x \in A$，均有 $(x,x) \notin R$，则 R 就是 A 上的反自反关系. R 在 A 上反自反的充要条件是 $I_A \cap R = \varnothing$.

(3) 设 $R \subseteq A \times A$，对于任意 $x, y \in A$，如果 $(x,y) \in R$，那么有 $(y,x) \in R$，则 R 就是 A 上的对称关系. R 在 A 上对称的充要条件是 $R = R^{-1}$.

(4) 设 $R \subseteq A \times A$，对于任意 $x, y \in A$，如果 $(x,y) \in R$ 且 $(y,x) \in R$，那么一定有 $x = y$，则 R 就是 A 上的反对称关系. R 在 A 上反对称的充要条件是 $R \cap R^{-1} \subseteq I_A$.

(5) 设 $R \subseteq A \times A$，对于任意 $x, y, z \in A$，如果 $(x,y) \in R$ 且 $(y,z) \in R$，那么 $(x,z) \in R$，则 R 就是 A 上的传递关系. 关系 R 在 A 上传递的充要条件是 $R \circ R \subseteq R$.

4. 关系的闭包

设 $R \subseteq A \times A$，最小的包含 R 的自反（对称、传递）关系就是 R 的自反闭包 $r(R)$（对称闭包 $s(R)$、传递闭包 $t(R)$）.

$$r(R) = R \cup I_A$$
$$s(R) = R \cup R^{-1}$$
$$t(R) = \bigcup_{i=1}^{\infty} R^i = R \cup R^2 \cup R^3 \cup \cdots$$

要求熟练掌握关系的闭包运算，能根据闭包的定义、关系图及上述计算公式求出关系的闭包（较少使用传递闭包公式进行计算）.

5. 等价关系

设 $R \subseteq A \times A$，若 R 具有自反性、对称性以及传递性，则 R 就是 A 上的等价关系.

设 R 是 A 上的等价关系，对于任意 $a \in A$，元素 a 关于等价关系 R 所在的等价类为

$$[a]_R = \{x | x \in A \text{ 且 } (a,x) \in R\}$$

集合 A 的划分 π 与集合 A 上的等价关系 R 可以建立一一对应关系 $f: \pi \rightarrow R$. 实际上，集合 A 上的等价关系 R 是划分集合 A 的标准. 要求掌握等价关系的定义及等价类的计算.

6. 相容关系

设 $R \subseteq A \times A$，若 R 具有自反性和对称性，则称 R 为 A 上的相容关系或相似关系. 设 $\{A_i | i \in I\}$ 是集合 A 的覆盖，则 $R = \bigcup_{i \in I} A_i \times A_i$ 是 A 上的相容关系.

理解相容关系的定义，了解相容类和极大相容类.

7. 偏序关系

设 $R \subseteq A \times A$，若 R 具有自反性、反对称性和传递性，则 R 就是 A 上的偏序. 设 $(A, \leqslant)$ 是偏序集，若对任意 $x, y \in A$，有 $x \leqslant y$ 或 $y \leqslant x$，则 $\leqslant$ 就是 A 上的线性序或全序.

设 $(A, \leqslant)$ 是偏序集，y 盖住 x 是指 y 是 x 的"顶头上司".

哈斯图的画法如下：

(1) 用黑点或小圆圈代表集合 A 中的元素.

(2) 若 y 盖住 x,就将 y 画在 x 的上方且在 y 与 x 之间画一条线.

哈斯图表明了偏序集中的元素之间的层次结构.

除要求掌握偏序集的定义和哈斯图的画法外,还要会计算偏序集中满足要求的特殊元素.

设 $(A,\leqslant)$ 是偏序集,$\emptyset \neq S \subseteq A$.

(1) $b \in S$,若对 S 中的每个元素 x,都有 $x \leqslant b$,b 就是 S 的最大元. $b \in S$,若对 S 中的每个元素 x,都有 $b \leqslant x$,b 就是 S 的最小元.

(2) $b \in S$,若 S 中没有比 b 更大(小)的元素,b 就是 S 的极大(小)元.

(3) A 中元素 a 是 S 的上(下)界是指 a 在 S 中每一个元素的上(下)方.

(4) S 的最小上界是 S 的上确界,S 的最大下界是 S 的下确界.

第3章 命题逻辑

逻辑是一个常用的术语,平时说话、做事、思考问题等都要合乎逻辑. 例如,一位老师正在学校上课,而要说他在太空漫步就不合乎逻辑,把"逻辑地址"弄错了. 同时,从日常生活中的实际问题的解决,到数学定理的证明以及程序正确性的验证,逻辑推理也无处不在.

逻辑学是研究思维形式、思维方法及思维规律尤其推理的学科,早在2000多年前就受到人们的重视. 古希腊著名哲学家柏拉图的学生亚里士多德(Aristotle,公元前384—公元前322)是形式逻辑的创始人. 形式逻辑,现在称为普通逻辑学,详细讨论概念(词项)、判断(命题)和各种形式的推理,研究逻辑基本规律等内容.

联合国教科文组织将逻辑学列为与数学、物理学、化学、天文学、地学、生物学同等重要的基础学科. 在我国,MBA、MPA以及工程硕士入学考试中加入了逻辑测试题,国内很多大公司、企业招聘高级员工时也开始加试逻辑测试.

德国数学家、哲学家莱布尼茨首先提出用数学方法研究逻辑,就是建立一套表意符号体系,在符号之间进行形式推理. 莱布尼茨是数理逻辑的创始人. 也正因为其采用符号,数理逻辑又称为符号逻辑,其基本内容由英国数学家布尔(G. Boole,1815—1864)在1847年完成,已有约300年的历史.

除了传统的数理逻辑(内容包括逻辑演算、公理化集合论[15]、模型论、递归论和证明论)外,还出现了各种各样的应用逻辑,如多值逻辑、模态逻辑、归纳逻辑、时序逻辑、动态逻辑、模糊逻辑、非单调逻辑、默认逻辑、数字逻辑、电路逻辑、算法逻辑及程序逻辑等,这些都与计算机科学密切相关,有关内容可阅读参考文献[16].

人们需要思考机器特别是计算机是如何进行逻辑思维的,以便用硬件或软件模拟,这是一种最好的计算思维(computational thinking)训练.

命题逻辑与谓词逻辑是数理逻辑的基础部分. 本章学习命题逻辑,内容涉及集合、映射、运算和关系等.

命题逻辑的研究对象是命题.

3.1 命题的有关概念

计算机的计算过程就是推理过程,而每一步推理都离不开判断,判断的对象就是命题.

什么是命题? **命题**(proposition 或 statement)是能判断出真假的语句. 可以从3个方面去理解:

(1) 命题必须是一个完整的句子,包括用数学式子(如 2+3=5)代表的语句. 这一点在命题符号化时要注意.

(2) 所给语句具有真假意义,即有是否符合客观实际或是否合理之分. 一般来说,只有陈述句才可能具有真假意义,祈使句、疑问句和感叹句不具有真假意义.

(3) 能判断出真假. 不过,要是将来某时能判断出真假也行.

【例 3-1】 判断下列语句是否是命题.

(1) 辽宁舰是中国的第一艘航空母舰.

(2) 我喜欢智能手机和平板电脑.

(3) $x>3$.

(4) 立正!

(5) 这朵花真漂亮!

(6) 你要我的手机号码是想给我充话费?

(7) 火星上有生物.

(8) 这句话是假话.

(9) 小王和小李是同学.

(10) 你只有刻苦学习,才能取得好成绩.

解 很显然,(1)和(2)是命题.

(3) 不是命题,因为无法知道变量 x 的取值,进而无法确定其真假.

(4) 是祈使句,它本身没有对错之分,但命令发出后会有终结反应.

(5) 是感叹句,(6)是疑问句,没有真假意义(反诘句如"你也喜欢《潜伏》吗?"除外). 不过,也可以认为(5)是"这朵花漂亮"的强调形式,因而是命题.

2005 年,美国"勇气"号探测器发现火星上有水;2016 年,中国"嫦娥三号"首次证明月球上没有水;2018 年 7 月,意大利科学家在 Science 上发表文章称:火星上存在液态湖泊;至今尚不知道火星上是否有生物,但人们相信在将来某个时候一定会知道的. 因此,(7)被认为是命题. 正如人们把哥德巴赫 1742 年猜想"1+1",即"大于 4 的偶数是两个奇素数之和"看作命题一样.

(8) 只要是悖论,不管承认是对是错,都会导致矛盾. 若在一个理论中出现悖论,说明该理论有不合理的地方. 为了避免悖论的出现,也许会产生新的研究分支,如公理化集合论等.

(9) 和(10)是命题.

虽然讨论的重点不在于判断一个语句是否是命题,特别是命题的真假问题,因为有些判断还涉及概念的内涵问题,但是对于初学用符号去研究逻辑的人来说,理解命题概念还是非常必要的.

命题的**真值**(truth)就是命题的逻辑取值.经典逻辑值只有两个:1 和 0,它们是表示事物状态的两个量.若一个命题是真命题,其真值为 1;若一个命题是假命题,其真值为 0. 在计算机专业课程中,逻辑真用 1 表示,逻辑假用 0 表示. 通常规定,1 表示开关处于接通状态,0 表示开关处于断开状态;三极管饱和用 1 表示,三极管截止用 0 表示;在电路分析和设计时规定,1 表示逻辑高电平信号,0 表示逻辑低电平信号等. 实际上,在数理逻辑中,更多的时候逻辑真用 T、t 或 ⊤(True)表示,逻辑假用 F、f 或 ⊥(False)表示.

若一个命题不包含更小的命题,则称其为**原子命题**[①](atom)或简单命题,否则称为**复合命题**(compound proposition).原子命题是命题逻辑研究的基本单位,区分原子命题在后面命题的符号化时是很重要的.在例 3-1 中,(1)、(7)、(9)是原子命题,特别要注意(9)是原子命题,不能把它分解为"小王是同学"和"小李是同学".(2)和(10)是复合命题,例如(10)包含

---

① 古代公认原子最小,现在认为夸克最小.还有可能更小吗?

两个原子命题"你刻苦学习"和"你取得好成绩".

通常用小写英文字母 $p,q,r,\cdots$ 或带下标的 $p_1,p_2,p_3,\cdots$ 表示原子命题,例如:

p:$2+3=5$.

q:今天我们上课.

现在已经向构造符号体系迈出了第一步.还有的联结词符号将在3.2节介绍.把1和0称为**逻辑常量**(logical constant),今后将在逻辑表达式中出现的 $p,q,r,\cdots$ 或 $p_1,p_2,p_3,\cdots$ 称为**命题变元**(proposition variable)或**逻辑变量**(logical variable).命题变元可以代表任意命题.从取值的角度看,命题变元既可以取1也可以取0.

习题 3.1

1. 指出下列语句哪些是命题,对于命题指出其真值.

(1) 北京在 2008 年举办奥运会.

(2) 离散数学是计算机专业的必修课.

(3) $x>y$.

(4) 西南大学是一所"211 工程"建设的学校.

(5) 1 是素数.

(6) 读大学就是要学会思考.

(7) 月收入超过 5000 元要缴纳个人所得税.

2. 找出下列各命题的所有原子命题,并分别用小写英文字母表示.

(1) 我不去游泳.

(2) 张三一边看书,一边用 iPhone 听音乐.

(3) 小李能歌善舞.

(4) 这学期我选修人工智能或模式识别课程.

(5) 明天去深圳的飞机是上午八点或上午八点半起飞.

(6) 如果我有时间,我就回家去看望我的父母.

(7) 我今天进城,除非天下雨.

(8) 小张既没有外出也没有上网,他在睡觉.

(9) 你只有刻苦学习,才能取得好成绩.

(10) 仅当你走,我留下值班.

3.2 逻辑联结词

命题逻辑中出现的命题,除原子命题外,更多的是复合命题.一方面,复合命题是由原子命题构成的,它需要联结词;另一方面,给定了原子命题,使用**逻辑联结词**(logical connectives)可以将它们构造成一个复合命题,这也是逻辑联结词的作用之一.

逻辑联结词类似于自然语言中的连词,但逻辑联结词就是逻辑运算,除在本节对其进行严格定义外,还需要在其后讨论其运算性质.

3.2.1 否定联结词 ¬

设 p 表示一个命题,$¬p$ 是对命题 p 的**否定**(negation, not),读作"非 p".

否定具有质疑特性,它是批判性思维,是科学精神的出发点. 正确理解否定的含义至关重要.例如,令 p:2+3=5,则 $\neg p$:2+3≠5.否定联结词 $\neg$ 的运算表如表 3-1 所示.

$\neg p$ 也可以用 $\sim p$ 表示;在 C 语言中用!p 表示;在信息检索中用 $-p$ 表示;在数字逻辑以及计算机组成原理中用 $\bar{p}$ 表示,与其对应的门电路为"非门".

$\neg p$ 是数理逻辑中的标准记号,而在实际应用时常采用 $\bar{p}$ 记号,建议大家对这两种记号都要熟悉.

$\neg$ 是仅有的一个一元逻辑运算,下面讨论的都是二元逻辑运算.

表 3-1

p	$\neg p$
1	0
0	1

3.2.2 合取联结词 ∧

令 p:小李会唱歌,q:小李会跳舞,则 p **合取** q(conjunction,and)为 $p \wedge q$:小李既会唱歌又会跳舞.合取联结词 ∧ 相当于自然语言中的"并且""与""和""以及""不但……而且……""虽然……但是……""尽管……仍然……""因为……所以……"等.合取联结词 ∧ 的运算表如表 3-2 所示.

注意

(1)"小王和小李是同学"中的"和"没有合取之意.

(2)在数理逻辑中,合取联结词 ∧ 可以将任意两个命题联结起来以构造出新的命题.例如,p:2+3=5,q:今天上课,则 $p \wedge q$:2+3=5 且今天上课.下面要介绍的其他联结词都要这样理解.

$p \wedge q$ 可用 $p \& q$ 或 $p * q$ 表示;在 C 语言中用 $p \&\& q$ 表示;在数字逻辑以及计算机组成原理中用 $p \cdot q$ 表示,实为逻辑乘法运算,并且约定"·"可以省略,直接写成 pq,与其对应的门电路为"与门".

3.2.3 析取联结词 ∨

令 p:这学期我选修人工智能课程,q:这学期我选修模式识别课程,则 p **析取** q(disjunction,or)为 $p \vee q$:这学期我选修人工智能或模式识别课程.析取联结词 ∨ 相当于自然语言中的"或".析取联结词 ∨ 的运算表如表 3-3 所示.

表 3-2

p	q	$p \wedge q$
1	1	1
1	0	0
0	1	0
0	0	0

表 3-3

p	q	$p \vee q$
1	1	1
1	0	1
0	1	1
0	0	0

$p \vee q$ 在 C 语言中用 $p \| q$ 表示;在数字逻辑以及计算机组成原理中用 $p+q$ 表示,实为逻辑加法运算,与其对应的门电路为"或门".

否定、合取和析取是 3 种最基本的逻辑运算,是所有程序设计语言都要涉及的逻辑运算,在信息检索中会经常用到,例如,可以按"(离散数学+高等数学)*视频"查询网页.

3.2.4 异或联结词 ⊕

自然语言中的"或"可能是"**可兼或**"(inclusive or),它表示两者可同时为真,用析取联结词∨表示即可;也可能是"不可兼或",它表示两者不能同时为真,换句话说,两者同时为真是假命题.这就需要异或联结词.

令 p:明天去深圳的飞机是上午八点起飞,q:明天去深圳的飞机是上午八点半起飞,则 p **异或** q(exclusive or,XOR)为 $p \oplus q$:明天去深圳的飞机是上午八点或上午八点半起飞. 异或联结词 $\oplus$ 的运算表如表 3-4 所示.

与异或联结词对应的门电路为"异或门".

对于自然语言中的"或"用∨还是 $\oplus$ 表示需要仔细分析,一般来说,只要不是非常明显的不可兼,就使用∨.

【例 3-2】 今天晚上我在寝室上自习或去电影院看电影.

解 令 p:今天晚上我在寝室上自习,q:今天晚上我去电影院看电影,则原命题可表示为 $p \vee q$.

【例 3-3】 本学期张三或李四当选为班长.

解 令 p:本学期张三当选为班长,q:本学期李四当选为班长,则原命题可表示为 $p \oplus q$.

3.2.5 条件联结词 →

令 p:我有时间,q:我去看望我的父母,则 $p \rightarrow q$:如果我有时间,我就去看望我的父母. $p \rightarrow q$ 读作"p **蕴涵** q"(implication)或"p **条件** q"(conditional). 蕴涵联结词 → 相当于自然语言中的"若……则……""如果……那么……"等. 蕴涵联结词 → 的运算表如表 3-5 所示.

表 3-4

p	q	$p \oplus q$
1	1	0
1	0	1
0	1	1
0	0	0

表 3-5

p	q	$p \rightarrow q$
1	1	1
1	0	0
0	1	1
0	0	1

$p \rightarrow q$ 在模糊逻辑系统中是标准的蕴涵联结词. 蕴涵联结词也可以称为条件联结词,但是与 C 语言中的"条件运算"以及 IF…THEN 语句含义不同.

在 $p \rightarrow q$ 中,p 称为**前件**(antecedent),q 称为**后件**(consequent). 当前件为 1,后件为 1 时,$p \rightarrow q$ 为 1;当前件为 1,后件为 0 时,$p \rightarrow q$ 为 0. 这两种情况下的取值是容易理解的. 又因为 → 是实质蕴涵,规定在前件为 0、后件为 1 时,$p \rightarrow q$ 为 1;在前件为 0、后件为 0 时,$p \rightarrow q$ 为 1. 这样的规定有其合理性,见下面的例子.

【例 3-4】 令 p:太阳从西边出来,q:2+3=5,则

$p \rightarrow q$:如果太阳从西边出来,那么 2+3=5

是真命题.

【例 3-5】 令 p:太阳从西边出来,q:2+3=4,则

$p \rightarrow q$:如果太阳从西边出来,那么 2+3=4

是真命题.

实际上,在根据子集的定义证明定理 1-1"对于任意集合 A,有 $\varnothing \subseteq A$"时,就要用到上述实质蕴涵的定义.同样,在理解关系的自反、反自反、对称、反对称及传递性质时,也要用到上述实质蕴涵的定义.

当然,在现代逻辑中,对蕴涵的不同理解会得到不同的逻辑系统,如由严格蕴涵得出模态逻辑系统[8].

3.2.6 双条件联结词 $\leftrightarrow$

令 p:四边形是平行四边形,q:四边形的四边相等,则 $p \leftrightarrow q$:四边形是平行四边形当且仅当该四边形的四边相等. $p \leftrightarrow q$ 读作"**p 等价 q**"(equivalence)或"**p 双条件 q**"(biconditional),等价联结词 $\leftrightarrow$ 相当于自然语言中的"当且仅当""充分必要条件是",其英文为 if and only if,缩写为 iff. 等价联结词 $\leftrightarrow$ 的运算表如表 3-6 所示.

"p 当且仅当 q"有两层含义:"p 当 q"是指 $q \rightarrow p$;"p 仅当 q"是指 $p \rightarrow q$. 正因为如此,等价联结词 $\leftrightarrow$ 又可以称为双蕴涵联结词或双条件联结词.

表 3-6

p	q	$p \leftrightarrow q$
1	1	1
1	0	0
0	1	0
0	0	1

在数字逻辑等课程中,等价联结词 $\leftrightarrow$ 称为"同",并用 $\odot$ 符号表示,对应"同或门".

【**例 3-6**】 仅当你走,我留下.

解 令 p:我留下,q:你走,则原命题可表示为 $p \rightarrow q$.

在自然语言中,能用到的联结词就是上面 6 个. 但后面将证明,二元逻辑运算还有下面 3 个.

3.2.7 与非联结词 $\uparrow$

$p \uparrow q$ 读作"**p 与非 q**"(NOT AND)就是 $\neg(p \wedge q)$:先与后非. 注意,$\uparrow$ 的箭头方向与合取 $\wedge$ 的尖方向一致. 它与下面的或非联结词 $\downarrow$(Peirce 箭头)相对应.

在数字逻辑以及计算机组成原理中 $\uparrow$ 没有专用的运算符号,"p 与非 q"直接记为 $\overline{pq}$,对应的门电路为"与非门".

3.2.8 或非联结词 $\downarrow$

$p \downarrow q$ 读作"**p 或非 q**"(NOT OR)就是 $\neg(p \vee q)$:先或后非. 注意,$\downarrow$ 的箭头方向与析取 $\vee$ 的尖方向一致. 或非联结词 $\downarrow$ 以 Peirce 的名字命名为 Peirce 箭头.

在数字逻辑以及计算机组成原理中,"p 或非 q"直接记为 $\overline{p+q}$,对应的门电路为"或非门".

3.2.9 条件否定联结词 $\mapsto$

$p \mapsto q$ 读作"**p 条件否定 q**"(NOT IF…THEN),可直接记为 $\neg(p \rightarrow q)$,也可以记为 $p\text{-}q$,对应的门电路为"条件否定门".

上面介绍了 1 个一元逻辑运算和 8 个二元逻辑运算. 后面将证明:不同的一元逻辑运算和二元逻辑运算共 9 个.

要求 理解并记忆上述 9 个联结词,特别是最前面的 6 个联结词的运算表.

思考 如何定义三元逻辑运算?

习题 3.2

1. (1) 设 p:现在很多人都有车,求 $\neg p$.
   (2) 写出"-2 是偶数或 3 是正数"的否定命题.
   (3) 设 p:每个自然数都是整数,求 $p \vee \neg p$.
2. 令 p:今天有雨,q:明天有雨,$p \wedge q, p \vee q, p \rightarrow q, p \oplus q, p \uparrow q, p \downarrow q$ 和 $p \mapsto q$ 分别表示什么复合命题?
3. 令 p:我们去图书馆,q:我们去上网,$\neg(p \wedge q)$ 表示什么复合命题?
4. 令 p:我生病,q:我去上课,则"虽然我没有生病,但我不去上课"如何用符号表示?
5. "张红和张兰是姐妹"中的"和"与联结词 $\wedge$ 有什么不同?
6. 写出一个命题,它可以表示为 $p \leftrightarrow (\neg q \wedge r)$.

3.3 命题公式及其真值表

有了前面的两节内容,就可以得到命题逻辑的符号体系.由于所讲内容侧重于在后继课程中的应用,所以本节不给出逻辑演算系统的形式语言的定义.

3.3.1 命题公式的定义

命题公式就是逻辑函数或逻辑表达式,其中的常量是逻辑常量 1 和 0,其中的变元是命题变元或逻辑变量.很快可以看到,这种逻辑函数的取值只可能为 1 或 0.

命题公式是由命题常量、命题变元、逻辑联结词以及圆括号构成的有意义(well-formed)的符号串,其严格定义常借助于迭代或归纳定义方式给出.

【**定义 3-1**】 命题公式(proposition formula)集合按下列方法生成:

(1) 命题常量 1 和 0 以及命题变元是命题公式;

(2) 若 A 是命题公式,则 $(\neg A)$ 是命题公式;

(3) 若 A 和 B 是命题公式,则 $(A \wedge B),(A \vee B),(A \oplus B),(A \rightarrow B),(A \leftrightarrow B),(A \uparrow B)$,$(A \downarrow B),(A \mapsto B)$ 是命题公式;

(4) 有限次应用(1)、(2)、(3)所得到的符号串是仅有的命题公式.

根据命题公式的定义知,$p,(\neg p),(\neg(\neg p)),(1 \wedge p),(0 \vee (\neg p)),(\neg(p \rightarrow q))$,$((p \oplus q) \downarrow q)$ 以及 $(((p \vee q) \rightarrow r) \leftrightarrow ((\neg r) \rightarrow (p \wedge q)))$ 等是命题公式,而 $(\neg(p \rightarrow)),(\neg p \rightarrow q))$ 等不是命题公式.

命题公式可称为**合式公式**(well-formed formula,WFF)或简称为公式,其全称为命题合式公式.此处的公式实际上是书写正确、含义清楚的表达式(符号串),与以前所学的公式含义不尽一致.上面已经谈到,命题公式是逻辑函数(它与形式系统中的 WFF 的定义不尽一致,否则如 $A \wedge 1$ 及 $A \uparrow B$ 等就没有定义).可以借助于函数给命题公式下定义.

命题公式一般用 $A,B,C,\cdots$ 表示.若命题公式 A 中恰含有 n 个命题变元 $p_1,p_2,\cdots,p_n$,则可以将 A 记为 $A(p_1,p_2,\cdots,p_n)$.显然,命题公式 A 就是命题变元 $p_1,p_2,\cdots,p_n$ 的函数.

严格按照命题公式的定义,就会出现很多的括号.一方面,这些括号使命题公式结构清晰、含义清楚;另一方面,若括号太多,则会给命题公式的阅读和书写带来不便,因此特作如下一些可以省略括号的约定.

(1) 最外层的括号可以省略.

在形成最终的命题公式时,所有的中间过程得到的命题公式,包含其本身,都称为该命题公式的**子公式**.例如$((p\oplus q)\downarrow q)$的子公式分别为$p,q,(p\oplus q)$和$((p\oplus q)\downarrow q)$.这条约定是说,在最终形成命题公式$((p\oplus q)\downarrow q)$时,最外层的括号可以不写,即为$(p\oplus q)\downarrow q$,但在形成过程中的括号是至关重要的.

(2) 9个联结词运算的优先顺序依次为

$$\neg, \wedge, \vee, \oplus, \rightarrow, \leftrightarrow, \uparrow, \downarrow, \mapsto$$

符合本约定的有些括号可以不写.例如命题公式

$$((p\vee q)\rightarrow r)\leftrightarrow((\neg r)\rightarrow(p\wedge q))$$

可以写成

$$(p\vee q\rightarrow r)\leftrightarrow(\neg r\rightarrow p\wedge q)$$

或

$$p\vee q\rightarrow r\leftrightarrow\neg r\rightarrow p\wedge q$$

但是,关于联结运算优先顺序的规定不尽一致,例如可以将$\wedge$和$\vee$看作同级别运算等[4].也可以按其他教材,只定义5个联结词$\neg,\wedge,\vee,\rightarrow,\leftrightarrow$从左至右的优先级别[10].

(3) 同级运算从左至右依次进行.例如,$p\rightarrow q\rightarrow r$是$(p\rightarrow q)\rightarrow r$,但很多时候是写成$(p\rightarrow q)\rightarrow r$形式.

注意 "可以省略"表示也可以不省略.在有些时候,把命题公式$p\wedge q\rightarrow r$写成$(p\wedge q)\rightarrow r$也许会更好.

实际上,在对命题进行符号化时,只要书写正确的逻辑函数或逻辑表达式都是命题公式.

3.3.2 命题的符号化

命题的符号化就是使用符号——命题变元、逻辑联结词和括号将给出的命题表示出来.这一方面说明符号体系来源于实际问题,另一方面也是给出进一步学习逻辑演算系统的语义解释时的一种标准模型.

命题符号化的步骤如下:

(1) 找出所给命题的所有原子命题,并用小写英文字母或带下标的小写英文字母表示.

(2) 确定应使用的联结词,进而将原命题用符号表示出来.

【**例 3-7**】 将下列命题符号化.

(1) 天气很好或很热.

(2) 如果张三和李四都不去,那么我就去.

(3) 仅当你走,我留下.

(4) 我今天进城,除非天下雨.

(5) 你只有刻苦学习,才能取得好成绩.

解 (1) 设p:天气很好,q:天气很热,则原命题符号化为$p\vee q$.

本命题中的"或"不是明显的不可兼,所以用$\vee$.

(2) 设 p：张三去，q：李四去，r：我去，则原命题符号化为 $\neg p \wedge \neg q \rightarrow r$.

注意 "张三不去"应是复合命题.

(3) 设 p：你走，q：我留下，则原命题符号化为 $q \rightarrow p$.

(4) 设 p：我今天进城，q：天下雨，则原命题符号化为 $\neg q \rightarrow p$.

"除非"相当于"如果不".

(5) 设 p：你刻苦学习，q：你取得好成绩，则原命题符号化为 $q \rightarrow p$.

3.3.3 命题公式的真值表

对于命题公式 A，若对 A 中出现的每个命题变元都指定一个真值 1 或者 0，就对命题公式 A 进行了一种**真值指派**（assignment）或一个**解释**（interpretation）或一个**赋值**（valuation），而在该指派下会求出公式 A 的一个真值. 将 A 的所有可能的真值指派以及在每一个真值指派下的取值列成一个表，就得到命题公式 A 的**真值表**（truth table）.

【例 3-8】 写出命题公式 $(\neg p \vee q) \rightarrow r$ 的真值表.

解 命题公式 $(\neg p \vee q) \rightarrow r$ 的真值指派共 8 种，分别为 $(p,q,r)=(1,1,1),(1,1,0),(1,0,1),(1,0,0),(0,1,1),(0,1,0),(0,0,1),(0,0,0)$. 经过计算知，命题公式 $(\neg p \vee q) \rightarrow r$ 在指派下的取值分别为 1，0，1，1，1，0，1，0. 因此，命题公式 $(\neg p \vee q) \rightarrow r$ 的真值表如表 3-7 所示.

表 3-7

p	q	r	$\neg p$	$\neg p \vee q$	$(\neg p \vee q) \rightarrow r$	p	q	r	$\neg p$	$\neg p \vee q$	$(\neg p \vee q) \rightarrow r$
1	1	1	0	1	1	0	1	1	1	1	1
1	1	0	0	1	0	0	1	0	1	1	0
1	0	1	0	0	1	0	0	1	1	1	1
1	0	0	0	0	1	0	0	0	1	1	0

在列真值表时，最好将中间的计算过程也写出来，如表 3-7 中的第 4 列和第 5 列，这实际上是按命题公式的形成过程（或者说是按命题公式的层）书写的，关键是列举所有真值指派及在每一种指派下的取值.

正因为这样，在列真值表时主要的任务是计算所有命题变元及其真值指派和在每种指派下命题公式的取值. 当一个命题公式较复杂时，有些子公式可以省略. 也可以将所有命题变元及其真值指派都放在第一列，这实际上是一种简化的真值表.

要求能准确写出一个命题公式的真值表，这是本节的重点内容，当然必须牢记联结词的运算表才行.

由表 3-7 知，含 3 个命题变元的命题公式有 $8=2^3$ 种不同的真值指派. 很显然，含 2 个命题变元的命题公式有 $4=2^2$ 种不同的真值指派. 一般地，含 $n(n \geqslant 1)$ 个命题变元的命题公式的不同的真值指派有 2^n 种.

思考 设计程序，对于给定的命题公式构造真值表.

3.3.4 命题公式的类型

【定义 3-2】 在任何指派下均取真的命题公式称为**永真式**、**重言式**（tautology）或**有效**

式(valid);在任何指派下均取假的命题公式称为**永假式**或**矛盾式**(contradiction);至少有一种指派使其为真的命题公式称为**可满足式**(satisfactable formula);至少有一种指派使其为真,同时至少有一种指派使其为假的命题公式称为**中性式**或**偶然式**(contingency).

根据定义知,命题公式$(\neg p \vee q) \rightarrow r$为中性式.很容易验证,命题公式$p \vee \neg p$为永真式,$p \wedge \neg p$为永假式.

命题公式的分类如下:

$$命题公式\begin{cases}可满足式\begin{cases}永真式\\中性式\end{cases}\\永假式\end{cases}$$

显然,A永真的充要条件是$\neg A$永假,$A \wedge B$永真的充要条件是A和B均永真.

永真式是非常重要的一类命题公式,先看一个例子.

【例3-9】 证明:命题公式$(p \rightarrow q) \leftrightarrow (\neg p \vee q)$是永真式.

证 列出$(p \rightarrow q) \leftrightarrow (\neg p \vee q)$的真值表,如表3-8所示.

表 3-8

p	q	$p \rightarrow q$	$\neg p$	$\neg p \vee q$	$(p \rightarrow q) \leftrightarrow (\neg p \vee q)$
1	1	1	0	1	1
1	0	0	0	0	1
0	1	1	1	1	1
0	0	1	1	1	1

由真值表可知,命题公式$(p \rightarrow q) \leftrightarrow (\neg p \vee q)$是永真式.

注意 利用真值表得出一个命题公式的类型是最常用的方法,这种方法可以称为**真值表法**.

真值表法从理论上来说是完全可行的,但当命题变元较多时就变得极为不方便.例如,当编写一个程序来做这件事时,就会遇到这样的需要解决的问题.

【例3-10】 证明:命题公式$(p \wedge (p \rightarrow q)) \rightarrow q$是永真式.

证 假设$p \wedge (p \rightarrow q)$取真,则$p$及$p \rightarrow q$均取真,进而$q$为真,因此$(p \wedge (p \rightarrow q)) \rightarrow q$永真.

同例3-9一样,可以利用真值表法对例3-10进行证明,但对于证明$A \rightarrow B$永真,可以通过"取值"的方法证明:"由A真推出B真或由B假推出A假,则$A \rightarrow B$永真",因为这意味着不可能出现"A真B假"情形.

注意 利用取值的方法得出一个命题公式的类型,这种方法可以称为**取值法**.

取值法本质上是真值表方法,但它与真值表法是有一些区别的.若能用好这种方法,对于证明有些结论是非常方便的,参见习题3.3第3、4、6题.

最后介绍永真式的代入定理(rule of substitution,RS).

【定理3-1】(**永真式代入定理**) 设命题公式$A(p_1, p_2, \cdots, p_n)$为永真式,则分别用命题公式$B_1, B_2, \cdots, B_n$全部代换A中的命题变元$p_1, p_2, \cdots, p_n$所得到的命题公式(称为A的**代入实例**,substitution instance)是永真式.

证 设代换后的命题公式为B,对于公式B的任意一种真值指派,命题公式$B_1, B_2, \cdots,$

B_n 有真值 $t_1, t_2, \cdots, t_n$,而由已知,显然有 $A(t_1, t_2, \cdots, t_n)$ 取真,所以 B 是永真式.证毕.

永真式代入定理是这样使用的:由于命题公式 $(p \to q) \leftrightarrow (\neg p \lor q)$ 是永真式,对于任意命题公式 A 和 B,根据代入定理知,$(A \to B) \leftrightarrow (\neg A \lor B)$ 是永真式;由于命题公式 $(p \land (p \to q)) \to q$ 是永真式,所以 $(A \land (A \to B)) \to B$ 是永真式.

从永真式代入定理的证明知,要证明对于任意命题公式 A 和 B,$(A \to B) \leftrightarrow (\neg A \lor B)$ 是永真式,原则上可以将 A 和 B 看作命题变元.不过在用真值表法证明永真时最好先就命题变元进行,再利用永真式代入定理(请思考为什么).

习题 3.3

1. 将下列命题符号化.

(1) 若 a 和 b 是奇数,则 $a+b$ 是偶数.

(2) 只有在正整数 $n \leqslant 2$ 时,不定方程 $x^n + y^n = z^n$ 才有正整数解.

(3) 天在下雨,我没有去书店.

(4) 两矩阵相等当且仅当其对应的元素分别相等.

(5) 这苹果虽然甜,但我不打算买.

(6) 除非我接到正式邀请,否则我不去参加圣诞晚会.

(7) 我和小王是同学.

(8) 因为他要看今晚的 NBA 篮球比赛,所以他没有来上自习.

(9) 尽管她学习成绩不好,但她的动手能力很强.

(10) 我的手机没电了,借你的手机用一下.

2. 设 p, q 和 r 为命题变元,列出下列命题公式的真值表.

(1) $(\neg p \land (p \lor q)) \to q$.

(2) $(\neg p \lor \neg q) \to (p \leftrightarrow \neg q)$.

(3) $(p \lor q) \to r$.

(4) $(p \to (q \land r)) \land (\neg p \to (\neg q \land \neg r))$.

3. 设 p, q, r 和 s 为命题变元,判断下列命题公式的类型.

(1) $(p \to (q \to r)) \leftrightarrow ((p \land q) \to r)$.

(2) $((p \to r) \lor \neg r) \to (\neg (q \to p) \land q)$.

(3) $((p \lor q) \to r) \leftrightarrow (r \to (p \land q))$.

(4) $p \to (\neg p \land q \land r \land s)$.

4. 证明:对于任意命题公式 A、B 和 C,下列命题公式均永真.

(1) $A \to (B \to A)$.

(2) $(A \to (B \to C)) \to ((A \to B) \to (A \to C))$.

(3) $(\neg A \to \neg B) \to (B \to A)$.

5. 证明:对于任意命题公式 A 和 B,有 $(A \leftrightarrow B) \leftrightarrow (A \to B) \land (B \to A)$ 永真.

6. 对于任意命题公式 A、B 和 C,证明下列命题公式永真.

(1) $\neg A \to (A \to B)$.

(2) $(A \lor B) \land (A \to C) \land (B \to C) \to C$.

(3) $(A \to B) \land (A \to \neg B) \to \neg A$.

(4) $A \to (\neg A \to B)$.

3.4 逻辑等值的命题公式

两个命题逻辑等值指它们在逻辑上说的是同一回事。例如，用 A 表示"如果我有时间，我就回家看望我的父母"，B 表示"我没有时间或我回家看望我的父母"，这时 A 和 B 是逻辑等值的。若令 p:我有时间，q:我去看望我的父母，则 $A = p \to q$，$B = \neg p \lor q$。

下面从真值角度讨论两个命题公式逻辑等值。

3.4.1 逻辑等值的定义

【定义 3-3】 给定两个命题公式 A 和 B，若在任何真值指派下 A 和 B 的真值都相同，则称命题公式 A 和 B **逻辑等值**(logically equal)或逻辑相等(logically equivalent)，简称为等值或相等，记为 $A = B$。

首先注意到，$A = B$ 意味着 A 和 B 的电路实现功能相同，它表示的是两个公式之间的一种关系，也可记为 $A \Leftrightarrow B$，它们仅是考虑问题的角度不同而已。

尽管在逻辑演算系统中，等号=有其特殊的用途，但在后继课程中通常都是从取逻辑值的角度讨论两个逻辑函数或逻辑表达式 A 和 B 是否相等，用 $A = B$ 的时候更多。本书大多数时候用 $A = B$，有时候也用 $A \Leftrightarrow B$。

习惯上所说的(两个命题)等值实际上是指它们逻辑等值，请不要与等值联结词"$\leftrightarrow$"混淆了。后者仅是一个运算符号，运算的结果可真可假；而两个命题公式等值是指逻辑等值。因为有下面的定理 3-2，所以逻辑等值又称为重言等值，重言等值中的联结词是 $\leftrightarrow$。

注意 =或$\Leftrightarrow$是关系符号，$A = B$ 是等值式；$\leftrightarrow$是运算符号，$A \leftrightarrow B$ 是命题公式。

【定理 3-2】 设 A 和 B 是命题公式，则 $A = B$ 的充要条件是 $A \leftrightarrow B$ 为永真式。

证 ($\Rightarrow$)由 $A = B$ 可知，A 和 B 的真值是相同的，所以 $A \leftrightarrow B$ 为永真式。

($\Leftarrow$)若 $A \leftrightarrow B$ 为永真式，则 A 和 B 的真值相同，因此 $A = B$。

下面的例子说明如何利用真值表证明两个命题公式等值。

【例 3-11】 证明：对于任意命题公式 A 和 B，有 $A \to B = \neg A \lor B$。

证 先证明对于命题变元 p 和 q 有 $p \to q = \neg p \lor q$。

为便于比较，将命题公式 $p \to q$ 和 $\neg p \lor q$ 的真值表列在同一张表中，如表 3-9 所示。

表 3-9

p	q	$p \to q$	$\neg p$	$\neg p \lor q$
1	1	1	0	1
1	0	0	0	0
0	1	1	1	1
0	0	1	1	1

由表 3-9 知，命题公式 $p \to q$ 和 $\neg p \lor q$ 的真值在任何情况下都是相同的，根据命题公式等值的定义有 $p \to q = \neg p \lor q$。

由于 $p \to q = \neg p \lor q$,根据定理 3-2 知 $(p \to q) \leftrightarrow (\neg p \lor q)$ 永真,由永真式代入定理(定理 3-1)知,对于任意的命题公式 A 和 B,$(A \to B) \leftrightarrow (\neg A \lor B)$ 永真(参照例 3-9),于是 $A \to B = \neg A \lor B$.

从例 3-11 的最后说明可知有下面的定理.

【**定理 3-3**】 若 $A_1(p_1, p_2, \cdots, p_n) = A_2(p_1, p_2, \cdots, p_n)$,在 A_1 和 A_2 中分别用命题公式 $B_1, B_2, \cdots, B_n$ 去代换 $p_1, p_2, \cdots, p_n$ 所得到的两个命题公式等值.

命题公式之间的等值是命题公式间的一种关系,很显然有下面的定理.

【**定理 3-4**】 命题公式间的等值关系是等价关系,即,对任意命题公式 A, B, C,有

(1) $A = A$(自反性).

(2) 若 $A = B$,则 $B = A$(对称性).

(3) 若 $A = B$ 且 $B = C$,则 $A = C$(传递性).

3.4.2 基本等值式

1. 与 $\neg, \land, \lor$ 有关的等值式

【**定理 3-5**】 设 A, B, C 是任意的命题公式,则命题的 $\lor, \land, \neg$ 运算有下列重要性质:

(1) $\neg \neg A = A$(对合律).

(2) $A \lor A = A, A \land A = A$(幂等律,或称为重叠律).

(3) $A \lor B = B \lor A, A \land B = B \land A$(交换律).

(4) $(A \lor B) \lor C = A \lor (B \lor C), (A \land B) \land C = A \land (B \land C)$(结合律).

(5) $A \lor (A \land B) = A, A \land (A \lor B) = A$(吸收律).

(6) $A \lor (B \land C) = (A \lor B) \land (A \lor C), A \land (B \lor C) = (A \land B) \lor (A \land C)$(分配律).

(7) $A \lor \neg A = 1, A \land \neg A = 0$(互补律:$A$ 有补元 $\overline{A}$).

(8) $\neg (A \lor B) = \neg A \land \neg B, \neg (A \land B) = \neg A \lor \neg B$(德·摩根律).

(9) $A \lor 0 = 0 \lor A = A, A \land 1 = 1 \land A = A$($\lor, \land$ 有单位元,或称为同一律).

(10) $A \lor 1 = 1 \lor A = 1, A \land 0 = 0 \land A = 0$($\lor, \land$ 有零元,或称为 0-1 律).

上面关于命题的 $\lor, \land, \neg$ 运算性质与集合的 $\cup, \cap, \overline{}$ 运算性质是完全类似的,这也是将命题逻辑等有关内容安排在第 1、2 章之后的原因之一.实际上,这种现象不是偶然的,它们之间有密切的联系,参见第 9 章.

上面的每一条性质都可以借助于真值表来证明.下面仅举一例加以说明.

【**例 3-12**】 证明:对于任意命题公式 A 和 B,有 $A \lor (A \land B) = A$ 成立.

证 根据定理 3-3,只需证明,对于命题变元 p 和 q,吸收律 $p \lor (p \land q) = p$ 成立即可.列出命题公式 $p \lor (p \land q)$ 和 p 的真值表,如表 3-10 所示.

表 3-10

p	q	$p \land q$	$p \lor (p \land q)$
1	1	1	1
1	0	0	1
0	1	0	0
0	0	0	0

由表 3-10 知,$p \vee (p \wedge q)$ 和 p 的真值在任何真值指派下都相同,所以 $p \vee (p \wedge q) = p$.

2. 其他重要的等值式

【定理 3-6】 设 A, B 是任意的命题公式,则

(1) 异或等值式 $A \oplus B = \neg(A \leftrightarrow B) = (A \wedge \neg B) \vee (\neg A \wedge B)$.

(2) 条件等值式 $A \rightarrow B = \neg A \vee B = \neg B \rightarrow \neg A$.

(3) 双条件等值式 $A \leftrightarrow B = (A \rightarrow B) \wedge (B \rightarrow A)$.

(4) 与非等值式 $A \uparrow B = \neg(A \wedge B)$.

(5) 或非等值式 $A \downarrow B = \neg(A \vee B)$.

(6) 条件否定等值式 $A \mapsto B = \neg(A \rightarrow B)$.

证 只证(3),其余留作练习.需要证明:对于命题变元 p 和 q,有 $p \leftrightarrow q = (p \rightarrow q) \wedge (q \rightarrow p)$.列出 $p \leftrightarrow q$ 和 $(p \rightarrow q) \wedge (q \rightarrow p)$ 的真值表,如表 3-11 所示.

表 3-11

p	q	$p \leftrightarrow q$	$p \rightarrow q$	$q \rightarrow p$	$(p \rightarrow q) \wedge (q \rightarrow p)$
1	1	1	1	1	1
1	0	0	0	1	0
0	1	0	1	0	0
0	0	1	1	1	1

由表 3-11 可知,命题公式 $p \leftrightarrow q$ 和 $(p \rightarrow q) \wedge (q \rightarrow p)$ 在任意真值指派下的真值都相同,从而由等值的定义知 $p \leftrightarrow q = (p \rightarrow q) \wedge (q \rightarrow p)$,进而 $A \leftrightarrow B = (A \rightarrow B) \wedge (B \rightarrow A)$.

关于逻辑联结词 $\oplus, \rightarrow, \leftrightarrow, \uparrow, \downarrow, \mapsto$,还有很多其他性质,例如 $\oplus, \leftrightarrow, \uparrow, \downarrow$ 满足交换律等,可根据运算具有的性质(1.3 节)自己进行总结,这是一件很值得去做的事情,部分性质见习题 3.4.

3.4.3 等值演算法

基本等值式有很多用途,如化简命题公式、判断命题公式的类型、证明等值式、计算命题公式的范式、命题逻辑中的推理等. 要求大家要熟记基本等值式,特别是定理 3-6 中的等值式.

在使用等值式时,下列的等值置换定理(rule of replacement,RR)是至关重要的,它的证明是显然的.

【定理 3-7】(等值置换定理) 设 C 是命题公式 A 的子公式且 $C = D$,则将 A 中的 C 部分或全部替换成 D 所得到的命题公式与 A 等值.

利用基本等值式以及等值置换定理求解问题的方法称为**等值演算法**.

【例 3-13】 设 A, B, C 是任意的命题公式,化简下列命题公式并使最后结果中只含 $\neg$ 和 $\vee$.

(1) $(A \rightarrow (B \vee \neg C)) \wedge \neg A \wedge B$.

(2) $\neg A \wedge \neg B \wedge (\neg C \rightarrow A)$.

解 (1) $(A \rightarrow (B \vee \neg C)) \wedge \neg A \wedge B = (\neg A \vee (B \vee \neg C)) \wedge \neg A \wedge B$

$$= ((\neg A \vee (B \vee \neg C)) \wedge \neg A) \wedge B \xlongequal{\text{吸收律}} \neg A \wedge B = \neg(A \vee \neg B)$$

(2) $\neg A \wedge \neg B \wedge (\neg C \to A) = \neg A \wedge \neg B \wedge (\neg \neg C \vee A)$

$$= (\neg A \wedge \neg B) \wedge (C \vee A) \xlongequal{\text{分配律}} (\neg A \wedge \neg B \wedge C) \vee (\neg A \wedge \neg B \wedge A)$$

$$= (\neg A \wedge \neg B \wedge C) \vee 0 = \neg A \wedge \neg B \wedge C = \neg(A \vee B \vee \neg C)$$

说明 命题公式的化简是指将其化为一个与其等值的满足条件的含联结词最少的命题公式.

利用等值演算法,判断一个命题公式的类型是比较方便的.

【**例 3-14**】设 A, B, C 是任意的命题公式,判断下列命题公式的类型.

(1) $(A \to (B \to C)) \leftrightarrow ((A \wedge B) \to C)$.

(2) $A \to (\neg A \wedge B \wedge C)$.

解 (1) 因为 $A \to (B \to C) = A \to (\neg B \vee C) = \neg A \vee (\neg B \vee C) = (\neg A \vee \neg B) \vee C$
$= \neg(A \wedge B) \vee C = (A \wedge B) \to C$,所以 $(A \to (B \to C)) \leftrightarrow ((A \wedge B) \to C)$ 是永真式.

(2) 因为 $A \to (\neg A \wedge B \wedge C) = \neg A \vee (\neg A \wedge B \wedge C) = \neg A \vee (\neg A \wedge (B \wedge C)) = \neg A$,
而 $\neg A$ 是中性式,因此 $A \to (\neg A \wedge B \wedge C)$ 是中性式.

两个命题公式等值问题可以根据定义,利用真值表进行证明.下面是证明两个命题公式等值的等值演算法.

【**例 3-15**】设 A, B, C 是任意的命题公式,证明下列等值式.

(1) $\neg(A \leftrightarrow B) = (A \vee B) \wedge (\neg A \vee \neg B)$.

(2) $A \to B = \neg B \to \neg A$.

证 (1) $\neg(A \leftrightarrow B) = \neg((A \to B) \wedge (B \to A)) = \neg((\neg A \vee B) \wedge (\neg B \vee A))$

$$= \neg(\neg A \vee B) \vee \neg(\neg B \vee A) = (A \wedge \neg B) \vee (B \wedge \neg A)$$

$$= ((A \wedge \neg B) \vee B) \wedge ((A \wedge \neg B) \vee \neg A)$$

$$= (A \vee B) \wedge (\neg B \vee B) \wedge (A \vee \neg A) \wedge (\neg B \vee \neg A)$$

$$= (A \vee B) \wedge (\neg A \vee \neg B)$$

(2) $A \to B = \neg A \vee B = B \vee \neg A = \neg(\neg B) \vee \neg A = \neg B \to \neg A$

注意 此为反证法的理论依据.

3.4.4 对偶原理

在定理 3-5 中,除性质(1)外,其他性质都是成对出现的,两者间有一定的联系.先给出命题公式的对偶式的定义.

【**定义 3-4**】设命题公式 A 中至多含 3 个逻辑联结词 $\neg, \wedge, \vee$,将 A 中的 $\wedge$ 换成 $\vee$,A 中的 $\vee$ 换成 $\wedge$,A 中的 1 换成 0,A 中的 0 换成 1,得到的命题公式称为 A 的**对偶式**(dual formula),记为 A^*.

【**例 3-16**】设 p, q 和 r 是命题变元,分别求下列命题公式的对偶式.

(1) $\neg(p \wedge q) \wedge 1$.

(2) $p \vee (q \wedge r)$.

解 (1) $\neg(p \wedge q) \wedge 1$ 的对偶式为 $\neg(p \vee q) \vee 0$.

(2) $p \vee (q \wedge r)$ 的对偶式为 $p \wedge (q \vee r)$.

注意 一般来说，$A \neq A^*$.

根据德·摩根律可以证明下面的对偶定理.

【定理 3-8】（对偶定理） 设 A 和 B 是命题公式，若 $A = B$，则 $A^* = B^*$.

有了对偶定理后，定理 3-5 中除性质(1)外的等值式只需要记住其中一个就可以了. 例如，因为 $\neg(p \vee q) = \neg p \wedge \neg q$，由对偶定理可得 $\neg(p \wedge q) = \neg p \vee \neg q$.

同时，有了对偶定理，就可以求出任意命题公式的对偶式. 例如，因为 $p \to q = \neg p \vee q$，所以 $p \to q$ 的对偶式等于 $\neg p \vee q$ 的对偶式，于是 $p \to q$ 的对偶式为 $\neg p \wedge q$.

习题 3.4

1. 证明：命题公式间的等值关系是等价关系.

2. 证明定理 3-5 中的分配律和德·摩根律.

3. 设 A, B, C 是任意的命题公式，判断下列命题是否成立，阐述理由.
   (1) 若 $A \wedge C = B \wedge C$，则 $A = B$.
   (2) 若 $A \vee C = B \vee C$，则 $A = B$.
   (3) 若 $\neg A = \neg B$，则 $A = B$.

4. 设 A, B 是任意的命题公式，证明下列各式.
   (1) $A \oplus B = \neg(A \leftrightarrow B) = (A \wedge \neg B) \vee (\neg A \wedge B)$.
   (2) $A \to B = \neg A \vee B$.
   (3) $A \uparrow B = \neg(A \wedge B)$.
   (4) $A \downarrow B = \neg(A \vee B)$.

5. 设 A, B, C 是任意的命题公式，证明下列各式.
   (1) $A \oplus B = B \oplus A$.
   (2) $(A \oplus B) \oplus C = A \oplus (B \oplus C)$.
   (3) $A \to B = \neg B \to \neg A$.
   (4) $\neg(A \leftrightarrow B) = A \leftrightarrow \neg B$.

6. 设 A 和 B 是命题公式，证明关于逻辑联结词 $\uparrow$ 的下列结论.
   (1) $\neg A = A \uparrow A$.
   (2) $A \wedge B = (A \uparrow B) \uparrow (A \uparrow B)$.
   (3) $A \vee B = (A \uparrow A) \uparrow (B \uparrow B)$.

7. 设 A 和 B 是命题公式，证明关于逻辑联结词 $\downarrow$ 的下列结论.
   (1) $\neg A = A \downarrow A$.
   (2) $A \wedge B = (A \downarrow A) \downarrow (B \downarrow B)$.
   (3) $A \vee B = (A \downarrow B) \downarrow (A \downarrow B)$.

8. 设 A, B 和 C 是命题公式，将等价联结词 $\leftrightarrow$ 记为 $\odot$，证明下列等值式.
   (1) $A \odot B = B \odot A$.
   (2) $(A \odot B) \odot C = A \odot (B \odot C)$.
   (3) $A \odot B = \neg(A \oplus B)$.
   (4) $A \odot B = (A \wedge B) \vee (\neg A \wedge \neg B)$.

9. 设 A, B, C, D 是任意的命题公式，化简下列命题公式并将最后的结果仅用 $\downarrow$ 表示.

(1) $(A \wedge B \wedge C) \vee (A \wedge \neg B \wedge C)$.
(2) $(A \wedge B) \vee (\neg A \wedge B) \vee (A \wedge \neg B)$.
(3) $\neg((A \wedge B) \vee (A \wedge C))$.
(4) $(A \wedge B) \vee (\neg A \wedge B) \vee (B \wedge C \wedge D)$.

10. 设 A, B, C, D 是任意的命题公式,判断下列命题公式的类型.
(1) $((A \to C) \vee \neg C) \to (\neg(B \to A) \wedge A)$.
(2) $(A \to C) \to ((B \to D) \to ((A \vee B) \to C))$.

11. 设 A, B, C 是任意的命题公式,证明下列等值式.
(1) $\neg(A \to B) = A \wedge \neg B$.
(2) $A \to (B \to A) = \neg A \to (A \to \neg B)$.
(3) $(A \to C) \wedge (B \to C) = (A \vee B) \to C$.
(4) $A \to (B \to C) = (A \wedge B) \to C$.

12. 设 p 和 q 是命题变元,求出 $p \oplus q$ 的对偶式,它与 $p \odot q$ 的关系如何?

13. 有一个国家只有两种人:一种人总说真话,另一种人总说假话.一个逻辑学家来到该国,在一个三岔路口处,不知道哪一条路是去首都方向的.这时碰巧来了一个人,逻辑学家只问了他一个问题,就知道去首都的路了.请问他问的是什么问题? 为什么?

3.5 命题公式的范式

给定一个命题公式,根据其真值表显然可以方便地得出其在每种真值指派下的真值,从理论上讲,这是一个能行可判定问题.但随着所给命题公式中命题变元个数的增加,在实际计算中就变成不可行的了,例如含 100 个命题变元的命题公式,其真值指派就有 2^{100} 种.

由 3.4 节可知,等值关系是等价关系,需要考虑其等价类及其代表元.一个命题公式有各种形式的与其等值的命题公式,要在它们中间找到一种标准形式或规范形式,也就是命题公式的范式,使其不用写出真值表就能确定在何真值指派下取真以及在何真值指派下取假.

3.5.1 命题公式的析取范式及合取范式

1. 析取范式及合取范式的定义

【定义 3-5】 设 A 是命题公式,若 $A = A_1 \vee A_2 \vee \cdots \vee A_n (n \geq 1)$,其中 $A_i (1 \leq i \leq n)$ 是由命题变元或其否定组成的合取式,则称 $A_1 \vee A_2 \vee \cdots \vee A_n$ 为命题公式 A 的**析取范式**(disjunctive normal form).

注意 关于析取范式的定义,需注意如下两点.
(1) $A_i (1 \leq i \leq n)$ 是由命题变元或其否定组成的合取式.例如, $A_i (1 \leq i \leq n)$ 可以是 $\neg p \wedge \neg q \wedge r, p \wedge \neg q, \neg q \wedge r$ 等,也可以是单个的命题变元或其否定,如 $q, \neg r$ 等.但最好满足:

① 在每个 A_i 中,命题变元及其否定不同时出现,否则 $A_i = 0$,在 A 的析取范式中可以消去该合取式;

② 在每个 A_i 中,命题变元或其否定按字典顺序出现或按下标从小到大顺序出现;

③ 相同的合取式不重复出现,因为 $\vee$ 运算具有幂等性,如 $(p \wedge \neg q) \vee (p \wedge \neg q) = (p \wedge \neg q)$.

(2) A 的析取范式 $A_1 \vee A_2 \vee \cdots \vee A_n$ 中,n 可以为 1. 也就是说,由命题变元或其否定组成的单个合取式看成一个整体是命题公式 A 的析取范式. 例如,若 $A = \neg p \wedge \neg q \wedge r$,则 $(\neg p \wedge \neg q \wedge r)$ 是 A 的析取范式.

类似地可以给出命题公式的合取范式的定义.

【**定义 3-6**】 设 A 是命题公式,若 $A = A_1 \wedge A_2 \wedge \cdots \wedge A_n (n \geq 1)$,其中 $A_i(1 \leq i \leq n)$ 是由命题变元或其否定组成的析取式,则称 $A_1 \wedge A_2 \wedge \cdots \wedge A_n$ 为命题公式 A 的**合取范式**(conjunctive normal form).

注意 同样,关于合取范式的定义,也需注意两点.

(1) $A_i(1 \leq i \leq n)$ 是由命题变元或其否定组成的析取式. 例如,$A_i(1 \leq i \leq n)$ 可以是 $\neg p \vee \neg q \vee r, p \vee \neg q, \neg q \vee r$ 等,也可以是单个的命题变元或其否定,如 $q, \neg r$ 等. 但最好满足以下条件:

① 在每个 A_i 中,命题变元及其否定不同时出现,否则 $A_i = 1$,在 A 的合取范式中可以消去该析取式;

② 在每个 A_i 中,命题变元或其否定按字典顺序出现或按下标从小到大顺序出现;

③ 相同的析取式不重复出现,因为 $\wedge$ 运算具有幂等性,如 $(p \vee \neg q) \wedge (p \vee \neg q) = (p \vee \neg q)$.

(2) A 的合取范式 $A_1 \wedge A_2 \wedge \cdots \wedge A_n$ 中,n 可以为 1. 也就是说,由命题变元或其否定组成的单个析取式看成一个整体是命题公式 A 的合取范式. 例如,若 $A = \neg p \vee \neg q \vee r$,则 $(\neg p \vee \neg q \vee r)$ 是 A 的合取范式.

由定义可知,若 $A = \neg p \vee \neg q \vee r$,则 $\neg p \vee \neg q \vee r = (\neg p \vee \neg q \vee r)$ 是 A 的合取范式,$\neg p \vee \neg q \vee r = (\neg p) \vee (\neg q) \vee (r)$ 也是 A 的析取范式.

2. 析取范式及合取范式的计算

计算命题公式的析取范式及合取范式的主要步骤如下:

(1) 使用等值式,将命题公式中的联结词归约为 $\neg, \wedge, \vee$.

(2) 利用德·摩根律将 $\neg$ 移到命题变元的前面.

(3) 根据分配律得到命题公式的析取范式及合取范式.

$$A \wedge (B \vee C) = (A \wedge B) \vee (A \wedge C) \quad (求析取范式用)$$
$$A \vee (B \wedge C) = (A \vee B) \wedge (A \vee C) \quad (求合取范式用)$$

【**例 3-17**】 设 p, q 和 r 是命题变元,求命题公式 $A = (p \rightarrow q) \leftrightarrow r$ 的析取范式及合取范式.

解 求命题公式的析取范式及合取范式的步骤(1)和步骤(2)是相同的.

$$\begin{aligned}
A &= (p \rightarrow q) \leftrightarrow r = (\neg p \vee q) \leftrightarrow r \\
&= ((\neg p \vee q) \rightarrow r) \wedge (r \rightarrow (\neg p \vee q)) \\
&= (\neg(\neg p \vee q) \vee r) \wedge (\neg r \vee (\neg p \vee q)) \quad (步骤(1)结束) \\
&= ((p \wedge \neg q) \vee r) \wedge (\neg p \vee q \vee \neg r) \quad (步骤(2)结束)
\end{aligned}$$

步骤(3)不同. 求析取范式的过程如下:

$$A = ((p \wedge \neg q) \vee r) \wedge (\neg p \vee q \vee \neg r)$$
$$= ((p \wedge \neg q) \wedge (\neg p \vee q \vee \neg r)) \vee (r \wedge (\neg p \vee q \vee \neg r))$$
$$= ((p \wedge \neg q) \wedge \neg p) \vee ((p \wedge \neg q) \wedge q) \vee ((p \wedge \neg q) \wedge \neg r)$$
$$\vee (r \wedge \neg p) \vee (r \wedge q) \vee (r \wedge \neg r)$$
$$= (p \wedge \neg q \wedge \neg r) \vee (\neg p \wedge r) \vee (q \wedge r)$$

求合取范式的过程如下：
$$A = ((p \wedge \neg q) \vee r) \wedge (\neg p \vee q \vee \neg r)$$
$$= (p \vee r) \wedge (\neg q \vee r) \wedge (\neg p \vee q \vee \neg r)$$

从计算命题公式的析取范式及合取范式的步骤知道，任意命题公式都存在析取范式及合取范式．

3. 析取范式及合取范式的应用

根据命题公式的析取范式及合取范式可分别得出该命题公式取真、假的指派．例如，在例 3-17 中，已求得 A 的析取范式为 $A = (p \wedge \neg q \wedge \neg r) \vee (\neg p \wedge r) \vee (q \wedge r)$，若 A 取 1，则 $(p \wedge \neg q \wedge \neg r), (\neg p \wedge r), (q \wedge r)$ 至少有一个为 1，而它们都是合取式．由 $p \wedge \neg q \wedge \neg r = 1$，则 $(p,q,r) = (1,0,0)$；由 $\neg p \wedge r = 1$，则 $p = 0, r = 1$，进而 $(p,q,r) = (0,1,1), (0,0,1)$；由 $q \wedge r = 1$，则 $q = 1, r = 1$，进而 $(p,q,r) = (1,1,1), (0,1,1)$．于是，使 A 取 1 的指派有
$$(p,q,r) = (1,0,0), (0,1,1), (0,0,1), (1,1,1)$$

同样，由 A 的合取范式为 $A = (p \vee r) \wedge (\neg q \vee r) \wedge (\neg p \vee q \vee \neg r)$ 可得出使 A 取 0 的指派有
$$(p,q,r) = (1,0,1), (1,1,0), (0,1,0), (0,0,0)$$

【例 3-18】 从 p, q, r, s 4 个人中选派 2 人出差，求满足下列 3 个条件的选派方法有哪几种．

(1) 若 p 去，则 r 和 s 中只去 1 人．
(2) q 和 r 不能都去．
(3) 若 r 去则 s 不能去．

解 p：p 去出差，q：q 去出差，r：r 去出差，s：s 去出差，则 $p \rightarrow (r \oplus s), \neg(q \wedge r), r \rightarrow \neg s$ 同时成立．

令
$$A = (p \rightarrow (r \oplus s)) \wedge \neg (q \wedge r) \wedge (r \rightarrow \neg s)$$

因为 $r \oplus s = (r \wedge \neg s) \vee (\neg r \wedge s)$，所以 A 的析取范式为
$$A = ((\neg p \vee (r \wedge \neg s) \vee (\neg r \wedge s)) \wedge (\neg q \vee \neg r)) \wedge (\neg r \vee \neg s)$$
$$= ((\neg p \wedge (\neg q \vee \neg r)) \vee ((r \wedge \neg s) \wedge (\neg q \vee \neg r))$$
$$\vee ((\neg r \wedge s) \wedge (\neg q \vee \neg r))) \wedge (\neg r \vee \neg s)$$
$$= ((\neg p \wedge \neg q) \vee (\neg p \wedge \neg r) \vee (r \wedge \neg s \wedge \neg q) \vee (r \wedge \neg s \wedge \neg r)$$
$$\vee (\neg r \wedge s \wedge \neg q) \vee (\neg r \wedge s \wedge \neg r)) \wedge (\neg r \vee \neg s)$$
$$= (((\neg p \wedge \neg q) \vee (\neg p \wedge \neg r) \vee (r \wedge \neg s \wedge \neg q)$$
$$\vee (\neg r \wedge s \wedge \neg q) \vee (\neg r \wedge s)) \wedge \neg r)$$
$$\vee (((\neg p \wedge \neg q) \vee (\neg p \wedge \neg r) \vee (r \wedge \neg s \wedge \neg q)$$

$$\lor (\neg r \land s \land \neg q) \lor (\neg r \land s)) \land \neg s)$$
$$= (\neg p \land \neg q \land \neg r) \lor (\neg p \land \neg r) \lor (\neg q \land \neg r \land s) \lor (\neg r \land s)$$
$$\lor (\neg p \land \neg q \land \neg s) \lor (\neg p \land \neg r \land \neg s) \lor (\neg q \land r \land \neg s)$$
$$\xlongequal{\text{吸收律}} (\neg p \land \neg r) \lor (\neg r \land s) \lor (\neg p \land \neg q \land \neg s)$$
$$\lor (\neg p \land \neg r \land \neg s) \lor (\neg q \land r \land \neg s)$$

在上述析取范式中,第1个合取式 $\neg p \land \neg r$ 为1表示 p,r 都不去,所以 q,s 去;第2个合取式 $\neg r \land s$ 为1表示 r 不去,s 去,于是有两种可能:p,s 去或 q,s 去;第3个合取式 $\neg p \land \neg q \land \neg s$ 为1表示 p,q,s 都不去,不符合题意;同样,第4个合取式 $\neg p \land \neg r \land \neg s$ 为1表示 p,r,s 都不去,也不符合题意;第5个合取式 $\neg q \land r \land \neg s$ 为1表示 q,s 不去,r 去,于是 p,r 去.

综上所述,满足所给3个条件的选派方法有3种:p,s 去;q,s 去;p,r 去.

3.5.2 命题公式的主析取范式及主合取范式

一般来说,一个命题公式的析取范式及合取范式不是唯一的.例如,$A = (p \land q) \lor (p \land \neg q) = p$ 都是 A 的析取范式.这种情况给有些问题的讨论带来不便.下面根据命题公式中的所有命题变元,讨论给定命题公式的唯一的标准形式:主析取范式以及主合取范式.

给定命题公式 A,为了与后继课程有关内容紧密联系,从 A 中命题变元产生的极小项和极大项的角度来讨论 A 的主析取范式及主合取范式,在逻辑电路中也会讨论其相应的标准形式.

1. 主析取范式

【**定义 3-7**】 对于给定的命题变元,若由命题变元或其否定组成的合取式满足以下两个条件:

(1) 每个命题变元或其否定两者之一只出现一次;

(2) 按字典顺序或按下标从小到大顺序出现.

称这样的合取式为由所给命题变元产生的**极小项**(minimal term).

例如,由两个命题变元 p 和 q 产生的极小项有 $p \land q, p \land \neg q, \neg p \land q, \neg p \land \neg q$;由3个命题变元 p,q 和 r 产生的极小项有 $p \land q \land r, p \land q \land \neg r, p \land \neg q \land r, p \land \neg q \land \neg r, \neg p \land q \land r, \neg p \land q \land \neg r, \neg p \land \neg q \land r, \neg p \land \neg q \land \neg r$.

对于每一个极小项,只有一种真值指派使其取1.例如极小项 $p \land \neg q \land \neg r$ 只有真值指派 $(p,q,r) = (1,0,0)$ 使其为1.

可以根据这个结论对极小项进行编码.极小项用 m_i 表示,其下标 i 是由成真指派得到的二进制数或对应的十进制数.对于极小项 $p \land q \land \neg r$,成真指派得到的二进制数为110,因为 $(110)_2 = 6$,所以 $p \land q \land \neg r = m_{110} = m_6$.

实际上,极小项的下标采用二进制记号更方便.

表3-12是由3个命题变元 p,q 和 r 产生的极小项及其成真指派和极小项的符号表示.

表 3-12

极小项	成真指派	极小项的符号表示 m_i	极小项	成真指派	极小项的符号表示 m_i
$p \wedge q \wedge r$	111	$m_{111}=m_7$	$\neg p \wedge q \wedge r$	011	$m_{011}=m_3$
$p \wedge q \wedge \neg r$	110	$m_{110}=m_6$	$\neg p \wedge q \wedge \neg r$	010	$m_{010}=m_2$
$p \wedge \neg q \wedge r$	101	$m_{101}=m_5$	$\neg p \wedge \neg q \wedge r$	001	$m_{001}=m_1$
$p \wedge \neg q \wedge \neg r$	100	$m_{100}=m_4$	$\neg p \wedge \neg q \wedge \neg r$	000	$m_{000}=m_0$

【定义 3-8】 对于命题公式 A,若 A 等值于由 A 中所有命题变元产生的若干个极小项的析取,则把后者称为 A 的**主析取范式**(major disjunctive form).

首先注意到,若命题公式 $A=A(p_1,p_2,\cdots,p_n)$,"若干个"最大为 2^n,最小为 0. 很显然,所有极小项的析取为永真式 1,而 0 个极小项的析取意味着 A 为永假式 0,这时 A 的主析取范式不存在. 除这两种极端情形外,A 均为中性式.

命题公式的主析取范式是析取范式,而一般来说,析取范式不是主析取范式. 例如,例 3-17 中的 $A=(p \to q) \leftrightarrow r$,其析取范式为
$$A = (p \wedge \neg q \wedge \neg r) \vee (\neg p \wedge r) \vee (q \wedge r)$$
它就不是 A 的主析取范式,主要原因是:在该析取范式中,合取式 $\neg p \wedge r$ 以及 $q \wedge r$ 不是由 A 中 3 个命题 p,q,r 产生的极小项. 但是可以在析取范式的基础上,对于合取式 $\neg p \wedge r$ 以及 $q \wedge r$,通过补充缺少的命题变元将其转化为几个极小项的析取,即
$$\neg p \wedge r = \neg p \wedge (q \vee \neg q) \wedge r = (\neg p \wedge q \wedge r) \vee (\neg p \wedge \neg q \wedge r)$$
$$q \wedge r = (p \vee \neg p) \wedge q \wedge r = (p \wedge q \wedge r) \vee (\neg p \wedge q \wedge r)$$
根据这个分析,可以得到求 A 的主析取范式的第一种方法:**等值演算法**.

利用等值演算法求 A 的主析取范式的计算步骤如下:

(1) 求出 A 的析取范式.

(2) 利用分配律补充缺少的命题变元.

【例 3-19】 设 p,q 和 r 是命题变元,求命题公式 $A=(p \to q) \leftrightarrow r$ 的主析取范式.

解 由例 3-17 知,A 的析取范式为
$$A = (p \wedge \neg q \wedge \neg r) \vee (\neg p \wedge r) \vee (q \wedge r)$$
因为
$$\neg p \wedge r = \neg p \wedge (q \vee \neg q) \wedge r = (\neg p \wedge q \wedge r) \vee (\neg p \wedge \neg q \wedge r)$$
$$q \wedge r = (p \vee \neg p) \wedge q \wedge r = (p \wedge q \wedge r) \vee (\neg p \wedge q \wedge r)$$
所以 A 的主析取范式为
$$A = (p \wedge \neg q \wedge \neg r) \vee (\neg p \wedge q \wedge r) \vee (\neg p \wedge \neg q \wedge r) \vee (p \wedge q \wedge r) \vee (\neg p \wedge q \wedge r)$$
$$= (p \wedge \neg q \wedge \neg r) \vee (\neg p \wedge q \wedge r) \vee (\neg p \wedge \neg q \wedge r) \vee (p \wedge q \wedge r)$$

由上面的主析取范式可知,使 A 取 1 的真值指派为
$$(p,q,r) = (1,0,0),(0,1,1),(0,0,1),(1,1,1)$$

实际上,可以利用 A 的真值表求 A 的主析取范式.

下面介绍求主析取范式的第二种方法:**真值表法**.

利用真值表求主析取范式的 3 个步骤如下:

(1) 写出命题公式 A 的真值表.

(2) 对于使 A 取 1 的真值指派,写出对应的极小项,使该极小项在该真值指派下也为 1.

例如:

若 $(p,q,r)=(1,1,1)$ 使 A 取 1,则对应的极小项为 $m_{111}=m_7=p \wedge q \wedge r$;

若 $(p,q,r)=(1,0,0)$ 使 A 取 1,则对应的极小项为 $m_{100}=m_4=p \wedge \neg q \wedge \neg r$;

若 $(p,q,r)=(0,0,0)$ 使 A 取 1,则对应的极小项为 $m_{000}=m_0=\neg p \wedge \neg q \wedge \neg r$.

(3) (可以证明) A 等值于所有这样写出的极小项的析取.

【**例 3-20**】 设 p,q 和 r 是命题变元,求命题公式 $A=(p \vee q) \rightarrow r$ 的主析取范式.

解 命题公式 $A=(p \vee q) \rightarrow r$ 的真值表如表 3-13 所示.

表 3-13

p	q	r	$p \vee q$	$(p \vee q) \rightarrow r$	p	q	r	$p \vee q$	$(p \vee q) \rightarrow r$
1	1	1	1	1	0	1	1	1	1
1	1	0	1	0	0	1	0	1	0
1	0	1	1	1	0	0	1	0	1
1	0	0	1	0	0	0	0	0	1

使 $A=(p \vee q) \rightarrow r$ 取 1 的指派 111,101,011,001,000 对应的极小项分别为 $p \wedge q \wedge r$, $p \wedge \neg q \wedge r, \neg p \wedge q \wedge r, \neg p \wedge \neg q \wedge r, \neg p \wedge \neg q \wedge \neg r$. 于是有

$$A = (p \wedge q \wedge r) \vee (p \wedge \neg q \wedge r) \vee (\neg p \wedge q \wedge r) \vee (\neg p \wedge \neg q \wedge r)$$
$$\vee (\neg p \wedge \neg q \wedge \neg r)$$

结合上面的例子,根据等值式的定义容易得出: A 等值于所有这样写出的极小项的析取.

2. 主合取范式

主合取范式的讨论与主析取范式是完全类似的,为了方便自学,还是进行完整的讨论.

【**定义 3-9**】 对于给定的命题变元,若由命题变元或其否定组成的析取式满足以下两个条件:

(1) 每个命题变元或其否定两者之一只出现一次.

(2) 按字典顺序或按下标从小到大顺序出现.

称这样的析取式为由所给命题变元产生的**极大项**(maximal term).

例如,由两个命题变元 p 和 q 产生的极大项有 $p \vee q, p \vee \neg q, \neg p \vee q, \neg p \vee \neg q$;由 3 个命题变元 p,q 和 r 产生的极大项有 $p \vee q \vee r, p \vee q \vee \neg r, p \vee \neg q \vee r, p \vee \neg q \vee \neg r, \neg p \vee q \vee r, \neg p \vee q \vee \neg r, \neg p \vee \neg q \vee r, \neg p \vee \neg q \vee \neg r$.

对于每一个极大项,只有一种真值指派使其取 0. 例如极大项 $p \vee \neg q \vee \neg r$ 只有真值指派 $(p,q,r)=(0,1,1)$ 使其为 0.

可以根据这个结论对极大项进行编码. 极大项用 M_i 表示,其下标 i 是由成假指派得到的二进制数或对应的十进制数. 对于极大项 $p \vee \neg q \vee \neg r$,成假指派得到的二进制数为 011,因为 $(011)_2=3$,所以 $p \vee \neg q \vee \neg r=M_{011}=M_3$.

同样,极大项的下标采用二进制记号更方便.
表 3-14 是由 3 个命题变元 p,q 和 r 产生的极大项及其成假指派和极大项的符号表示.

表 3-14

极大项	成假指派	极大项的符号表示 M_i	极大项	成假指派	极大项的符号表示 M_i
$p \vee q \vee r$	000	$M_{000}=M_0$	$\neg p \vee q \vee r$	100	$M_{100}=M_4$
$p \vee q \vee \neg r$	001	$M_{001}=M_1$	$\neg p \vee q \vee \neg r$	101	$M_{101}=M_5$
$p \vee \neg q \vee r$	010	$M_{010}=M_2$	$\neg p \vee \neg q \vee r$	110	$M_{110}=M_6$
$p \vee \neg q \vee \neg r$	011	$M_{011}=M_3$	$\neg p \vee \neg q \vee \neg r$	111	$M_{111}=M_7$

显然,有 $\neg M_i = m_i$.

【**定义 3-10**】 对于命题公式 A,若 A 等值于由 A 中所有命题变元产生的若干个极大项的合取,则把后者称为 A 的**主合取范式**(major conjunctive form).

首先注意到,若命题公式 $A=A(p_1,p_2,\cdots,p_n)$,"若干个"最大数为 2^n,最小数为 0. 很显然,所有极大项的合取为永假式 0,而 0 个极大项的合取意味着 A 为永真式 1,这时 A 的主合取范式不存在. 除这两种极端情形外,A 均为中性公式.

命题公式的主合取范式是合取范式,而一般来说,合取范式不是主合取范式. 例如,例 3-17 中的 $A=(p \to q) \leftrightarrow r$,其合取范式为
$$A = (p \vee r) \wedge (\neg q \vee r) \wedge (\neg p \vee q \vee \neg r)$$
它就不是 A 的主合取范式,主要原因是:在该合取范式中,析取式 $p \vee r$ 以及 $\neg q \vee r$ 不是由 A 中 3 个命题 p,q,r 产生的极大项. 但是可以在合取范式的基础上,对于析取式 $p \vee r$ 以及 $\neg q \vee r$,通过补充缺少的命题变元将其转化为几个最大项的合取,即
$$p \vee r = p \vee (q \wedge \neg q) \vee r = (p \vee q \vee r) \wedge (p \vee \neg q \vee r)$$
$$\neg q \vee r = (p \wedge \neg p) \vee \neg q \vee r = (p \vee \neg q \vee r) \wedge (\neg p \vee \neg q \vee r)$$

根据这个分析,得到求 A 的主合取范式的第 1 种方法:**等值演算法**.

利用等值演算法求 A 的主合取范式的计算步骤如下:
(1) 求出 A 的合取范式.
(2) 利用分配律补充缺少的命题变元.

【**例 3-21**】 设 p,q 和 r 是命题变元,求命题公式 $A=(p \to q) \leftrightarrow r$ 的主合取范式.

解 由例 3-17 知,A 的合取范式为
$$A = (p \vee r) \wedge (\neg q \vee r) \wedge (\neg p \vee q \vee \neg r)$$
因为
$$p \vee r = p \vee (q \wedge \neg q) \vee r = (p \vee q \vee r) \wedge (p \vee \neg q \vee r)$$
$$\neg q \vee r = (p \wedge \neg p) \vee \neg q \vee r = (p \vee \neg q \vee r) \wedge (\neg p \vee \neg q \vee r)$$
所以 A 的主合取范式为
$$A = (p \vee q \vee r) \wedge (p \vee \neg q \vee r) \wedge (p \vee \neg q \vee r)$$
$$\wedge (\neg p \vee \neg q \vee r) \wedge (\neg p \vee q \vee \neg r)$$
$$= (p \vee q \vee r) \wedge (p \vee \neg q \vee r) \wedge (\neg p \vee \neg q \vee r) \wedge (\neg p \vee q \vee \neg r)$$

由上面的主合取范式可知,使 A 取 0 的真值指派为
$$(p,q,r)=(0,0,0),(0,1,0),(1,1,0),(1,0,1)$$
实际上,可以利用 A 的真值表求 A 的主合取范式.

下面介绍求 A 的主合取范式的第 2 种方法:**真值表法**.

利用真值表法求 A 的主合取范式的 3 个计算步骤如下:

(1) 写出命题公式 A 的真值表.

(2) 对于使 A 取 0 的真值指派,写出对应的极大项,使该极大项在该真值指派下也为 0.

例如:

若 $(p,q,r)=(1,1,1)$ 使 A 取 0,则对应的极大项为 $M_{111}=M_7=\neg p \vee \neg q \vee \neg r$;

若 $(p,q,r)=(1,0,0)$ 使 A 取 0,则对应的极大项为 $M_{100}=M_4=\neg p \vee q \vee r$;

若 $(p,q,r)=(0,0,0)$ 使 A 取 0,则对应的极大项为 $M_{000}=M_0=p \vee q \vee r$.

(3) (可以证明) A 等值于所有这样写出的极大项的合取.

【**例 3-22**】 设 p,q 和 r 是命题变元,求命题公式 $A=(p \vee q) \to r$ 的主合取范式.

解 命题公式 $A=(p \vee q) \to r$ 的真值表如表 3-13 所示.

使 $A=(p \vee q) \to r$ 取 0 的指派 110,100,010 对应的极大项分别为 $\neg p \vee \neg q \vee r$, $\neg p \vee q \vee r, p \vee \neg q \vee r$. 于是有
$$A=(\neg p \vee \neg q \vee r) \wedge (\neg p \vee q \vee r) \wedge (p \vee \neg q \vee r)$$
结合上面的例子,根据等值式的定义可以证明:A 等值于所有这样写出的极大项的合取.

由上面的讨论有以下定理.

【**定理 3-9**】 任意非永假(非永真)命题公式都存在唯一的主析取范式(主合取范式).

显然,命题公式的主析取范式和主合取范式是等值的.主析取范式中所含的极小项个数加上主合取范式中所含的极大项个数等于该命题公式的真值指派数目.进一步,可以从主析取范式求出主合取范式,反过来亦然.

可以利用命题公式的主析取范式及主合取范式判定其类型.由例 3-19 或例 3-21 知,命题公式 $A=(p \to q) \leftrightarrow r$ 是中性公式.再看一个简单的例子.

【**例 3-23**】 设 p 和 q 是命题变元,利用主范式判断命题公式 $p \wedge (p \to \neg q)$ 的类型.

解 $p \wedge (p \to \neg q) = p \wedge (\neg p \vee \neg q) = (p \wedge \neg p) \vee (p \wedge \neg q) = p \wedge \neg q$,显然所给命题公式的主析取范式中仅含一个极小项,所以它是中性公式.

利用命题公式的主析取范式及主合取范式可以判断两个命题公式是否等值.

【**例 3-24**】 利用主范式判断下述两个命题公式是否等值.

(1) $p \to (q \to r)$.

(2) $(p \vee q) \to r$.

解 (1) $p \to (q \to r) = p \to (\neg q \vee r) = \neg p \vee \neg q \vee r$.

(2) $(p \vee q) \to r = \neg (p \vee q) \vee r = (\neg p \wedge \neg q) \vee r = (\neg p \vee r) \wedge (\neg q \vee r)$
$$= (\neg p \vee (q \wedge \neg q) \vee r) \wedge ((p \wedge \neg p) \vee \neg q \vee r)$$
$$= (\neg p \vee q \vee r) \wedge (\neg p \vee \neg q \vee r) \wedge (p \vee \neg q \vee r) \wedge (\neg p \vee \neg q \vee r)$$
$$= (\neg p \vee q \vee r) \wedge (\neg p \vee \neg q \vee r) \wedge (p \vee \neg q \vee r).$$

命题公式 $p \to (q \to r)$ 的主合取范式中仅含一个极大项,命题公式 $(p \vee q) \to r$ 的主合取

范式中有 3 个极大项. 于是,所给的两个命题公式不等值.

下面的例子说明,命题公式的主析取范式及主合取范式是如何应用在数字逻辑等后继课程中的.

【例 3-25】 设命题公式 A 的真值表如表 3-15 所示,求 A.

表 3-15

p	q	r	A	p	q	r	A
1	1	1	1	0	1	1	0
1	1	0	0	0	1	0	0
1	0	1	0	0	0	1	0
1	0	0	1	0	0	0	1

解法 1 因为 A 等值于所有使 A 取 1 的真值指派对应的极小项的析取,所以
$$A = (p \wedge q \wedge r) \vee (p \wedge \neg q \wedge \neg r) \vee (\neg p \wedge \neg q \wedge \neg r)$$

解法 2 因为 A 等值于所有使 A 取 0 的真值指派对应的极大项的合取,所以
$$A = (\neg p \vee \neg q \vee r) \wedge (\neg p \vee q \vee \neg r) \wedge (p \vee \neg q \vee \neg r)$$
$$\wedge (p \vee \neg q \vee r) \wedge (p \vee q \vee \neg r)$$

在上例中,解法 1 比解法 2 好,因为极小项的个数为 3 而极大项的个数为 5,所以在电路实现时对 A 进行化简要容易些.

一般原则是,若 A 取 1 的个数小于取 0 的个数,求出主析取范式;若 A 取 0 的个数小于取 1 的个数,求出主合取范式. 不过,再次提醒注意,同一个命题公式的主析取范式与其主合取范式是等值的.

从例 3-25 可知,只要给出了一个命题公式的真值表,就可以将该命题公式(的表达式)求出来. 这一点在 3.6 节中也会用到.

另外,根据真值表法可知,若得出了命题公式 A 的主析取范式,则可以得出使 A 为真的所有真值指派,进而得出使 A 为假的所有真值指派,因此可以得出命题公式 A 的主合取范式;反过来亦然.

习题 3.5

1. 求下列命题公式的析取范式与合取范式.

(1) $p \wedge (p \rightarrow q)$.

(2) $\neg (p \wedge q) \wedge (p \vee q)$.

(3) $(\neg p \wedge q) \rightarrow r$.

(4) $(p \rightarrow q) \rightarrow r$.

2. 在一次研讨会上,3 名与会者根据王教授的口音分别作出下述判断.

甲说:"王教授不是苏州人,是上海人."

乙说:"王教授不是上海人,是苏州人."

丙说:"王教授不是杭州人,也不是上海人."

王教授听后笑道:"你们 3 人中有一个人全说对了,有一个人全说错了,有一个人对错

各半."

王教授是哪里人？

3. 当 p,q,r,s 4 人考试成绩出来后,有人问 4 人中谁的成绩最好. p 说"不是我." q 说"是 s." r 说"是 q." s 说"不是我." 4 人的回答只有一个人符合实际.哪个人的成绩最好？若有两个人成绩并列最好,应是哪两个人？

4. 已知 p,q,r,s 这 4 个人中有且仅有两个人参加围棋比赛,但必须满足下列 4 个条件：

(1) p 和 q 仅一个人参加.

(2) 若 r 参加,则 s 也参加.

(3) q 和 s 至多参加一个人.

(4) 若 s 不参加,则 p 也不参加.

应派哪两个人去参加比赛？

5. 分别用等值演算法和真值表法求下列命题公式的主析取范式及主合取范式,并判断其类型.

(1) $(\neg p \vee \neg q) \to (p \leftrightarrow \neg q)$.

(2) $(q \to p) \wedge (\neg p \wedge q)$.

(3) $(q \vee \neg p) \to r$.

(4) $(p \to (q \wedge r)) \wedge (\neg p \to (\neg q \wedge \neg r))$.

6. 利用主范式判断命题公式 $(p \to q) \vee (q \to r) \to ((p \vee q) \to r)$ 的类型.

7. 利用主范式判断下列两个命题公式是否等值.

(1) $(p \wedge q) \vee (\neg p \wedge r) \vee (q \wedge r)$.

(2) $(p \wedge q) \vee (\neg p \wedge r)$.

8. 设命题公式 A 的真值表为表 3-16,求 A.

表 3-16

p	q	r	A	p	q	r	A
1	1	1	0	0	1	1	1
1	1	0	0	0	1	0	1
1	0	1	1	0	0	1	0
1	0	0	0	0	0	0	0

9. 设计一盏电灯的开关电路,要求电灯受 3 个开关 A,B,C 的控制：当且仅当 A、C 同时关闭或 B、C 同时关闭时灯亮.用 F 表示灯亮,p,q,r 分别表示开关 A,B,C 关闭,求 $F=F(p,q,r)$ 的逻辑表达式以及 F 的主析取范式及主合取范式.

10. 某电路中有一只灯泡和 3 个开关 A,B,C.已知当且仅当在下述 4 种情况之一时灯亮：

(1) C 的扳键向上,A 和 B 的扳键向下.

(2) A 的扳键向上,B 和 C 的扳键向下.

(3) B 和 C 的扳键向上,A 的扳键向下.

(4) A 和 B 的扳键向上,C 的扳键向下.

令 F 表示灯亮,p,q,r 分别表示 A,B,C 的扳键向上,求 $F=F(p,q,r)$ 的逻辑表达式以及 F

的主合取范式.

3.6 联结词集合的功能完备性

在 3.2 节中介绍了 9 个联结词,联结词一共有多少个？同时哪些联结词集合具有功能完备性？这些内容可以从一定的理论高度帮助理解逻辑门电路的种类以及按一定要求化简逻辑函数等问题.

3.6.1 联结词的个数

考虑含两个命题变元 p 和 q 的情形. 由 p 和 q 可构成不等值的命题公式共 $2^{2^2}=16$ 个,记为 $A_i(i=1,2,\cdots,16)$,如表 3-17 所示.

表 3-17

p	q	A_1	A_2	A_3	A_4	A_5	A_6	A_7	A_8	A_9	A_{10}	A_{11}	A_{12}	A_{13}	A_{14}	A_{15}	A_{16}
1	1	1	0	1	1	0	0	1	0	1	0	1	0	1	0	1	0
1	0	1	0	1	0	0	1	0	1	1	0	0	1	0	1	1	0
0	1	1	0	0	1	1	0	0	1	1	0	1	0	0	1	0	1
0	0	1	0	0	0	1	1	0	1	0	1	1	1	0	1	0	0

由等值式的定义可知, $A_1=1,A_2=0,A_3=p,A_4=q,A_5=\neg p,A_6=\neg q,A_7=p\wedge q$, $A_8=p\uparrow q,A_9=p\vee q,A_{10}=p\downarrow q,A_{11}=p\rightarrow q,A_{12}=p\mapsto q,A_{13}=p\leftrightarrow q,A_{14}=p\oplus q,A_{15}=q\rightarrow p,A_{16}=q\mapsto p$.

除 $A_1=1,A_2=0,A_3=p,A_4=q$ 以及重复的联结词(A_5 与 A_6、A_{11} 与 A_{15}、A_{12} 与 A_{16})外,逻辑联结词共 9 个：一元联结词 1 个,二元联结词 8 个.

在 3.4 节提到,集合运算与逻辑运算之间有非常紧密的联系,于是有下述问题供大家思考.

问题 1 能否以类似于真值表的形式给出集合运算的定义？若能,如何给出？

前面已经说明了,不同的一元和二元逻辑运算共 9 种(三元逻辑运算更多),而集合运算只介绍了 5 种.

问题 2 给出另外 4 种集合运算的定义.

问题 3 9 种逻辑运算与 9 种集合运算是如何对应的？

3.6.2 功能完备联结词集

实际上,有些联结词可以借助于其他联结词加以定义,在 3.4 节中已经看到了这一点. 下面会看到,有些联结词就不能由其他联结词定义,例如 $\neg$ 就不能由 $\wedge$ 和 $\vee$ 定义,这涉及联结词集合的功能完备性.

【定义 3-11】 对于若干个联结词组成的非空集合 S,若任意的命题公式都可由仅含 S 中的联结词的命题公式等值地表示出来,则称 S 为**功能完备联结词集**(complete group of connectives,adequate set of connectives).

将 S 中的联结词理解为门电路,则"S 是功能完备的"是指任何的逻辑电路都可以由这些门电路实现.

由定理 3-9 知,任意的命题公式都存在唯一的主析取范式或主合取范式,于是,任意的命题公式都可以由 $\{\neg,\wedge,\vee\}$ 中的联结词等值地表示出来,因此,有以下定理.

【**定理 3-10**】 $\{\neg,\wedge,\vee\}$ 是功能完备联结词集.

推论 以下联结词集都是功能完备的.

(1) $\{\downarrow\}$.
(2) $\{\uparrow\}$.
(3) $\{\neg,\wedge\}$.
(4) $\{\neg,\vee\}$.
(5) $\{\neg,\rightarrow\}$.

证 只证(2)和(4),其余留作练习.

(2) 根据定理 3-10,只需证明:$\neg p, p\wedge q, p\vee q$ 可由仅含 $\uparrow$ 的命题公式等值表示.

因为
$$\neg p = \neg(p\wedge p) = p\uparrow p$$
$$p\wedge q = \neg(\neg(p\wedge q)) = \neg(p\uparrow q) = (p\uparrow q)\uparrow(p\uparrow q)$$
$$p\vee q = \neg(\neg p\wedge\neg q) = (\neg p)\uparrow(\neg q) = (p\uparrow p)\uparrow(q\uparrow q)$$

所以 $\{\uparrow\}$ 是功能完备联结词集.

(4) 只需证明:$p\wedge q$ 可由仅含 $\{\neg,\vee\}$ 的命题公式等值表示.

因为 $p\wedge q=\neg(\neg p\vee\neg q)$,由定理 3-10 知 $\{\neg,\vee\}$ 是功能完备联结词集.

【**例 3-26**】 定义三元联结词 f 如表 3-18 所示,证明:$\{f\}$ 是功能完备联结词集.

表 3-18

p	q	r	$f(p,q,r)$	p	q	r	$f(p,q,r)$
1	1	1	0	0	1	1	0
1	1	0	1	0	1	0	0
1	0	1	1	0	0	1	1
1	0	0	1	0	0	0	1

证 由表 3-18,可得出 $f(p,q,r)$ 的主合取范式为
$$f(p,q,r) = (\neg p\vee\neg q\vee\neg r)\wedge(p\vee\neg q\vee\neg r)\wedge(p\vee\neg q\vee r)$$

于是有 $f(p,p,p)=\neg p$ 且 $f(\neg p,\neg p,\neg q)=p\vee q$. 由推论(4)知,$\{\neg,\vee\}$ 是功能完备联结词集,因此 $\{f\}$ 是功能完备联结词集.

【**例 3-27**】 化简命题公式 $((p\vee q)\rightarrow r)\rightarrow p$,并用仅含联结词 $\neg,\wedge$ 的等值的命题公式表示.

解
$$((p\vee q)\rightarrow r)\rightarrow p = (\neg(p\vee q)\vee r)\rightarrow p$$
$$= \neg(\neg(p\vee q)\vee r)\vee p$$
$$= ((p\vee q)\wedge\neg r)\vee p$$
$$= ((p\vee q)\vee p)\wedge(\neg r\vee p)$$

$$= (p \lor q) \land (p \lor \neg r)$$
$$= p \lor (q \land \neg r)$$
$$= \neg(\neg p \land \neg(q \land \neg r))$$

下面考虑不具有功能完备性的联结词集.

【例 3-28】 证明：$\{\land, \to\}$ 不是功能完备联结词集.

证 首先证明，对于只含有联结词 $\land, \to$ 的任意命题公式 A，在所有命题变元均取 1 时，A 的真值为 1.

对 A 中所含的联结词个数 n 使用第二数学归纳法.

当 $n=0$ 时，显然结论成立.

假设小于或等于 n 时结论成立，当 A 含 $n+1$ 个联结词时，这时 $A = B \land C$ 或 $A = B \to C$，由归纳假设知，在所有命题变元均取 1 时，B 和 C 的真值为 1，进而 A 的真值为 1.

对于命题变元 p，由上面的讨论可知 $p \land \neg p$ 不能用仅含联结词 $\land, \to$ 的命题公式等值表示，故 $\{\land, \to\}$ 不是功能完备联结词集.

【定义 3-12】 设 S 是功能完备联结词集，而 S 的任意非空真子集都不是功能完备联结词集，则称 S 为**极小功能完备联结词集**.

由于 $\{\neg\}, \{\land\}, \{\lor\}, \{\to\}$ 不是功能完备联结词集，所以由定理 3-10 的推论有以下定理.

【定理 3-11】 下列联结词集是极小功能完备联结词集.

(1) $\{\downarrow\}$.

(2) $\{\uparrow\}$.

(3) $\{\neg, \land\}$.

(4) $\{\neg, \lor\}$.

(5) $\{\neg, \to\}$.

在讨论命题逻辑时，通常先介绍 5 种逻辑联结词 $\neg, \land, \lor, \to, \leftrightarrow$，在命题公式的定义中也只用这 5 种联结词.实际上，这 5 种逻辑联结词是不全面的，还有 4 种.若从功能完备的角度去看，又有多余的联结词.

知道了逻辑联结词的个数以及极小功能完备联结词集，对于进一步学习、研究逻辑运算形式系统是有帮助的.

在实际应用中，联结词 $\uparrow$ 以及 $\downarrow$ 可推广到多个命题变元上去，如 $\neg(p \land q \land r)$, $\neg(p \lor q \lor r \lor s)$ 等；也可以构造出组合门电路，如"与或非门"等.

习题 3.6

1. 证明：通过考虑含一个命题变元 p 的不等值的命题公式，只能得出一个联结词 $\neg$.

2. 证明：含 n 个命题变元 $p_1, p_2, \cdots, p_n$ 的不等值的命题公式的个数为 2^{2^n}.

3. 证明：下列联结词集都是功能完备联结词集.

(1) $\{\downarrow\}$.

(2) $\{\neg, \land\}$.

(3) $\{\neg, \to\}$.

4. 证明：下列联结词集都不是功能完备联结词集.

(1) {¬}.
(2) {∧}.
(3) {∨}.
(4) {→}.

5. 证明：下列联结词集都不是功能完备联结词集.
(1) {¬,↔}.
(2) {¬,⊕}.
(3) {∧,∨}.

3.7　命题逻辑中的推理

逻辑学研究的主要内容是推理,推理就是从一些前提推出结论的思维过程,例如破案. 在实际问题中进行推理时,需要对前提做深入分析,才能得出结论. 例如,由两条直线平行得出同位角相等,由一元二次方程的判别式大于 0 得出方程有两个不相等的实数根等,就是这样的一些推理.

数理逻辑主要是用数学的方法研究逻辑学中的推理,它关心的是推理形式的有效性问题.

例如,下面是两个不同的推理.
(1) 若两条直线平行,则同位角相等.
这两条直线是平行的,所以,同位角相等.
(2) 若两个三角形全等,则其对应边相等.
这两个三角形全等,所以,它们的对应边相等.
上述两个推理都具有如下的推理形式：
$$由\ p \to q, p\ 得出\ q$$
所谓推理形式的有效性是指,如果前提全为真,那么所得结论必然为真,而不考虑前提和结论的真实含义. 有效的推理形式是"放之四海而皆准"的推理规则.

3.7.1　推理形式有效性的定义

【定义 3-13】　设 $H_1, H_2, \cdots, H_n$ 和 C 是命题公式,若 $H_1, H_2, \cdots, H_n$ 全为真,可得出 C 必然真的结论,则称由 $H_1, H_2, \cdots, H_n$ 得出 C 的**推理形式是有效的**(valid argument form),记为 $H_1, H_2, \cdots, H_n \Rightarrow C$,其中 $H_1, H_2, \cdots, H_n$ 称为**前提**(antecedent, premise, hypothesis),C 称为**结论**(conclusion).

$H_1, H_2, \cdots, H_n \Rightarrow C$ 可读为 $H_1, H_2, \cdots, H_n$ **逻辑推出**(logically follows)或**逻辑蕴涵**(logically implies)C,$\Rightarrow$ 是推断符号,$H_1, H_2, \cdots, H_n \Rightarrow C$ 称为**推理规则**.

命题公式由 $H_1, H_2, \cdots, H_n$ 全为真,可得出 $H_1 \wedge H_2 \wedge \cdots \wedge H_n$ 为真. 于是,由例 3-10 的说明可知,由 $H_1, H_2, \cdots, H_n$ 全为真可得出 C 必然真的充要条件是 $H_1 \wedge H_2 \wedge \cdots \wedge H_n \to C$ 为永真式. 因此有以下定理.

【定理 3-12】　设 $H_1, H_2, \cdots, H_n$ 和 C 是命题公式,则 $H_1, H_2, \cdots, H_n \Rightarrow C$ 的充要条件是 $H_1 \wedge H_2 \wedge \cdots \wedge H_n \to C$ 是永真式,即 $H_1 \wedge H_2 \wedge \cdots \wedge H_n \Rightarrow C$.

正因为这样,又称 $H_1,H_2,\cdots,H_n \Rightarrow C$ 是**永真蕴涵式**或**逻辑蕴涵式**.因此,$\Rightarrow$ 又是"永真蕴涵"或"逻辑蕴涵"符号,它与蕴涵联结词$\rightarrow$是不同的.

注意 就两个命题公式来说,$\Rightarrow$ 是关系符号,$A \Rightarrow B$ 是逻辑蕴涵式;$\rightarrow$ 是运算符号,$A \rightarrow B$ 是命题公式.通常要证明"若A则B"意指"若A则B"为真,即证明"A逻辑蕴含B",亦即"$A \Rightarrow B$".

定理 3-12 给出了等值式与永真蕴涵式之间的联系.可以利用定理 3-12 证明一些永真式,参见习题 3.7 第 10 题.

从推理的角度看,将 $A=B$ 写成 $A \Leftrightarrow B$ 更适合.

【定理 3-13】 设 A 和 B 是命题公式,则 $A \Leftrightarrow B$ 的充要条件是 $A \Rightarrow B$ 且 $B \Rightarrow A$.

证 利用 $A \leftrightarrow B = (A \rightarrow B) \wedge (B \rightarrow A)$ 即得.

通常要证明"若A当且仅当B"意指"若A当且仅当B"为真,即证明"$A \Rightarrow B$",以及"$B \Rightarrow A$".

可以证明,命题公式间的永真蕴涵关系是偏序关系.

【定理 3-14】 设 A,B 和 C 是命题公式,下述结论成立.

(1) $A \Rightarrow A$(自反性).

(2) 若 $A \Rightarrow B$ 且 $B \Rightarrow A$,则 $A=B$(反对称性).

(3) 若 $A \Rightarrow B$ 且 $B \Rightarrow C$,则 $A \Rightarrow C$(传递性).

证 (1) 显然.

(2) 由定理 3-13 即得.

(3) 因为 $A \Rightarrow B$ 且 $B \Rightarrow C$,所以 $A \rightarrow B$ 且 $B \rightarrow C$ 永真,由此可以推出:若 A 真则 C 真,于是 $A \rightarrow C$ 永真,因此有 $A \Rightarrow C$.

根据定理 3-12 可得,命题公式间的永真蕴涵关系 $\Rightarrow$ 还具有下面的定理给出的两个性质.

【定理 3-15】 设 A,B 和 C 是命题公式,下述结论成立.

(1) 若 $A \Rightarrow C$ 且 $B \Rightarrow C$,则 $A \vee B \Rightarrow C$.

(2) 若 $C \Rightarrow A$ 且 $C \Rightarrow B$,则 $C \Rightarrow A \wedge B$.

证 (1) 因为 $A \Rightarrow C$ 且 $B \Rightarrow C$,所以 $A \rightarrow C$ 且 $B \rightarrow C$ 永真,于是由 $A \vee B$ 真有 C 真,因此 $A \vee B \rightarrow C$ 永真,进而 $A \vee B \Rightarrow C$.

(2) 因为 $C \Rightarrow A$ 且 $C \Rightarrow B$,所以 $C \rightarrow A$ 且 $C \rightarrow B$ 永真,于是由 C 真有 $A \wedge B$ 真,因此 $C \rightarrow A \wedge B$ 永真,进而 $C \Rightarrow A \wedge B$.

由定理 3-15 可以得出以下定理.

【定理 3-16】 设 A,B 是命题公式,则对于命题公式间的永真蕴涵关系 $\Rightarrow$,有

(1) $\sup\{A,B\} = A \vee B$.

(2) $\inf\{A,B\} = A \wedge B$.

证 (1) 显然,$A \rightarrow (A \vee B)$ 永真,于是 $A \Rightarrow A \vee B$;同理有 $B \Rightarrow A \vee B$.所以,$A \vee B$ 是 A 和 B 的上界.假设 C 是 A 和 B 的任意上界,即 $A \Rightarrow C$ 且 $B \Rightarrow C$,由定理 3-15 知,$A \vee B \Rightarrow C$.因此,$A \vee B$ 是 A 和 B 的最小上界,进而有 $\sup\{A,B\} = A \vee B$.

(2) 的证明留作练习.

3.7.2 基本推理规则

下面通过例子给出证明推理形式有效性的 4 种方法.

【例 3-29】 设 A 和 B 是命题公式,证明:$A \to B, A \Rightarrow B$.

分析 根据定义,只需证明 $((A \to B) \land A) \to B$ 永真.由永真式的代入定理知,只需证明:对于命题变元 p, q,有 $((p \to q) \land p) \to q$ 永真.

证法 1 真值表法.写出命题公式 $((p \to q) \land p) \to q$ 的真值表见表 3-19.

表 3-19

p	q	$p \to q$	$(p \to q) \land p$	$((p \to q) \land p) \to q$	p	q	$p \to q$	$(p \to q) \land p$	$((p \to q) \land p) \to q$
1	1	1	1	1	0	1	1	0	1
1	0	0	0	1	0	0	1	0	1

显然,$((p \to q) \land p) \to q$ 永真.

证法 2 取值法.假设 $(p \to q) \land p$ 取真,则 $p \to q$ 及 p 均取真,进而 q 为真,因此 $((p \to q) \land p) \to q$ 永真.

证法 3 等值演算法.

$$\begin{aligned}
((p \to q) \land p) \to q &= ((\neg p \lor q) \land p) \to q \\
&= ((\neg p \land p) \lor (p \land q)) \to q \\
&= (p \land q) \to q = \neg (p \land q) \lor q = (\neg p \lor \neg q) \lor q \\
&= \neg p \lor (\neg q \lor q) = \neg p \lor 1 = 1
\end{aligned}$$

证法 4 主范式法.

$((p \to q) \land p) \to q$ 的主析取范式为

$$((p \to q) \land p) \to q = (p \land q) \lor (p \land \neg q) \lor (\neg p \land q) \lor (\neg p \land \neg q)$$

$((p \to q) \land p) \to q$ 的主合取范式不存在.

从主范式都可以得出 $((p \to q) \land p) \to q$ 永真.

类似地可以证明下列基本推理规则或逻辑蕴含式,记为 I.

【定理 3-17】 设 A, B 和 C 是命题公式,则下列结论成立.

(1) $A \land B \Rightarrow A$,$A \land B \Rightarrow B$(化简).

(2) $A \Rightarrow A \lor B$,$B \Rightarrow A \lor B$(附加).

(3) $A, B \Rightarrow A \land B$(合取引入).

(4) $A \lor B, \neg A \Rightarrow B$(析取三段论).

(5) $A \to B, A \Rightarrow B$(假言推理).

(6) $A \to B, \neg B \Rightarrow \neg A$(拒取式).

(7) $A \to B, B \to C \Rightarrow A \to C$(假言三段论).

(8) $A \lor B, A \to C, B \to C \Rightarrow C$(二难推理).

3.7.3 命题逻辑的自然推理系统

自然推理的构造法是判定推理形式有效性的另一种方法,它主要是为今后进一步学习数理逻辑,尤其是为逻辑的公理化推理系统做准备的.自然推理的基本思想是:确定一些推理规则,然后根据这些推理规则从前提出发,把结论推出来.自然推理系统是德国逻辑学家

G. Gentzen 和波兰逻辑学家 S. Jaskowski 在 1934 年独立给出的演绎逻辑系统的一个创新成果.

作为推理系统,原则上有以下 4 个部分.

(1) 它应有初始符号. 初始符号是系统中允许出现的字符. 自然推理系统的初始符号有以下 3 类.

① 命题变元:$p,q,r,\cdots,p_i,q_i,r_i,\cdots$.

② 5 个联结词:$\neg,\wedge,\vee,\rightarrow,\leftrightarrow$. 这 5 个联结词足以对实际问题进行描述了. 若出现异或等其他联结词情形,则要求归约为这 5 个联结词,这是容易办到的.

③ 左右圆括号:"(",")".

(2) 定义推理系统中的公式. 公式是按一定的形成规则得到的有意义的符号串. 粗略地说,它就是命题公式,但原则上不出现除 $\neg,\wedge,\vee,\rightarrow,\leftrightarrow$ 以外的其他联结词,同时原则上不出现命题常量 1 和 0.

(3) 确定公理,就是推理系统中不加推导就承认的公式. 从语义的角度看,公理就是永真式. 自然推理系统中没有公理,这一点是与公理推理系统截然不同的.

(4) 确定推理规则. 在自然推理系统中,把所有与 5 个联结词 $\neg,\wedge,\vee,\rightarrow,\leftrightarrow$ 有关的基本逻辑蕴涵式都作为推理规则(见 3.7.2 节),同时,一个基本等值式相当于两个基本逻辑蕴涵式.

基本等值式记为 E,要求熟记定理 3-5 和定理 3-6 中的结论.

除必须记住基本逻辑蕴含式和基本等值式之外,还要使用两个最基本的推理规则:

① P 规则(**premise rule**). 所给的前提在证明过程中随时可以引用.

② T 规则(**truth rule**). 已经推出的公式在以后的证明过程中可以随时引用.

自然推理系统的显著特点是没有公理,作为推理依据的只有推理规则. 这似乎更符合人们日常思维的推理习惯,因此称为自然推理.

在进行自然推理时,采用构造性证明方法,简称**构造法**,更准确地应该说是数理逻辑中的演绎(deduction)法,也可以称为**形式证明**. 在逻辑推理系统中,推出符号一般采用 $\vdash$,但前面介绍的自然推理系统与公理化推理系统还是有很大区别的,所以按最接近于人的思维方式去理解,推断符号仍用 $\Rightarrow$.

先通过一个例子了解证明的书写格式.

【**例 3-30**】 使用构造法证明:$p\rightarrow(q\vee r),\neg s\rightarrow\neg q,p\wedge\neg s\Rightarrow r$.

证

(1) $p\wedge\neg s$ P
(2) p T(1)I
(3) $\neg s$ T(1)I
(4) $p\rightarrow(q\vee r)$ P
(5) $q\vee r$ T(2)(4)I
(6) $\neg s\rightarrow\neg q$ P
(7) $\neg q$ T(3)(6)I

(8) r　　　　　　　　　　T(5)(7)I

说明：在每一步证明的右侧，P 表示应用 P 规则，T(1) 表示对第 (1) 步应用 T 规则，I 表示应用 3.7.2 节给出的基本推理规则或永真蕴涵式，今后证明中出现的 E 表示基本等值式.

从证明过程可以看出，每一行由 3 部分组成：第一部分是编号，说明它是证明的第几步；第二部分仅写一个命题公式，实际上编号也说明了它是第几个命题公式；第三部分是理由，说明该命题公式是怎样得来的.

初学者最感困难的是，如何一步一步地构造出从前提到结论的证明过程. 与其他证明题一样，可以先进行分析. 例 3-30 的分析过程如下：

要推出结论 r，在 3 个前提中，只有命题公式 $p \to (q \vee r)$ 中含有 r 且在后件 $q \vee r$ 中. 若能推出 p，则根据 $A \to B, A \Rightarrow B$ 即得 $q \vee r$，而这一点很容易办到，因为有前提 $p \wedge \neg s$. 在得到命题公式 $q \vee r$ 后，若能推出 $\neg q$，则利用 $A \vee B, \neg A \Rightarrow B$ 可得 r. 如何推出 $\neg q$？在前提 $\neg s \to \neg q$ 中含有 $\neg q$，只需要推出 $\neg s$ 即可，这一点也很容易办到，因为有前提 $p \wedge \neg s$.

【例 3-31】 使用构造法证明：$p \wedge \neg q \to r, \neg r \wedge \neg q \Rightarrow \neg p$.

证

(1) $p \wedge \neg q \to r$　　　　　P
(2) $\neg r \wedge \neg q$　　　　　　P
(3) $\neg r$　　　　　　　　　T(2)I
(4) $\neg(p \wedge \neg q)$　　　　　T(1)(3)I
(5) $\neg p \vee q$　　　　　　　T(4)E
(6) $\neg q$　　　　　　　　　T(2)I
(7) $\neg p$　　　　　　　　　T(5)(6)I

一个推理形式是有效的，实际上是指符号推理是正确的. 要证明一个推理形式是有效的，首先将所给的前提和结论符号化，再根据定义 3-13 证明这个符号推理是正确的.

【例 3-32】 用构造法证明下列推理形式的有效性：如果小赵和小钱去自习，则小孙也去. 小李不去自习或小赵去自习，由于小钱和小李已经去自习了，所以小孙也去自习了.

解 用 p：小赵去自习，q：小钱去自习，r：小孙去自习，s：小李去自习，则要证明

$$(p \wedge q) \to r, \neg s \vee p, q \wedge s \Rightarrow r$$

(1) $q \wedge s$　　　　　　　P
(2) q　　　　　　　　　　T(1)I
(3) s　　　　　　　　　　T(1)I
(4) $\neg s \vee p$　　　　　　　P
(5) p　　　　　　　　　　T(3)(4)I
(6) $p \wedge q$　　　　　　　T(2)(5)I
(7) $(p \wedge q) \to r$　　　　　P
(8) r　　　　　　　　　　T(6)(7)I

下面介绍两种间接的构造性证明方法.

1. 归谬法（contradiction method）

归谬法包含了通常意义上的反证法。要证明 $H_1, H_2, \cdots, H_n \Rightarrow C$，将结论 C 否定得到 $\neg C$，然后推出一个矛盾，如 $S \wedge \neg S$ 即可。

理由如下：要证明 $H_1, H_2, \cdots, H_n \Rightarrow C$，只要证明 $H_1 \wedge H_2 \wedge \cdots \wedge H_n \rightarrow C$ 永真，即 $\neg(H_1 \wedge H_2 \wedge \cdots \wedge H_n) \vee C$ 永真，或者说证明

$$\neg(\neg(H_1 \wedge H_2 \wedge \cdots \wedge H_n) \vee C) = H_1 \wedge H_2 \wedge \cdots \wedge H_n \wedge \neg C$$

永假，即得到一个永假式，如 $S \wedge \neg S$ 等。

【例 3-33】 使用归谬法证明：$p \wedge \neg q \rightarrow r, \neg r \wedge \neg q \Rightarrow \neg p$.

证

(1) $\neg(\neg p)$ P(附加)
(2) p T(1)E
(3) $\neg r \wedge \neg q$ P
(4) $\neg q$ T(3)I
(5) $p \wedge \neg q$ T(2)(4)I
(6) $p \wedge \neg q \rightarrow r$ P
(7) r T(5)(6)I
(8) $\neg r$ T(3)I
(9) $r \wedge \neg r$ T(7)(8)I

说明：P(附加)表示附加前提。

2. CP 规则（条件证明规则，conditional proof rule）

对于如下形式的推理：

$$H_1, H_2, \cdots, H_n \Rightarrow A \rightarrow C$$

只需要证明 $H_1, H_2, \cdots, H_n, A \Rightarrow C$，这就是采用 CP 规则的证明方法，它是将 $A \rightarrow C$ 的前件 A 和后件 C 分离的一种证明方法，称为**条件证明规则**.

理由如下：因为

$$(H_1 \wedge H_2 \wedge \cdots \wedge H_n) \rightarrow (A \rightarrow C)$$
$$= \neg(H_1 \wedge H_2 \wedge \cdots \wedge H_n) \vee (\neg A \vee C)$$
$$= (\neg(H_1 \wedge H_2 \wedge \cdots \wedge H_n) \vee \neg A) \vee C$$
$$= \neg(H_1 \wedge H_2 \wedge \cdots \wedge H_n \wedge A) \vee C = (H_1 \wedge H_2 \wedge \cdots \wedge H_n \wedge A) \rightarrow C$$

所以，$(H_1 \wedge H_2 \wedge \cdots \wedge H_n) \rightarrow (A \rightarrow C)$ 永真的充要条件是 $(H_1 \wedge H_2 \wedge \cdots \wedge H_n \wedge A) \rightarrow C$ 永真，即证明

$$H_1, H_2, \cdots, H_n, A \Rightarrow C$$

【例 3-34】 使用 CP 规则证明：$p \rightarrow (q \vee r), q \rightarrow \neg p, s \rightarrow \neg r \Rightarrow p \rightarrow \neg s$.

证

(1) $p \rightarrow (q \vee r)$ P
(2) p P(附加)
(3) $q \vee r$ T(1)(2)I
(4) $q \rightarrow \neg p$ P

(5) $\neg q \lor \neg p$　　　　T(4)E
(6) $\neg q$　　　　　　　　T(2)(5)I
(7) r　　　　　　　　　　T(3)(6)I
(8) $s \to \neg r$　　　　　　P
(9) $\neg s \lor \neg r$　　　　T(8)E
(10) $\neg s$　　　　　　　　T(7)(9)I
(11) $p \to \neg s$　　　　　CP

数理逻辑的主要研究任务是建立一个严密的逻辑推理系统——公理推理系统来刻画人类的思维规律,这个系统与前面的自然推理系统是类似的,但它有更精简的初始符号、公式的形成规则、公理和推理规则.已经有的逻辑演算形式系统,如 PC(proposition calculus)在理论上证明了其合理性、一致性、完备性等与语法和语义有关的重要结论,PC 能得出人类思维的所有推理规则,它提供的逻辑推理框架保证了在前提为真的条件下总能得出正确的结论.对逻辑演算形式系统感兴趣,特别是从事计算机软件工作的读者请阅读参考文献[16,17].

习题 3.7

1. 对于命题公式 A,B,证明:$A \to B, \neg B \Rightarrow \neg A$.

2. 对于命题公式 A,B 和 C,证明:
   (1) $A \land B \Rightarrow A$.
   (2) $A \lor B, \neg A \Rightarrow B$.
   (3) $A \to B, B \to C \Rightarrow A \to C$.
   (4) $A \lor B, A \to C, B \to C \Rightarrow C$.

3. 证明以下推理形式是无效的.
   (1) 若两个三角形全等,则其对应角相等.
   (2) 两个三角形的对应角相等.
   (3) 所以,这两个三角形全等.

4. 设 A,B 和 C 是命题公式,证明:
   (1) $A \to B \Rightarrow (A \lor C) \to (B \lor C)$.
   (2) $A \to B \Rightarrow (A \land C) \to (B \land C)$.

5. 设 A,B 是命题公式,则对于命题公式间的永真蕴涵关系 $\Rightarrow$ 有 $\inf\{A,B\} = A \land B$.

6. 使用构造法证明以下推理.
   (1) $\neg(A \land B), B \lor C, \neg C \Rightarrow \neg A$.
   (2) $A \to B, C \to A, C \Rightarrow B$.

7. 使用构造法证明以下推理.
   (1) $A \land B, (A \leftrightarrow B) \to C \Rightarrow C$.
   (2) $A \to B, (\neg B \lor C) \land \neg C, \neg(\neg A \land D) \Rightarrow \neg D$.

8. 使用归谬法构造出以下推理的证明
   (1) $\neg A \lor B, C \to \neg B, A \Rightarrow \neg C$.
   (2) $A \to B, \neg(B \lor C) \Rightarrow \neg A$.

9. 使用 CP 规则构造出以下推理的证明.

(1) $A \to (B \to C), \neg D \lor A, B \Rightarrow D \to C$.

(2) $A \to (B \to C), (C \land D) \to E, \neg F \to (D \land \neg E) \Rightarrow A \to (B \to F)$.

10. 证明以下公式是永真式.

(1) $(A \to B) \to ((A \to (B \to C)) \to (A \to C))$.

(2) $(A \to B) \to ((A \to \neg B) \to \neg A)$.

11. 证明以下推理形式的有效性：如果今天是星期四，则要进行离散数学或数据结构考试；如果数据结构课的老师有会，则不考数据结构；今天是星期四且数据结构课的老师有会，所以要进行离散数学考试.

12. 小东的爸爸带他出去玩，当乘车经过一座高楼时，爸爸对小东说："你只有现在好好学习，将来才能挣很多很多钱；有了很多很多钱，就能住上这样的高楼."小东听了爸爸的话，回答说："爸爸没有住上这样的高楼，是因为爸爸没有钱；爸爸没有钱，是因为爸爸以前没有好好学习."请问：小东是否误解了爸爸原话的意思？为什么？

本 章 小 结

1. 命题的有关概念

能判断出真假（或真假程度）的语句称为命题. 真命题的真值为 1，假命题的真值为 0. 不能分成更小的命题的命题是原子命题，通常用小写英文字母 $p, q, r, \cdots$ 或带下标的 $p_1, p_2, p_3, \cdots$ 表示；否则是复合命题.

2. 逻辑联结词

一元或二元逻辑联结词共有 9 个，最基本的是 $\neg, \land, \lor$.

(1) $\neg p = \bar{p}$ 是 p 的否定. $\neg p$ 为 1 当且仅当 p 为 0.

(2) $p \land q = p \cdot q = pq$ 表示 p 并且 q. $p \land q$ 为 1 当且仅当 p 和 q 同时为 1.

(3) $p \lor q = p + q$ 表示 p 或 q. $p \lor q$ 为 0 当且仅当 p 和 q 同时为 0.

(4) $p \oplus q$ 表示 p 异或 q，即 p 和 q 不能同时为 1 的"或". $p \oplus q$ 为 0 当且仅当 p 和 q 同时为 1 或同时为 0.

(5) $p \to q$ 表示"若 p，则 q". $p \to q$ 为 0 当且仅当 p 为 1 且 q 为 0.

(6) $p \leftrightarrow q$ 表示 p 当且仅当 q. $p \leftrightarrow q$ 为 1 当且仅当 p 和 q 取值相同.

(7) $p \uparrow q = \neg(p \land q)$.

(8) $p \downarrow q = \neg(p \lor q)$.

(9) $p \mapsto q = \neg(p \to q)$.

3. 命题公式及其真值表

命题公式就是逻辑函数或逻辑表达式，其中出现命题常量 0 和 1、命题变元和逻辑运算，但含义要清楚. 9 种运算 $\neg, \land, \lor, \oplus, \to, \leftrightarrow, \uparrow, \downarrow, \mapsto$ 的级别依次从高到低.

将一个命题符号化后所得到的式子均为命题公式，由此对命题建立了数学模型——符号化，它也是抽象的一种方法. 命题符号化的步骤如下：第一步，找出所给命题的所有原子命题，并用小写英文字母或带下标的小写英文字母表示；第二步，确定应使用的联结词，进而将原命题用符号表示出来.

命题公式的真值表就是该命题公式的取值情况表,要求能准确写出给定命题公式的真值表,当然记住逻辑运算表是至关重要的. 含 n 个命题变元的命题公式的真值指派有 2^n 个.

命题公式的分类如下:

$$命题公式 \begin{cases} 可满足式 \begin{cases} 永真式 \\ 中性式 \end{cases} \\ 永假式 \end{cases}$$

4. 逻辑等值的命题公式

两个命题公式等值讨论的是它们之间的一种逻辑关系. 给定两个命题公式 A 和 B, $A=B$ 是指在任何真值指派下 A 和 B 的逻辑取值都相同.

基本等值式除与集合运算类似的性质外,特别要记住以下性质:

(1) $A \oplus B = \neg(A \leftrightarrow B)$.

(2) $A \rightarrow B = \neg A \vee B$.

(3) $A \leftrightarrow B = (A \rightarrow B) \wedge (B \rightarrow A)$.

由于等值关系是等价关系,可以按通常方式进行等值演算,特别在等值演算过程中可以使用等值置换定理.

理解命题公式的对偶式,了解对偶原理:设 A 和 B 是命题公式,若 $A=B$,则 $A^* = B^*$.

5. 命题公式的范式

由于等值关系是等价关系,需要考虑其等价类及其代表元. 命题公式的范式就是命题公式的标准形式或规范形式(作为代表元),要求能熟练得出给定命题公式的范式. 若 $A = A_1 \vee A_2 \vee \cdots \vee A_n (n \geq 1)$,其中 $A_i (1 \leq i \leq n)$ 是由命题变元或其否定组成的合取式,则称 $A_1 \vee A_2 \vee \cdots \vee A_n$ 为命题公式 A 的析取范式;若 $A = A_1 \wedge A_2 \wedge \cdots \wedge A_n (n \geq 1)$,其中 $A_i (1 \leq i \leq n)$ 是由命题变元或其否定组成的析取式,则称 $A_1 \wedge A_2 \wedge \cdots \wedge A_n$ 为命题公式 A 的合取范式.

根据命题公式中的所有命题变元讨论其范式就得到命题公式的主范式:若 A 等值于由 A 中所有命题变元产生的若干个最小项的析取,则把后者称为 A 的主析取范式;若 A 等值于由 A 中所有命题变元产生的若干个最大项的合取,则把后者称为 A 的主合取范式.

要求掌握利用等值演算法和真值表法求出命题公式的范式,尤其是命题公式的主范式的方法.

6. 联结词集合的功能完备性

由等值命题公式的定义知道,一元逻辑联结词和二元逻辑联结词的个数共 9 个. $\{\neg, \wedge, \vee\}$ 是功能完备联结词集,进而 $\{\downarrow\}$、$\{\uparrow\}$、$\{\neg, \wedge\}$、$\{\neg, \vee\}$ 和 $\{\neg, \rightarrow\}$ 是功能完备联结词集.

7. 命题逻辑的推理

设 $H_1, H_2, \cdots, H_n$ 和 C 是命题公式,若 $H_1, H_2, \cdots, H_n$ 全为真,可得出 C 必然真,则称由 $H_1, H_2, \cdots, H_n$ 得出 C 的推理形式是有效的,记为 $H_1, H_2, \cdots, H_n \Rightarrow C$. $H_1, H_2, \cdots, H_n \Rightarrow C$ 的充要条件是 $H_1 \wedge H_2 \wedge \cdots \wedge H_n \rightarrow C$ 是永真式,即 $H_1 \wedge H_2 \wedge \cdots \wedge H_n \Rightarrow C$.

记住最重要的基本逻辑蕴涵式:

$$A \vee B, \neg A \Rightarrow B \quad (析取三段论)$$

$A \to B, A \Rightarrow B$ （假言推理）

$A \to B, \neg B \Rightarrow \neg A$ （拒取式）

$A \to B, B \to C \Rightarrow A \to C$ （假言三段论）

$A \vee B, A \to C, B \to C \Rightarrow C$ （二难推理）

在进行推理时，通常采用的方法是构造法．它是一种形式证明方法，即只在符号之间进行．构造法需要通过一些训练才能熟练掌握．同时，还要掌握两种间接的构造性证明方法：归谬法和 CP 规则（条件证明规则）．

第4章 谓词逻辑

原子命题是命题逻辑研究的基本单位,前面没有对原子命题的内部结构及其逻辑关系进行讨论.在实际思维中,仅有命题逻辑工具是不够的.例如著名的苏格拉底(Socrates)三段论:

大前提:所有的人都是要死的.

小前提:苏格拉底是人.

结论:所以,苏格拉底是要死的.

这个推理的有效性在命题逻辑中无法证明,因为上面的每个命题都是原子命题,可以分别用 p,q,r 表示,然而 $p,q \Rightarrow r$ 在命题逻辑中是无效推理.

之所以出现这种推理本身是正确的,但无法证明其有效性的问题,是因为没有对原子命题的内部形式结构及其逻辑关系进行讨论,这正是谓词逻辑首先要研究的内容,这些讨论涉及集合、映射、运算和关系.

本书讨论的谓词逻辑又称为一阶逻辑,其主要结果由德国逻辑学家弗雷格(G. Frege,1848—1925)在1879年完成.

利用谓词逻辑建立的数据库设计理论具有牢固的数学基础和一定的智能特点.同时,现实世界中的任何问题只要能用谓词逻辑推理系统方式表示出来,就可以将它写成 PROLOG(programming in logic)逻辑程序设计或 LISP 语言,并用计算机加以实现,例如机器人规划问题和已经开发出的一些智能教学专家系统等[17].1977年,Amir Pnueli 把时序逻辑(temporal logic)引入计算机科学,他因这一成就获得1996年图灵奖.

4.1 个体、谓词、量词和函词

4.1.1 个体

下面4个命题均为原子命题:

(1) 5 是素数.

(2) 3 大于 2.

(3) 张三是学生.

(4) 所有的人都是要死的.

上面出现的 5、3 和 2、张三以及人是命题分别考虑的对象,称为**个体**(individual).个体是独立存在的事物.个体可以是具体的,如5、3和2、张三,也可以是抽象的,如人等.

特定的、具体的个体称为**个体常量**(constant),用 $a,b,c,\cdots,a_i,b_i,c_i,\cdots$ 表示.例如,在命题(2)中,可以用 $a:3,b:2$ 表示,也可以直接用表示该个体常量的原符号表示,如"3""2""张三"等.不确定的个体称为**个体变元**(variable),用 $x,y,z,\cdots,x_i,y_i,z_i,\cdots$ 表示.

在讨论个体时,通常要指定个体讨论的范围,称为**个体域**(domain of individuals)或**论域**(universe),用 D 表示,一般假定 D 非空.如同时讨论命题(1)和(2)时,可以指定个体域为正整数集合,也可以是整数集合,还可以是实数集合等,要同时讨论命题(3)和(4),可以指定个体域为所有人组成的集合,也可以是所有动物组成的集合等.指定个体域 D 后,涉及的个体变元在所给的个体域中可任意取元素.

个体域可以是有限集合,可以是无限集合.我们把世界上所有对象(如所有的动物、所有植物、所有字母、所有数字等)组成的集合称为**全总个体域**,简称**全域**,它是最大的个体域.之所以要给出这样的个体域,是因为很多问题在讨论时都没有指定个体域,这时就在全总个体域中讨论,它是默认的个体域.

4.1.2 谓词

在 4.1.1 节中给出的 4 个原子命题中,(1)中"是素数",(3)中"是学生",(4)中"是要死的"表示一个个体具有的性质;(2)中"大于"表示两个个体之间的关系.我们把表示个体性质以及个体之间关系的词称为**谓词**(predicate).

表示一个个体性质的谓词称为一元谓词,表示 n 个个体之间关系的谓词称为 n 元谓词.一般用大写字母或组合符号,如 P,Q,R,Prime,Big2,Student,…表示谓词,对于任意的 n 元谓词,为了把谓词及其元数同时表示出来,像表示 n 元函数一样,用诸如 $P(x_1,x_2,\cdots,x_n)$ 的形式表示.例如,用 $P(x)$:x 是素数,$S(x)$:x 是学生,$D(x)$:x 是要死的,$G(x,y)$:$x>y$,$R(x,y,z)$:x 通过 y 和 z 等.

需要说明的是,对于 n 元谓词中的元数 $n\geqslant 0$,若 $n=0$,n 元谓词表示命题常量 1、0 或命题变元.这样规定的目的是把命题逻辑看作谓词逻辑的特例.

对于 n 元谓词 $P(x_1,x_2,\cdots,x_n)(n\geqslant 1)$,当个体变元 $x_1,x_2,\cdots,x_n$ 取定个体域中的元素后就是一个命题.例如 $G(x,y)$:$x>y$,它是关于命题的函数,称为**命题函数**(propositional function).显然,命题函数不是命题.

命题函数,如 $P(x_1,x_2,\cdots,x_n)$,也可以表示为 $P^{(n)}x_1x_2\cdots x_n$.

注意 谓词的选取与个体域有关.例如,对于命题"所有人都是要死的",若在所有人组成的个体域 D 中考虑,只需一个谓词——$D(x)$:x 是要死的;若在全域中考虑,需要两个谓词——$P(x)$:x 是人,$D(x)$:x 是要死的,其中 $P(x)$ 称为**特性谓词**,使用这个特性谓词是将"人"从全域中分离出来.

4.1.3 量词

1. 量词的概念

对于命题函数,如 $P(x)$:x 是素数,在个体域 D 为自然数集合 $\mathbf{N}$ 时,对于 x 的每一个取值,就得到一个命题.使 $P(x)$ 成为命题的另一种方法是量化个体变元 x.常用的方法有两种:全称量化和存在量化.例如,D 中任意 x 有 $P(x)$,即"任意自然数是素数",D 中存在 x 有 $P(x)$,即"有些自然数是素数",它们都是命题.

把表示个体数量特征的词称为**量词**(quantifier),常见的量词有**全称量词** $\forall$(universal quantifier,倒写的 A)和**存在量词** $\exists$(existential quantifier,反写的 E).全称量词 $\forall$ 相当于"任意""全部""所有""每一个""一切"等,存在量词 $\exists$ 相当于"有些""某些""有的""存在""至少有一个"等.本书不涉及存在唯一量词 $\exists !$.

现在的量化仅对个体进行,不对谓词进行,因而称为一阶谓词逻辑.

2. 量词的使用

首先注意,量词单独使用是没有意义的,量词的后面一定要跟个体变元,如 $\forall x,\forall y,\cdots,$

$\exists x, \exists y, \cdots$,所以我们总是不区分 $\forall$ 与 $\forall x$,$\exists$ 与 $\exists x$,$\forall x$ 或 $\exists x$ 是一个整体. 量词后面所跟的个体变元称为**指导变元**. 例如:

$\forall x P(x)$:任意元素 x 都具有性质 P.

$\exists x P(x)$:存在元素 x 具有性质 P.

$\forall x \forall y G(x,y)$:对于任意元素 x 和 y 都具有关系 G.

$\forall x \exists y G(x,y)$:对于任意元素 x,存在元素 y,x 和 y 有关系 G.

$\exists x \forall y G(x,y)$:存在元素 x,对于任意元素 y,x 和 y 有关系 G.

$\exists x \exists y G(x,y)$:存在元素 x 和 y 有关系 G.

若将命题函数中的所有个体变元都进行量化,则得到一个命题,否则不是命题. 例如 $\forall x G(x,y)$ 表示对于任意元素 x 和元素 y,x 和 y 有关系 G,由于元素 y 可以是任意指定的个体,$\forall x G(x,y)$ 是一个与 y 有关的命题函数.

3. 量词与个体域

量词是对个体变元的量化,所给的个体域 D 至关重要. 对于一个带量词的命题,如 $\forall x \exists y G(x,y)$,而 $G(x,y)$:$x>y$,在自然数集合 **N** 中,$\forall x \exists y G(x,y)$ 表示没有最小的自然数,是假命题;而在整数集合 **Z** 中,$\forall x \exists y G(x,y)$ 表示没有最小的整数,是真命题.

可以按个体域 $D=\mathbf{N}$,$P(x)$:x 是素数,$G(x,y)$:$x>y$ 去理解上面关于量词的使用,特别是多重量词的使用.

前面已经说明,全域 D 是默认个体域. 对于给定的个体域 D,请注意区分下列表达式的不同含义:

(1) $\forall x P(x)$ 表示任意 D 中元素 x 具有性质 P. $\forall x P(x)$ 是命题,当 D 中任意元素 x 都具有性质 P 时是真命题,否则是假命题.

(2) $P(x)$ 表示 D 中元素 x 具有性质 P. $P(x)$ 是命题函数.

(3) $\exists x P(x)$ 断定至少存在 D 中一个个体 x 具有性质 P,至于是哪一个个体没有给出. $\exists x P(x)$ 是命题,若 D 中至少有一个个体具有性质 P 时是真命题,否则是假命题.

(4) $P(a)$ 表示 D 中个体常量 a 具有性质 P. $P(a)$ 断定元素 a 具有性质 P,$P(a)$ 是命题,其真假由元素 a 决定. 显然,$P(a)$ 真则 $\exists x P(x)$ 真,但 $\exists x P(x)$ 真不能得出 $P(a)$ 真.

4. 量词的辖域、约束变元与自由变元

若令 $P(x)$:x 是人,$D(x)$:x 是要死的,则"所有的人都是要死的"可以表示为 $\forall x(P(x) \rightarrow D(x))$,这时 $\forall x$ 的作用或管辖范围为 $P(x) \rightarrow D(x)$,其中两次出现的 x 是约束变元.

若令 $Q(x)$:x 是有理数,$R(x)$:x 是实数,则"有些实数是有理数"可以表示为 $\exists x(R(x) \wedge Q(x))$,这时 $\exists x$ 的作用或管辖范围为 $R(x) \wedge Q(x)$,其中两次出现的 x 是约束变元.

量词 $\forall x$ 或 $\exists x$ 的作用或管辖的范围称为 $\forall x$ 或 $\exists x$ 的**作用域**或**辖域**(scope),辖域内的个体变元 x 称为**约束变元**(bound variable). 若量词后有括号,则括号里面的部分是其辖域. 例如,在 $\forall x(P(x) \rightarrow D(x))$ 中,$P(x) \rightarrow D(x)$ 是 $\forall x$ 的辖域,两次出现的 x 是约束变元;若没有括号,则与量词相邻的部分是辖域. 例如,$\exists x P(x)$ 中 $\exists x$ 的辖域是 $P(x)$,$P(x)$ 中的 x 是约束变元. 特别注意,在 $\forall x \exists y G(x,y)$ 中,$\exists y$ 的辖域是 $G(x,y)$,而 $\forall x$ 的辖域是 $\exists y G(x,y)$.

不受任何量词约束的变元称为**自由变元**(free variable). 例如,$\forall x G(x,y)$ 中的 y,它不受 $\forall x$ 的约束,这时 $G(x,y)$ 中的 y 是自由变元.

请自己分析 $\exists x(R(x) \wedge Q(x))$ 与 $\exists xR(x) \wedge Q(x)$ 的不同之处.

5. 约束变元与自由变元的改名

对于 4.1.2 节中的"所有人都是要死的",也可以用 $\forall y(P(y) \rightarrow D(y))$ 或 $\forall z(P(z) \rightarrow D(z))$ 表示,这说明可以对约束变元改名. 同样可以对自由变元改名. 例如,$\forall xG(x,y)$ 中 $G(x,y)$ 里出现的 y 可以改成 z,w,t 等,就是不能改成 x,否则自由变元改成了约束变元;又如,$\exists xR(x) \wedge Q(x)$ 中在 $Q(x)$ 里面出现的 x 可以改成 y,z.

这和定积分与积分变量无关是类似的:

$$\int_a^b f(x)\mathrm{d}x = \int_a^b f(y)\mathrm{d}y$$

之所以要改名,一是为了避免同一个个体变元既是约束的又是自由的;二是为了方便后面计算谓词公式的范式.

注意 在对个体变元改名时,可将量词辖域中某约束变元及相应的指导变元改成本辖域中未出现过的(约束或自由)个体变元,其他个体变元不变;也可将一个自由变元改成同一个与出现的其他所有个体变元不同的个体变元.

4.1.4 函词

要把如"张三的父亲""两个数的平方和"等表示出来,就要用函数,在谓词逻辑中习惯称为**函词**(function).

设个体域 D 为所有人组成的集合,$f(x):x$ 的父亲,则 f 是 D 上(即 D 到 D)的一元函数. 令 $D = \mathbf{R}$,$f(x,y)=x^2+y^2$,则 f 是 D 上(即 D^2 到 D)的二元函数.

习题 4.1

1. 对于命题"3 是素数",列举出 3 个个体域.

2. 分别在整数集合 $\mathbf{Z}$ 和实数集合 $\mathbf{R}$ 中确定命题"所有整数是有理数"中的谓词.

3. 找出下列原子命题中的个体常量、谓词、量词及函词,并用符号分别表示出来.

  (1) 小赵是工人.

  (2) 张三的父亲是李四.

  (3) －3 是有理数.

  (4) 米卢喜欢踢足球.

  (5) 所有有理数是实数.

  (6) 有些实数是有理数.

  (7) 北京举办 2008 年奥运会.

  (8) 每个人都要锻炼身体.

4. 设 $E(x,y):x$ 选修 y,其中 x 所在个体域为班上全体同学组成的集合,y 所在个体域为所有计算机专业课程组成的集合. 用命题分别表示:

  (1) $\forall x \exists y E(x,y)$.

  (2) $\forall x \forall y E(x,y)$.

  (3) $\exists x \exists y E(x,y)$.

  (4) $\exists x \forall y E(x,y)$.

(5) $\forall y \exists x E(x,y)$.
(6) $\forall y \forall x E(x,y)$.
(7) $\exists y \exists x E(x,y)$.
(8) $\exists y \forall x E(x,y)$.

5. 分别指出下列各式中各量词的辖域及个体变元的约束情况.
(1) $\forall x(P(x) \lor \exists y R(y)) \to Q(x)$.
(2) $\forall x \exists y(P(x,y) \land Q(y,z)) \land \exists x P(x,y)$.
(3) $\forall x(P(x) \land \exists x Q(x)) \lor (\forall x P(x) \to Q(x))$.
(4) $\forall x \forall y(R(x,y) \lor L(z,y)) \land \exists x S(x,y)$.

6. 为 $\exists x P(x) \land \exists x Q(x)$ 中 $\exists x Q(x)$ 的约束变元 x 改名.

7. 为 $\forall x(P(x,y) \land \exists y Q(x,y))$ 中的自由变元 y 改名.

4.2 谓词公式及命题的符号化

4.2.1 谓词公式

谓词公式(predicate formula)简称公式,同命题公式一样采用的是迭代或归纳定义. 下面通过例子给出谓词公式的定义.

(1) 对应任意自然数 n,n 元谓词 P 和 n 个任意个体 $t_1, t_2, \cdots, t_n$,$P(t_1, t_2, \cdots, t_n)$ 是谓词公式.

n 个任意个体 $t_1, t_2, \cdots, t_n$ 是指 $t_i(1 \leqslant i \leqslant n)$ 可以是个体常量、个体变元,也可以是用函词表示的个体常量或个体变元,这些 $t_i(1 \leqslant i \leqslant n)$ 称为**项**(term).

若 $n=0$,$P(t_1, t_2, \cdots, t_n)$ 表示个体常量 1、0 或命题变元.

例如,$p: 3>2$,$O(x): x$ 是年老的,$G(x,y): x>y$,$I(f(x),y): x$ 的父亲是 y,$E(a,y): a=y$,这时 $p, O(x), G(x,y), I(f(x),y), E(a,y)$ 都是谓词公式.

(2) 若 A 是谓词公式,则 $\neg A$ 是谓词公式.

例如,a:小赵,$W(x): x$ 是工人,则"小赵不是工人"表示为 $\neg W(a)$,$\neg W(a)$ 是谓词公式.

例如,$P(x): x$ 是素数,则 $\neg P(x)$ 是谓词公式.

(3) 若 A 和 B 是谓词公式,则 $A * B$ 是谓词公式,其中 $*$ 是二元逻辑联结词.

例如,$Q(x): x$ 是有理数,$R(x): x$ 是实数,则 $R(x) \land Q(x), Q(x) \to R(x)$ 等是谓词公式.

例如,$B(x): x$ 是男生,$G(x): x$ 是女生,则 $B(x) \oplus G(x)$ 是谓词公式.

(4) 若 A 是谓词公式,则 $\forall x A, \exists x A$ 是谓词公式.

例如,$Q(x): x$ 是有理数,$R(x): x$ 是实数,则 $\exists x(R(x) \land Q(x)), \forall x(Q(x) \to R(x))$ 等是谓词公式.

例如,$G(x,y): x>y$,则 $\exists y G(x,y)$ 及 $\forall x \exists y G(x,y)$ 等是谓词公式.

(5) 有限次使用上面的(1)~(4)得到的符号串是仅有的谓词公式.

显然,$\neg \forall x(R(x) \to Q(x)), \forall x \forall y(P(x,y) \land Q(y,z)) \land \exists x P(y,x)$ 等是谓词公式.

与命题公式一样,只要是书写正确、意义清楚的符号串或表达式,就是谓词公式.由于在(1)中规定了命题常量和命题变元是谓词公式,所以命题公式是谓词公式.

通常,将不含自由变元的谓词公式称为**闭**(closed)公式,否则称为**开**(open)公式.

4.2.2 命题的符号化

与命题逻辑中命题的符号化不同,本节讨论在谓词逻辑或一阶逻辑中将命题符号化,它要求必须使用谓词.

在谓词逻辑中将命题符号化的步骤如下:

(1) 找出命题中的所有个体常量,并用 $a,b,c,\cdots,a_i,b_i,c_i,\cdots$ 表示;

(2) 确定在给定个体域中应该选用的所有谓词,特别要注意特性谓词的选取;

(3) 确定量词;

(4) 确定函词;

(5) 通过找出联结词,将所给命题符号化.

在谓词逻辑中将命题符号化是本章重点内容之一,这种形式化方法和技巧在软件测试、软件工程及软件理论等研究中是至关重要的,它也是知识表示的常用方法之一.

再看下面的例子.

【例 4-1】 在谓词逻辑中,将下列命题符号化.

(1) 小孙选修模糊数学或人工智能课程.

(2) 米卢教练是年老的但是健壮的.

解 (1) 令 a:小孙,$F(x)$:x 选修模糊数学,$A(x)$:x 选修人工智能,则原命题符号化为 $F(a) \vee A(a)$.

(2) 令 b:米卢,$O(x)$:x 是年老的,$S(x)$:x 是健壮的,则原命题符号化为 $O(b) \wedge S(b)$.

【例 4-2】 在谓词逻辑中,将下列命题符号化.

(1) 所有有理数是实数.

(2) 有些实数是有理数.

解 令 $R(x)$:x 是实数,$Q(x)$:x 是有理数,则这两个命题符号化为

(1) $\forall x(Q(x) \rightarrow R(x))$.

(2) $\exists x(R(x) \wedge Q(x))$.

注意 在命题符号化而不是一般地讨论谓词公式时,命题(1)不能符号化为 $\forall x(Q(x) \wedge R(x))$,命题(2)不能符号化为 $\exists x(R(x) \rightarrow Q(x))$,只要把谓词公式 $\forall x(Q(x) \wedge R(x))$ 和 $\exists x(R(x) \rightarrow Q(x))$ 表示的意义用文字表达出来就明显了.

【例 4-3】 在谓词逻辑中,将下列命题符号化.

(1) 每个人都有自己的爱好.

(2) 有的整数不是自然数.

解 (1) 令 $P(x)$:x 是人,$H(x)$:x 有自己的爱好,则原命题符号化为
$$\forall x(P(x) \rightarrow H(x))$$

(2) 令 $N(x)$:x 是自然数,$Z(x)$:x 是整数,则原命题符号化为
$$\exists x(Z(x) \wedge \neg N(x))$$

【例 4-4】 在谓词逻辑中,将下列命题符号化.

(1) 没有一个自然数大于或等于任意自然数.

(2) 存在唯一的偶素数.

解 (1) 令 $N(x)$: x 是自然数, $G(x,y)$: $x \geq y$, 则原命题符号化为
$$\neg \exists x(N(x) \wedge \forall y(N(y) \to G(x,y)))$$

(2) 令 $E(x)$: x 是偶数, $P(x)$: x 是素数, $I(x,y)$: $x=y$, 则原命题符号化为
$$\exists x(E(x) \wedge P(x) \wedge \forall y(E(y) \wedge P(y) \to I(x,y)))$$

【例 4-5】 在谓词逻辑中,将命题"经过两个不同的点有且仅有一条直线"符号化.

解 令 $P(x)$: x 是点, $L(x)$: x 是线, $E(x,y)$: $x=y$, $R(x,y,z)$: z 通过 x 和 y, 则原命题符号化为
$$\forall x \forall y(P(x) \wedge P(y) \wedge \neg E(x,y) \to \exists z(L(z) \wedge R(x,y,z) \wedge \forall w(L(w) \wedge R(x,y,w) \to E(z,w))))$$

【例 4-6】 在谓词逻辑中,将下列命题符号化.

(1) 没有最大的素数.

(2) 并非所有的素数都不是偶数.

(3) 任意大于 4 的偶数都是两个奇素数之和(这是著名的哥德巴赫猜想).

解 令 $P(x)$: x 是素数, $E(x)$: x 是偶数, $O(x)$: x 是奇数, $G(x,y)$: $x>y$, $F(x)$: $x>4$, $f(x,y)=x+y$, $I(x,y)$: $x=y$, 则

(1) $\neg \exists x(P(x) \wedge \forall y(P(y) \wedge \neg I(x,y) \to G(x,y)))$.

(2) $\neg \forall x(P(x) \to \neg E(x))$.

(3) $\forall x(F(x) \wedge E(x) \to \exists y \exists z(O(y) \wedge O(z) \wedge P(y) \wedge P(z) \wedge I(x,f(y,z))))$.

【例 4-7】 在谓词逻辑中,将下列命题符号化.

(1) 只有总经理才有秘书.

(2) 任何驯服的马都受过良好的训练.

解 (1) 令 $M(x)$: x 是总经理, $S(x)$: x 有秘书, 则原命题符号化为
$$\forall x(S(x) \to M(x))$$

(2) 令 $H(x)$: x 是马, $T(x)$: x 是驯服的, $W(x)$: x 受过良好的训练, 则原命题符号化为
$$\forall x(H(x) \wedge T(x) \to W(x))$$

注意 命题的符号化是没有止境的.例如在例 4-7 的命题(1)中,还可以对"总经理""秘书"等进一步符号化.只要能表明命题的意思,满足对推理有效性的要求就可以了.

习题 4.2

1. 在谓词逻辑中符号化下列命题.

(1) 小李不是学生,是老师.

(2) 人人都会犯错误.

(3) 有些大学生是体育爱好者.

(4) 凡是老虎都是要吃人的.

(5) 不可能每位研究生都是科研人才.

(6) 任意整数不是偶数就是奇数.

(7) 每一个大学生都钦佩某位老师.

(8) 有些大学生不喜欢《超级女声》.

(9) 姚明是 NBA 球员,杨利伟去过太空.

(10) 不管黑猫白猫,抓住老鼠就是好猫.

2. 在谓词逻辑中符号化下列命题.

(1) 每个人都是专家且是教师.

(2) 有些人是青年人.

(3) 有些人是青年专家.

3. 在谓词逻辑中符号化下列命题.

(1) 自然数都是整数.

(2) 整数都是有理数.

(3) 有的整数不是自然数.

(4) 有的有理数不是整数.

(5) 自然数都是有理数并且存在既不是自然数又不是整数的有理数.

4. 假定个体域为所有人组成的集合,在谓词逻辑中符号化下列命题.

(1) 每个喜欢步行的人都不喜欢坐车.

(2) 每个人或者喜欢骑自行车或者喜欢坐车.

(3) 并非每个人都喜欢骑自行车.

(4) 有些人不喜欢步行.

5. 在谓词逻辑中符号化下列命题.

(1) 所有牛都有角.

(2) 有些动物是牛.

(3) 有些动物有角.

6. 在谓词逻辑中符号化下列命题.

(1) 鸟会飞.

(2) 猴子不会飞.

(3) 猴子不是鸟.

7. 假定个体域为所有人组成的集合,在谓词逻辑中符号化下列命题.

(1) 每个学生或是勤奋的或是聪明的.

(2) 所有勤奋的人都会有所作为.

(3) 并非每个学生都有所作为.

(4) 有些学生是聪明的.

8. 在谓词逻辑中符号化下列命题.

(1) 桌上的每本书都是杰作.

(2) 写出杰作的人都是天才.

(3) 某个不出名的人写了桌上的某本书.

(4) 某个不出名的人是天才.

9. 在谓词逻辑中符号化下列命题.

(1) 兔子比乌龟跑得快.

(2) 有的兔子比所有乌龟跑得快.
(3) 并不是所有兔子都比乌龟跑得快.
(4) 没有跑得同样快的两只兔子.
10. 使用谓词将"金子是闪光的,但闪光的未必是金子"符号化.

4.3 谓词公式的解释及类型

4.3.1 谓词公式的解释

谓词公式的取值(1 或 0),取决于对其进行的解释或赋值,它类似于对命题公式的真值指派,其重要性是显而易见的. 但与命题公式不同的是,谓词公式的解释有无限多种,每种**解释**(interpretation)I 由 5 部分组成,下面结合谓词公式 $\forall x(P(z) \wedge \exists yQ(f(x,y),a)) \wedge r$ 进行说明.

(1) 指定个体域 D.

个体域 D 可以是有限集合,也可以是无限集合. 为了方便,取 $D=\{1,2\}$.

(2) 对于谓词公式中的命题变元指派其真值.

在谓词公式 $\forall x(P(z) \wedge \exists yQ(f(x,y),a)) \wedge r$ 中,r 是命题变元,可取 $r=1$.

(3) 将谓词公式中的个体常量及其自由变元解释为指定个体域 D 中的元素.

谓词公式中的个体常量为 a,应解释为 D 中某个体,如 $\frac{a}{2}$,它表示 a 取 D 中元素 2;公式中的自由变元 z 可以在 D 中任意取值,但对它进行解释时,还得要任意指定 D 中一个元素,如 $\frac{z}{2}$.

(4) 将谓词公式中的函词解释为 D 上的函数.

在谓词公式 $\forall x(P(z) \wedge \exists yQ(f(x,y),a)) \wedge r$ 中,f 是一个二元函词,可以将 f 解释为如下的 D 上的二元函数:
$$f(1,1) = 2, \quad f(1,2) = 1, \quad f(2,1) = 1, \quad f(2,2) = 2$$
也可以写成 $\frac{f(1,1)}{2}, \frac{f(1,2)}{1}, \frac{f(2,1)}{1}, \frac{f(2,2)}{2}$ 这种形式.

(5) 将谓词公式中的谓词解释为 D 上的谓词.

在谓词公式 $\forall x(P(z) \wedge \exists yQ(f(x,y),a)) \wedge r$ 中,P 是一元谓词,Q 是二元谓词. 对谓词进行解释,有两种方式:

① 根据谓词定义,可以将 P 解释为 $P(x)$:x 是素数,将 Q 解释为 $Q(x,y)$:$x>y$.

② 根据命题函数的定义,$\frac{P(1)}{0}, \frac{P(2)}{1}; \frac{Q(1,1)}{0}, \frac{Q(1,2)}{0}, \frac{Q(2,1)}{1}, \frac{Q(2,2)}{0}$.

上述两种对谓词的解释方式是相同的.

谓词公式在任何解释 I 下都会取得一个真值. 在求其真值之前,再回忆一下 4.1 节在给定个体域 D 后关于 $\forall xP(x)$ 和 $\exists xP(x)$ 的理解. 实际上,若 D 为有限集合:$D=\{d_1, d_2, \cdots, d_m\}$,请记住下面两个**消去量词的逻辑等值式**:

$$\forall xP(x) = P(d_1) \wedge P(d_2) \wedge \cdots \wedge P(d_m)$$

· 121 ·

$$\exists xP(x) = P(d_1) \lor P(d_2) \lor \cdots \lor P(d_m)$$

因此，

$$\forall x(P(z) \land \exists yQ(f(x,y),a)) \land r = \forall x(P(2) \land \exists yQ(f(x,y),2)) \land 1$$
$$= \forall x(P(2) \land \exists yQ(f(x,y),2)) = \forall x \exists yQ(f(x,y),2)$$
$$= \forall x(Q(f(x,1),2) \lor Q(f(x,2),2))$$
$$= (Q(f(1,1),2) \lor Q(f(1,2),2)) \land (Q(f(2,1),2) \lor Q(f(2,2),2))$$
$$= (Q(2,2) \lor Q(1,2)) \land (Q(1,2) \lor Q(2,2))$$
$$= (0 \lor 0) \land (0 \lor 0) = 0$$

再看一个例子.

【例 4-8】 求下列两个谓词公式，在给定解释 $I: D = \mathbf{Z}, A(x): x$ 是偶数，$B(x): x$ 是奇数下的真值.

(1) $\forall x(A(x) \lor B(x))$.

(2) $\forall xA(x) \lor \forall xB(x)$.

解 (1) 在所给解释 I 下，$\forall x(A(x) \lor B(x))$ 表示"任意整数是偶数或奇数"，是真命题.

(2) 在所给解释 I 下，$\forall xA(x)$ 表示"任意整数是偶数"，是假命题；$\forall xB(x)$ 表示"任意整数是奇数"，是假命题. 于是 $\forall xA(x) \lor \forall xB(x)$ 在所给解释 I 下取假.

4.3.2 谓词公式的类型

【定义 4-1】 在任何解释下均为真的谓词公式称为**永真式**或**有效式**(valid).

下面的例子说明了在谓词逻辑中是如何证明一个公式是永真式的.

【例 4-9】 证明谓词公式 $\forall xA(x) \rightarrow A(t)$ 永真.

证 任意给定个体域 D 上的解释 I，假定 $\forall xA(x)$ 在该解释下取 1，则对于任意 $d \in D$，$A(d)$ 取 1，于是 $A(t)$ 为 1.

【例 4-10】 证明谓词公式 $\forall xA(x) \lor \forall xB(x) \rightarrow \forall x(A(x) \lor B(x))$ 永真.

证 任意给定个体域 D 上的解释 I，假定 $\forall xA(x) \lor \forall xB(x)$ 在该解释下取 1，则 $\forall xA(x)$ 或 $\forall xB(x)$ 取 1，这时 $\forall x(A(x) \lor B(x))$ 取 1，因此 $\forall xA(x) \lor \forall xB(x) \rightarrow \forall x(A(x) \lor B(x))$ 永真.

【例 4-11】 证明谓词公式 $\exists x \forall yA(x,y) \rightarrow \forall y \exists xA(x,y)$ 永真.

证 任意给定个体域 D 上的解释 I，假定 $\exists x \forall yA(x,y)$ 在该解释下取 1，则存在 $d_0 \in D$，对于任意 $d \in D$，有 $A(d_0,d)$ 为 1，所以 $\forall y \exists xA(x,y)$ 为 1.

对于命题逻辑中的任何永真式，如 $(p \rightarrow q) \land p \rightarrow q$，分别用任意谓词公式 A,B 全部替换命题变元 p,q 所得到的谓词公式 $(A \rightarrow B) \land A \rightarrow B$ 是永真式. 这一点是显然的.

【定义 4-2】 至少存在一种解释使其为 1 的谓词公式称为**可满足式**(satisfactable formula)，否则称为**不可满足式**或**矛盾式**(contradiction)或**永假式**. 既存在取 1 的解释，又存在取 0 的解释的谓词公式称为**中性式**或**偶然式**(contingency).

1936 年丘奇(A. Church, 1903—1995)和图灵(A. M. Turing, 1912—1954)分别独立证明了以下结论：中性谓词公式无法在有限步内判定；永真(或永假)谓词公式可在有限步内判定.

习题 4.3

1. 设个体域 $D=\{a,b,c\}$,消去下列谓词公式中的量词.
   (1) $\forall x P(x) \wedge \exists x Q(x)$.
   (2) $\forall x(P(x) \rightarrow \exists y Q(y))$.
   (3) $\forall x \exists y R(x,y)$.
   (4) $\exists y \forall x R(x,y)$.

2. 设有以下对于谓词公式的解释:
   个体域 $D=\{1,2\}$.
   个体常量: $\frac{a}{1}, \frac{b}{2}$.
   函词 f: $\frac{f(1)}{2}, \frac{f(2)}{1}$.
   谓词 P: $\frac{P(1,1)}{1}, \frac{P(1,2)}{1}, \frac{P(2,1)}{0}, \frac{P(2,2)}{0}$.
   分别求下列谓词公式在上述解释下的真值.
   (1) $P(f(a),a) \wedge P(f(b),b)$.
   (2) $\exists y \forall x P(y,x)$.
   (3) $\forall x \exists y (P(f(x),f(y)) \rightarrow P(x,y))$.

3. 求下列两个谓词公式在给定解释 $I: D=\mathbf{Z}, A(x): x$ 是偶数,$B(x): x$ 是奇数下的真值.
   (1) $\exists x(A(x) \wedge B(x))$.
   (2) $\exists x A(x) \wedge \exists x B(x)$.

4. 设个体域 $D=\mathbf{Z}$,定义如下谓词: $N(x): x$ 是正整数,$P(x): x$ 是素数,$E(x,y): x=y, L(x,y): x<y, D(x,y): x|y$,判断下列谓词公式在上述解释下的真值.
   (1) $\forall x(P(x) \rightarrow \exists y(P(x) \wedge L(x,y) \wedge D(x,y)))$.
   (2) $\forall x(P(x) \leftrightarrow \forall y(P(y) \wedge L(y,x) \rightarrow \neg D(y,x)))$.
   (3) $\forall x(N(x) \rightarrow \exists y \exists z(P(y) \wedge P(z) \wedge \neg E(y,z) \wedge D(y,z) \wedge D(z,x)))$.
   (4) $\exists x(P(x) \wedge \forall y(P(y) \wedge \neg E(x,y)) \rightarrow L(y,x))$.

5. 分别找出使下列谓词公式真值为 1 的解释.
   (1) $\forall x \exists y(P(f(x,y),a) \rightarrow P(x,y))$.
   (2) $\exists x Q(g(x)) \wedge \forall y P(x,y)$.

6. 分别找出使下列谓词公式真值为 0 的解释.
   (1) $\forall x A(x,x) \rightarrow \exists y \forall x A(x,y)$.
   (2) $(\exists x P(x) \rightarrow \exists y Q(y)) \wedge \exists y Q(y) \rightarrow \exists x P(x)$.

7. 证明谓词公式 $\exists x(A(x) \vee B(x)) \rightarrow \exists x A(x) \vee \exists x B(x)$ 永真.

8. 证明下列谓词公式永真.
   (1) $\forall x A(x) \rightarrow \exists x A(x)$.
   (2) $\forall x \forall y A(x,y) \rightarrow \forall x \exists y A(x,y)$.
   (3) $\forall x \exists y A(x,y) \rightarrow \exists x \exists y A(x,y)$.

9. 设个体域 $D=\{a,b\}$,构造使 $\forall x(A(x) \to B(x)) \leftrightarrow (\exists x A(x) \to \forall x B(x))$ 真值为 0 的解释.

10. 给出使以下谓词公式真值为 1 和 0 的解释.
(1) $\exists x A(x) \to \forall x A(x)$.
(2) $\forall x \neg A(x,x) \land \forall x \exists y A(x,y) \land \forall x \forall y \forall z(A(x,y) \land A(y,z) \to A(x,z))$.

11. 给出使以下谓词公式真值为 1 和 0 的解释.
(1) $\exists x A(x) \to A(b)$.
(2) $\forall x \forall y(A(x,y) \to A(y,x))$.

12. 给出使以下谓词公式真值为 1 和 0 的解释.
(1) $\forall x(A(x) \to \exists y(B(y) \land C(x,y)))$.
(2) $\forall x \forall y(A(x,y) \to \neg A(y,x))$.

4.4 逻辑等值的谓词公式

4.4.1 谓词公式等值的定义

与两个命题公式等值完全类似,有以下谓词公式等值的定义.

【定义 4-3】 设 A,B 是谓词公式,若 A 和 B 在任何解释下的取值都相同,则称 A 和 B 是**逻辑**等值的,记为 $A=B$.

显然,$A=B$ 的充要条件是谓词公式 $A \leftrightarrow B$ 永真.

根据命题逻辑中的等值式容易得到一些谓词逻辑中的等值式.例如,对于命题变元 p,q,有 $p \to q = \neg p \lor q$,因为 $(p \to q) \leftrightarrow (\neg p \lor q)$ 永真,所以对于谓词公式 A 和 B,有 $(A \to B) \leftrightarrow (\neg A \lor B)$,进而有 $A \to B = \neg A \lor B$.照这种方式,可以得到很多谓词逻辑中的等值式,参见定理 3-5 和定理 3-6 或 3.7 节给出的 12 个基本等值式.

4.4.2 基本等值式

下面 10 个与量词有关的等值式是谓词逻辑中的基本等值式.

1. 量词转换律
(1) $\neg \forall x A(x) = \exists x \neg A(x)$.
(2) $\neg \exists x A(x) = \forall x \neg A(x)$.

这是两个 $\forall x$ 与 $\exists x$ 相互转换的等值式,其中等值式(1)是举反例证明的理论根据.

【例 4-12】 举例说明上述等值式(1)、(2)成立.

解 令 D 是全班所有同学组成的集合,$A(x)$:x 今天来上课,则"并非每位同学今天都来上课"等价于"有同学今天没有来上课","并非有同学今天来上课"等价于"每位同学今天都没有来上课".

2. 量词辖域的收缩与扩张

设 B 中不含自由变元 x,则有以下等值式:
(1) $\forall x(A(x) \land B) = \forall x A(x) \land B$.
(2) $\forall x(A(x) \lor B) = \forall x A(x) \lor B$.

(3) $\exists x(A(x) \wedge B) = \exists x A(x) \wedge B.$

(4) $\exists x(A(x) \vee B) = \exists x A(x) \vee B.$

首先要说明的是，$A(x)$ 含自由变元 x，而 B 中不含自由变元 x，但 $A(x)$ 和 B 都可能含其他自由变元。

就(1)来说，左边 $\forall x$ 的辖域为 $A(x) \wedge B$，右边 $\forall x$ 的辖域为 $A(x)$，从左边到右边量词的辖域收缩了，而从右边到左边量词的辖域扩张了。

可以粗略地这样理解，因为 B 中不含自由变元 x，所以 $\forall x$ 及 $\exists x$ 对 B 都不起作用。

(1)的证明如下：对于任意的个体域 D 上的解释 I，假定 $\forall x(A(x) \wedge B)$ 为真，则对于任意 $d \in D, A(d) \wedge B$ 为真，于是 $A(x)$ 和 B 都为真，所以 $\forall x A(x)$ 和 B 为真，因此 $\forall x A(x) \wedge B$ 为真。反过来也成立。

可借助下面的例子帮助理解上述 4 个等值式。例 4-13 中 D 表示班上所有的同学，$A(x)$：x 来上课了，B：小帅是班长。

【例 4-13】 证明下列与蕴涵联结词有关的 4 个等值式，其中 B 中不含自由变元 x。

(1) $\forall x(A(x) \rightarrow B) = \exists x A(x) \rightarrow B.$

(2) $\forall x(B \rightarrow A(x)) = B \rightarrow \forall x A(x).$

(3) $\exists x(A(x) \rightarrow B) = \forall x A(x) \rightarrow B.$

(4) $\exists x(B \rightarrow A(x)) = B \rightarrow \exists x A(x).$

证 只证(1)和(2)，其余留作练习。

$\forall x(A(x) \rightarrow B) = \forall x(\neg A(x) \vee B) = \forall x \neg A(x) \vee B$
$= \neg \exists x A(x) \vee B = \exists x A(x) \rightarrow B$

$\forall x(B \rightarrow A(x)) = \forall x(\neg B \vee A(x)) = \neg B \vee \forall x A(x) = B \rightarrow \forall x A(x)$

3. 量词分配律

(1) $\forall x(A(x) \wedge B(x)) = \forall x A(x) \wedge \forall x B(x).$

(2) $\exists x(A(x) \vee B(x)) = \exists x A(x) \vee \exists x B(x).$

首先注意，$\forall$ 对 $\wedge$ 可分配，但 $\forall x(A(x) \vee B(x)) \neq \forall x A(x) \vee \forall x B(x)$。例如，若令 $D = \mathbf{Z}, A(x)$：x 是偶数，$B(x)$：x 是奇数，则 $\forall x(A(x) \vee B(x))$ 在上述解释下为真，而 $\forall x A(x) \vee \forall x B(x)$ 在上述解释下为假。

同样，$\exists$ 对 $\vee$ 可分配，但 $\exists x(A(x) \wedge B(x)) \neq \exists x A(x) \wedge \exists x B(x)$，例子同上。

(1) 的证明如下：任意给定个体域 D 上的解释 I，若 $\forall x(A(x) \wedge B(x))$ 在解释 I 下为真，则任意 $d \in D, A(d) \wedge B(d)$ 为真，进而 $A(d)$ 和 $B(d)$ 都为真，于是 $\forall x A(x)$ 及 $\forall x B(x)$ 为真，所以 $\forall x A(x) \wedge \forall x B(x)$ 为真。反过来，若 $\forall x A(x) \wedge \forall x B(x)$ 在解释 I 下为真，则同样有 $\forall x(A(x) \wedge B(x))$ 为真。

(2) 留作练习。

下述例子对记住上述两个等值式是有帮助的：令 $D = \{$全班同学$\}, A(x)$：x 会唱歌，$B(x)$：x 会跳舞。

4. 双重量词

(1) $\forall x \forall y A(x, y) = \forall y \forall x A(x, y).$

(2) $\exists x \exists y A(x, y) = \exists y \exists x A(x, y).$

显然，(1)和(2)是成立的。例如，用 D 表示由一些直线组成的集合，$A(x, y)$ 表示 x 平行于 y，这时(1)和(2)左右两边的含义是相同的。需再次提醒注意，$\forall x \exists y A(x, y) \neq \exists y \forall x A(x, y)$。

【例 4-14】 证明 $\forall x \forall y(A(x) \to B(y)) = \exists x A(x) \to \forall y B(y)$.

证 $\forall x \forall y(A(x) \to B(y)) = \forall x \forall y(\neg A(x) \lor B(y)) = \forall x(\forall y(\neg A(x) \lor B(y)))$
$= \forall x(\neg A(x) \lor \forall y B(y))$
$= \forall x \neg A(x) \lor \forall y B(y)$
$= \neg \exists x A(x) \lor \forall y B(y)$
$= \exists x A(x) \to \forall y B(y)$.

最后要说明的是,等值置换定理在谓词逻辑中仍然成立.

习题 4.4

1. 证明下列等值式.
(1) $\neg \forall x A(x) = \exists x \neg A(x)$.
(2) $\neg \exists x A(x) = \forall x \neg A(x)$.

2. 证明下列等值式,其中 B 中不含自由变元 x.
(1) $\forall x(A(x) \lor B) = \forall x A(x) \lor B$.
(2) $\exists x(A(x) \land B) = \exists x A(x) \land B$.
(3) $\exists x(A(x) \lor B) = \exists x A(x) \lor B$.

3. 证明下列等值式,其中 B 中不含自由变元 x.
(1) $\exists x(A(x) \to B) = \forall x A(x) \to B$.
(2) $\exists x(B \to A(x)) = B \to \exists x A(x)$.

4. 证明等值式 $\exists x(A(x) \lor B(x)) = \exists x A(x) \lor \exists x B(x)$.

5. 证明等值式 $\exists x(A(x) \to B(x)) = \forall x A(x) \to \exists x B(x)$.

6. 证明下列等值式.
(1) $\forall x \forall y(A(x) \lor B(y)) = \forall x A(x) \lor \forall y B(y)$.
(2) $\exists x \exists y(A(x) \land B(y)) = \exists x A(x) \land \exists y B(y)$.
(3) $\exists x \exists y(A(x) \to B(y)) = \forall x A(x) \to \exists y B(y)$.

7. 在谓词逻辑中,下列各谓词公式哪些是永真式?给出理由.
(1) $\exists x(A(x) \lor B(x)) \leftrightarrow \exists x A(x) \lor \exists x B(x)$.
(2) $\neg \exists x A(x) \land \forall x B(x) \leftrightarrow \forall x(\neg A(x) \land B(x))$.
(3) $\exists x(A(x) \to B(x)) \leftrightarrow (\forall x A(x) \to \exists x B(x))$.
(4) $\exists x \exists y(A(x) \to B(y)) \leftrightarrow (\forall x A(x) \to \exists y B(y))$.

8. 以下等值式是否成立?为什么?
(1) $\exists x(A(x) \to B(x)) = \forall x A(x) \to \exists x B(x)$.
(2) $\exists x(A(x) \to \forall x B(x)) = \forall x A(x) \to \forall x B(x)$.

4.5 谓词公式的前束范式

讨论谓词公式的标准形式是很有意义的.

本节讨论谓词公式的前束范式.实际上,在前束范式的基础上,可以进一步得出谓词公式的 Skolem 范式[14],进而得出一个谓词公式永真(假)在有限步内可判定的著名结论.

4.5.1 谓词公式的前束范式的定义

【定义 4-4】 设 A 是谓词公式,若 $A=Q_1x_1Q_2x_2\cdots Q_nx_n(\cdots B\cdots)(n\geqslant 0)$,其中 Q_i 为 $\forall$ 或 $\exists$,B 中不含量词,则称 $Q_1x_1Q_2x_2\cdots Q_nx_n(\cdots B\cdots)$ 为 A 的**前束范式**(prenex normal form).

直观地理解,谓词公式的前束范式是将所有量词放在最前面,以作用于整个 B. 要特别注意,$\forall xP(x)\rightarrow Q(x,y)$ 不是 A 的前束范式,因为尽管 $\forall x$ 在最前面,但它的辖域是 $P(x)$.

当 $n=0$ 时,即 A 中无量词,则 A 也是前束范式.

显然,谓词公式 A 与其前束范式是等值的.

4.5.2 谓词公式的前束范式的计算

前束范式的计算步骤如下.

(1) 将逻辑联结词归约为只含 $\neg,\wedge,\vee$ 的谓词公式.

这是因为在要求记住的谓词逻辑等值式中没有出现除 $\neg,\wedge,\vee$ 外的其他联结词.

(2) 使用以下两个等值式将否定联结词往谓词公式的里面移.

① $\neg\forall xA(x)=\exists x\neg A(x)$;

② $\neg\exists xA(x)=\forall x\neg A(x)$.

(3) 使用等值式将所有量词移到最前面,必要时使用改名技巧.

【例 4-15】 求 $\forall xA(x)\wedge\forall xB(x)$ 的前束范式.

解 $\qquad\forall xA(x)\wedge\forall xB(x)=\forall x(A(x)\wedge B(x))$

【例 4-16】 求 $\forall xA(x)\rightarrow\exists xB(x)$ 的前束范式.

解 $\qquad\forall xA(x)\rightarrow\exists xB(x)=\neg\forall xA(x)\vee\exists xB(x)$
$$=\exists x\neg A(x)\vee\exists xB(x)$$
$$=\exists x(\neg A(x)\vee B(x))$$

【例 4-17】 求 $\exists xA(x)\wedge\exists xB(x)$ 的前束范式.

解 $\qquad\exists xA(x)\wedge\exists xB(x)=\exists xA(x)\wedge\exists yB(y)$
$$=\exists x(A(x)\wedge\exists yB(y))$$
$$=\exists x\exists y(A(x)\wedge B(y))$$

直接求 $\exists xA(x)\wedge\exists xB(x)$ 的前束范式没有等值式可用,采用改名的技巧就可以利用等值式了,但要求前束范式中的量词尽可能地少.

【例 4-18】 求 $\exists xF(y,x)\rightarrow\forall yG(y)$ 的前束范式.

解 $\qquad\exists xF(y,x)\rightarrow\forall yG(y)=\neg\exists xF(y,x)\vee\forall yG(y)$
$$=\forall x\neg F(y,x)\vee\forall yG(y)$$
$$=\forall x(\neg F(y,x)\vee\forall yG(y))$$
$$=\forall x(\neg F(t,x)\vee\forall yG(y))\quad\text{(对自由变元 }y\text{ 改名)}$$
$$=\forall x\forall y(\neg F(t,x)\vee G(y))$$

习题 4.5

1. 判断下列谓词公式是否是前束范式.

(1) $B \to \forall x A(x)$.

(2) $\forall x A(x) \to B$.

(3) $\forall x(A(x) \to B)$.

(4) $\forall x(A(x) \to \exists y B(y))$.

(5) $A(x) \to B$.

2. 求下列谓词公式的前束范式.

(1) $\forall x(A(x) \to \exists y B(x,y))$.

(2) $\exists x(\neg \exists y P(x,y) \to (\exists z Q(z) \to R(x)))$.

(3) $\neg(\forall x A(x) \to \exists y \forall z B(y,z))$.

(4) $\exists x A(x) \lor \exists x B(x) \to \exists x(A(x) \lor B(x))$.

3. 求下列谓词公式的前束范式.

(1) $(\neg \exists x A(x) \lor \forall y B(y)) \land (A(x) \to \forall z C(z))$.

(2) $\forall x(A(x) \to (\exists z B(z) \to \exists y C(x,y)))$.

(3) $\forall x(\forall y \exists z A(x,y,z) \to \exists z \forall u(B(x,z) \lor C(x,u,z)))$.

(4) $\forall x \forall y(\exists z A(x,y,z) \land \exists u B(x,u) \to \exists v B(y,v))$.

4.6 谓词逻辑中的推理

4.6.1 逻辑蕴涵式

设 $H_1, H_2, \cdots, H_n$ 和 C 是谓词公式,$H_1, H_2, \cdots, H_n \Rightarrow C$ 的含义同 3.7 节.

显然,$H_1, H_2, \cdots, H_n \Rightarrow C$ 的充要条件是 $H_1 \land H_2 \land \cdots \land H_n \to C$ 是永真式.

首先,根据命题逻辑中的逻辑蕴涵式可以产生谓词逻辑的逻辑蕴涵式. 例如,在命题逻辑中有 $p \to q, p \Rightarrow q$,则 $(p \to q) \land p \to q$ 永真;对于谓词公式 A 和 B,$(A \to B) \land A \to B$ 永真,从而有 $A \to B, A \Rightarrow B$.

其次,可以得出与量词有关的一些逻辑蕴涵式.

【例 4-19】 证明 $\forall x A(x) \Rightarrow A(t)$.

证 因为由例 4-9 知,$\forall x A(x) \to A(t)$ 永真.

【例 4-20】 证明 $\exists x \forall y A(x,y) \Rightarrow \forall y \exists x A(x,y)$.

证 任意给定个体域 D 上的解释 I,假定 $\exists x \forall y A(x,y)$ 在解释 I 下为真,则存在 $d_0 \in D$,对于任意 $d \in D$,均有 $A(d_0,d)$ 为真,于是 $\forall y \exists x A(x,y)$ 在解释 I 下为真,从而 $\exists x \forall y A(x,y) \Rightarrow \forall y \exists x A(x,y)$.

【例 4-21】 证明 $\exists y \forall x A(x,y)$ 不是 $\forall x \exists y A(x,y)$ 的有效结论.

证 设个体域 $D = \mathbf{R}$,$A(x,y): x > y + 3$. 则 $\forall x \exists y A(x,y)$ 表示"对于任意实数 x,均存在实数 y,使得 $x > y + 3$",它是真命题;而 $\exists y \forall x A(x,y)$ 表示"存在实数 y,对于任意实数 x,都有 $x > y + 3$",它是假命题. 所以 $\forall x \exists y A(x,y) \to \exists y \forall x A(x,y)$ 不是永真式,因此 $\exists y \forall x A(x,y)$ 不是 $\forall x \exists y A(x,y)$ 的有效结论.

4.6.2 基本推理规则

命题逻辑中的基本推理规则可以很方便地推广到谓词逻辑,参见 3.7 节.

谓词逻辑中有两个非常重要的与量词有关的逻辑蕴涵式.

【定理 4-1】 下列逻辑蕴涵式成立:

(1) $\forall x A(x) \vee \forall x B(x) \Rightarrow \forall x(A(x) \vee B(x))$.

(2) $\exists x(A(x) \wedge B(x)) \Rightarrow \exists x A(x) \wedge \exists x B(x)$.

证 只证(2),(1)留作练习.

任意给定个体域 D 上的解释 I,假定 $\exists x(A(x) \wedge B(x))$ 在解释 I 下为真,则存在 $d_0 \in D$,使得 $A(d_0) \wedge B(d_0)$ 为真,这时 $A(d_0)$ 和 $B(d_0)$ 为真,进而 $\exists x A(x)$ 及 $\exists x B(x)$ 在解释 I 下为真,(2)得证.

同样,下述例子对记住定理 4-1 是有益的:令 $D=\{$全班同学$\}$,$A(x)$:x 会唱歌,$B(x)$:x 会跳舞.

【例 4-22】 证明或反驳下列结论.

(1) $\neg \forall x A(x) \Rightarrow \forall x \neg A(x)$.

(2) $\exists x(A(x) \rightarrow B(x)) \Rightarrow \exists x A(x) \rightarrow \exists x B(x)$.

解 (1) 结论不成立. 因为 $\neg \forall x A(x) = \exists x \neg A(x)$,而显然 $\exists x \neg A(x)$ 不能推出 $\forall x \neg A(x)$. 例如,设个体域 $D=\mathbf{Z}$,$A(x)$:x 是偶数,则 $\forall x A(x)$ 是假命题,从而 $\neg \forall x A(x)$ 是真命题;而 $\forall x \neg A(x)$ 表示"任意整数都不是偶数",它是假命题. 因此结论 $\neg \forall x A(x) \Rightarrow \forall x \neg A(x)$ 不成立.

(2) 结论不成立. 例如,令个体域 $D=\{1,2\}$,$\frac{A(1)}{1}$,$\frac{A(2)}{0}$,$\frac{B(1)}{0}$,$\frac{B(2)}{0}$,这时因为 $A(2) \rightarrow B(2)$ 为真,于是 $\exists x(A(x) \rightarrow B(x))$ 是真命题,而 $A(1)$ 为真,即 $\exists x A(x)$ 为真,但 $\exists x B(x)$ 取假,所以 $\exists x A(x) \rightarrow \exists x B(x)$ 在上述解释下为假,故(2)不成立.

4.6.3 谓词逻辑的自然推理系统

谓词逻辑的自然推理系统是命题逻辑的自然推理系统的一种推广. 谓词逻辑的自然推理系统有以下变化:初始符号增加了函词、谓词、量词;谓词公式的形成规则参见 4.2 节谓词公式的定义;没有公理;基本推理规则增加了定理 4-1 中的两个逻辑蕴涵式,还增加了下述 4 个与量词有关的基本推理规则.

下面以最简洁的方式介绍这 4 个规则.

1. 全称量词消去(universal quantifier specification,US)规则

(1) $\forall x A(x)$.

(2) $A(c)$(其中 c 为个体域中的任意个体).

2. 全称量词产生(universal quantifier generalization,UG)规则

(1) $A(c)$(其中 c 为个体域中的任意个体);

(2) $\forall x A(x)$.

3. 存在量词消去(existential quantifier specification,ES)规则

(1) $\exists x A(x)$.

(2) $A(c)$(其中 c 为个体域中的某个体,c 在其前面未出现过).

注意 由 $\exists x A(x)$ 推出 $A(c)$,要确保 c 与其他自由变元无关,参见例 4-27.

4. 存在量词产生(existential quantifier generalization,EG)规则

(1) $A(c)$(其中 c 为个体域中的某个体).

(2) $\exists x A(x)$.

【例 4-23】 证明苏格拉底三段论推理的有效性.

证 令 s：苏格拉底，$P(x)$：x 是人，$D(x)$：x 是要死的，则
$$\forall x(P(x) \to D(x)), P(s) \Rightarrow D(s)$$

(1) $P(s)$ P
(2) $\forall x(P(x) \to D(x))$ P
(3) $P(s) \to D(s)$ US(2)
(4) $D(s)$ T(1)(3)I

【例 4-24】 用构造法证明以下推理：
$$\forall x(F(x) \to G(x)), \exists x F(x) \Rightarrow \exists x G(x)$$

证

(1) $\exists x F(x)$ P
(2) $F(c)$ ES(1)
(3) $\forall x(F(x) \to G(x))$ P
(4) $F(c) \to G(c)$ US(3)
(5) $G(c)$ T(2)(4)I
(6) $\exists x G(x)$ EG(5)

注意 (1)、(2)与(3)、(4)的顺序不能颠倒. (2)中 $F(c)$ 中的 c 是某个体，(4)中 $F(c) \to G(c)$ 中的 c 本来是任意个体，现取为(2)中出现的 c，这是可以的，但反过来就不行.

避免出现错误的最好方法是像上面的证明过程一样，先消去存在量词，再消去全称量词.

【例 4-25】 用构造法证明以下推理：
$$\neg \exists x(F(x) \wedge H(x)), \forall x(G(x) \to H(x)) \Rightarrow \forall x(G(x) \to \neg F(x))$$

证

(1) $\neg \exists x(F(x) \wedge H(x))$ P
(2) $\forall x(\neg F(x) \vee \neg H(x))$ T(1)E
(3) $\neg F(c) \vee \neg H(c)$ US(2)
(4) $H(c) \to \neg F(c)$ T(3)E
(5) $\forall x(G(x) \to H(x))$ P
(6) $G(c) \to H(c)$ US(5)
(7) $G(c) \to \neg F(c)$ T(4)(6)I
(8) $\forall x(G(x) \to \neg F(x))$ UG(7)

【例 4-26】 设个体域 D 为所有人组成的集合. 在谓词逻辑中符号化下列各命题，并用构造法证明以下推理：每位科学家都是勤奋的，每个勤奋且身体健康的人在事业上都会获得成功，存在身体健康的科学家，所以存在事业获得成功或事业半途而废的人.

解 令 $Q(x)$：x 是勤奋的，$H(x)$：x 是健康的，$S(x)$：x 是科学家，$C(x)$：x 是事业获得成功的人，$F(x)$：x 是事业半途而废的人，则
$$\forall x(S(x) \to Q(x)), \forall x(Q(x) \wedge H(x) \to C(x)), \exists x(S(x) \wedge H(x))$$
$$\Rightarrow \exists x(C(x) \vee F(x))$$

(1) $\exists x(S(x) \wedge H(x))$ P
(2) $S(c) \wedge H(c)$ ES(1)
(3) $S(c)$ T(2)I
(4) $H(c)$ T(2)I
(5) $\forall x(S(x) \rightarrow Q(x))$ P
(6) $S(c) \rightarrow Q(c)$ US(5)
(7) $Q(c)$ T(3)(6)I
(8) $Q(c) \wedge H(c)$ T(4)(7)I
(9) $\forall x(Q(x) \wedge H(x) \rightarrow C(x))$ P
(10) $Q(c) \wedge H(c) \rightarrow C(c)$ US(9)
(11) $C(c)$ T(8)(10)I
(12) $C(c) \vee F(c)$ T(11)I
(13) $\exists x(C(x) \vee F(x))$ EG(12)

关于多重量词的推理,需要注意的问题比较多,请阅读参考文献[16].

【例 4-27】 指出下列推理步骤中的错误.

(1) $\forall x \exists y(x > y)$ P
(2) $\exists y(c > y)$ US(1)
(3) $c > d$ ES(2)
(4) $\forall x(x > d)$ UG(3)
(5) $\exists y \forall x(x > y)$ EG(4)

解 (3)错.在(2)中的 c 是个体域中的任意个体,实际上是自由变元,当由(2)消去存在量词 $\exists y$ 时,不能利用 ES 规则.换句话说,(3)中所得到的 d 与 c 密切相关.

已经有例子表明,$\forall x \exists y A(x,y) \rightarrow \exists y \forall x A(x,y)$ 不是永真式.

习题 4.6

1. 证明 $\forall x A(x) \Rightarrow \exists x A(x)$.

2. 证明 $\exists x \forall y A(x,y) \Rightarrow \exists x \exists y A(x,y)$.

3. 证明 $\forall x A(x) \vee \forall x B(x) \Rightarrow \forall x(A(x) \vee B(x))$.

4. 证明 $\exists x A(x) \rightarrow \forall x B(x) \Rightarrow \forall x(A(x) \rightarrow B(x))$.

5. 判断下列谓词公式是否为永真式,给出理由.
   (1) $\forall x(A(x) \vee B(x)) \rightarrow \forall x A(x) \vee \forall x B(x)$.
   (2) $\exists x A(x) \wedge \exists x B(x) \rightarrow \exists x(A(x) \wedge B(x))$.

6. 证明或反驳下列结论.
   (1) $\exists x(\neg A(x) \rightarrow B(x)) \rightarrow \forall x C(x) \Rightarrow \forall x(B(x) \rightarrow C(x))$.
   (2) $\exists x(A(x) \rightarrow \forall y B(x,y)) \Rightarrow \neg \forall y \exists x B(x,y) \rightarrow \forall x A(x)$.

7. 构造下列推理的证明:
   $$\forall x(F(x) \rightarrow G(x)), \forall x(R(x) \rightarrow \neg G(x)) \Rightarrow \forall x(R(x) \rightarrow \neg F(x))$$

8. 构造下列推理的证明:
   $$\forall x(S(x) \wedge W(x)), \exists x Y(x) \Rightarrow \exists x(S(x) \wedge Y(x))$$

9. 使用反证法构造下列推理的证明：
$$\forall x(A(x) \rightarrow \neg B(x)), \forall x(B(x) \vee C(x)), \neg \forall xC(x) \Rightarrow \neg \forall xA(x)$$

10. 使用 CP 规则构造下列推理的证明：
$$\exists xE(x) \rightarrow \forall x(Q(x) \rightarrow F(x)), \exists xS(x) \rightarrow \exists xQ(x) \Rightarrow \exists x(E(x) \wedge S(x)) \rightarrow \exists xF(x)$$

11. 证明下列推理的有效性：

所有有理数是实数，某些有理数是整数，所以某些实数是整数．

12. 构造下列推理的证明：

自然数都是整数，整数都是有理数，有些有理数不是整数，所以自然数都是有理数，并且存在既不是自然数又不是整数的有理数．

13. 在谓词逻辑中符号化下列推理中的命题，并用构造法证明该推理的有效性：

所有牛都有角，有些动物是牛，所以有些动物有角．

14. 在谓词逻辑中符号化下列推理中的命题，并用构造法证明该推理的有效性：

鸟会飞，猴子不会飞，所以猴子不是鸟．

15. 假定个体域为所有人组成的集合，在谓词逻辑中符号化下列推理中的命题，并用构造法证明该推理的有效性：

每个学生或是勤奋的或是聪明的，所有勤奋的人都会有所作为，并非每个学生都有所作为，所以有些学生是聪明的．

16. 在谓词逻辑中符号化下列推理中的命题，并用构造法证明该推理的有效性：

桌上的每本书都是杰作，写出杰作的人都是天才，某个不出名的人写了桌上的某本书，所以某个不出名的人是天才．

本 章 小 结

1. 个体、谓词、量词和函词

对原子命题内部结构及其逻辑关系进行讨论就是谓词逻辑，这些讨论涉及集合、映射、运算和关系．命题的考虑对象称为个体，个体所在的范围称为个体域．

表示个体性质以及个体之间关系的词称为谓词．对于 $n(n \geq 1)$ 元谓词 $P, P(x_1, x_2, \cdots, x_n)$ 是命题函数．

常用的量词有全称量词 $\forall$ 和存在量词 $\exists$．全称量词 $\forall$ 相当于"任意""全部""所有""每一个""一切"等，存在量词 $\exists$ 相当于"有些""某些""有的""存在""至少有一个"等．量词 $\forall x$ 或 $\exists x$ 的作用或管辖的范围称为 $\forall x$ 或 $\exists x$ 的作用域或辖域．辖域内的个体变元 x 称为约束变元．不受任何量词约束的变元称为自由变元．

表示个体之间关系的函数就是函词．

重点掌握量词的辖域，能区分约束变元和自由变元．

2. 谓词公式及命题的符号化

使用谓词将命题符号化得到的含义正确的表达式就是谓词公式．要求能熟练地在谓词逻辑中将命题符号化，具体步骤如下：

第 1 步，找出所给命题中的所有个体常量，并用 $a, b, c, \cdots, a_i, b_i, c_i, \cdots$ 表示(必要时使用函数表示)．

第 2 步,首先确定在给定个体域中应该选用的所有谓词,特别注意特性谓词的选取;其次确定量词.

第 3 步,确定函词.

第 4 步,通过找出联结词,将所给命题符号化.

3. 谓词公式的解释及类型

了解谓词公式的解释 I:

(1) 指定个体域 D.

(2) 为谓词公式中的命题变元指派其真值.

(3) 将谓词公式中的个体常量及其自由变元解释为指定个体域 D 中的元素.

(4) 将谓词公式中的函词解释为 D 上的函数.

(5) 将谓词公式中的谓词解释为 D 上的谓词.

要求会计算谓词公式在给定解释 I 下的真值.

在任何解释下均为真的谓词公式称为永真式或有效式. 至少存在一种解释使其为 1 的谓词公式称为可满足式,否则称为不可满足式或矛盾式或永假式. 既存在取 1 的解释,又存在取 0 的解释的谓词公式称为中性式或偶然式.

4. 逻辑等值的谓词公式

设 A,B 是谓词公式,$A=B$ 是指 A 和 B 在任何解释下的取值都相同.

要求记住 10 个基本谓词公式等值式,特别是下面两个较难记住的等值式:

(1) $\forall x(A(x) \land B(x)) = \forall x A(x) \land \forall x B(x)$.

(2) $\exists x(A(x) \lor B(x)) = \exists x A(x) \lor \exists x B(x)$.

5. 谓词公式的前束范式

设 A 是谓词公式,若 $A = Q_1 x_1 Q_2 x_2 \cdots Q_n x_n (\cdots B \cdots)(n \geq 0)$,其中 Q_i 为 $\forall$ 或 $\exists$,B 中不含量词,则称 $Q_1 x_1 Q_2 x_2 \cdots Q_n x_n (\cdots B \cdots)$ 为 A 的前束范式.

要求熟练掌握谓词公式前束范式的计算,计算步骤如下:

第 1 步,将逻辑联结词归约为只含 ¬,∧,∨ 的谓词公式.

第 2 步,使用以下两个等值式将否定联结词往谓词公式里面移:

(1) ¬$\forall x A(x) = \exists x \neg A(x)$.

(2) ¬$\exists x A(x) = \forall x \neg A(x)$.

第 3 步,使用基本谓词公式等值式将所有量词移到最前面,必要时使用改名技巧.

6. 谓词逻辑中的推理

要求能对较简单的谓词逻辑中推理的有效性进行构造性证明.

重要的两个谓词逻辑蕴涵式如下:

(1) $\forall x A(x) \lor \forall x B(x) \Rightarrow \forall x(A(x) \lor B(x))$.

(2) $\exists x(A(x) \land B(x)) \Rightarrow \exists x A(x) \land \exists x B(x)$.

4 个与量词有关的基本推理规则如下:

US 规则:全称量词消去规则.

(1) $\forall x A(x)$;

(2) $A(c)$(其中 c 为个体域中的任意个体).

UG:全称量词产生规则.

(1) $A(c)$（其中 c 为个体域中的任意个体）.

(2) $\forall x A(x)$.

ES 规则：存在量词消去规则.

(1) $\exists x A(x)$.

(2) $A(c)$（其中 c 为个体域中的某个体，c 在其前面未出现过）.

EG 规则：存在量词产生规则.

(1) $A(c)$（其中 c 为个体域中的某个体）.

(2) $\exists x A(x)$.

第 5 章 初 等 数 论

初等数论又称为算术,它起源于古希腊.被数学家高斯誉为"数学皇冠"的数论是一门研究整数特别是正整数性质的学科,它有近四千年的古老历史,却始终充满活力.中国在数论研究方面也取得了辉煌的成就,例如中国剩余定理和陈氏定理等.

初等数论在算法学、密码学等计算机领域有着非常重要的应用,国外离散数学教材几乎都会有这部分内容,其讨论范围为离散的整数集 $\mathbf{Z}=\{\cdots,-3,-2,-1,0,1,2,3,\cdots\}$.

通过对本章的学习,可较深入地体会集合、映射(即函数)、运算和关系在具体学科研究中所扮演的角色.

5.1 整除关系与素数

5.1.1 整除关系与带余除法

【定义 5-1】 整数集 $\mathbf{Z}$ 上的**整除关系**(divisibility relation)|定义为,对于任意 $m,n\in\mathbf{Z}$,$m|n$ 当且仅当存在 $q\in\mathbf{Z}$,使得 $n=qm$.这时称 m 是 n 的**因数**(divisor/factor)或 n 是 m 的**倍数**(multiple).

根据定义 5-1 知,6 和 -6 的因数有 $1,-1,2,-2,3,-3,6,-6$,特别地有 $2|6$,$-2|6$,$2|-6$,$-2|-6$.任意整数都是 0 的因数,即对于任意 $n\in\mathbf{Z}$,有 $n|0$,包括 $0|0$.

对于任意正整数 n,用 D_n 表示 n 的所有正因数组成的集合,于是 $D_{12}=\{1,2,3,4,6,12\}$.

对于任意整数 x,y,z,m 和 n,$\mathbf{Z}$ 上的整除关系具有如下性质:

(1) 对于任意 $x\in\mathbf{Z}$,有 $x|x$(自反性).
(2) 若 $x|y$ 且 $y|x$,则 $x=y$ 或 $x=-y$.
(3) 若 $x|y$ 且 $y|z$,则 $x|z$(传递性).
(4) 若 $x|y$ 且 $x|z$,则 $x|(my+nz)$.

可以证明下面的定理.

【定理 5-1】(带余除法) 对于整数 m 和 n,若 $m\neq 0$,存在唯一一对整数 q 和 r,使得
$$n=qm+r,\quad 0\leqslant r<|m|$$
其中,q 称为 n 除以 m 的**商**(quotient),r 称为 n 除以 m 的**余数**(remainder).

证

(1) 存在性.令 $A=\{n-km|k\in\mathbf{Z}\text{ 且 }n-km\geqslant 0\}$.显然,$A\neq\varnothing$.于是 A 中存在最小元素 r,这时设 $k=q$,即 $r=n-qm$,因而 $n=qm+r$,$r\geqslant 0$.

下面证明 $r<|m|$.若 $r\geqslant|m|$,则 $n-qm-|m|\geqslant 0$.由于 $n-qm-|m|\in A$,而 $n-qm-|m|<n-qm$,矛盾.于是存在整数 q 和 r 使得 $n=qm+r$,$0\leqslant r<|m|$.

(2) 唯一性. 假设还存在一对整数 q' 和 r', 使得 $n=q'm+r', 0 \leqslant r' < |m|$. 这时, $q'm+r'=qm+r$, 于是 $(q'-q)m=r-r'$, 进而 $m|r-r'$, 因而 $r-r'=0$, 即 $r'=r$, 进而 $q'=q$, 唯一性得证.

使用带余除法, 有 $2019=252\times 8+3, 2019=(-252)\times(-8)+3$.

显然, 当 $m \neq 0$ 时, 整除是余数为 0 时的带余除法.

设 b 为大于 1 的整数, 则 b 进制数

$$(u_r u_{r-1} \cdots u_1 u_0)_b = u_r b^r + u_{r-1} b^{r-1} + \cdots + u_1 b + u_0$$

利用带余除法, 可以将十进制数与其他进制的数进行转换. 例如十进制数 247 转换成八进制的方法如下: $247=30\times 8+7, 30=3\times 8+6$, 于是

$$247 = 30\times 8 + 7 = (3\times 8+6)\times 8 + 7 = 3\times 8^2 + 6\times 8 + 7$$

因此, $247=(367)_8$.

同理, $327=2^8+2^6+2^2+2^1+1=(101000111)_2$.

与带余除法密切相关的是模运算.

【**定义 5-2**】 对于正整数 m, 定义 x **模** m **运算**(modulo m operation) $x \pmod{m}$ 是整数 x 除以 m 的余数.

根据带余除法知, $x \pmod{m}$ 是使 $x=qm+r, 0 \leqslant r < m$ 成立的整数 r. 这里, f 是 $\mathbf{Z}$ 上的模 m 运算, 是一元运算.

下面给出模运算的 3 个最简单的应用.

将 26 个英文字母 $a, b, c, \cdots, z$ 分别对应于整数 0, 1, 2, $\cdots$, 25, 为了保密, 可以将每一个字母往后推移 3 位, 若接收到的密文为 l oryh brx, 则明文为 i love you. 这时的加密变换为 $c=(p+3)\pmod{26}$, 解密变换为 $p=(c-3)\pmod{26}$, 其中 p 是明文对应的整数, c 是密文对应的整数, 3 是密钥. 这种密码称为**凯撒密码**(Caesar cipher), 早在公元前世纪罗马皇帝凯撒就使用该方法传递作战命令.

将大量记录存放在 m 个不同的链表, 可以将每个记录的识别码 n 进行模 m 运算, 运算结果为该记录所在的链表, 即 $h(n)=n \pmod{m}$. 通常将 h 称为**散列函数**或**哈希函数**(Hash function).

利用模运算产生 $(0,1)$ 上服从均匀分布的**伪随机数**(pseudorandom number). 选取 4 个非负整数: 模数 m, 乘数 a, 常数 c 和种子数 x_0, 其中 $2 \leqslant a < m, 0 \leqslant c < m, 0 \leqslant x_0 < m$, 按下式得到序列 $x_1, x_2, x_3, \cdots$:

$$x_n = (ax_{n-1}+c)\pmod{m}$$

令 $u_n = \dfrac{x_n}{m} (n=1,2,3,\cdots)$, 得到 $(0,1)$ 上服从均匀分布的伪随机数.

5.1.2 素数与素因数分解

【**定义 5-3**】 对于大于 1 的正整数 p, 若 $D_p=\{1, p\}$, 即 p 的正因数只有 1 和 p, 则称 p 为**素数**(prime), 否则称 p 为**合数**(composite number).

素数又称为质数. 1 既不是素数又不是合数. 最前面的几个素数依次为 2, 3, 5, 7, 11, 13, 17, 19, 23, 29, 31, 37, 41, 43, 47, 53. 根据埃拉托色尼筛选法(the sieve of Eratosthene), 容易得知, 在正整数序列中, 越往后素数越少, 但可以证明存在无限多个素

数,进而所有素数构成的集合是一个可列集.

检查一个大于 1 的正整数是否为素数称为素数测试. 素数测试不仅具有重要的理论意义,而且在计算机密码学中具有十分重要的应用价值.

【例 5-1】 证明：若 $a>1$,a^n-1 是素数,则 $a=2$ 且 n 是素数.

证 显然 n 为正整数.

若 $a>2$,则由 $a^n-1=(a-1)(a^{n-1}+a^{n-2}+\cdots+1)$ 可知,a^n-1 是合数,因而 $a=2$. 当 n 为合数时,即 $n=ab$,$1<a<n$,$1<b<n$,有 $1<2^a-1<2^n-1$ 且 $2^n-1=(2^a)^b-1$. 容易验证 $x^m-y^m=(x-y)(x^{m-1}+x^{m-2}y+\cdots+y^{m-1})$,进而 $2^a-1|2^n-1$,于是 2^n-1 是合数,因此 n 是素数.

1. 梅森素数

当 n 为素数时,$2^2-1=3$,$2^3-1=7$,$2^5-1=31$,$2^7-1=127$ 都是素数,$2^{11}-1=2047=23\times 89$ 是合数. 对于素数 p,2^p-1 称为梅森(Mersenne)素数. 到 2014 年 10 月为止,英伟达公司 36 岁员工 Luke Durant 利用 GIMPS(greatest internet prime mersenne search)项目找到了第 52 个梅森素数 $2^{136\,279\,841}-1$,并获得该项目的 3000 美元奖励,这个数有 41 024 320 位. 你也可以加入梅森素数寻找的行列中(www. mersenne. org/prime. htm),利用超算能力全球第一和第二的中国"神威·太湖之光"和"天河二号"超级计算机,也许你会在 15min 内成为名人.

2. 孪生素数

若两个素数之差为 2,这两个素数就称为**孪生素数**(twin prime),例如 3 和 5、5 和 7、11 和 13、17 和 19、29 和 31 等.

是否存在无限对孪生素数是至今未解决的公开问题. 2013 年 5 月,美籍华人张益唐(Yitang Zhang)经过多年努力,在不依赖未经证明的推论的前提下,率先证明了一个"弱孪生素数猜想",即"存在无限对其差小于 7000 万的素数". 2014 年 2 月,他将素数对之差缩小到了 246.

3. 哥德巴赫猜想

哥德巴赫(C. Goldbach,1690—1764)在 1742 年提出"大于 4 的偶数是两个奇素数之和(俗称"1+1")"的猜想. 现已经对直到 10^{18} 的所有的大于 4 的偶数都验证了该结论是正确的. 1966 年,我国数学家陈景润证明了"一个充分大的偶数是一个奇素数与不超过两个奇素数的乘积之和(俗称"1+2")",被称为陈氏定理,这是目前为止最好的结果.

若一个素数 p 是 a 的因数,则称 p 是 a 的素因数. 由于合数必存在素因数,于是有下述**素因数分解定理**(prime factorization theorem)又称为**算术基本定理**.

【定理 5-2】(素因数分解定理) 任何大于 1 的整数 n 均可分解成素数乘积,即
$$n = p_1^{r_1} p_2^{r_2} \cdots p_k^{r_k}$$
其中 $p_1,p_2,\cdots,p_k$ 是不同的素数,$r_1,r_2,\cdots,r_k$ 是正整数.

证 对 n 使用数学归纳法. 当 $n=2$ 时显然成立. 假设大于 2、小于 k 的整数均可分解成素数的乘积. 当 $n=k$ 时,若 k 为素数,结论显然成立;若 k 为合数,则 $n=ab$,$1<a<n$,$1<b<n$. 根据归纳假设,a 和 b 均可分解成素数的乘积,进而 n 可分解成素数的乘积,有

$$8 = 2^3$$

$$12 = 2^2 \times 3$$
$$13 = 13^1 = 13$$
$$14 = 2^1 \times 7^1 = 2 \times 7$$
$$21\,560 = 2^3 \times 5 \times 7^2 \times 11$$

上述定理表明,从理论上讲,任何大于 1 的整数均可进行素因数分解,但一个较大的正整数的素因数分解问题是一个 NP 难问题. 当 $n = 142\,022$ 时,
$$F_n = 2^{2^n} + 1$$
的一个素因数到目前为止尚未找到. 同样,$10^{100} + 37$ 也未找到其一个素因数. 从理论上讲,1994 年 Shor 给出的量子算法在量子计算机上能有效解决该问题.

借助于素因数分解定理,可以证明以下结论.

【例 5-2】 证明:若 n 是合数,则 n 必有一个小于或等于 $\sqrt{n}$ 的素因数.

证 已知 n 是合数,于是存在 a 和 b 使得 $n = ab, 1 < a < n, 1 < b < n$. 于是 a 和 b 中必有一个小于或等于 $\sqrt{n}$. 这个因数或为素数,或根据素因数分解定理有素因数,这时总能找到一个小于或等于 $\sqrt{n}$ 的素因数.

因此,要检查 n 是否为素数,只需要检查 n 是否有一个小于或等于 $\sqrt{n}$ 且大于 1 的素因数即可. 根据此结论,可以编写一个程序以检验给定的正整数是否为素数. 同时,还可以对正整数进行素因数分解.

【例 5-3】 对 2019 进行素因数分解.

解 显然,若 2019 是合数,则其必有一个小于或等于 $\sqrt{2019} < 45$ 的素因数. 容易知道,3 是 2019 的素因数,即 $2019 = 3 \times 673$. 类似地,若 673 是合数,则其必有一个小于或等于 $\sqrt{673} < 26$ 的素因数:2,3,5,7,11,13,17,19,23. 由于 2,3,5,7,11,13,17,19,23 都不是 673 的素因数,因此 673 是素数. 故 2019 的素因数分解为
$$2019 = 3 \times 673$$

5.1.3 最大公因数

1. 最大公因数的定义和计算

【定义 5-4】 对于任意整数 m, n,若 $d \mid m$ 且 $d \mid n$,则称 d 为 m 和 n 的**公因数**(common divisor). 整数 m 和 n 的最大的公因数称为 m 和 n 的**最大公因数**(greatest common divisor),用 $\gcd(m, n)$ 或 (m, n) 表示.

例如,由于 $-2 \mid 4$ 且 $-2 \mid -6$,所以 -2 是 4 和 -6 的公因数. 容易知道,4 和 -6 的所有公因数为 $-1, -2, 1$ 和 2,其最大公因数为 2,即 $\gcd(4, -6) = 2$.

整数 m 和 n 的最大公因数也可记为 (m, n),即 $\gcd(m, n) = (m, n)$. 由于任何整数都是 0 的因数,因此 $\gcd(0, 0)$ 不存在. 若 $\gcd(m, n)$ 存在,则 $\gcd(m, n)$ 必为正整数.

显然,$\gcd(m, n) = \gcd(n, m) = \gcd(|m|, |n|)$ 且当 $m \neq 0$ 时 $\gcd(m, 0) = |m|$. 因此,在很多的时候,讨论的是两个正整数的最大公因数.

若 $m = p_1^{r_1} p_2^{r_2} \cdots p_k^{r_k} \in \mathbf{Z}^+, n = p_1^{s_1} p_2^{s_2} \cdots p_k^{s_k} \in \mathbf{Z}^+$($p_1, p_2, \cdots, p_k$ 是不同的素数,$r_1, r_2, \cdots, r_k$ 和 $s_1, s_2, \cdots, s_k$ 是非负整数),则
$$\gcd(m, n) = p_1^{\min(r_1, s_1)} p_2^{\min(r_2, s_2)} \cdots p_k^{\min(r_k, s_k)}$$

下面介绍求两个正整数 m 和 n 的最大公因数 $\gcd(m, n)$ 的有效算法——辗转相除法，又称为**欧几里得算法**（Euclid algorithm），是在公元前 300 年欧几里得在其《几何原本》中给出的，这可以算是离散数学最早的算法研究成果。

先证明下面的定理。

【定理 5-3】 对于任意不全为 0 的整数 n，m 和 r，若存在整数 q 使得 $n = qm + r$，则 n 和 m 与 m 和 r 有完全相同的公因数，进而 $\gcd(n, m) = \gcd(m, r)$。

证 显然，$d \mid n$ 且 $d \mid m$ 当且仅当 $d \mid m$ 且 $d \mid r$。于是 n 和 m 与 m 和 r 有完全相同的公因数，进而 $\gcd(n, m) = \gcd(m, r)$。

对于正整数 n 和 m（不妨设 $n \geq m$），多次使用带余除法，有

$$n = q_1 m + r_1, 0 < r_1 < m$$

$$m = q_2 r_1 + r_2, 0 < r_2 < r_1$$

$$\vdots$$

$$r_{k-2} = q_k r_{k-1} + r_k, 0 < r_k < r_{k-1}$$

$$r_{k-1} = q_{k+1} r_k$$

由于 $r_k < \cdots < r_2 < r_1 < n$，这种 k 是存在的，于是 $\gcd(n, m) = \gcd(m, r_1) = \gcd(r_1, r_2) = \cdots = \gcd(r_{k-1}, r_k) = \gcd(r_k, 0) = r_k$。

因为

$$r_k = r_{k-2} - q_k r_{k-1}$$

$$\vdots$$

$$r_2 = m - q_2 r_1$$

$$r_1 = n - q_1 m$$

于是存在整数 s 和 t 使得

$$\gcd(n, m) = ns + mt$$

从欧几里得算法可得以下定理。

【定理 5-4】 对于任意不全为 0 的整数 n 和 m，根据欧几里得算法可得 $\gcd(n, m)$，且 $\gcd(n, m)$ 是 n 和 m 的整系数线性组合，即存在整数 s 和 t 使得 $\gcd(n, m) = ns + mt$。

上式中的 s 和 t 称为**贝祖系数**（Bézout coefficient）。它不是唯一的：若 $\gcd(n, m) = ns + mt$，则对于任意 $k \in \mathbf{Z}$，$\gcd(n, m) = n(s + km) + m(t - kn)$。

【例 5-4】 利用欧几里得算法计算 $\gcd(119, 35)$，并求出整数 s 和 t 使得 $\gcd(119, 35) = 119s + 35t$。

解 因为 $119 = 3 \times 35 + 14$，$35 = 2 \times 14 + 7$，$14 = 2 \times 7$，所以 $\gcd(119, 35) = 7$。由于 $7 = 35 - 2 \times 14$，$14 = 119 - 3 \times 35$，于是 $7 = 35 - 2 \times (119 - 3 \times 35) = 119 \times (-2) + 35 \times 7$。

2. 互素关系

【定义 5-5】 设 $m, n \in \mathbf{Z}$，若 $\gcd(n, m) = 1$，则称 m 和 n **互素**（relatively prime 或 coprime）。

整数集 $\mathbf{Z}$ 上互素关系具有对称性。对于任意素数 p 和任意整数 n，显然 $\gcd(p, n) = 1$ 或 p，于是 p 与 n 互素或 $p \mid n$。

根据定理 5-4，可得以下定理。

【定理 5-5】 对于任意整数 m 和 n，$\gcd(n, m) = 1$ 的充要条件是存在整数 s 和 t 使得 $ns + mt = 1$.

由此可得以下定理.

【定理 5-6】 对于整数 m，n 和 k，下述结论成立.

(1) 若 $m|k$，$n|k$，且 $\gcd(m, n) = 1$，则 $mn|k$.

(2) 若 $m|nk$ 且 $\gcd(m, n) = 1$，则 $m|k$.

证 由于 $\gcd(m, n) = 1$，存在整数 s 和 t 使得 $ns+mt=1$，进而 $nks+mkt=k$.

(1) 若 $m|k$，$n|k$，则 $mn|kn$，$mn|km$，于是 $mn|kns$，$mn|kmt$，因此 $mn|nks+mkt$，即 $mn|k$.

(2) 若 $m|nk$，则 $m|nks+mkt$，这时 $m|k$.

【推论】 设 p 为素数且 $p|mn$，则 $p|m$ 或 $p|n$.

证 若 $p \nmid m$，则 $\gcd(p, m) = 1$. 由定理 5-6 知，$p|n$.

下面定义正整数集 $\mathbf{Z}^+$ 上的重要函数——欧拉函数.

【定义 5-6】 对于正整数 n，用 $\varphi(n)$ 表示小于或等于 n 且与 n 互素的正整数个数，称 φ 为**欧拉函数**（Euler function）.

例如 $\varphi(1) = 1$，$\varphi(2) = 1$，$\varphi(3) = 2$，$\varphi(4) = 2$，$\varphi(5) = 4$，$\varphi(6) = 2$. 当 p 为素数时，$\varphi(p) = p - 1$.

设 n 是大于 1 的正整数 n，其素数分解为 $n = p_1^{r_1} p_2^{r_2} \cdots p_k^{r_k}$，其中 $p_1, p_2, \cdots, p_k$ 是不同的素数，$r_1, r_2, \cdots, r_k$ 是正整数，利用容斥原理可以证明以下定理.

【定理 5-7】 对于大于 1 的正整数 n，若 $n = p_1^{r_1} p_2^{r_2} \cdots p_k^{r_k}$，其中 $p_1, p_2, \cdots, p_k$ 是不同的素数，$r_1, r_2, \cdots, r_k$ 是正整数，则

$$\varphi(n) = n \left(1 - \frac{1}{p_1}\right)\left(1 - \frac{1}{p_2}\right) \cdots \left(1 - \frac{1}{p_k}\right)$$

特别地，若 p 和 q 是不同的素数，则 $\varphi(pq) = (p-1)(q-1)$.

证 设全集 $U = \{1, 2, \cdots, n\}$，用 A_i 表示能被 p_i 整除的 U 中元素组成的集合，则

$$|A_i| = \frac{n}{p_i}, \quad i = 1, 2, \cdots, k$$

$$|A_i \cap A_j| = \frac{n}{p_i p_j}, \quad i, j = 1, 2, \cdots, k, i \neq j$$

$$\vdots$$

$$|A_1 \cap A_2 \cap \cdots \cap A_n| = \frac{n}{p_1 p_2 \cdots p_k}$$

因为 $|U| = n$ 且

$$|A_1 \cup A_2 \cup \cdots \cup A_n| = \sum_{i=1}^{n} |A_i| - \sum_{1 \leqslant i < j \leqslant n} |A_i \cap A_j| +$$

$$\sum_{1 \leqslant i < j < k \leqslant n} |A_i \cap A_j \cap A_k| - \cdots + (-1)^{n+1} |A_1 \cap A_2 \cap \cdots \cap A_n|$$

所以

$$|\overline{A_1} \cap \overline{A_2} \cap \cdots \cap \overline{A_n}| = |\overline{A_1 \cup A_2 \cup \cdots \cup A_n}|$$

$$= |U| - \sum_{i=1}^{n} |A_i| + \sum_{1 \leqslant i < j \leqslant n} |A_i \cap A_j| -$$

$$\sum_{1\leqslant i<j<k\leqslant n}|A_i\cap A_j\cap A_k|+\cdots+(-1)^n|A_1\cap A_2\cap\cdots\cap A_n|$$

$$=n-\left(\frac{n}{p_1}+\frac{n}{p_2}+\cdots+\frac{n}{p_k}\right)+\left(\frac{n}{p_1p_2}+\frac{n}{p_1p_3}+\cdots+\frac{n}{p_{k-1}p_k}\right)+\cdots+$$

$$(-1)^n\frac{n}{p_1p_2\cdots p_k}$$

$$=n\left(1-\frac{1}{p_1}\right)\left(1-\frac{1}{p_2}\right)\cdots\left(1-\frac{1}{p_k}\right)$$

若 p 和 q 是不同的素数,则 $\varphi(pq)=pq\left(1-\frac{1}{p}\right)\left(1-\frac{1}{q}\right)=(p-1)(q-1)$.

5.1.4 最小公倍数

【定义 5-7】 对于任意整数 m,n,若 $m|d$ 且 $n|d$,则称 d 为 m 和 n 的**公倍数**(common multiple). 非零整数 m 和 n 的公倍数中,最小的正整数称为 m 和 n 的**最小公倍数**(least common multiple),记为 $\mathrm{lcm}(m,n)$ 或 $[m,n]$. 约定,$\mathrm{lcm}(n,0)=0$.

例如,由于 $4|-12$ 且 $-6|-12$,所以 -12 是 4 和 -6 的公倍数. 4 和 -6 的公倍数很多,例如 $-12,-24,12,24,36$ 等,其最小正整数为 12,即 $\mathrm{lcm}(4,-6)=12$.

由于 $\mathrm{lcm}(m,n)=\mathrm{lcm}(n,m)=\mathrm{lcm}(|m|,|n|)$,因此在很多的时候,讨论的是两个正整数的最小公倍数.

若 $m=p_1^{r_1}p_2^{r_2}\cdots p_k^{r_k}\in\mathbf{Z}^+$,$n=p_1^{s_1}p_2^{s_2}\cdots p_k^{s_k}\in\mathbf{Z}^+$($p_1,p_2,\cdots,p_k$ 是不同的素数,$r_1,r_2,\cdots,r_k$ 和 $s_1,s_2,\cdots,s_k$ 是非负整数),则

$$\mathrm{lcm}(m,n)=p_1^{\max(r_1,s_1)}p_2^{\max(r_2,s_2)}\cdots p_k^{\max(r_k,s_k)}.$$

【例 5-5】 设 $\mathbf{Z}^+$ 是正整数集合,证明偏序集 $(\mathbf{Z}^+,|)$ 中任意两个元素均存在上确界以及下确界,其中 $|$ 是整除关系.

证 (1) 先证明 $\mathrm{lcm}(x,y)$ 是 $\{x,y\}$ 的上确界. 对于任意 $x,y\in\mathbf{Z}^+$,根据公倍数的定义知,$x|\mathrm{lcm}(x,y)$ 且 $y|\mathrm{lcm}(x,y)$,所以 $\mathrm{lcm}(x,y)$ 是 $\{x,y\}$ 的上界. 假定 z 是 $\{x,y\}$ 的上界,则 $x|z$ 且 $y|z$,即 z 是 x 与 y 的公倍数. 根据带余除法知,存在整数 q 和 r 使得 $z=q\cdot\mathrm{lcm}(x,y)+r$,$0\leqslant r<\mathrm{lcm}(x,y)$. 由公倍数的定义知 $x|r$ 且 $y|r$,即 r 是 x 和 y 的非负公倍数. 由 $\mathrm{lcm}(x,y)$ 的定义知 $r=0$,即 $\mathrm{lcm}(x,y)$ 是 $\{x,y\}$ 的上确界.

(2) 类似地可证明 x 与 y 的最大公约数 $\gcd(x,y)$ 是 $\{x,y\}$ 的下确界(留作练习).

习题 5.1

1. 分别讨论下述集合上的整除关系具有何种性质.

(1) 整数集 $\mathbf{Z}$.

(2) 自然数集 $\mathbf{N}$.

(3) 正整数 n 的正因数集 D_n.

2. 写出 35 的所有因数集合及所有正因数集合 D_{35}.

3. 证明:若关于 λ 的整系数方程 $a_n\lambda^n+a_{n-1}\lambda^{n-1}+\cdots+a_1\lambda+a_0=0(n\in\mathbf{Z}^+)$ 有有理数根

$\frac{r}{s}$,其中 gcd(r, s)=1,则 $r|a_0$ 且 $s|a_n$.

4. 证明:若 a 为正奇数,则 $8|a^2-1$.

5. 令 $m=8$,分别求出下述 n 除以 m 的商和余数.

   (1) $n=7$.

   (2) $n=-7$.

   (3) $n=58$.

   (4) $n=-49$.

6. 分别计算以下各式.

   (1) 2019 mod 19.

   (2) $-$2019 mod 19.

7. 计算 12345 的八进制数.

8. 分别计算以下各式.

   (1) $\varphi(6)$.

   (2) $\varphi(8)$.

   (3) $\varphi(15)$.

9. 证明:存在无限多个素数且它们是可列的.

10. 对 2015 进行素因数分解.

11. 计算 gcd(2035, 2019),并给出贝祖系数 s 和 t,使得 gcd(2035,2019)=2035s+2019t.

12. 证明:对于任意不全为 0 的整数 m 和 n,若存在整数 s 和 t 使得 gcd(n,m) = $ns+mt$,则 gcd(s, t) = 1. 试证明之.

13. 证明:若 gcd(m,n_1)=1 且 gcd(m,n_2)=1,则 gcd($m,n_1 n_2$)=1.

14. 证明:在偏序集($\mathbf{Z}^+$, |)中,任意两个元素均存在下确界,其中 | 是整除关系.

5.2 模同余关系

5.2.1 模同余关系

伟大的数学家高斯在 18 世纪末给出了整数集 $\mathbf{Z}$ 上的模 m 同余关系 $\equiv_m$,其中 m 是正整数,其在计算机密码学中有重要应用.

【定义 5-8】 设 m 是正整数,定义整数集 $\mathbf{Z}$ 上的**模 m 同余关系**(modulo m congruence relation)$\equiv_m$ 如下:

$$(x,y) \in \equiv_m \text{ 当且仅当 } m \mid (x-y)$$

之所以称 $\equiv_m$ 为模 m 同余关系,是因为 $m|(x-y)$ 当且仅当 x 除以 m 的余数与 y 除以 m 的余数相同,也就是说 $x\equiv_m y$ 当且仅当 $x(\bmod\ m)=y(\bmod\ m)$,由此可以看出模 m 同余关系与模 m 运算的区别和联系.

注意:$x\equiv_m y$ 在数论中常记为 $x\equiv y(\bmod\ m)$,实际上是 $x(\bmod\ m)=y(\bmod\ m)$,但不要与 $x=y(\bmod\ m)$ 混淆.

显然,有下述定理.

【定理 5-8】 模 m 同余关系是整数集 $\mathbf{Z}$ 上的等价关系,即具有

(1) **自反性**. 对任意 $x \in \mathbf{Z}$,有 $x \equiv x (\mathrm{mod}\ m)$.

(2) **对称性**. 对任意 $x, y \in \mathbf{Z}$,若 $x \equiv y (\mathrm{mod}\ m)$,则 $y \equiv x (\mathrm{mod}\ m)$.

(3) **传递性**. 对任意 $x, y, z \in \mathbf{Z}$,若 $x \equiv y (\mathrm{mod}\ m)$ 且 $y \equiv z (\mathrm{mod}\ m)$,则 $x \equiv z (\mathrm{mod}\ m)$.

证 (1) 对任意 $x \in \mathbf{Z}$,由于 $m | (x-x)$,所以有 $(x, x) \in \equiv_m$,于是 $\equiv_m$ 具有自反性.

(2) 对任意 $x, y \in \mathbf{Z}$,若 $(x, y) \in \equiv_m$,则 $m | (x-y)$,显然有 $m | -(x-y)$,即 $m | (y-x)$,于是有 $(y, x) \in \equiv_m$,因此,$\equiv_m$ 具有对称性.

(3) 对任意 $x, y, z \in \mathbf{Z}$,若 $(x, y) \in \equiv_m$ 且 $(y, z) \in \equiv_m$,则 $m | (x-y)$ 且 $m | (y-z)$,从而 $m | (x-y)+(y-z)$,即 $m | (x-z)$,所以 $(x, z) \in \equiv_m$,因此,$\equiv_m$ 具有传递性.

根据等价关系定义知,$\equiv_m$ 是 $\mathbf{Z}$ 上的等价关系.

由于模 m 同余关系 $\equiv_m$ 是 $\mathbf{Z}$ 上的等价关系,把其等价类称为**模 m 同余类**,其商集 $\mathbf{Z}/\equiv_m = \{[0], [1], \cdots, [m-1]\}$. 可以定义商集 $\mathbf{Z}/\equiv_m$ 上的加法运算和乘法运算. 为了方便,仅考虑模 m 剩余类 $\mathbf{Z}_m = \{0, 1, 2, \cdots, m-1\}$ 上的模 m 算术运算:模 m 加法运算 $+_m$ 和模 m 乘法运算 $\cdot_m$. 在不引起混淆的情况下,可将这两个运算简称为 $\mathbf{Z}_m$ 上的加法运算"$+$"和乘法运算"$\cdot$".

对于任意 $x, y \in \mathbf{Z}$,有

$$x +_m y = (x+y)(\mathrm{mod}\ m)$$

$$x \cdot_m y = (xy)(\mathrm{mod}\ m)$$

例如,若 $m = 3$,$3 +_3 (-5) = (-2)(\mathrm{mod}\ 3) = 1$,$3 \cdot_3 (-5) = (-15)(\mathrm{mod}\ 3) = 0$.

容易知道,模 m 加法运算 $+_m$ 和模 m 乘法运算 $\cdot_m$ 是 $\mathbf{Z}_m = \{0, 1, 2, \cdots, m-1\}$ 上的封闭运算.

【例 5-6】 分别写出 $\mathbf{Z}_6 = \{0, 1, 2, 3, 4, 5\}$ 关于模 6 加法运算 $+_6$ 和模 6 乘法运算 $\cdot_6$ 的运算表.

解 $\mathbf{Z}_6$ 关于模 6 加法运算 $+_6$ 和模 6 乘法运算 $\cdot_6$ 的运算表分别如表 5-1 和表 5-2 所示.

表 5-1

$+_6$	0	1	2	3	4	5
0	0	1	2	3	4	5
1	1	2	3	4	5	0
2	2	3	4	5	0	1
3	3	4	5	0	1	2
4	4	5	0	1	2	3
5	5	0	1	2	3	4

表 5-2

$\cdot_6$	0	1	2	3	4	5
0	0	0	0	0	0	0
1	0	1	2	3	4	5
2	0	2	4	0	2	4
3	0	3	0	3	0	3
4	0	4	2	0	4	2
5	0	5	4	3	2	1

模 m 同余关系还具有下述性质.

【定理 5-9】 设 m 是正整数,则

(1) 若 $a \equiv b (\mathrm{mod}\ m)$ 且 $c \equiv d (\mathrm{mod}\ m)$,则 $a + c \equiv b + d (\mathrm{mod}\ m)$.

(2) 若 $a \equiv b (\mathrm{mod}\ m)$ 且 $c \equiv d (\mathrm{mod}\ m)$,则 $ac \equiv bd (\mathrm{mod}\ m)$. 特别地,

- 对于正整数 n,若 $a \equiv b (\mathrm{mod}\ m)$,则 $a^n \equiv b^n (\mathrm{mod}\ m)$;
- 对于任意整数 c,若 $a \equiv b (\mathrm{mod}\ m)$,则 $ac \equiv bc (\mathrm{mod}\ m)$.

证 由于 $a \equiv b (\mathrm{mod}\ m)$ 且 $c \equiv d (\mathrm{mod}\ m)$,所以 $m | (a-b)$ 且 $m | (c-d)$. 于是,存在

整数 k 和 l 使得 $a - b = km$ 且 $c - d = lm$. 这时,

(1) $(a + c) - (b + d) = (k + l)m$, 进而 $a + c \equiv b + d \pmod{m}$.

(2) $ac = (b + km)(d + lm) = bd + (bl + dk + klm)m$, 进而 $ac \equiv bd \pmod{m}$.

【例 5-7】 求 3^{2019} 的个位数.

解 显然,3^{2019} 的个位数为 $3^{2019} \pmod{10}$. 由于 $3^4 \equiv 1 \pmod{10}$, 而 $2019 = 4 \times 504 + 3$, 根据定理 5-9(2), 有 $3^{4 \times 504} \equiv 1^{504} \pmod{10} = 1 \pmod{10}$, $3^{4 \times 504 + 3} \equiv 1 \times 3^3 \pmod{10} = 7 \pmod{10}$, 即 $3^{2019} \pmod{10} = 7$. 故 3^{2019} 的个位数为 7.

在用数论知识研究密码学时,经常进行幂模(power modulo)运算 $a^k \pmod{m}$. 利用模同余关系的性质,可以得到一些幂模运算结果,如例 5-7. 其次是考虑利用欧拉定理或费马小定理做幂模运算.

下面证明欧拉定理(Euler's theorem).

【定理 5-10】(欧拉定理) 若整数 a 与正整数 m 互素,即 $\gcd(a, m) = 1$, 则 $a^{\varphi(m)} \equiv 1 \pmod{m}$, 其中 φ 为欧拉函数.

证 令 S 是小于或等于 m 且与 m 互素的正整数组成的集合,于是 $|S| = \varphi(m)$, 不妨记 $S = \{r_1, r_2, \cdots, r_{\varphi(m)}\}$. 由于 $\gcd(a, m) = 1$, 下面证明 $S = \{ar_1 \pmod{m}, ar_2 \pmod{m}, \cdots, ar_{\varphi(m)} \pmod{m}\}$.

一方面,由于 $\gcd(a, m) = 1$ 且 $\gcd(r_i, m) = 1$, 于是 $\gcd(ar_i, m) = 1 (i = 1, 2, \cdots, \varphi(m))$, 进而 $\{ar_1 \pmod{m}, ar_2 \pmod{m}, \cdots, ar_{\varphi(m)} \pmod{m}\} \subseteq S$.

另一方面,$ar_i \pmod{m} \neq ar_j \pmod{m} (i \neq j)$. 若 $ar_i \pmod{m} = ar_j \pmod{m}$, 则 $m | ar_i - ar_j$, 即 $m | a(r_i - r_j)$. 因为 $\gcd(a, m) = 1$, 因而 $m | r_i - r_j$, 进而 $r_i = r_j$, 不可能.

因此,有 $S = \{ar_1 \pmod{m}, ar_2 \pmod{m}, \cdots, ar_{\varphi(m)} \pmod{m}\}$. 由此可得,$ar_1 \pmod{m} \cdot ar_2 \pmod{m} \cdots ar_{\varphi(m)} \pmod{m} = r_1 \cdot r_2 \cdots r_{\varphi(m)}$, 即

$$ar_1 \cdot ar_2 \cdots ar_{\varphi(m)} \equiv r_1 \cdot r_2 \cdots r_{\varphi(m)} \pmod{m}$$

$$a^{\varphi(m)} r_1 \cdot r_2 \cdots r_{\varphi(m)} \equiv r_1 \cdot r_2 \cdots r_{\varphi(m)} \pmod{m}$$

由于 $\gcd(r_i, m) = 1 (i = 1, 2, \cdots, \varphi(m))$, 故 $a^{\varphi(m)} \equiv 1 \pmod{m}$.

若 p 为素数,则 $\varphi(p) = p - 1$. 于是,由欧拉定理可得费马小定理(Fermat's little theorem).

【定理 5-11】(费马小定理) 设 p 为素数且整数 a 与 p 互素,即 $\gcd(a, p) = 1$, 则 $a^{p-1} \equiv 1 \pmod{p}$.

说明:

(1) 费马小定理的逆不成立,也就是说存在合数 n, 即使 a 与 n 互素,$a^{n-1} \equiv 1 \pmod{n}$ 仍成立,例如 $341 = 11 \times 31$, 而 $2^{341-1} \equiv 1 \pmod{341}$, 但这样的 n[称为卡迈克尔(Carmichael)数]非常少.

(2) **费马大定理**(Fermat last theorem)如下:对任意正整数 a, b, c 和 n, 当 $n > 2$ 时,有 $a^n + b^n \neq c^n$[1995 年被英国数学家安德鲁·怀尔斯(Andrew Wiles)证明,1988 年获 Fields 奖].

【例 5-8】 根据费马小定理计算 $5^{2019} \pmod{7}$.

解 由于 $\varphi(7) = 6$, 根据费马小定理,有 $5^6 \equiv 1 \pmod{7}$. 而 $2019 = 336 \times 6 + 3$, 所以 $5^{2019} = 5^{336 \times 6 + 3} = (5^6)^{336} \times 5^3 \equiv 1 \times 5^3 \pmod{7} = 125 \pmod{7} = 6$.

最后介绍当 a, k 及 m 较大时计算 $a^k \pmod{m}$ 的较一般方法:**逐次平方法**(successive squaring method). 该方法包括以下 3 个步骤.

(1) 求出 k 的二进制表示 $k=(u_r\cdots u_2u_1u_0)_2$,即
$$k = u_0 + u_1 \cdot 2 + u_2 \cdot 2^2 + \cdots + u_r \cdot 2^r, \quad u_i = 0,1, 0 \leqslant i \leqslant r$$

(2) 分别计算 $a^1, a^2, \cdots, a^{2^r}$:
$$a^1 \equiv A_0 \pmod{m}$$
$$a^2 \equiv A_0^2 \pmod{m} \equiv A_1 \pmod{m}$$
$$a^4 = (a^2)^2 \equiv A_1^2 \pmod{m} \equiv A_2 \pmod{m}$$
$$a^8 = (a^4)^2 \equiv A_2^2 \pmod{m} \equiv A_3 \pmod{m}$$
$$\vdots$$
$$a^{2^r} = (a^{2^{r-1}})^2 \equiv A_{r-1}^2 \pmod{m} \equiv A_r \pmod{m}$$

(3) 根据模同余关系的性质计算 $A_0^{u_0} A_1^{u_1} A_2^{u_2} \cdots A_r^{u_r} \pmod{m}$.

这时 $a^k \equiv A_0^{u_0} A_1^{u_1} A_2^{u_2} \cdots A_r^{u_r} \pmod{m}$,因为
$$a^k = a^{u_0 + u_1 \cdot 2 + u_2 \cdot 2^2 + u_3 \cdot 2^3 + \cdots + u_r \cdot 2^r}$$
$$= a^{u_0} a^{u_1 \cdot 2} a^{u_2 \cdot 2^2} a^{u_3 \cdot 2^3} \cdots a^{u_r \cdot 2^r}$$
$$\equiv A_0^{u_0} A_1^{u_1} A_2^{u_2} \cdots A_r^{u_r} \pmod{m}$$

【例 5-9】 计算 $7^{327} \pmod{853}$.

解 (1) $327 = (101000111)_2 = 2^8 + 2^6 + 2^2 + 2 + 1$

(2) $7^1 \equiv 7 \pmod{853}$

$7^2 = 49 \equiv 49 \pmod{853}$

$7^4 = 49^2 = 2401 \equiv 695 \pmod{853}$

$7^8 = (7^4)^2 = 695^2 = 483\,025 \equiv 227 \pmod{853}$

$7^{16} = (7^8)^2 = 227^2 = 51\,529 \equiv 349 \pmod{853}$

$7^{32} = (7^{16})^2 = 349^2 = 121\,801 \equiv 675 \pmod{853}$

$7^{64} = (7^{32})^2 = 675^2 = 455\,625 \equiv 123 \pmod{853}$

$7^{128} = (7^{64})^2 = 123^2 = 15\,129 \equiv 628 \pmod{853}$

$7^{256} = (7^{128})^2 = 628^2 = 394\,384 \equiv 298 \pmod{853}$

(3) $7^{327} = 7^{256} \times 7^{64} \times 7^4 \times 7^2 \times 7 \equiv 298 \times 123 \times 695 \times 49 \times 7 \pmod{853}$
$\equiv 828 \times 695 \times 49 \times 7 \pmod{853} \equiv 538 \times 49 \times 7 \pmod{853}$
$\equiv 772 \times 7 \pmod{853} \equiv 286 \pmod{853} = 286$

注:对于给定正整数 a,b 和 m,其中 $m > 1$,求解正整数 x 使得 $a^x \equiv b \pmod{m}$ 是求 $\mathbf{Z}$ 上的离散对数,是一个 NP 难问题.

5.2.2 模同余方程(组)

与模同余关系密切相关的一个重要内容是同余方程(组),特别是线性同余方程,它们在密码学中应用广泛.

1. 线性同余方程

对于给定的整数 a,b 和正整数 m,关于 x 的**同余关系式**
$$ax \equiv b \pmod{m}$$

称为**线性同余方程**(linear congruence equation),可简称同余方程.

之所以把 $ax \equiv b \pmod m$ 称为方程,是因为它就是 $ax \pmod m = b \pmod m$. 线性是指式中仅出现 x 的一次项.

显然,若 x 是 $ax \equiv b \pmod m$ 的解,则对于任意与 x 模 m 同余的整数都是 $ax \equiv b \pmod m$ 的解,通常把与 x 模 m 同余的整数解看作一个解,也通常取为 $x \pmod m$. 于是,可在 $\mathbf{Z}_m = \{0, 1, 2, \cdots, m-1\}$ 中找出 $ax \equiv b \pmod m$ 的所有解. 当 m 较小时,可以用 $\mathbf{Z}_m = \{0, 1, 2, \cdots, m-1\}$ 中的数去"试".

【**例 5-10**】 求解同余方程 $8x \equiv 4 \pmod 6$.

解 容易验证,$\mathbf{Z}_6 = \{0, 1, 2, 3, 4, 5\}$ 中的 2 和 5 是其解.

不是所有同余方程都有解. 例如,同余方程 $6x \equiv 15 \pmod 4$ 没有解,因为 $x \in \mathbf{Z}_4 = \{0, 1, 2, 3\}$ 均不满足该方程,或对于任意整数 x,均不可能 $4 | (6x - 15)$. 由此有下述定理.

【**定理 5-12**】 同余方程 $ax \equiv b \pmod m$ 有解的充要条件是 $\gcd(a, m) | b$. 这时,该同余方程有 $\gcd(a, m)$ 个解.

证 ($\Rightarrow$) 若 $ax \equiv b \pmod m$ 有解,则 $m | ax - b$,于是存在 $t \in \mathbf{Z}$,使得 $ax - b = mt$,即 $ax - mt = b$,于是 $\gcd(a, m) | b$.

($\Leftarrow$) 根据欧几里得算法,存在 $s, t \in \mathbf{Z}$,使得 $as + mt = \gcd(a, m)$. 已知 $\gcd(a, m) | b$,存在 $k \in \mathbf{Z}$,使得 $b = k \gcd(a, m)$. 由于 $a(ks) + m(kt) = k \gcd(a, m) = b$,令 $x = ks$,有 $ax - m(kt) = b$,由此可得 $ax \equiv b \pmod m$. 故 $ax \equiv b \pmod m$ 有解.

利用欧几里得算法得出使 $as + mt = \gcd(a, m)$ 成立的 $s, t \in \mathbf{Z}$,则 $x = ks$ 是 $ax \equiv b \pmod m$ 的一个解,其中 $k = b/\gcd(a, m)$. 如何找出 $ax \equiv b \pmod m$ 的所有解?

设 x 是 $ax \equiv b \pmod m$ 的一个解,y 是 $ax \equiv b \pmod m$ 的任意解,则 $ax \equiv ay \pmod m$,于是 $m | ax - ay$,进而

$$\frac{m}{\gcd(a, m)} \Big| \frac{a(x - y)}{\gcd(a, m)}$$

由于 $m/\gcd(a, m)$ 和 $a/\gcd(a, m)$ 互素,所以 $\dfrac{m}{\gcd(a, m)} | x - y$. 因此,存在整数 k,使得 $y = x + k \times \dfrac{m}{\gcd(a, m)}$. 在模 m 意义下,$k = 0, 1, 2, \cdots, \gcd(a, m) - 1$ 即可,显然,同余方程 $ax \equiv b \pmod m$ 有 $\gcd(a, m)$ 个解.

由于 $\gcd(6, 4) = 2 \nmid 15$,所以 $6x \equiv 15 \pmod 4$ 没有解.

【**例 5-11**】 求同余方程 $119x \equiv 14 \pmod{35}$ 的所有解.

解 由例 5-4 知,$\gcd(119, 35) = 7 = 119 \times (-2) + 35 \times 7$. 由于 $14/\gcd(119, 35) = 2$,于是 $2 \times (-2) \pmod{35} = 31$ 是同余方程 $119x \equiv 14 \pmod{35}$ 的一个解;

由上面的推导过程知,同余方程 $119x \equiv 14 \pmod{35}$ 有 $\gcd(119, 35) = 7$ 个解:$y = x + k \times \dfrac{m}{\gcd(a, m)} = 31 + k \times \dfrac{35}{7}$,$k = 0, 1, 2, \cdots, 6$. 在模 35 意义下,分别为 31, 1, 6, 11, 16, 21, 26.

若 a 与 m 互素,即 $\gcd(a, m) = 1$,显然有 $\gcd(a, m) | b$,这时 $ax \equiv b \pmod m$ 有且只有一个解. 特别地,若 $\gcd(a, m) = 1$,则 $ax \equiv 1 \pmod m$ 有唯一解,该解称为 **a 模 m 的乘法逆元**,可记为 a^{-1},它实际上是 $a \in \mathbf{Z}$ 关于 $\cdot_m$ 运算的逆元.

如果知道 a 模 m 的乘法逆元 a^{-1}，在同余方程 $ax \equiv b \pmod{m}$ 两边乘以 a^{-1}，得到 $x \equiv a^{-1}b \pmod{m}$。

2. 线性同余方程组

下面介绍与线性同余方程密切相关的著名的**中国剩余定理**（Chinese Remainder Theorem，CRT），又称为孙子定理，它在密钥的分散管理中有重要应用。

公元 5～6 世纪，我国南北朝时期的数学著作《孙子算经》里面有一个"物不知数"问题："今有物，不知其数，三三数之剩二，五五数之剩三，七七数之剩二，问物几何？"这就是求解线性同余方程组

$$\begin{cases} x \equiv 2 \pmod{3} \\ x \equiv 3 \pmod{5} \\ x \equiv 2 \pmod{7} \end{cases}$$

【**定理 5-13**】（中国剩余定理） 设正整数 $m_1, m_2, \cdots, m_k$ 两两互素，则线性同余方程组

$$\begin{cases} x \equiv a_1 \pmod{m_1} \\ x \equiv a_2 \pmod{m_2} \\ \quad \vdots \\ x \equiv a_k \pmod{m_k} \end{cases}$$

有整数解，且在模 $m = m_1 m_2 \cdots m_k$ 下解是唯一的，即任意两个解都是模 m 同余的。

证 记 $M_i = \dfrac{m}{m_i}$，$i = 1, 2, \cdots, k$。由于 $\gcd(M_i, m_i) = 1$，存在整数 x_i 使得 $M_i x_i \equiv 1 \pmod{m_i}$，$i = 1, 2, \cdots, k$。取

$$x = a_1 M_1 x_1 + a_2 M_2 x_2 + \cdots + a_k M_k x_k$$

即满足上述线性同余方程组。

若 y 是上述同余方程组的解，则 $x \equiv y \pmod{m_i}$，则 $m_i \mid x - y$，$i = 1, 2, \cdots, k$，由于正整数 $m_1, m_2, \cdots, m_k$ 两两互素，根据定理 5-6 知，$m_1 m_2 \cdots m_k \mid x - y$，故 $x \equiv y \pmod{m_1 m_2 \cdots m_k}$。

在"物不知数"问题中，$m = 3 \times 5 \times 7 = 105$，$M_1 = 35$，$M_2 = 21$，$M_3 = 15$。而 $35 \times 2 \equiv 1 \pmod{3}$，$21 \times 1 \equiv 1 \pmod{5}$，$15 \times 1 \equiv 1 \pmod{7}$，于是 $x_1 = 2$，$x_2 = 1$，$x_3 = 1$，所以 $x = 2 \times 35 \times 2 + 3 \times 21 \times 1 + 2 \times 15 \times 1 = 233$。在模 $m = 105$ 下解是 23，这是最小解。请注意，还有其他解。

习题 5.2

1. 下述结论是否成立？

   (1) $2019 \equiv 1983 \pmod{18}$。

   (2) $34^2 \equiv -1 \pmod{15}$。

2. 设 p 是素数。证明：对于任意整数 n，若 $n^2 \equiv 1 \pmod{p}$，则 $n \equiv 1 \pmod{p}$ 或 $n \equiv -1 \pmod{p}$。

3. 设 m 是正整数，对于任意整数 x 和 y，判断下列结论是否成立，并给出理由。

   (1) 若 $x^2 \equiv y^2 \pmod{m}$，则 $x \equiv y \pmod{m}$ 或 $x \equiv -y \pmod{m}$。

   (2) 若 $x^2 \equiv y^2 \pmod{m^2}$，则 $x \equiv y \pmod{m}$ 或 $x \equiv -y \pmod{m}$。

4. 分别写出 $\mathbf{Z}_5 = \{0, 1, 2, 3, 4\}$ 关于模 5 加法运算 $+_5$ 和模 5 乘法运算 $\cdot_5$ 的运算表。

5. 证明：若 $\gcd(m, n) = 1$，则 $a \equiv b \pmod{m}$ 当且仅当 $an \equiv bn \pmod{m}$。

6. 计算下列幂模.

(1) $2^{2019} \pmod 7$.

(2) $7^{2019} \pmod{11}$.

7. 证明:

(1) 15 是 7 模 26 的乘法逆元,并求解线性同余方程 $15x \equiv 1 \pmod{26}$.

(2) 937 是 13 模 2436 的乘法逆元,并求解线性同余方程 $13x \equiv 1 \pmod{2436}$.

8. 求解下列线性同余方程.

(1) $8x \equiv 2 \pmod 6$.

(2) $4x \equiv -1 \pmod 6$.

(3) $3x \equiv 4 \pmod 7$.

(4) $256x \equiv 158 \pmod{337}$.

9. 利用中国剩余定理求解下列线性同余方程组.

$$\begin{cases} x \equiv 1 \pmod 5 \\ x \equiv 5 \pmod 6 \\ x \equiv 4 \pmod 7 \\ x \equiv 10 \pmod{11} \end{cases}$$

10. 证明(**Wilson** 定理):设 $p > 1$,则 p 是素数的充要条件是 $(p-1)! \equiv -1 \pmod p$.

5.3 RSA 密码算法

5.3.1 加密与解密过程

用户 Alice 要通过信道把明文信息 m 发送给用户 Bob,而非法用户 Oscar 在窃听. 为了保证通信安全,Alice 使用密钥 k_1 将信息 m 加密为密文 c,即 $c = E(m)$;当 Bob 收到密文 c 以后,再用密钥 k_2 将密文 c 还原为 m,即 $m = D(c)$,如图 5-1 所示. 由于 Oscar 无法获得密钥,即使获得密文 c 也无法得到明文 m.

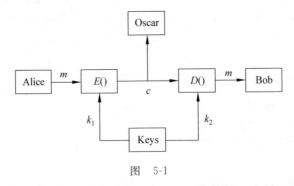

图 5-1

5.3.2 RSA 密码算法

RSA 密码算法是由 MIT 的 3 位学者 R. Rivest, A. Shamir 和 L. Adleman 于 1978 年在名为《数字签名和公钥密码的一个方法》的论文中提出的划时代的公钥密码算法,现已广泛用于各种密码系统中. 其理论基础是费马小定理,其安全性依赖于大整数因数分解的困难性. 这 3 位学者因在密码学和信息安全方面的这一突出贡献获得 2002 年图灵奖.

1. 加密过程

加密过程分为 3 步.

第 1 步,选取两个不同的较大的素数 p 和 q,并计算 $n = pq$.

第 2 步,找出一个与 $\varphi(n) = (p-1)(q-1)$ 互素的较小的正整数 $e(e>1)$.

第 3 步,首先将明文数字化并分成若干段,使得每个明文段的数值小于 n;然后把明文段 m 加密为

$$c = E(m) = m^e \pmod{n}.$$

加密时,n 和 e 是公钥(public key),素数 p,q 和 $\varphi(n)$ 是私钥(private key).

2. 解密过程

解密过程分为两步.

第 4 步,求出 e 模 $\varphi(n)$ 的乘法逆元 d,即 d 满足 $ed \equiv 1[\mod \varphi(n)]$.

第 5 步,将密文 c 解密:

$$m = D(c) = c^d \pmod{n}$$

解密时,d 是私钥.

下面证明算法的正确性. 由于 $m < n$,只需要证明 $c^d \pmod{n} = m$. 由于 $m^e \pmod{n} = c$,只要证明 $m^{ed} \pmod{n} = m$. 因为 $ed \equiv 1[\mod \varphi(n)]$,存在正整数 k 使得 $ed = k\varphi(n) + 1$. 注意到 $m < n$,$n = pq$,p 和 q 是素数,对于 m 和 p 的关系分两种情况讨论:

(1) $\gcd(m, p) = 1$. 由费马小定理,有 $m^{p-1} \equiv 1 \pmod{p}$. 于是

$$m^{ed} = m^{k\varphi(n)+1} = m^{k(p-1)(q-1)+1} = (m^{p-1})^{k(q-1)} \times m \equiv m \pmod{p}$$

(2) $\gcd(m, p) \neq 1$. 这时 $p | m$,显然有

$$m^{ed} = m^{k\varphi(n)+1} = m^{k\varphi(n)} \times m \equiv m \pmod{p}$$

所以,有 $m^{ed} = m \pmod{p}$.

类似地,有 $m^{ed} = m \pmod{q}$. 由于 $\gcd(p, q) = 1$,根据定理 5-6 知

$$m^{ed} \equiv m \pmod{pq}$$

即 $m^{ed} \pmod{n} = m$.

【例 5-12】 设 $p = 7933$,$q = 6469$,对数据 $m = 941423$ 使用 RSA 算法加密和解密.

解 第 1 步,$n = pq = 51318577$.

第 2 步,由于 $\varphi(n) = (p-1)(q-1) = 51304176$,取 $e = 17$.

第 3 步,计算 $c = E(m) = 941423^{17} \pmod{51318577} = 11254751$.

第 4 步,可根据欧几里得算法找到 $d = 21125249$.

第 5 步,计算 $m = D(c) = 11254751^{21125249} \pmod{51318577} = 941423$.

说明 对很大的 n 进行素因数分解是非常困难的,1997 年 P. W. Shor 给出了量子计算机上素因数分解的多项式时间算法.

习题 5.3

1. 说明:若已知 n 及 $\varphi(n)$,其中 n 是两个素数 p 和 q 的乘积,则容易求出 p 和 q.

2. 用 00~25 分别表示 A~Z,每个字母用两位数字表示,在 RSA 密码算法中,取

$(n, e) = (35, 7)$.

(1) 把 STOP 加密.

(2) 把 32 14 32 解密.

本 章 小 结

1. 整除关系与素数

(1) 整数集 **Z** 上的**整除关系** | 是一种常见的关系,定义为:对于任意 $m, n \in \mathbf{Z}$, $m | n$ 当且仅当存在 $q \in \mathbf{Z}$, 使得 $n = qm$.

带余除法是整数集 **Z** 中的重要结论:对于整数 m 和 n, 若 $m \neq 0$, 存在唯一一对整数 q 和 r, 使得 $n = qm + r$, $0 \leqslant r < |m|$, 其中, q 称为 n 除以 m 的商, r 称为 n 除以 m 的余数. 若 $r = 0$, 则 $m | n$. 利用带余除法,可以将十进制数转换为其他进制的数.

与带余除法密切相关的是**模运算** $x \bmod m$, 它是整数 x 除以 m 的余数.

(2) 对于大于 1 的正整数 p, 若 p 的正因数只有 1 和 p, 则称 p **为素数**, 否则称 p 为合数. 素数测试不仅具有重要的理论意义,而且在计算机密码学中具有十分重要的应用价值.

从理论上讲,任何大于 1 的整数均可对其进行素因数分解.

算术基本定理:任何大于 1 的整数 n 均可分解成素数乘积,即

$$n = p_1^{r_1} p_2^{r_2} \cdots p_k^{r_k}$$

其中 $p_1, p_2, \cdots, p_k$ 是不同素数, $r_1, r_2, \cdots, r_k$ 是正整数.

(3) 对于任意整数 m, n, 若 $d | m$ 且 $d | n$, 则称 d 为 m 和 n 的**公因数**. 整数 m 和 n 的最大的公因数称为 m 和 n 的**最大公因数**, 用 $\gcd(m, n)$ 表示. 离散数学最早的算法是**欧几里得算法**, 利用它可得出任意两个不全为 0 的整数的最大公因数.

设 $m, n \in \mathbf{Z}$, 若 $\gcd(n, m) = 1$, 则称 m 和 n **互素**.

对于正整数 n, **欧拉函数** $\varphi(n)$ 表示小于或等于 n 且与 n 互素的正整数个数. 一个重要结论:对于大于 1 的正数数 n, 若 $n = p_1^{r_1} p_2^{r_2} \cdots p_k^{r_k}$, 其中 $p_1, p_2, \cdots, p_k$ 是不同的素数, $r_1, r_2, \cdots, r_k$ 是正整数, 则

$$\varphi(n) = n \left(1 - \frac{1}{p_1}\right)\left(1 - \frac{1}{p_2}\right) \cdots \left(1 - \frac{1}{p_k}\right)$$

(4) 对于任意整数 m, n, 若 $m | d$ 且 $n | d$, 则称 d 为 m 和 n 的**公倍数**. 所有整数 m 和 n 的公倍数中,最小的非负整数称为 m 和 n 的**最小公倍数**, 记为 $\mathrm{lcm}(m, n)$ 或 $[m, n]$.

2. 模同余关系

(1) 对于正整数 m, 整数集 **Z** 上的**模** m **同余关系** $\equiv_m$ 在计算机密码学中有重要应用: $(x, y) \in \equiv_m$ 当且仅当 $m | (x - y)$. $\equiv_m$ 是 **Z** 上的等价关系, 其**模** m **同余类**可记为 $\mathbf{Z}_m = \{0, 1, 2, \cdots, m - 1\}$, 可研究 $\mathbf{Z}_m$ 上的模 m 加法运算 $+_m$ 和模 m 乘法运算 $\cdot_m$. 与 $\equiv_m$ 有关的重要结论有以下两个定理.

欧拉定理 若整数 a 与正整数 m 互素, 即 $\gcd(a, m) = 1$, 则 $a^{\varphi(m)} \equiv 1 (\bmod\ m)$, 其中 $\varphi(m)$ 欧拉函数.

费马小定理 设 p 为素数且整数 a 与 p 互素, 即 $\gcd(a, p) = 1$, 则 $a^{p-1} \equiv 1 (\bmod\ p)$, 即 $a^p \equiv a (\bmod\ p)$.

（2）对于给定的整数 a,b 和正整数 m，关于 x 的同余关系式 $ax \equiv b(\bmod m)$ 称为**线性同余方程**，可简称**同余方程**. 可以证明：同余方程 $ax \equiv b(\bmod m)$ 有解的充要条件是 $\gcd(a,m) | b$.

了解与线性同余方程密切相关的著名的**中国剩余定理**，它在密钥的分散管理中有重要应用.

3. RSA 密码算法

了解 RSA 密码算法，它是划时代公钥密码算法，现已广泛用于各种密码系统中，其理论基础是费马小定理，其安全性依赖于大整数因数分解的困难性.

第6章 图论基础

图论的创始人是瑞士数学家欧拉,他于1736年首次建立"图"模型解决了哥尼斯堡七桥问题.

1936年匈牙利的丹尼斯科尼格(Deneskönig)出版了第一本图论方面的专著,在这一时期德国的基尔霍夫(G. R. Kirchhoff)、英国的凯利(A. Cayley)和哈密顿(W. R. Hamilton)以及法国的若尔当(M. E. C. Jordan)等人都做出过开创性的工作.

将集合间的关系画图表示出来就是图.图论讨论的是拓扑结构,涉及集合、映射、运算和关系等,其应用领域非常广泛,它已经渗透到诸如语言学、逻辑学、物理学、化学、电信工程、信息论、控制论、经济管理等领域,特别是在计算机科学中的数据结构、计算机网络、计算机软件、算法理论、操作系统、分布式系统、编译程序以及数据挖掘等方面都扮演着重要角色.

实际上,数据库和软件工程中的E-R图以及Internet、WWW和社会网络等复杂网络研究都要用到较深的图论知识,计算机算法很多都是归结到图论算法进行研究的.

知识图谱(Knowledge Graph,KG)是当前人工智能研究的热点之一.

6.1 图的基本概念

6.1.1 图的定义

哥尼斯堡(Köningsberg)城位于立陶宛的普雷格尔(Pregel)河畔,河中两个岛将整个城市分成了4部分,各部分由7座桥连接,如图6-1(a)所示.问题是:是否可从某一个地方出发,经过7座桥,每座桥只经过一次,然后又回到原出发点.这是一个久而不得其解的问题,当时的欧拉是这样做的:将4个地方分别用4个点(称为顶点、节点或结点)A,B,C,D来表示,两个地方之间若有一座桥直接相连,就在相应的两个点之间画一条线(称为边),如图6-1(b)所示,于是就得到一个图,这是七桥问题的图模型.

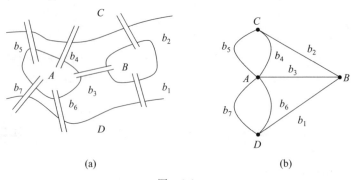

图 6-1

假定有 5 个程序,分别是 v_1,v_2,v_3,v_4,v_5,它们之间的调用关系如图 6-2 所示,其中 e_1 表示 v_2 可以调用 v_1,e_2 表示 v_1 可以调用 v_2,e_4 表示 v_5 可以调用自身,e_9 表示 v_4 可以调用 v_3 等.

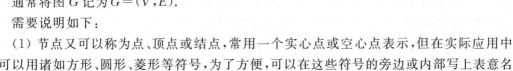

图 6-2

由前面的两个例子可以得出:

【**定义 6-1**】 图 G(graph)主要由如下两部分组成:

(1) 节点集合 V,其中的元素 v 称为**节点**(vertex 或 node).

(2) 边集合 E,其中的元素称为**边**(edge).

通常将图 G 记为 $G=(V,E)$.

需要说明如下:

(1) 节点又可以称为点、顶点或结点,常用一个实心点或空心点表示,但在实际应用中还可以用诸如方形、圆形、菱形等符号,为了方便,可以在这些符号的旁边或内部写上表意名称,或直接用表意名称代表点. 图 6-3 是一个典型的**贝叶斯网络**(Bayesian network).

(2) 边及其表示. 图 6-1(b)中的边是没有方向的,称为**无向边**. 例如 b_3,可以认为 A 是起点,B 是终点,也可以认为 B 是起点,A 是终点,这时 A 和 B 称为边 b_3 的**端点** (endvertices),在不致混淆时,可将边 b_3 简记为 AB、BA、$\{A,B\}$ 或 $\{B,A\}$,表示边的集合 $\{A,B\}=\{B,A\}$ 中的两元素可以相同,是可重集合,与通常的集合有所不同. 在图 6-2 中的边有方向,称为**有向边**或**弧**(arc). 例如 e_8,其起点(弧尾)为 v_2,其终点(弧头)为 v_3,其两个端点分别为 v_2 和 v_3,在方便时可用有序对 (v_2,v_3) 或 $\langle v_2,v_3\rangle$ 表示边 e_8.

所有边都是无向边的图称为**无向图**(graph 或 undirected graph),所有边都是有向边的图称为**有向图**(digraph 或 directed graph). 本章不讨论既有无向边又有向边的混合图,同时假定图 $G=(V,E)$ 中的 V 和 E 均有限.

(3) 图的拓扑不变性质. 需要注意的是,本章讨论的图不但与节点位置无关,而且与边的形状和长短也无关.

有 n 个节点的图称为 **n 阶图**,有 n 个节点和 m 条边的图称为 **(n,m) 图**. 如图 6-4(a)和图 6-4(b)所示的图分别是 3 阶无向图和 4 阶有向图.

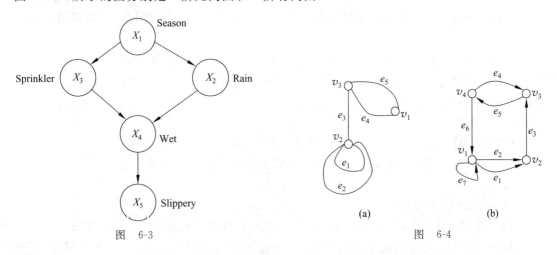

图 6-3 　　　　　　　　　　　　图 6-4

在图 $G=(V,E)$ 中,称 $V=\varnothing$ 的图为**空图**(empty graph),记为 $\varnothing$. 一般不讨论空图.

$V \neq \varnothing$ 但 $E = \varnothing$ 的图称为**零图**(discrete graph),n 阶零图可记为 N_n,仅有一个节点的零图称为**平凡图**(trivial graph).

思考 图的计算机表示方法.

6.1.2 邻接

【**定义 6-2**】 设 $G=(V,E)$ 是图,对于任意 $u,v \in V$,若从节点 u 到节点 v 有边,则称 u **邻接到**(adjacent to)v 或称 u 和 v 是**邻接的**(adjacent).

在无向图中,若 u 和 v 是邻接的,则 v 和 u 也是邻接的. 但需要注意,在有向图中,由 u 和 v 邻接不能得出 v 和 u 邻接,例如在图 6-4(b)中,节点 v_4 与节点 v_1 邻接,但节点 v_1 与 v_4 不邻接. 因此,邻接与节点的次序有关. 同时,在图 6-4(a)中,v_2 与 v_2 是邻接的,但 v_1 与 v_1 以及 v_3 与 v_3 是不邻接的;在图 6-4(b)中,v_1 与 v_1 是邻接的,而 v_i 与 $v_i(2 \leqslant i \leqslant 4)$ 是不邻接的.

在有向图 $G=(V,E)$ 中,若 u 邻接到 v,则称 u 是 v 的**先驱元素**,v 是 u 的**后继元素**.

在无向图 $G=(V,E)$ 中,若两条边 e_1 和 e_2 有公共端点,则称边 e_1 和 e_2 是**邻接的**.

6.1.3 关联

【**定义 6-3**】 设 $G=(V,E)$ 是图,$e \in E$,e 的两个端点分别为 u 和 v,则称边 e 与节点 u 以及边 e 与节点 v 是**关联的**(incident).

显然,图的任意一条边都关联两个节点. 关联相同两个节点的边称为**自环**,可简称**环**(loop). 关联的起点相同、终点也相同的边称为**多重边**(multiple edges)或平行边,其边数称为边的**重数**(multiplicity).

在图 6-4(a)中,在节点 v_2 处有两个自环 e_1 和 e_2,它们是多重边,e_4 和 e_5 是多重边. 在图 6-4(b)中,在节点 v_1 处有一个自环 e_7,e_1 和 e_2 是多重边,但 e_4 和 e_5 不是多重边.

6.1.4 简单图及补图

1. 简单图

【**定义 6-4**】 设 $G=(V,E)$ 是图,若 G 中既无自环又无多重边,则称 G 是**简单图**(simple graph).

在前面所出现的图中,只有图 6-3 是简单图. 图 6-5 是**彼得森**(Petersen,1831—1910)**图**,它是一个有着特殊性质的简单图,一种**妖怪图**(snark graph),后面会多次出现.

图 6-5

2. 无向完全图

【**定义 6-5**】 设 $G=(V,E)$ 是 n 阶简单无向图,若 G 中任意节点都与其余 $n-1$ 个节点邻接,则称 G 为 n 阶**无向完全图**(complete graph),记为 K_n.

图 6-6(a)~(c)分别是 K_3,K_4 和 K_5.

将 n 阶完全无向图 K_n 的边任意加一个方向所得到的有向图称为 n 阶**竞赛图**.

设 $G=(V,E)$ 是 n 阶简单有向图,若 G 中任意节点都与其余 $n-1$ 个节点邻接,则称 G 为 n 阶**有向完全图**. 显然,n 阶完全有向图 K_n 的任意两个节点都是相互邻接的,其边是成

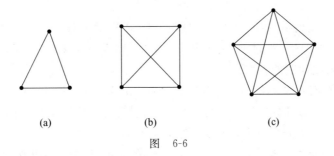

图 6-6

对出现的,其边数为 $n(n-1)$.

容易证明,n 阶完全无向图 K_n 的边数为 $n(n-1)/2$.

3. 补图

【定义 6-6】 设 $G=(V,E)$ 是 n 阶简单无向图,由 G 的所有节点以及由为了使 G 成为 K_n 而需要添加的边构成的图称为 G 的**补图**(complementary graph),记为 $\overline{G}$.

如图 6-7(a) 和图 6-7(b) 所示的图互为补图,它们是相对于完全图而言的.

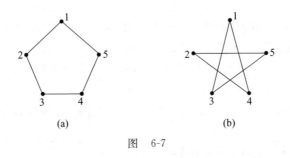

图 6-7

显然,对于任意节点 u 和 v,若 u 和 v 在 G 中不邻接,则 u 和 v 在 $\overline{G}$ 中邻接;若 u 和 v 在 G 中邻接,则 u 和 v 在 $\overline{G}$ 中不邻接.

习题 6.1

1. 在图 6-8 中,用 1,2,3,4,5,6 表示 6 个人,两个点之间的无向边表示对应的两个人认识,则图 6-8 所示的含义是什么?能得出任意 6 个人中有 3 个人相互认识或相互不认识的结论吗?

2. 在一次 10 周年同学会上,想统计所有人握手的次数之和,应该如何建立该问题的图模型?

3. 在一次联欢舞会上,要得出跳了奇数次舞的人数的规律,应该如何建立图模型?特别地,一个人单独跳一次舞该如何处理呢?某两人多次跳舞又如何处理?

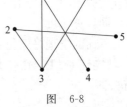

图 6-8

4. 任意 $n(n\geqslant 2)$ 个人的组里必有两个人有相同个数的朋友,解答此问题的图模型该如何建立?

5. (**3 户 3 井问题**)在一个地方有 3 户人家,并且有 3 口井供他们使用.由于土质和气候的关系,有些井中的水常常干枯,因此各户人家要到有水的井去打水.不久,这 3 户人家成了冤家,于是决定各自修一条路通往水井,打算使得他们在去水井的路上不会相遇.建立解决此问题的图模型.

6. (过河问题)某人挑一担菜并带一只狼和一只羊要从河的一岸到对岸去.由于船太小,只能带狼、菜、羊中的一种过河.由于明显的原因,当人不在场时,狼要吃羊,羊要吃菜.通过建立图模型给出此问题的答案.

7. (分油问题)有 3 个油桶 A,B,C,分别可装 8kg,5kg 和 3kg 油.假设 A 桶已经装满了油,在没有其他度量工具的情况下,要将油平分,通过建立图模型给出此问题的答案.

8. 证明:任何 n 阶完全图 K_n 的边数为 $n(n-1)/2$.

9. 对于 n 阶简单无向图 G,若其边数为 m,计算 G 的补图 $\bar{G}$ 的边数.

10. 举出两个应用图的例子.

6.2 节点的度数

在七桥问题中,图 6-1(b) 的图中一个节点的度数就是从图 6-1(a) 的相应地点出发的桥的数目.

在任意图 $G=(V,E)$ 中,每一条边 $e\in E$ 都要关联两个端点 $u\in V$ 和 $v\in V$. 若 $u=v$,则称边 e 与节点 v 的关联次数为 2;若 $u\neq v$,则称边 e 与节点 v 的关联次数为 1. 若边 $e\in E$ 与节点 $v\in V$ 不关联,则称边 e 与节点 v 的关联次数为 0.

【定义 6-7】 设 $G=(V,E)$ 是无向图,$v\in V$,称与节点 v 关联的所有边的关联次数之和为节点 v 的**度数**(degree),记为 $\deg(v)$.

在图 6-9(a) 中,$\deg(v_1)=2$, $\deg(v_2)=5$, $\deg(v_3)=3$. 很容易知道,节点处的一个自环算 2 度.

【定义 6-8】 设 $G=(V,E)$ 是有向图,$v\in V$,称以 v 为起点的边的数目为节点 v 的**出度**(out-degree),记为 $od(v)$,以 v 为终点的边的数目为节点 v 的**入度**(in-degree),记为 $id(v)$,称 $od(v)+id(v)$ 为节点 v 的**度数**,记为 $\deg(v)$.

在图 6-9(b) 中,节点 v_1,v_2,v_3 和 v_4 的出度分别为 3,1,1,2,入度分别为 2,2,2,1,于是其度数分别为 5,3,3,3. 在有向图中,节点处的一个自环同样算 2 度.

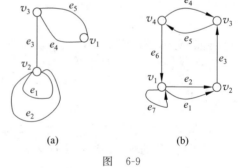

图 6-9

下面的定理是欧拉在 1736 年证明的图论中的第一定理,常称为握手定理.

【定理 6-1】 在任何 (n,m) 图 $G=(V,E)$ 中,其所有节点度数之和等于边数 m 的 2 倍,即

$$\sum_{v\in V}\deg(v)=2m$$

证 这是由于每一条边在计算 $\sum_{v\in V}\deg(v)$ 时都占 2 度,结论成立.

由上述定理容易得出以下推论.

推论 在任意图中,度数为奇数的节点个数必为偶数.

证 因为 $\sum_{v\in V}\deg(v)=2m$，而 $\sum_{v\in V}\deg(v)=\sum_{\deg(v)是偶数}\deg(v)+\sum_{\deg(v)是奇数}\deg(v)$，所以 $\sum_{\deg(v)是奇数}\deg(v)$ 必为偶数，进而度数为奇数的节点个数必为偶数.

由定理 6-1 及其推论很容易知道，在任何一次聚会上，所有人握手次数之和必为偶数并且握了奇数次手的人数必为偶数.

在任意有向图中，显然有以下定理.

【**定理 6-2**】 在任意有向图中，所有节点的出度之和等于入度之和.

在任意图 $G=(V,E)$ 中，度数为 0 的节点称为**孤立点**(isolated vertex)，度数为 1 的节点称为**悬挂点**(pendant vertex).

【**例 6-1**】 证明：对于任意 $n(n\geqslant 2)$ 个人的组里，必有两个人有相同个数的朋友.

证 将组里的每个人看作节点，两个人是朋友当且仅当对应的节点邻接，于是得到一个 n 阶简单无向图 G，进而 G 中每节点的度数可能为 $0,1,2,\cdots,n-1$ 中的一个.

当 G 中无孤立点时，每个节点的度数可能为 $1,2,\cdots,n-1$. 由于共有 n 个节点，于是必有两个节点度数相同.

当 G 中有孤立点时，每个节点的度数只可能为 $0,1,2,\cdots,n-2$. 同样，由于共有 n 个节点，因此必有两个节点度数相同.

若一个简单无向图 G 的每个节点度数均为 k，则称 G 为 **k-正则图**(k-regular graph). 图 6-10(a)和图 6-10(b)是两个 3-正则(6,9)图.

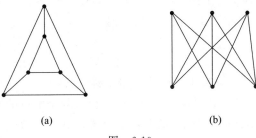

图 6-10

【**例 6-2**】 设无向图 G 是一个 3-正则 (n,m) 图，且 $2n-3=m$，求 n 和 m 各是多少？

解 由握手定理有 $3n=2m$. 根据已知，$2n-3=m$，可以得出 $n=6,m=9$. 这样的图可以画成如图 6-10 所示的形式.

【**定义 6-9**】 在任意图 $G=(V,E)$ 中，称 $\Delta(G)=\max\limits_{v\in V}\deg(v)$ 为图 G 的**最大度**，$\delta(G)=\min\limits_{v\in V}\deg(v)$ 为图 G 的**最小度**. 在有向图 $G=(V,E)$ 中，称 $\Delta^+(G)=\max\limits_{v\in V}od(v)$ 为图 G 的**最大出度**，$\delta^+(G)=\min\limits_{v\in V}od(v)$ 为图 G 的**最小出度**，$\Delta^-(G)=\max\limits_{v\in V}id(v)$ 为图 G 的**最大入度**，$\delta^-(G)=\min\limits_{v\in V}id(v)$ 为图 G 的**最小入度**.

在图 6-9(a)中，$\Delta(G)=5,\delta(G)=2$. 在图 6-9(b)中，$\Delta(G)=5,\delta(G)=3$. 对于正则图有 $\Delta(G)=\delta(G)$.

对于无向图 $G=(V,E),V=\{v_1,v_2,\cdots,v_n\}$，称 $\deg(v_1),\deg(v_2),\cdots,\deg(v_n)$ 为 G 的**度数序列**. 例如，在图 6-9(a)中图的度数序列为 2, 5, 3. 对于有向图，还可以定义其出度序列和入度序列.

【**例 6-3**】 判断：是否存在一个无向图，其度数序列分别为

(1) 7,5,4,2,2,1.

(2) 4,4,3,3,2,2.

解 (1) 由于序列 7,5,4,2,2,1 中奇数的个数为奇数，根据握手定理的推论知，不可能存在一个图，其度数序列为 7,5,4,2,2,1.

(2) 因为序列 4,4,3,3,2,2 中奇数个数为偶数，可以得到一个无向图，如图 6-11 所示，其度数序列为 4,4,3,3,2,2.

思考 Internet 的阿喀琉斯之踵和 WWW 的幂律分布。

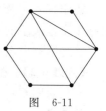

图 6-11

习题 6.2

1. 证明：对于任意 n 阶简单图 G 有 $\Delta(G) \leqslant n-1$.

2. 无向图 G 有 6 条边，各有一个 3 度节点和 5 度节点，其余均为 2 度节点，求 G 的阶数.

3. 证明：

(1) 3-正则图的阶数必为偶数.

(2) 有 n 个人，每个人恰有 3 个朋友，则 n 是偶数.

4. 将有向图 G 的边的方向去掉后得到的无向图称为 G 的**基础图**，基础图是完全图的有向图称为**竞赛图**. 证明：任意竞赛图的所有节点的出度平方和等于入度平方和.

5. 若 G 是 (n,m) 无向图，则 $\delta(G) \leqslant 2m/n \leqslant \Delta(G)$.

6. 判断是否存在一个无向图，其度数序列分别为

(1) 5,4,4,3,3,2,2.

(2) 4,4,3,3,2,2,2,2.

7. 画出度数序列为 3,2,2,1 的简单图和非简单图各一个.

8. 设无向图 G 有 10 条边，3 度和 4 度节点各两个，其余节点的度数均小于 3，则 G 至少有多少个节点？在节点最少的情况下，求出 G 的度数序列、最大度 $\Delta(G)$ 和最小度 $\delta(G)$.

9. 证明：存在一个无向图 G，其度数序列为给定的自然数序列 $d_1, d_2, \cdots, d_n$ 的充要条件是 $\sum_{i=1}^{n} d_i \equiv 0 \pmod{2}$.

6.3 子图、图的运算和图同构

6.3.1 子图

可以通过一个图的子图去考察原图的有关性质以及原图的局部结构. 直观地说，称 H 为 G 的子图是指 H 是图且 H 是 G 的一部分.

【**定义 6-10**】 设 $G=(V,E)$ 和 $H=(W,F)$ 是图，若 $W \subseteq V$ 且 $F \subseteq E$，则称 H 是 G 的**子图**(subgraph). 若 $H=(W,F)$ 是 $G=(V,E)$ 的子图且 $W=V$，则称 H 是 G 的**生成子图**(spanning subgraph).

【**例 6-4**】 求出如图 6-12(a)所示的有向图 G 的所有子图.

解 G 的所有子图分别为图 6-12(b)～(e)，其中图 6-12(d)和图 6-12(e)是 G 的生成

子图.

常见的4种产生 $G=(V,E)$ 的子图的方式(也是图的4种运算)如下:

(1) $G[W]$. 设 $W\subseteq V$,则以 W 为节点集合,以两端点均属于 W 的所有边为边集合构成的子图称为**由 W 导出的子图**(induced subgraph by W),记为 $G[W]$.

图 6-13(b)是图 6-13(a)所示的图 G 中节点集合 $W=\{v_1,v_2,v_3\}$ 所导出的子图.

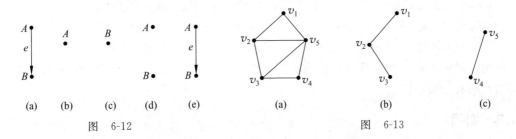

图 6-12 　　　　　　　　　　　图 6-13

(2) $G-W$. 设 $W\subseteq V$,导出子图 $G[V-W]$ 记为 $G-W$,它是在 G 中去掉所有 W 中的节点,同时也去掉与 W 中节点关联的所有边后得到的子图.通常将 $G-\{v\}$ 记为 $G-v$.

图 6-13(c)是从图 6-13(a)所示的图 G 中去掉节点集合 $W=\{v_1,v_2,v_3\}$ 后得到的子图.

(3) $G[F]$. 设 $F\subseteq E$,则以 F 为边集合,以 F 中边的所有端点为节点集合构成的子图称为**由 F 导出的子图**(induced subgraph by F),记为 $G[F]$.

图 6-14(b)是图 6-14(a)所示的图 G 中边集合 $W=\{a,b,c\}$ 所导出的子图.

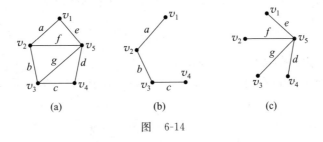

图 6-14

(4) $G-F$. 设 $F\subseteq E$,则将从 G 中去掉 F 中的所有边得到的生成子图记为 $G-F$.

图 6-14(c)是从图 6-14(a)所示的图 G 中去掉 $F=\{a,b,c\}$ 中的所有边得到的生成子图.

设 $G=(V,E)$ 是 n 阶简单无向图,则 G 的补图为 $\bar{G}=K_n-E$.

另外,也可以在图 $G=(V,E)$ 的基础之上,通过增加 V 中某些节点间的一些"新"边 U,得到一个更大的图 $G+U$.通常记 $G+\{uv\}$(或 $G+\{(u,v)\}$)为 $G+uv$(或 $G+(u,v)$).

图 6-15(b)是图 6-15(a)所示的图 G 增加边 bc 得到的图.

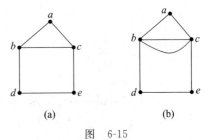

图 6-15

6.3.2　图的运算

图的运算就是通过一定的操作产生"新"的图.前面的子图的产生实际上就是图的运算,

但它们都是在一个图中进行讨论的.

在有些问题的讨论中,还会出现两个图之间的一些运算.本节仅给出定义,详细内容可阅读参考文献[18,19].

【定义 6-11】 设 $G_1=(V_1,E_1)$ 和 $G_2=(V_2,E_2)$ 是两个无向(或有向)图.

(1) 两个图的**并**(union)$G_1 \bigcup G_2=(V,E)$,其中 $E=E_1 \bigcup E_2$ 且 $V=V_1 \bigcup V_2$.

(2) 两个图的**交**(cap)$G_1 \bigcap G_2=(V,E)$,其中 $E=E_1 \bigcap E_2$ 且 $V=V_1 \bigcap V_2$.

(3) 两个图的**差**(difference)$G_1-G_2=(V,E)$,其中 $E=E_1-E_2$ 且 $V=V_1$.

(4) 两个图的**环和**(ring sum)$G_1 \oplus G_2=(V,E)$,其中 $E=E_1 \oplus E_2$ 且 $V=V_1 \bigcup V_2$.

思考 图的上面 4 种运算的性质有哪些?它与集合的并、交、差、(补)及环和(对称差)运算的性质有什么不同?

6.3.3 图同构

由于图的拓扑性质,有可能两个表面上看起来不同的图本质上是同一个图,这就是图同构的问题.

【定义 6-12】 设 $G_1=(V_1,E_1)$ 和 $G_2=(V_2,E_2)$ 是无向(或有向)图,若存在一个双射 $\varphi: V_1 \to V_2$,使得对于任意 $u,v \in V_1$,$uv \in E_1$(或 $(u,v) \in E_1$)当且仅当 $\varphi(u)\varphi(v) \in E_2$(或 $(\varphi(u),\varphi(v)) \in E_2$)且边的重数相同,则称图 G_1 与 G_2 **同构**(isomorphism),记为 $G_1 \cong G_2$.

由定义知,$G_1 \cong G_2$ 的充要条件是图 G_1 与 G_2 的节点与边分别一一对应,且保持节点与边的关联关系.更直观地说,$G_1 \cong G_2$ 是指其中一个图仅经过下列两种变换可以变为另一个图:

(1) 挪动节点的位置.

(2) 伸缩边的长短.

图 6-16 中(a)和(b)的两个图是同构的.

图 6-17 中的两个图是不同构的,因为(a)中的图含有 K_3 子图,而(b)中的图没有 K_3 子图.

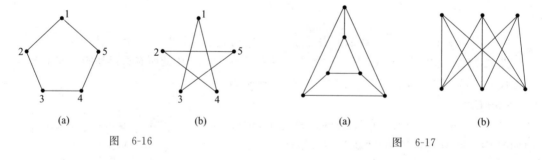

图 6-16   图 6-17

对于两个有向图同构的判断,特别要注意边的方向的一致性.图 6-18 的 3 个有向图依次为 G_1,G_2,G_3,其中,$G_1 \cong G_2$,但 G_1 与 G_3 不同构,因为 G_3 中有一个节点的入度为 2,而 G_1 没有.

思考 给出至少 4 个两个图同构的必要条件.

显然,图的同构关系是等价关系,即有

(1) 自反性.对于任意图 G,有 $G \cong G$.

(2) 对称性.若 $G_1 \cong G_2$,则 $G_2 \cong G_1$.

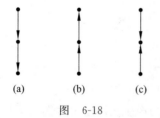

图 6-18

（3）传递性. 若 $G_1 \cong G_2$ 且 $G_2 \cong G_3$，则 $G_1 \cong G_3$.

2015年，芝加哥大学 $Babai$ 教授给出了在拟多项式时间复杂度内判定两个图同构的算法. 最后，介绍至今未解决的乌拉姆($Ulam$)猜想[19].

乌拉姆猜想 设 G_1 和 G_2 是两个简单无向图，G_1 的节点集合 $V_1 = \{v_1, v_2, \cdots, v_n\}$，$G_2$ 的节点集合 $V_2 = \{w_1, w_2, \cdots, w_n\}$，若对于任意 $i = 1, 2, \cdots, n$，均有 $G_1 - v_i \cong G_2 - w_i$，则 $G_1 \cong G_2$.

乌拉姆猜想的实际模型是：有两张照片，用左手捂住第一张照片的一部分，用右手捂住第二张照片相应的部分，两张照片能看到的部分一致. 如此轮番地观察，每次看到的图像均相同，则两张照片相同.

习题 6.3

1. 画出 K_3 的所有不同构的子图.
2. 画出所有不同构的(5,3)简单无向图及其补图.
3. 证明：在 K_4 的所有不同构的生成子图中，有 3 个具有 3 条边.
4. 证明：$n(1 \leqslant n \leqslant 3)$ 阶不同构的简单有向图有 20 个.
5. 说明图 6-19 中的两个无向图不同构.

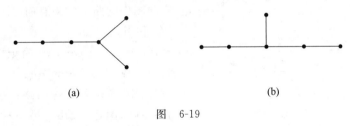

图 6-19

6. 说明图 6-20 中的 4 个有向图不同构.

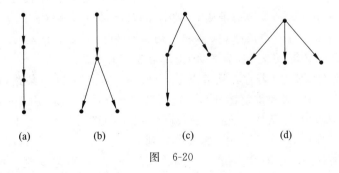

图 6-20

7. 若一个简单无向图 G 与其补图 $\overline{G}$ 同构，则称 G 为**自补图**.
（1）画出所有不同构的 5 阶自补图.
（2）若 G 是 n 阶自补图，则 K_n 的边数为偶数.
（3）若 G 是 $n(n \geqslant 2)$ 阶自补图，则存在正整数 k 使得 $n = 4k$ 或 $n = 4k+1$.
（4）是否存在 6 阶自补图？
8. 就 $n = 3$ 证明乌拉姆猜想.

6.4 路与回路

在图 $G=(V,E)$ 中,经常会考虑从一个节点出发,沿着一些边连续移动到另一个节点的问题,这就是路的概念,它与七桥问题密切相关.

6.4.1 路

【定义 6-13】 在任意一个图 $G=(V,E)$ 中,称 G 中节点与边交替出现的序列 L: $v_0e_1v_1e_2v_2\cdots v_{i-1}e_iv_i\cdots e_lv_l$ 为从 v_0 到 v_l 的一条**路**(walk, way, trace),其中对于 $i=1,2,\cdots,l$,v_{i-1} 是 e_i 的起点,v_i 是 e_i 的终点.

在从 v_0 到 v_l 的路 L: $v_0e_1v_1e_2v_2\cdots v_{i-1}e_iv_i\cdots e_lv_l$ 中,v_0 称为路的起点,v_l 称为路的终点,L 所经过的边数 l 称为**路的长度**(length of walk)或**跳数**(hop number).特别地,单独一个节点 v 构成的序列是 v 到 v 的长度为 0 的路,称为**平凡路**.

例如,在图 6-21(a)中 $v_3e_3v_2e_2v_2e_3v_4e_1$ 是一条从 v_3 到 v_1 的长度为 4 的路,在图 6-21(b) 中 $v_1e_7v_1e_1v_2e_3v_3$ 是一条从 v_1 到 v_3 长度为 3 的路.需要注意的是,有向图中的路须按边的方向走,有向图中的路可称为**有向路**.

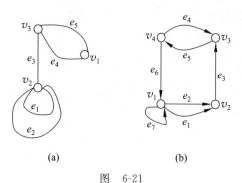

图 6-21

在不引起混淆的情况下,可以将路 L: $v_0e_1v_1e_2v_2\cdots v_{i-1}e_iv_i\cdots e_lv_l$ 简记为 L: $v_0v_1v_2\cdots v_{i-1}v_i\cdots v_l$ 或 L: $e_1e_2\cdots e_i\cdots e_l$.

在路中,有两种特殊的路:一种是节点不重复的路,称为**路径**(path);另一种是边不重复的路,称为**轨迹**(trail).

显然,路径是轨迹,但轨迹不一定是路径.例如,在图 6-21(a)中 $v_3e_3v_2e_2v_2$ 是一条从 v_3 到 v_2 的轨迹,但不是路径.

说明 由于图论应用的广泛性,很多相关的概念存在意义上的差别."路径"有捷径之意;"轨迹"强调边不重复,它是(可能多次)走过后留下的痕迹.

在 n 阶图 $G=(V,E)$ 中,若存在从节点 v_0 到另一个节点 v_l 的一条路,可将所有重复走的部分如 $v_i\cdots v_i$ 改为 v_i(去掉重复部分),一直到没有节点重复为止,由于 n 阶图的任何路径的长度 $\leqslant n-1$,于是存在一条从 v_0 到 v_l 的长度 $\leqslant n-1$ 的路径.

【定义 6-14】 在图 $G=(V,E)$ 中,称节点 u 到节点 v 的边数最少的长度为 u 到 v 的**距离**(distance),记为 $d(u,v)$.若节点 u 到 v 的路(径)不存在,则称 u 到 v 的距离为无穷大 (∞).称 $\max\limits_{u,v\in V}d(u,v)$ 为图 G 的**直径**(diameter),记为 $\mathrm{diam}(G)$.

显然,对于任意节点 $u,v\in V$ 有 $d(u,v)\geqslant 0$.

思考 小世界网络和 WWW 的直径.

6.4.2 回路

【定义 6-15】 在图 $G=(V,E)$ 中,在路 L: $v_0e_1v_1e_2v_2\cdots v_{i-1}e_iv_i\cdots e_lv_l(l\geqslant 1)$ 中,起点 v_0 与终点 v_l 相同的路称为**回路**(circuit).边不重复的回路称为**简单回路**(simple circuit)或

闭迹(closed trail).除起点重复一次外,别的节点均不重复的简单回路称为**圈**或**环**(cycle).

在图 6-22(a)中,1346527 是 G 的一条简单回路,这里用数字表示边,$abdeca$ 是 G 的一圈.由定义易知,圈是简单回路,而简单回路不必是圈.

图论中的圈有圆圈之意,在计算机科学中常称为环,它有环路、循环的意思,但不要与边的自环(loop)混淆了,因为自环是边,一般的环(cycle)是路.

圈的一般形式如图 6-22(b)所示,有 n 个节点的圈称为 **n 阶圈**,记为 C_n.在 $n-1$ 阶圈 C_{n-1} 的内部放置一个节点,并使之与 C_{n-1} 的每个节点邻接,这样得到的图称为 **n 阶轮图**,记为 W_n.

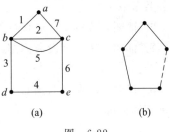

图 6-22

由定义知,长度为 0 的路不称为回路.显然,节点 v 到 v 的边可构成一个长度为 1 的圈.

类似地,在 n 阶图 $G=(V,E)$ 中,若存在从节点 v_0 到 v_0 的一条简单回路,则存在一条从 v_0 到 v_0 长度 $\leqslant n$ 的圈.

下面的定理很有用.其证明过程用到了"最长路径法"技巧.

【**定理 6-3**】 在无向图 $G=(V,E)$ 中,若任意 $v \in V$ 有 $\deg(v) \geqslant 2$,则 G 中存在圈.

证 不妨设 G 是简单图.在 G 中选取一条最长的路径 $L:v_0v_1v_2\cdots v_l$,由于 L 是最长路径,与 v_0 邻接的节点必在 L 上.设 $v_i(2 \leqslant i \leqslant l)$ 与 v_0 邻接,则 $v_0v_1v_2\cdots v_iv_0$ 是 G 中的一个圈.

习题 6.4

1. 在图 6-23(a)和图 6-23(b)所示的图中,分别找出一条包含所有边的轨迹.
2. 对于完全无向图 K_n,回答以下问题.
(1) 共有多少个圈?
(2) 包含某条边的圈有多少个?
(3) 任意两个不同节点之间有多少条路径?
3. 在图 6-24 所示的图中,求节点 A 到节点 F 的所有路径、所有轨迹和距离.
4. 对于图 6-25 所示的图,回答以下问题.
(1) v_1 到 v_4 长度分别为 1,2,3 的路分别是哪些?
(2) v_1 到 v_1 长度分别为 1,2,3 的回路分别是哪些?
(3) 长度为 3 的路共有多少条?其中有多少条回路?

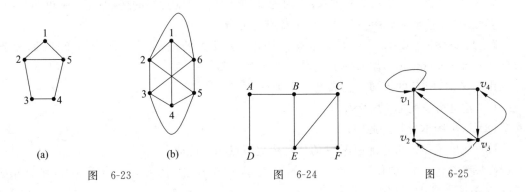

图 6-23　　　　　　图 6-24　　　　　　图 6-25

5. 证明：若无向图 G 的任意两个节点之间都存在一条路,则 G 中任意两条最长轨迹存在公共节点.

6. 证明：若 G 是简单有向图且 $k=\max\{\delta^+(G),\delta^-(G)\}$,则 G 中存在长度至少为 k 的轨迹.

7. 证明：在一个没有回路的竞赛图 G 中,对于任意节点 u 和 v 有
$$\text{od}(u) \neq \text{od}(v)$$

8. 证明：若在有向图 $G=(V,E)$ 中,任意节点 $v\in V$ 的入度 $\text{id}(v)\geq 2$,则 G 中至少含有两个不同的圈.

6.5 图的连通性

图的基本性质之一是其连通性,它与图中从节点到节点的路又是密切相关的. 为了讨论方便,先给出：

【定义 6-16】 在任何图 $G=(V,E)$ 中,若从节点 u 到 v 存在一条路,则称 u **可达** (accessible, reachable) v.

由于节点 v 到 v 总存在一条长度为 0 的路,因此任意节点 v 可达 v 自身.

先讨论无向图的连通性.

6.5.1 无向图的连通性

【定义 6-17】 设 $G=(V,E)$ 是无向图,对于任意 $u,v\in V$ 均可达,则称 G 是**连通图** (connected graph).

显然,图 6-26(a) 是连通图,而图 6-26(b) 是非连通图.

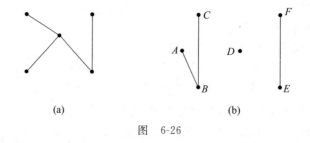

图 6-26

特别地,单独一个节点 v 是连通图,因为 v 到 v 存在长度为 0 的路,即 v 总是可达 v 的. 实际上,在任意无向图 $G=(V,E)$ 中都有连通分支.

【定义 6-18】 设 $G=(V,E)$ 是无向图,G 中极大的连通子图称为 G 的**连通分支** (connected component),图 G 的连通分支数记为 $\omega(G)$.

由定义知,图 G 的连通分支满足 3 个条件：

(1) 连通分支是 G 的子图;

(2) 该子图本身是连通图;

(3) 在该子图中再添加原图 G 的任意边或节点都不连通.

在图 6-26(a) 中,图仅有一个连通分支. 在图 6-26(b) 中,图有 3 个连通分支,它们分别是 $G[A,B,C]$,$G[D]$ 和 $G[E,F]$.

一个显然的结论如下.

【定理 6-4】 设 $G=(V,E)$ 是无向图,则 G 是连通图当且仅当 $w(G)=1$.

与定理 6-4 等价的命题是:无向图 G 不连通当且仅当 $w(G)\geqslant 2$.

【例 6-5】 设 $G=(V,E)$ 是简单无向图,若 G 不连通,则 G 的补图 $\overline{G}$ 连通.

证 设 u 和 v 是 $\overline{G}$ 中的任意两个节点.

(1) 若 u 和 v 在 G 中不邻接,则根据补图的定义知,u 和 v 在 $\overline{G}$ 中邻接,于是 u 可达 v.

(2) 若 u 和 v 在 G 中邻接,则 u 和 v 必在图 G 的同一个连通分支 C_1 中. 由于 G 不连通,$w(G)\geqslant 2$. 设 C_2 是 G 的另一个连通分支,在 C_2 中选取节点 w,则在 G 中 u 和 w 在 G 中不邻接且 v 和 w 在 G 中不邻接,于是 u 和 w 在 $\overline{G}$ 中邻接且 v 和 w 在 $\overline{G}$ 中邻接,进而 uwv 是 $\overline{G}$ 中从 u 到 v 的一条路,于是 u 可达 v.

由(1)和(2)知,$\overline{G}$ 是连通图.

【例 6-6】 设 $G=(V,E)$ 是 n 阶简单无向图,若对于任意的 G 中不邻接的节点 u 和 v 有 $\deg(u)+\deg(v)\geqslant n-1$,则 G 是连通图.

证 (反证法) 设 G 不连通,则 G 至少有两个连通分支 C_1 和 C_2,设其节点数分别为 n_1 和 n_2. 显然,$n_1+n_2\leqslant n$. 在 C_1 中取节点 u,在 C_2 中取节点 v,这时 u 和 v 在 G 中不邻接且 $\deg(u)\leqslant n_1-1$ 及 $\deg(v)\leqslant n_2-1$,于是

$$\deg(u)+\deg(v)\leqslant(n_1-1)+(n_2-1)\leqslant n-2<n-1$$

与已知矛盾.

注意 在离散问题的讨论中,经常使用反证法.

上面的两个例子给出了证明无向图连通的常用方法. 下面的结论也是很有用的.

【定理 6-5】 设 $G=(V,E)$ 是连通无向图,则

(1) 去掉 G 中任意简单回路 C 上的一条边 e 得到的图 $G-e$ 连通.

(2) 去掉度数为 1 的节点 v 得到的图 $G-v$ 连通.

证明留作练习.

思考 无向连通图中的深度优先搜索(DFS)和广度优行搜索(BFS).

6.5.2 连通无向图的点连通度与边连通度

对于连通无向图,其连通的程度是不同的,有些很"脆弱",有的则相反.

1. 点割集与点连通度$\kappa(G)$

【定义 6-19】 设 $G=(V,E)$ 是连通无向图且 $W\subset V$,若从 G 中删除 W 的所有节点所得到的子图不连通或成为 1 阶图,而删除 W 的任意真子集都连通,则称 W 为 G 的**点割集**(cut-set of vertices).

"割"是分割、分离、分开的意思,恰使得 G 不连通或成为 1 阶图所要去掉的节点集合称为 G 的点割集. 若点割集 $W=\{v\}$,则称 v 为 G 的**割点**(cut point)或**关节点**[20](articulation point).

由定义知,1 阶图的点割集为 $\varnothing$. 在如图 6-27(a)所示的图 G_1 中,$\{a,b\}$ 和 $\{c,d\}$ 是 G_1 的点割集;在如图 6-27(b)所示的图 G_2 中,A 和 B 是 G_2 的割点.

【定义 6-20】 设 $G=(V,E)$ 是连通无向图,称 $\min\{|W|;W$ 是 G 的点割集$\}$ 为 G 的**点连通度**(vertex-connectivity),简称**连通度**,记为 $\kappa(G)$.

根据定义,一个连通无向图 G 的点连通度是使得 G 不连通或为 1 阶图所要删去的最少

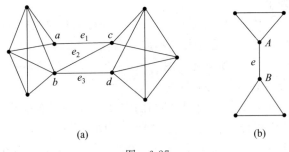

图 6-27

的节点个数. 于是, 1 阶图的点连通度为 0, 而完全无向图 K_n 的点连通度 $\kappa(K_n)=n-1$.

在图 6-27(a)中, 图 G_1 的点连通度为 2; 在图 6-27(b)中, 图 G_2 的点连通度为 1.

点连通度 $\kappa(G)=2$ 的图称为 2-**连通图**或**重连通图**(biconnected graph). 确定一个无向图是否重连通具有重要的意义. 假定无向图的节点表示电话交换站, 边表示电话线, 则在点连通度为 2 的通信网络系统中, 一个站发生故障系统仍可正常工作.

2. 边割集与边连通度 $\lambda(G)$

【**定义 6-21**】 设 $G=(V,E)$ 是连通无向图且 $F \subset E$, 若从 G 中删除 F 的所有边所得到的子图不连通或成为平凡图, 而删除 F 的任意真子集都连通, 则称 F 为 G 的**边割集**(cut-set of edges).

恰使得 G 不连通或是平凡图所要去掉的边的集合称为 G 的边割集. 若边割集 $F=\{e\}$, 则称 e 为 G 的**割边**或**桥**(bridge).

在图 6-27(a)中, $\{e_1,e_2,e_3\}$ 是 G_1 的边割集; 在图 6-27(b)中, e 是 G_2 的割边(或桥).

【**定义 6-22**】 设 $G=(V,E)$ 是连通无向图, 称 $\min\{|F|; F\text{ 是 }G\text{ 的边割集}\}$ 为 G 的**边连通度**(edge-connectivity), 记为 $\lambda(G)$.

根据定义, 一个连通无向图 G 的边连通度是使得 G 不连通或成为平凡图所要删去的最少的边的数目.

在图 6-27(a)中图 G_1 的边连通度为 3, 在图 6-27(b)中图 G_2 的边连通度为 1.

下面的定理是 H. Whitney 在 1932 年给出的关于点连通度、边连通度及最小度之间的联系的一个结论.

【**定理 6-6**】 设 $G=(V,E)$ 是连通无向图, 则 $\kappa(G) \leqslant \lambda(G) \leqslant \delta(G)$.

证 (1) 先证 $\lambda(G) \leqslant \delta(G)$. 由于将任意一个节点所关联的边全去掉后图都不连通, 所以有 $\lambda(G) \leqslant \delta(G)$.

(2) 再证 $\kappa(G) \leqslant \lambda(G)$. 当 $\lambda(G)=0$ 或 1 时, 结论显然成立. 设 $\lambda(G) \geqslant 2$. 于是, 在 G 中删除含边割集的 $\lambda(G)$ 条边后得到的图不连通, 而删除其中的 $\lambda(G)-1$ 条边后, 图仍连通, 但有一条桥 uv. 对于删除的 $\lambda(G)-1$ 条边中的每一条边都选取一个不同于 u 和 v 的端点, 当把这些端点都去掉时, 至少删除了 $\lambda(G)-1$ 条边. 若这样得到的图不连通, 则 $\kappa(G) \leqslant \lambda(G)-1 < \lambda(G)$; 若这样得到的图连通, 则由于 uv 是桥, 此时再删除 u 和 v 中的一个端点, 所得到的图必不连通或成为 1 阶图, 此时 $\kappa(G) \leqslant \lambda(G)$. 所以, 有 $\kappa(G) \leqslant \lambda(G)$ 成立.

6.5.3 有向图的连通性

无向图只有连通与不连通两种情况, 而有向图存在多种连通特性. 对有向图的连通性分下述3种情形讨论.

1. 强连通图

【**定义 6-23**】 设 $G=(V,E)$ 是有向图,对于任意 $u,v \in V$,u 和 v 相互可达,则称 G 为**强连通有向图**(strongly connected digraph),简称强连通图.

由定义易知,如图 6-28(a)所示的图是一个强连通图.特别地,1 阶图是强连通图.

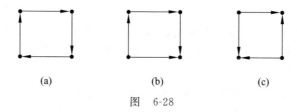

图 6-28

【**定理 6-7**】 设 $G=(V,E)$ 是 n 阶($n \geqslant 2$)有向图,则 G 强连通当且仅当 G 中存在一条回路,它通过所有节点.

证 ($\Rightarrow$)设 G 的节点为 $v_1, v_2, \cdots, v_{n-1}, v_n$.由于 G 是强连通图,G 中任意两个节点相互可达,于是 v_1 到 v_2,v_2 到 $v_3 \cdots \cdots v_{n-1}$ 到 v_n,v_n 到 v_1 存在路,因此存在一条回路通过所有节点.

($\Leftarrow$)显然.

【**定义 6-24**】 设 $G=(V,E)$ 是有向图,G 的极大的强连通子图称为 G 的**强连通分支**(strongly connected component).

由定义知,如图 6-29 所示的图有 4 个强连通分支,分别是 $G[1,2,3]$,$G[4]$,$G[5]$ 和 $G[6]$.

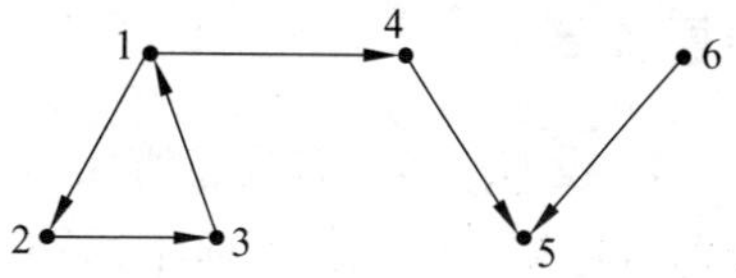

【**定理 6-8**】 设 $G=(V,E)$ 是有向图,则 G 的任意节点 $v \in V$ 都位于且仅位于 G 的一个强连通分支中.

图 6-29

证 对于任意 $v \in V$,令 W 是 G 的所有与 v 相互都存在路的节点组成的集合,则 $G[W]$ 是 G 的一个强连通分支且 v 位于 $G[W]$ 中.

若节点 v 位于两个不同的强连通分支 C_1 和 C_2 中,则任意的 C_1 和 C_2 中的节点都相互有路,于是得到一个更大的强连通子图,矛盾.

2. 单向连通图

【**定义 6-25**】 设 $G=(V,E)$ 是有向图,对于任意 $u,v \in V$,从 u 可达 v 或者从 v 可达 u,则称 G 为**单向连通有向图**(unilateral connected digraph),简称单向连通图.

由定义易知,如图 6-28(b)所示的图是一个单向连通图.

与定理 6-7 一样,下述定理对确定有向图的单向连通分支是非常有用的.

【**定理 6-9**】 设 $G=(V,E)$ 是有向图,则 G 单向连通当且仅当 G 中存在一条路,它通过所有节点.

证 ($\Rightarrow$)若能证明命题"对于任意 $W \subseteq V$ 均存在一个 W 中节点在 G 中到 W 中其余节点都有路",则定理结论成立.因为先取 $W=V$,存在 $v_1 \in W$ 到其余 V 中节点有路.再取 $W=V-\{v_1\}$,存在 $v_2 \in W$ 到其余 $V-\{v_1\}$ 节点有路.这样一直下去,就可以得到一条从 v_1 到 v_2,v_2 到 v_3,$\cdots \cdots$,v_{n-1} 到 v_n 的一条路,其中 $|V|=n$(但这条路不一定是轨迹).

假定上述命题不成立.令 $W=\{u_1, u_2, \cdots, u_{k-1}, u_k\}$ 是使其不成立的元素个数最少的,这时 $k \geqslant 3$.根据假设 $W-\{u_k\}$ 使命题成立,于是必存在 $W-\{u_k\}$ 中一个节点,不妨设为 u_1 到

其余节点 $u_2,\cdots,u_{k-1}$ 有路,而假设 u_1 到 u_k 是没有路的,否则与 W 的假设矛盾.另一方面,由于 u_1 到其余节点 $u_2,\cdots,u_{k-1}$ 有路,所以 u_k 到 u_1 没有路,否则 u_k 到 $u_1,u_2,\cdots,u_{k-1}$ 都有路.由于 u_1 到 u_k 没有路,而 u_k 到 u_1 也没有路,与已知 G 是单向连通图矛盾.

($\Leftarrow$)显然.

【定义 6-26】 设 $G=(V,E)$ 是有向图,G 的极大的单向连通子图称为 G 的**单向连通分支**(unilateral connected component).

由定义知,如图 6-29 所示有两个单向连通分支,分别是 $G[1,2,3,4,5],G[5,6]$.

注意 有向图 G 的节点 $v\in V$ 可以位于 G 的不同的单向连通分支中.

3. 弱连通图

【定义 6-27】 设 $G=(V,E)$ 是有向图,若 G 不考虑边的方向是一个无向连通图,则称有向图 G 为**弱连通图**(weakly connected digraph),简称有向图 G 连通.

由定义易知,如图 6-28(c)所示的图是一个弱连通图.

显然,强连通图是单向连通图,单向连通图是弱连通图,但反过来都不成立(参见图 6-28).

最后给出弱连通分支的定义.

【定义 6-28】 设 $G=(V,E)$ 是有向图,G 的极大的弱连通子图称为 G 的**弱连通分支**(weakly connected component).

习题 6.5

1. 设 $G=(V,E)$ 是连通无向图,证明:

   (1) 去掉 G 中任意简单回路 C 上的一条边 e 得到的图 $G-e$ 连通.

   (2) 去掉度数为 1 的节点 v 得到的图 $G-v$ 连通.

2. 设 G 是 $n(n\geqslant 2)$ 阶简单无向图,证明:若 $\delta(G)\geqslant n/2$,则 G 是连通图.

3. 设 G 是 (n,m) 简单图且 $n\geqslant 3$,证明:若 $m>C_{n-1}^2$,则 G 是连通图.

4. 证明:对于简单连通无向图 $G=(V,E)$,若 G 不是完全图,则存在 3 个节点 $u,v,w\in V$,使得 $\{u,v\}\in E$ 且 $\{v,w\}\in E$ 但 $\{u,w\}\notin E$.

5. 设 $G=(V,E)$ 是简单连通无向图,$\delta(G)=k\geqslant 1$.

   (1) 证明:若 G 中最长的路径的长度为 l,则 $l\geqslant k$.

   (2) 证明:对于任意的 G 中最长的路径 $v_0v_1\cdots v_l$,$G-\{v_0,v_1,\cdots,v_{k-1}\}$ 是连通图.

   (3) 举例说明:对于 G 中最长的轨迹,(2)中的结论不成立.

6. 证明无向图 G 中节点之间的可达关系 P 是一个等价关系,并说明其等价类是什么.

7. 分别求出 n 阶完全无向图 K_n 的点连通度和边连通度.

8. 设 G 是 n 阶简单连通无向图,证明:若 $n>2\delta(G)$,则 G 存在一条长至少为 $2\delta(G)$ 的路径.

9. 设 G 是 $n(n\geqslant 2)$ 阶无向图,证明:若 $\delta(G)\geqslant (n+k-1)/2(1\leqslant k\leqslant n-1)$,则 $\kappa(G)\geqslant k$.

10. 设 G 是 (n,m) 简单连通无向图,证明:$\lambda(G)\leqslant 2m/n$.

11. 求出图 6-30 所示的有向图 G 的所有强连通分支、单向连通分支和弱连通分支.

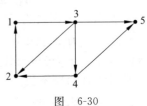

图 6-30

12. 设 $G=(V,E)$ 是非平凡有向图,若对于任意 $\emptyset \neq W \subset V$, G 中起点在 W 中、终点在 $V-W$ 中的边至少有 k 条,则称有向图 G 的边连通度至少为 k. 证明：非平凡有向图 G 是强连通图的充要条件是 G 的边连通度至少为 1.

6.6 图的矩阵表示

将一个图画出来是最直观地表示图的方式. 为了便于使用计算机存储和处理图,更为了借助于完善的矩阵理论研究图的有关性质,有必要学习图的矩阵表示.

本节简单介绍图的常见的 3 种矩阵表示及一些简单结论,更多的有关图的矩阵方面的知识可阅读参考文献[18, 21].

6.6.1 图的邻接矩阵

第一种图的矩阵表示是邻接矩阵,它表示的是图中任意两个节点间的邻接关系.

【定义 6-29】 设 $G=(V,E)$ 是图,对节点集合进行编号, $V=\{v_1, v_2, \cdots, v_n\}$,则 G 的**邻接矩阵**(adjacency matrix) $\boldsymbol{A}(G)=(a_{ij})_{n \times n}$ 中元素 a_{ij} 是 v_i 邻接到 v_j 的边数 $(i, j=1, 2, \cdots, n)$.

图 6-31(a)和(b)所示的图 G_1 和 G_2 的邻接矩阵分别为

$$\boldsymbol{A}(G_1) = \begin{bmatrix} 0 & 2 & 1 & 0 \\ 2 & 0 & 0 & 1 \\ 1 & 0 & 1 & 1 \\ 0 & 1 & 1 & 0 \end{bmatrix}, \quad \boldsymbol{A}(G_2) = \begin{bmatrix} 0 & 2 & 0 & 0 \\ 0 & 0 & 0 & 1 \\ 1 & 0 & 1 & 0 \\ 0 & 0 & 1 & 0 \end{bmatrix}$$

显然,无向图的邻接矩阵是对称矩阵,且一个图与其邻接矩阵是一一对应的,因而邻接矩阵完全体现了图的所有信息.

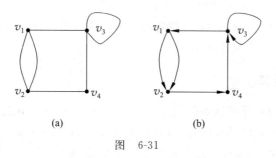

图 6-31

从一个图的邻接矩阵容易得出每个节点的度数. 以有向图 G 为例, $\boldsymbol{A}(G)$ 中第 i 行元素之和为第 i 个节点 v_i 的出度 $(i=1, 2, \cdots, n)$,第 j 列元素之和为第 j 个节点 v_j 的入度 $(j=1, 2, \cdots, n)$.

从图的邻接矩阵可以得出从节点 v_i 到 v_j 长度为 $l(l \geq 1)$ 的路的数目.

【定理 6-10】 设 $\boldsymbol{A}$ 是图 G 的邻接矩阵,则 $\boldsymbol{A}^l (l \geq 1)$ 中 (i, j) 位置的元素 $a_{ij}^{(l)}$ 为从节点 v_i 到 v_j 长度为 l 的路的数目.

证 设 G 是 n 阶图. 对 l 使用数学归纳法. 当 $l=1$ 时,结论成立.

假设 $l-1$ 时结论成立,考虑 $\boldsymbol{A}^l (l>1)$ 中 (i, j) 位置的元素 $a_{ij}^{(l)}$. 根据矩阵乘法可知,由于

$a_{ij}^{(l)} = \sum_{k=1}^{n} a_{ik}^{(l-1)} a_{kj}$,所以 $a_{ik}^{(l-1)} a_{kj}$ 表示从 v_i 到 v_k 长度为 $l-1$ 再从 v_k 到 v_j 长度为 1 的路的数目 $(k=1,2,\cdots,n)$,进而 $a_{ij}^{(l)} = \sum_{k=1}^{n} a_{ik}^{(l-1)} a_{kj}$ 是 v_i 到 v_j 长度为 l 的路的数目.

注意 在离散问题的讨论中,数学归纳法也是经常使用的一种证明方法.

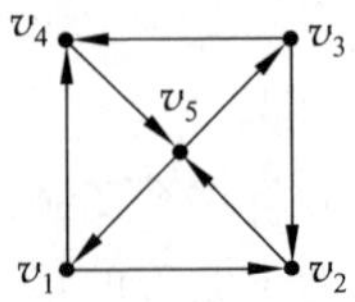

【**例 6-7**】 在如图 6-32 所示的有向图 G 中,

(1) 从 v_2 到 v_5 长度为 1,2,3,4 的路各有多少条?

(2) G 中长度为 3 的路共有多少条?其中有多少条是回路?

(3) G 是哪类连通图?

图 6-32

解 先写出图 G 的邻接矩阵 $\boldsymbol{A}$,再计算 $\boldsymbol{A}^2, \boldsymbol{A}^3, \boldsymbol{A}^4$.

$$\boldsymbol{A} = \begin{bmatrix} 0 & 1 & 0 & 1 & 0 \\ 0 & 0 & 0 & 0 & 1 \\ 0 & 1 & 0 & 1 & 0 \\ 0 & 0 & 0 & 0 & 1 \\ 1 & 0 & 1 & 0 & 0 \end{bmatrix}, \quad \boldsymbol{A}^2 = \boldsymbol{A} \cdot \boldsymbol{A} = \begin{bmatrix} 0 & 0 & 0 & 0 & 2 \\ 1 & 0 & 1 & 0 & 0 \\ 0 & 0 & 0 & 0 & 2 \\ 1 & 0 & 1 & 0 & 0 \\ 0 & 2 & 0 & 2 & 0 \end{bmatrix},$$

$$\boldsymbol{A}^3 = \boldsymbol{A}^2 \cdot \boldsymbol{A} = \begin{bmatrix} 2 & 0 & 2 & 0 & 0 \\ 0 & 2 & 0 & 2 & 0 \\ 2 & 0 & 2 & 0 & 0 \\ 0 & 2 & 0 & 2 & 0 \\ 0 & 0 & 0 & 0 & 4 \end{bmatrix}, \quad \boldsymbol{A}^4 = \boldsymbol{A}^3 \cdot \boldsymbol{A} = \begin{bmatrix} 0 & 4 & 0 & 4 & 0 \\ 0 & 0 & 0 & 0 & 4 \\ 0 & 4 & 0 & 4 & 0 \\ 0 & 0 & 0 & 0 & 4 \\ 4 & 0 & 4 & 0 & 0 \end{bmatrix}$$

(1) 从 v_2 到 v_5 长度为 1,2,3,4 的路分别有 1,0,0,4 条.

(2) 由于 $\boldsymbol{A}^3$ 中所有元素之和为 20,所以 G 中长度为 3 的路共有 20 条.又由于对角线上元素之和为 12,故其中有 12 条是回路.

(3) 从 $\boldsymbol{A}, \boldsymbol{A}^2, \boldsymbol{A}^3, \boldsymbol{A}^4$ 知,均有 (i,j) 位置的元素不为 0 的情况,说明 G 中任意两个节点之间均相互存在路,所以 G 是强连通图.

6.6.2 图的可达矩阵

第二种图的矩阵表示是可达矩阵,它表示的是图中任意两个节点间的可达关系.

【**定义 6-30**】 设 $G=(V,E)$ 是图,对节点集合编号,$V=\{v_1, v_2, \cdots, v_n\}$,则 G 的**可达矩阵**(accessible matrix)$\boldsymbol{P}(G) = (p_{ij})_{n \times n}$ 中的元素 p_{ij} 取值如下:

$$p_{ij} = \begin{cases} 1, & v_i \text{ 可达 } v_j \\ 0, & \text{其他} \end{cases}, \quad i,j = 1,2,\cdots,n$$

例 6-7 中图的可达矩阵为

$$\boldsymbol{P}(G) = \begin{bmatrix} 1 & 1 & 1 & 1 & 1 \\ 1 & 1 & 1 & 1 & 1 \\ 1 & 1 & 1 & 1 & 1 \\ 1 & 1 & 1 & 1 & 1 \\ 1 & 1 & 1 & 1 & 1 \end{bmatrix}$$

很容易由图的邻接矩阵 $A(G)$ 得出其可达矩阵 $P(G)$，一个非常有效的算法是 Warshall 算法[10,12]。根据可达矩阵的定义知，$P(G)$ 中所有主对角线上的元素全为 1，这是由于任意节点可达自身。

很容易从图的可达矩阵得出图的连通性质。

6.6.3 图的关联矩阵

第三种图的矩阵表示是关联矩阵，它表示的是图中节点与边之间的关联关系。

1. 无向图

【定义 6-31】 设 $G=(V,E)$ 是无向图，对节点集合和边集合编号，$V=\{v_1,v_2,\cdots,v_n\}$，$E=\{e_1,e_2,\cdots,e_m\}$，则 G 的**关联矩阵**(incidence matrix)$M(G)=(m_{ij})_{n\times m}$ 中元素 m_{ij} 为节点 v_i 与边 e_j 的关联次数。

【例 6-8】 求出如图 6-33(a)所示的无向图 G_1 的关联矩阵。

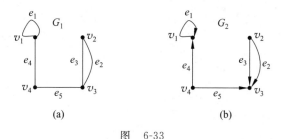

图 6-33

解 G_1 的关联矩阵为

$$M(G_1)=\begin{bmatrix} 2 & 0 & 0 & 1 & 0 \\ 0 & 1 & 1 & 0 & 0 \\ 0 & 1 & 1 & 0 & 1 \\ 0 & 0 & 0 & 1 & 1 \end{bmatrix}$$

根据图的关联矩阵可得到图的一些性质，如节点的度数、是否存在多重边、是否存在孤立点等。

2. 有向图

【定义 6-32】 设 $G=(V,E)$ 是有向图，节点集合和边集合均已编号，$V=\{v_1,v_2,\cdots,v_n\}$，$E=\{e_1,e_2,\cdots,e_m\}$，则 G 的**关联矩阵**(incidence matrix)$M(G)=(m_{ij})_{n\times m}$ 中元素 m_{ij} 取值如下：

$$m_{ij}=\begin{cases} 1, & v_i \text{ 为 } e_j \text{ 的起点} \\ -1, & v_i \text{ 为 } e_j \text{ 的终点} \\ -2, & e_j=(v_i,v_i) \\ 0, & v_i \text{ 与 } e_j \text{ 不关联} \end{cases}, \quad i=1,2,\cdots,n; j=1,2,\cdots,m$$

【例 6-9】 求出如图 6-33(b)所示的有向图 G_2 的关联矩阵。

解 G_2 的关联矩阵为

$$M(G_2)=\begin{bmatrix} -2 & 0 & 0 & -1 & 0 \\ 0 & 1 & 1 & 0 & 0 \\ 0 & -1 & -1 & 0 & -1 \\ 0 & 0 & 0 & 1 & 1 \end{bmatrix}$$

也可以只考虑无自环有向图的关联矩阵。图还有其他矩阵表示,如距离矩阵、圈矩阵以及割集矩阵等,可以阅读参考文献[17~19,21,22].前面已经谈到,有了这些图的矩阵表示,可以用线性代数中的知识,特别是矩阵理论对图做更深入的研究,由于篇幅所限,本书不涉及这些内容的进一步讨论,可参见有关图论的文献.

习题 6.6

1. 分别写出如图 6-34(a)和图 6-34(b)所示的图 G_1 和 G_2 的邻接矩阵和可达矩阵.

2. 图 6-35 是有向图 G.

(1) 求出 v_3 到 v_2 的长度为 4 的路有多少条,并列举出来.

(2) G 中长度为 3 的路共有多少条?其中有多少条是回路?

(3) G 是哪类连通图?

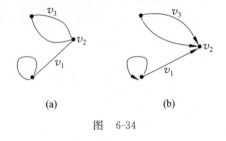

图 6-34

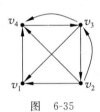

图 6-35

3. 图 6-36 是有向图 G.

(1) 计算图 G 的邻接矩阵 A.

(2) 求出 G 中 v_1 到 v_4 的长度为 4 的路有多少条,并列举出来.

(3) 求出 G 中 v_1 到 v_1 的长度为 3 的回路有多少条,并列举出来.

(4) G 中长度为 4 的路共有多少条?其中有多少条是回路?

(5) G 中长度小于或等于 4 的路共有多少条?其中有多少条是回路?

(6) G 是哪类连通图?

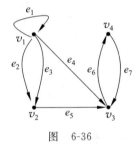

图 6-36

4. 求出图 6-37(a)和图 6-37(b)所示的无向图 G_1 及有向图 G_2 的关联矩阵.

5. 给定图 $G=(V,E)$,其中 $V=\{v_1,v_2,\cdots,v_n\}$,定义 G 的**距离矩阵** $D=(d_{ij})_{n\times n}$,其中 $d_{ij}=d(v_i,v_j), i,j=1,2,\cdots,n$. 写出如图 6-38 所示的图 G 的距离矩阵 $D(G)$.

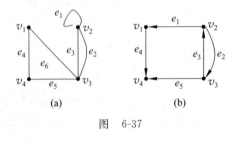

图 6-37

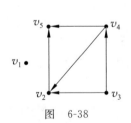

图 6-38

6. 已知有向图 G 的邻接矩阵为 $A = \begin{bmatrix} 0 & 2 & 1 & 0 \\ 0 & 0 & 1 & 0 \\ 0 & 0 & 1 & 1 \\ 0 & 0 & 0 & 1 \end{bmatrix}$，画出图 G 的图形.

7. 已知无向图 G 的关联矩阵为 $M = \begin{bmatrix} 1 & 1 & 0 & 0 & 1 & 1 \\ 1 & 1 & 1 & 0 & 0 & 0 \\ 0 & 0 & 1 & 1 & 0 & 1 \\ 0 & 0 & 0 & 1 & 1 & 0 \\ 0 & 0 & 0 & 0 & 0 & 0 \end{bmatrix}$，画出图 G 的图形.

6.7 赋权图及最短路径

6.7.1 赋权图

在图的实际应用中，除建立图模型外，有时还需要将一些附加信息赋予图的边或节点，这就是**赋权图**或**加权图**（weighted graph）. 本节仅讨论边赋权图.

【**定义 6-33**】 设 $G=(V,E)$ 是任意简单图，若 G 的每一条边上都赋予了一个非负实数，则称 G 是**边赋权图**，简称**赋权图**.

如图 6-39 所示是两个边赋权图 G_1 和 G_2.

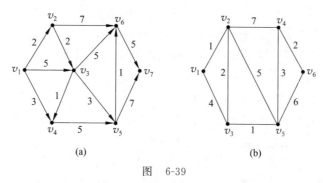

图 6-39

在边赋权图 $G=(V,E)$ 中，每条边上所赋的非负实数称为这条边上的权，它可以理解为该边上的流量或通过该边的时间、费用，还可以理解为该边的长度.

设 $G=(V,E)$ 是 n 阶边赋权图，$V=\{v_1, v_2, \cdots, v_n\}$，用 w_{ij} 表示阶点 v_i 到 v_j 的边上的权，同时令 $w_{ii}=0$ 且若 v_i 到 v_j 没有边，则令 $w_{ij}=\infty$ 或 $+\infty$，$i\neq j, i,j=1,2,\cdots,n$. 记 $W(G) = (w_{ij})_{n\times n}$ 为图 G 的赋权邻接矩阵.

图 6-39 所示的边赋权简单图 G_1 和 G_2 的赋权邻接矩阵分别为

$$W(G_1) = \begin{pmatrix} 0 & 2 & 5 & 3 & \infty & \infty & \infty \\ \infty & 0 & 2 & \infty & \infty & 7 & \infty \\ \infty & \infty & 0 & 1 & 3 & 5 & \infty \\ \infty & \infty & \infty & 0 & 5 & \infty & \infty \\ \infty & \infty & \infty & \infty & 0 & 1 & 7 \\ \infty & \infty & \infty & \infty & \infty & 0 & 5 \\ \infty & \infty & \infty & \infty & \infty & \infty & 0 \end{pmatrix}, \quad W(G_2) = \begin{pmatrix} 0 & 1 & 4 & \infty & \infty & \infty \\ 1 & 0 & 2 & 7 & 5 & \infty \\ 4 & 2 & 0 & \infty & 1 & \infty \\ \infty & 7 & \infty & 0 & 3 & 2 \\ \infty & 5 & 1 & 3 & 0 & 6 \\ \infty & \infty & \infty & 2 & 6 & 0 \end{pmatrix}$$

6.7.2 最短路径

在边赋权图 $G=(V,E)$ 中,从一个节点到另一个节点的路上所有边上的权之和称为该路的权,例如在图 6-39(a)中路 $v_2v_3v_5v_6v_7$ 的权为 $2+3+1+5=11$.

在实际应用中,最短线路的铺设、运输网络的最少时间以及互联网上的最短路由问题等,都需要得出从一个节点到别的节点权最小的一条路,它必为路径,称为**最短路径**.

1972 年图灵奖获得者、荷兰著名计算机专家迪杰斯特拉(E. W. Dijkstra,1930—2002)于 1959 年提出的求一个节点到其他任意节点的最短路径算法(称为迪杰斯特拉算法)是至今为止被大家公认的有效算法,其时间复杂度为 $O(n^2)$,其中 n 为图的节点个数.

设 $G=(V,E)$ 是 n 阶边赋权图,$V=\{v_1,v_2,\cdots,v_n\}$,求节点 v_1 到其余每个节点的最短路径.

目标:求节点 v_1 到其他任意节点的最短路径.

迪杰斯特拉算法将 V 分成两部分——P 和 T,P 表示永久性节点集,而 $T=V-P$ 称为临时节点集. 对 P 的每个节点 v 进行 P 标号 $l(v)$,表示节点 v_1 到 v 的最短路径的权,而 T 中每个节点 v 的 T 标号 $l(v)$ 表示节点 v_1 到 v 的一条路上的权.

迪杰斯特拉算法:

(1) 令 $P=\{v_1\}$ 且 v_1 进行 P 标号 $l(v_1)=0$,对 $T=V-P$ 中的节点进行 T 标号 $l(v_j)=w_{1j}, j=2,3,\cdots,n$.

(2) 在所有 T 标号的节点中,选取标号最小的节点 v_i 进入 P.

(3) 重新按下列方式计算具有 T 标号的其他节点 v_j 的 T 标号:

$$\min\{l(v_j), l(v_i)+w_{ij}\}$$

(4) 重复上述(2)和(3),直至 $|P|=n$.

【**例 6-10**】 利用迪杰斯特拉算法求出图 6-39 中从 v_1 到其余所有节点的最短路径.

解 以表格形式简化迪杰斯特拉算法求解图 6-39(a)的过程如表 6-1 所示,其中 v_5 所在列 $\underline{7}/v_3$ 表示 7 是所在行标号中最小的,画上下画线标记,而它是根据进入 P 的节点 v_3 得出的,将 v_3 写在"/"的下方,并且显然 v_3 与上方的 v_5 邻接,以此类推.

表 6-1

步骤	v_1	v_2	v_3	v_4	v_5	v_6	v_7
1	$\underline{0}$	$2/v_1$	5	3	∞	∞	∞
2			4	$\underline{3}/v_1$	∞	9	∞
3			$\underline{4}/v_2$		8	9	∞
4					$\underline{7}/v_3$	9	∞
5						$\underline{8}/v_5$	14
6							$\underline{13}/v_6$

于是,从 v_1 到其余各节点的最短路径如图 6-40(a)所示.

以表格形式简化迪杰斯特拉算法求解图 6-39(b)的过程如表 6-2 所示.

表 6-2

步骤	v_1	v_2	v_3	v_4	v_5	v_6
1	$\underline{0}$	$\underline{1}/v_1$	4	∞	∞	∞
2			$\underline{3}/v_2$	8	6	∞
3				8	$\underline{4}/v_3$	∞
4				$\underline{7}/v_5$		10
5						$\underline{9}/v_4$

于是，从 v_1 到其余各节点的最短路径如图 6-40(b)所示.

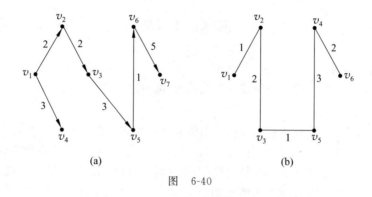

图 6-40

注意 迪杰斯特拉算法仅适用于非负权植的图. 对于存在负权值的图可参见 https://arxiv.org/abs/2203.03456.

下面介绍的沃舍尔算法是由沃舍尔(S. Warshall,1935—2006)给出并经 1978 年图灵奖获得者弗洛伊德(R. W. Floyd,1936—2001)改进的算法,它可求出任意两个点之间的最短路径,也可阅读参考文献[15].

弗洛伊德-沃舍尔算法：

(1) 令 $W^{(0)} = (w_{ij}) = (w_{ij}^{(0)})$.

(2) 利用 $W^{(0)}$ 依次构造 $W^{(1)}, W^{(2)}, \cdots, W^{(n)}$，其中 $W^{(k)} = (w_{ij}^{(k)})$，$w_{ij}^{(k)} = \min\{w_{ij}^{(k-1)}, w_{ik}^{(k-1)} + w_{kj}^{(k-1)}\}$，$w_{ij}^{(k)}$ 是从 v_i 到 v_j 的中间节点仅属于 $\{v_1, v_2, \cdots, v_k\}$ 的最短路径的权.

最后得到的 $W^{(n)}$ 就是从 v_i 到 v_j 的最短路径的权.

与最短路径相反,需要考虑最长路径问题. 在一个赋权图中,从一个(源)节点到另一个(汇)节点间的最长路径称为**关键路径**(critical path).

习题 6.7

1. 在一个赋权图中,如何理解权为 0 的边？对边上的权应怎样理解最好？

2. 在图 6-39(a)所示的边赋权图中,利用迪杰斯特拉算法求出从 v_4 到其余各节点的最短路径.

3. 在图 6-41 所示的边赋权图中,利用迪杰斯特拉算法求出从 u 到 v 的所有最短路径及其权.

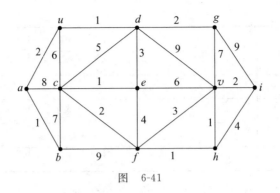

图 6-41

本 章 小 结

1. 图的基本概念

图 $G=(V,E)$ 主要由两部分组成:节点集合 V 和边集合 E. 通常研究有限的无向图和有向图.

设 $G=(V,E)$ 是图,节点 u 和 v 邻接是指从节点 u 到 v 有边. 在无向图 $G=(V,E)$ 中,两条边 e_1 和 e_2 邻接是指这两条边有公共端点. 设 $G=(V,E)$ 是图,边 e 与其两个端点是关联的.

无自环且无平行边的图是简单图,例如 K_n. 设 $G=(V,E)$ 是 n 阶简单无向图,由 G 的所有节点以及由能使 G 成为 K_n 需要添加的边构成的图为 G 的补图 $\overline{G}$.

要求深入理解图的定义,能对较简单的实际问题建立图模型.

2. 节点的度数

设 $G=(V,E)$ 是无向图,与节点 v 关联的所有边数为节点 v 的度数 $\deg(v)$. 节点处的一个自环算 2 度.

设 $G=(V,E)$ 是有向图,以 v 为起点的边的数目为节点 v 的出度 $od(v)$,以 v 为终点的边的数目为节点 v 的入度 $id(v)$,$od(v)+id(v)$ 是节点 v 的度数 $\deg(v)$.

握手定理 在任何 (n,m) 图 $G=(V,E)$ 中,其所有节点度数之和等于边数 m 的 2 倍,即

$$\sum_{v \in V} \deg(v) = 2m.$$

要求掌握节点(出、入)度的定义,能熟练运用握手定理,了解孤立点、k-正则图、最大度 $\Delta(G)$、最小度 $\delta(G)$ 和度数序列等概念.

3. 子图、图的运算和图同构

图 $G=(V,E)$ 的任意部分只要能构成图就是 G 的子图,产生子图的常见 4 种方式是 $G[W]$,$G-W$,$G[F]$,$G-F$. 节点与 G 相同的子图是 G 的生成子图.

两个图同构 $G_1 \cong G_2$ 是指这两个图本质上是同一个图.

要求理解子图的定义和两个图同构的直观含义,了解图的集合运算定义.

4. 路与回路

在图 $G=(V,E)$ 中,从一个节点出发,沿着一些边连续移动到另一个节点就是路 L,L 所经过的边数称为路 L 的长度或跳数. 节点不重复的路称为路径;边不重复的路称为轨迹.

在图 $G=(V,E)$ 中,称节点 u 到节点 v 的边数最少的路径的长度为 u 到 v 的距离 $d(u,v)$. 图 G 的直径 $\text{diam}(G)=\max\limits_{u,v\in V} d(u,v)$.

起点与终点相同的路称为回路. 边不重复的回路称为简单回路或闭迹. 除起点重复一次外,别的节点均不重复的简单回路称为圈或环.

要求掌握路、路的长度、路径、轨迹、距离、直径、回路、闭迹和圈的概念.

5. 图的连通性

(1) 无向图 $G=(V,E)$ 是连通图,是指任意 $u,v\in V$ 均可达. 无向图 G 的连通分支是 G 的极大的连通子图. 要求能根据已知条件判断或证明图的连通性.

(2) 连通无向图 G 的点连通度 $\kappa(G)$ 是使得 G 不连通或成为 1 阶图所要删去的最少的节点个数. 连通无向图 G 的边连通度 $\lambda(G)$ 是使得 G 不连通或成为平凡图所要删去的最少的边的数目. 要求了解点连通度 $\kappa(G)$ 和边连通度 $\lambda(G)$.

(3) 有向图 $G=(V,E)$ 强连通图,是指任意 $u,v\in V,u$ 和 v 相互可达. 设 G 是 $n(n\geqslant 2)$ 阶有向图,则 G 强连通当且仅当 G 中存在一条回路,它通过所有节点. 有向图 G 的极大的强连通子图称为 G 的强连通分支. 有向图 G 的任意节点 $v\in V$ 都位于且仅位于 G 的一个强连通分支中.

有向图 $G=(V,E)$ 是单向连通图,是指对于任意 $u,v\in V$,从 u 可达 v 或者从 v 可达 u. 有向图 G 为单向连通图当且仅当 G 中存在一条路,它通过所有节点. 有向图 G 的极大的单向连通子图是 G 的单向连通分支.

有向图 G 是弱连通图,是指图 G 在不考虑边的方向时是无向连通图. 有向图 G 的极大的弱连通子图称为 G 的弱连通分支.

要求能判断有向图的连通性,求出有向图的强(单向、弱)连通分支.

6. 图的矩阵表示

设 $G=(V,E)$ 是图,对节点集合进行编号,$V=\{v_1,v_2,\cdots,v_n\}$,则 G 的邻接矩阵 $\boldsymbol{A}(G)=(a_{ij})_{n\times n}$ 中的元素 a_{ij} 是 v_i 邻接到 v_j 的边数 $(i,j=1,2,\cdots,n)$.

定理 设 A 是图 G 的邻接矩阵,则 $A^l(l\geqslant 1)$ 中 (i,j) 位置的元素 $a_{ij}^{(l)}$ 为从节点 v_i 到 v_j 长度为 l 的路的数目.

要求掌握图的邻接矩阵及上述结论,了解可达矩阵和关联矩阵.

7. 赋权图及最短路径

设 $G=(V,E)$ 是任意图,若 G 的每一条边上都赋予了一个非负实数,则 G 是边赋权图. 两节点间权最小的一条路就是最短路径.

要求深入理解边赋权图,了解最短路径和求最短路径的迪杰斯特拉算法.

第 7 章 几类特殊的图

图论是处理离散对象的一种重要的数学工具. 本章讨论几类在理论研究和实际应用中都有着重要意义的特殊图.

7.1 欧 拉 图

7.1.1 欧拉图的有关概念

欧拉图是 1736 年由年仅 29 岁的欧拉研究七桥问题时考虑的一种图, 由此得出 3 个概念.

【定义 7-1】 设 $G=(V,E)$ 是任意图, G 中经过所有边一次且仅一次的路称为**欧拉轨迹** (Eulerian trail) 或**欧拉路**, G 中经过所有边一次且仅一次的回路称为**欧拉回路** (Eulerian circuit), 存在欧拉回路的图称为**欧拉图** (Euler graph) 或简称为 E 图.

显然, 欧拉回路是欧拉轨迹, 但反过来一般不成立. 例如, 图 7-1(a) 所示的图存在欧拉轨迹, 但不存在欧拉回路; 图 7-1(b) 所示的图存在欧拉回路 $v_1 v_2 v_4 v_1 v_3 v_2 v_5 v_3 v_4 v_5 v_1$, 它是欧拉图.

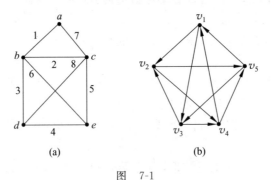

图 7-1

7.1.2 欧拉定理

【定理 7-1】(欧拉定理) 设 G 是非平凡连通无向图, 则 G 是欧拉图的充要条件是 G 的每个节点的度数为偶数.

证 ($\Rightarrow$) 显然.

($\Leftarrow$) 设 G 是 (n,m) 图. 若 $m=1$, 则 G 是 $(1,1)$ 图, 结论成立. 假设对边数小于 m 的连通图结论成立, 当边数为 m 时, 由于 G 是非平凡连通图且每个节点的度数为偶数, G 中每个节点的度数均 $\geqslant 2$, 由定理 6-3 知 G 中存在一个圈 C. 先从 G 中去掉 C 中的所有边, 得到一个图, 其每一个连通分支的每个节点的度数为偶数, 由归纳假设知, 每一个连通分支都是欧拉图, 进而存在欧拉回路, 于是图 G 中通过回路 C 存在欧拉回路, 如图 7-2 所示, 故 G 是欧拉图.

欧拉定理给出了一个连通图存在欧拉回路的充要条件,但要具体找出一条这样的回路,随意行走是不行的,可参见图7-2.1921年Fleury给出了一个求欧拉回路的算法[19].

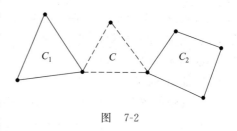

图 7-2

类似于欧拉定理有以下几个定理.

【**定理7-2**】 设G是非平凡弱连通图,则G是欧拉图的充要条件是G的每个节点的入度等于其出度.

【**例7-1**】 设G_1和G_2是n阶完全图$K_n(n \geq 4)$的两个不同的子图,若它们都是欧拉图,则G_1和G_2的环和$G_1 \oplus G_2$的每个连通分支是欧拉图.

证 设v是$G_1 \oplus G_2$中的任意节点,根据已知条件及欧拉定理知,v在G_1和G_2中的度数d_1和d_2均为偶数.若v在$G_1 \cap G_2$中的度数为d,则v在$G_1 \oplus G_2$中的度数为$d_1 + d_2 - 2d$仍为偶数,所以$G_1 \oplus G_2$的每个连通分支是欧拉图.

根据定理7-1容易得出以下定理.

【**定理7-3**】 设G是连通无向图,则G中存在欧拉轨迹的充要条件是G的度数为奇数的节点个数为0或2.

证 若欧拉轨迹不是欧拉回路,只需在轨迹的起点和终点之间增加一条"新"边,问题转化为欧拉回路.

根据定理7-3知,七桥问题无解,即不存在欧拉轨迹.

有趣的中国古老数学游戏"一笔画问题"与定理7-3密切相关.所谓一个图能一笔画出,是指从图的某节点出发,线可以相交但不能重合,不抬起笔就可以将图画完.

同样,对于有向图有以下定理.

【**定理7-4**】 设G是弱连通图,则G中存在欧拉轨迹的充要条件是下列条件之一.

(1) G的每个节点的入度等于其出度.

(2) G中存在一个节点,其出度比入度多1;存在一个节点,其入度比出度多1;而其余所有节点的入度等于其出度.

7.1.3 中国邮递员问题

一位邮递员从邮局选好邮件去投递,然后返回邮局,要求邮递员必须经过其负责的每一条街至少一次.为这位邮递员设计一条投递线路,使总路程最短.

显然,若连通无向图有度数为奇数的节点,由于必须返回邮局,邮递员必须重复走一些街道,问题是怎样才能使得完成投递任务所走的路最短.这是一个在边赋权图中允许添加多重边后求最短欧拉回路的问题.

中国邮递员问题(Chinese postman problem)首次由中国图论专家管梅谷于1962年提出并进行了研究,他提出了"奇偶点图上作业法",引起世界上不少数学家的关注.1978年,匈牙利数学家Edmonds和Johnson对中国邮递员问题给出了一种有效算法;另外,在1995年王树禾研究了多邮递员中国邮路问题(k-postman chinese postman problem,k-PCPP),详见参考文献[19].

179

习题 7.1

1. 画出分别满足以下条件的 (n,m) 欧拉图.
   (1) n 和 m 的奇偶性相同.
   (2) n 和 m 的奇偶性相反.

2. 证明：n 阶完全无向图 K_n 是欧拉图当且仅当 n 为奇数且 $n \geqslant 3$.

3. 判断如图 7-3 所示的图形能否一笔画.

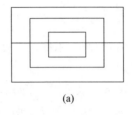
   (a)   (b)

图 7-3

4. 如图 7-4 所示的两个图各需要多少笔才能画出？

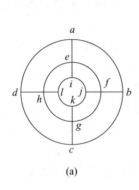
   (a)   (b)

图 7-4

5. 如图 7-5 所示的彼得森 (Petersen) 图至少要加多少条边才能成为欧拉图？画出添加边以后的图. 若只能添加原图的一些边的多重边, 能使其成为欧拉图吗？

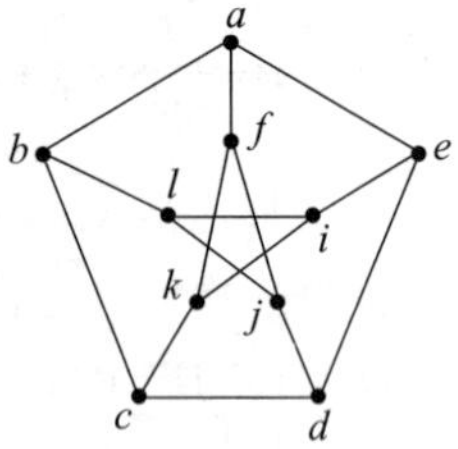

6. 在图 7-3(b) 所示的图中, 给出一种添加多重边的方法, 使其成为欧拉图.

7. 在图 7-6 所示的赋权图中, 如何添加多重边才能使得到的欧拉回路最短？

8. 计算如图 7-7 所示的赋权图中的最优投递路线, 假定邮局在 C 点.

图 7-5

9. 证明：若无向图 G 恰有两个节点 u 和 v 度数为奇数, 则在 G 中 u 可达 v. 如果 G 是有向图, 上述结论是否成立？

10. 设 $G=(V,E)$ 是连通无向图, 且有 $2k(k \geqslant 1)$ 个度数为奇数的节点, 证明：在 G 中存在 k 条轨迹, 它们包含了 G 中的所有边.

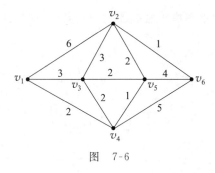
图 7-6

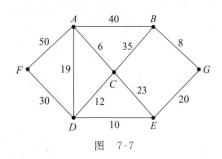
图 7-7

7.2 哈密顿图

1859 年爱尔兰数学家哈密顿(William Rowan Hamilton,1805—1865)发明了一个周游世界游戏[19]：在一个木制的正 12 面体的 20 个顶点上标出世界上的 20 个大城市,它们分别是北京、莫斯科、东京、柏林、巴黎、纽约、旧金山、伦敦、罗马、里约热内卢、布拉格、新西伯利亚、墨尔本、耶路撒冷、巴格达、上海、布达佩斯、开罗、阿姆斯特丹和华沙. 若从一个城市出发,沿正 12 面体的棱旅行,每个城市仅经过一次,最后回到原出发点,就算旅行成功.

哈密顿将这个游戏的专利以 25 个金币的高价转让给一个玩具商,据说这个玩具商在几个月的时间内就成了一位腰缠万贯的富豪.

从这个游戏抽象出图论中非常重要的哈密顿图,且派生出至今为止颇具研究价值的旅行商问题.

先介绍与哈密顿图有关的 3 个概念.

7.2.1 哈密顿图的有关概念

【**定义 7-2**】 设 $G=(V,E)$ 是任意图,G 中经过所有节点一次且仅一次的路径称为**哈密顿路径**(Hamiltonian path),G 中经过所有节点一次且仅一次(除起点重复一次外)的圈称为**哈密顿回路**(Hamiltonian cycle)(**哈密顿环**或**哈密顿圈**),存在哈密顿回路的图称为**哈密顿图**(Hamiltonian graph)或简称为 H 图.

显然,由哈密顿回路可得到哈密顿路径,不返回出发点即可,但反过来一般不成立. 在图 7-8(a)所示的图中存在哈密顿路径 $bcaed$,但不存在哈密顿回路.

图 7-8(b)所示的图中存在哈密顿回路 $v_1 v_5 v_4 v_3 v_2 v_1$,它是哈密顿图.

注意 欧拉图行遍所有边；而哈密顿图行遍所有节点,一般来说有些边不能走到. 两者之间没有必然联系.

显然,一个无向哈密顿图是连通图,一个有向哈密顿图是强连通图. 先回到开始时提到的周游世界游戏问题.

【**例 7-2**】 前面提到的周游世界游戏有解,试加以说明.

解 将正十二面体投影到平面上得到一个无向图 G,该图存在一条哈密顿回路,如图 7-9 所示,按顺序从 1 到 2,从 2 到 3……一直到 20,最后回到 1,所以 G 是哈密顿图,故周游世界游戏有解.

判断一个图是否是哈密顿图是非常困难的,虽然已经有一些用于判断图是哈密顿图的充要条件,但到目前为止还没有一种方法可以有效地解决哈密顿图的判断问题,这是计算机科学中的一个 NP 困难问题.

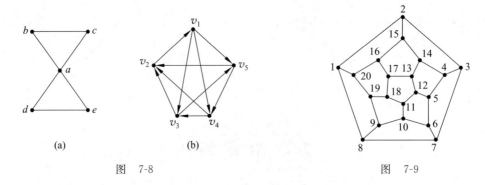

图 7-8   图 7-9

下面分别介绍哈密顿图的必要条件和哈密顿图的充分条件.

7.2.2 哈密顿图的必要条件

【定理 7-5】 设 $G=(V,E)$ 是哈密顿无向图,则对于任意 $\varnothing \neq W \subset V$ 均有 $\omega(G-W) \leqslant |W|$.

证 根据已知条件,G 中存在哈密顿回路 C. 显然,$\omega(G-W) \leqslant \omega(C-W) \leqslant |W|$.

【例 7-3】 举例说明,定理 7-5 的结论作为条件不是充分的.

解 对于彼得森图,可以验证它不是哈密顿图. 图 7-10 说明彼得森图满足定理 7-5 的结论.

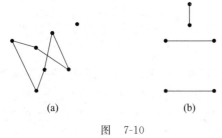

图 7-10

在彼得森图中,删除 1 个或 2 个节点都连通;若删除 3 个节点,最多只能得到 2 个连通分支,如图 7-10(a)所示;若删除 4 个节点,最多只能得到 3 个连通分支,如图 7-10(b)所示;若删除 5 个节点,剩下的节点数 $\leqslant 5$,当然最多只能得到 5 个连通分支.

所以,彼得森图满足定理 7-5 的结论,但它不是哈密顿图.

7.2.3 哈密顿图的充分条件

1960 年 Ore 得到一个哈密顿图的充分条件.

【定理 7-6】(Ore 定理) 设 $G=(V,E)$ 是 $n(n \geqslant 3)$ 阶简单无向图,若对于任意的不相邻节点 u 和 v 有
$$\deg(u) + \deg(v) \geqslant n$$
则 G 是哈密顿图.

证 (1) G 是连通图(参见例 6-6).

(2) 在 G 中选取一条最长路径 $L: v_1 v_2 \cdots v_{p-1} v_p$,显然 $p \leqslant n$ 且由于 L 最长,分别与 v_1 和 v_p 邻接的节点均在 L 上.

① 如图 7-11 所示,若 v_1 和 v_p 邻接,则由于 L 最长及 G 的连通性知,G 中所有节点都在 L 上,否则会得出一条比 L 长 1 的路径.这时结论成立.

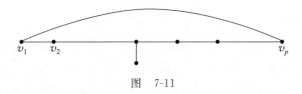

图　7-11

② 若 v_1 和 v_p 不邻接,设与 v_1 邻接的节点分别为 $v_{i_1}, v_{i_2}, \cdots, v_{i_k}$,若节点 v_{i_1-1}, $v_{i_2-1}, \cdots, v_{i_k-1}$ 都不与 v_p 邻接,由于 v_1 和 v_p 不邻接,于是与 v_p 邻接的节点最多有 $(n-k)-1$ 个,因此 $\deg(v_1) + \deg(v_p) \leq k + (n-k) - 1 = n-1$,与已知条件矛盾.如图 7-12 所示,设 $v_{i_m-1}(1 \leq m \leq k)$ 与 v_p 邻接,因为 v_1 与 v_{i_m} 邻接,所以路径 L':$v_{i_m} v_1 \cdots v_{i_m-1} v_p \cdots v_{i_m+1}$ 与 L 等长,这时 L' 的起点与终点邻接,归结到情形①.

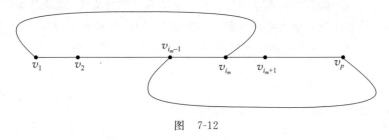

图　7-12

【例 7-4】 举例说明,定理 7-6 的条件不是必要的.

解　如图 7-13 所示的图显然是哈密顿图,但任意两个不相邻节点度数之和为 4,而图的阶数为 6.

Ore 的上述结果推广了 1952 年 Dirac 的结果.

推论　设 $G=(V,E)$ 是 $n(n \geq 3)$ 阶简单无向图,若对于任意节点 v 有 $\deg(v) \geq n/2$,则 G 是哈密顿图.

类似于定理 7-6,有以下定理.

【定理 7-7】 设 $G=(V,E)$ 是 $n(n \geq 3)$ 阶无向图,若对于任意的不相邻节点 u 和 v 有

$$\deg(u) + \deg(v) \geq n-1$$

则 G 中存在哈密顿路径.

证明留作练习.

在定理 7-6 的证明过程中,使用了"最长路径法"技巧.下面再举一个例子说明该方法的使用.

【例 7-5】 设 $G=(V,E)$ 是 $n(n \geq 3)$ 阶连通无向图,证明:G 中存在两个节点,将它们删除后得到的图仍是连通的.

证　在 G 中选取一条最长路径 L:$v_1 v_2 \cdots v_{p-1} v_p$,由于 L 最长,分别与 v_1 和 v_p 邻接的节点均在 L 上.考虑 $G - \{v_1, v_p\}$.

假定 $G - \{v_1, v_p\}$ 不连通,则存在 $G - \{v_1, v_p\}$ 中两个节点 u_1 和 u_2,它们在 $G - \{v_1, v_p\}$ 中不可达.由于 G 是连通的,在 G 中存在一条从 u_1 可达 u_2 的路 L'.这时 L' 必包含 v_1 或 v_p.

而分别与 v_1 和 v_p 邻接的节点均在 L 上,于是在 $G-\{v_1,v_p\}$ 中必存在 u_1 可达 u_2 的路,这是一个矛盾.所以 $G-\{v_1,v_p\}$ 连通.

7.2.4 旅行商问题

有 n 个城镇,其中任意两个城镇间都有道路(若没有,则规定该边上的权为 $+\infty$),一个商人要去这 n 个城镇售货,从某城镇出发,依次访问其余 $n-1$ 个城镇且每个城镇只能访问一次,最后又回到原出发地.问商人要如何安排经过 n 个城镇的行走路线,才能使他所走的路程最短.这就是**旅行商问题**(traveling salesman problem,TSP).

求解 TSP,就是要在一个赋权图中找出一条权最小的哈密顿回路.这是一个比判断一个图是否是哈密顿图更困难的问题.当然,若赋权图是一个三阶及以上的完全无向图,存在哈密顿回路是显然的.

求解 TSP 时,可以先将所有的哈密顿回路找出来,再比较其权的大小,求出权最小的哈密顿回路即可.但对于阶数较大的赋权图,这样计算的工作量太大.求旅行商问题的近似解有"近邻法"和"交换法".目前人们还在研究利用遗传算法、模拟退火算法、神经网络、蚁群算法及粒子群算法等求旅行商问题的近似解的一些智能算法,详见参考文献[5].

习题 7.2

1. 如图 7-14 所示的两个图是否为哈密顿图?

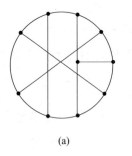 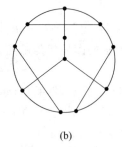

(a)   (b)

图 7-14

2. 证明:若一个无向图 $G=(V,E)$ 存在一个节点 $v\in V$ 使得 $\deg(v)=1$,则 G 不是哈密顿图.

3. 回答下列问题.
(1) 彼得森图不是哈密顿图吗? 说明理由.
(2) 可以通过添加边使彼得森图成为哈密顿图吗? 若可以,试画出添加边后的图.
(3) 若只能添加彼得森图的一些边的多重边,能使其成为哈密顿图吗?
(4) 删除彼得森图的一个节点后所得到的图是否是哈密顿图?

4. 分别画出满足下列条件的无向图.
(1) 既是欧拉图又是哈密顿图.
(2) 是欧拉图,不是哈密顿图.
(3) 不是欧拉图,是哈密顿图.
(4) 既不是欧拉图又不是哈密顿图.

5. 一只蚂蚁可否从立方体的一个顶点出发,沿着棱爬行,爬过每一个顶点一次且仅一次,最后回到原出发点? 利用图作解释.

6. 设 $G=(V,E)$ 是 $n(n\geq 3)$ 阶简单无向图.

(1) 证明：若 G 的边数 $m \geq C_{n-1}^2 + 2$，则 G 是哈密顿图.

(2) 若 G 的边数 $m = C_{n-1}^2 + 1$，G 是否一定是哈密顿图，说明理由.

7. 证明：有 $n(n \geq 4)$ 人,若任意两个人合起来认识其余 $n-2$ 个人,则他们可以站成一个圈,使得每个人的两旁都站着该人认识的人.

8. 当 $n \geq 3$ 时，K_n 共有多少条不同的哈密顿回路? 求出 K_3, K_4, K_5 中各有多少条不同的哈密顿回路.

9. 说明图 7-15 所示的图不是哈密顿图.

10. 证明图 7-16 所示的图不是哈密顿图.

11. 求出图 7-17 所示的赋权图 G 中的权最小的哈密顿回路.

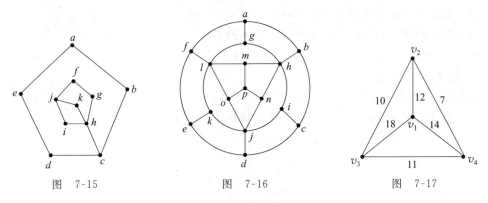

图 7-15　　　　图 7-16　　　　图 7-17

7.3　无　向　树

树是图论中的重要内容之一,它是 1847 年由基尔霍夫提出的,可惜他的发现超越了时代,因而长期没有引起重视. A. Cayley 于 1857 年利用树的概念成功研究了有机化学中的同分异构体,从而使无向树的理论获得发展.

目前,树在各个领域,特别是在计算机科学中有重要应用.

树分为无向树和有向树. 本节仅讨论无向树.

7.3.1　无向树的定义

【定义 7-3】　不含有圈的连通无向图称为**无向树** (tree).

无向树在图论中称为树,也可以称为自由树.

含 $n(n \geq 1)$ 个节点的(无向、有向、根)树称为 n 阶 (无向、有向、根)树. 一般不讨论不含节点的空树.

图 7-18 的(a)、(b)和(c)分别是不同结构的一阶无向树、二阶无向树、三阶无向树.

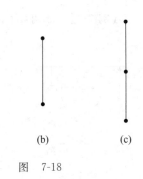

图 7-18

7.3.2 无向树的性质

1. 无向树的基本性质

性质 1 $n(n \geq 1)$阶无向树恰有 $n-1$ 条边.

证 对 n 使用数学归纳法.当 $n=1$ 时结论显然成立.假设 $n \geq 2$ 且 $n-1$ 阶无向树恰有 $n-2$ 条边.

首先,对于 $n \geq 2$ 阶无向树 G,每个节点的度数均 ≥ 1.由于 G 中不含有圈,由定理 6-3 知,必存在一个节点 v,其度数为 1.

考虑 $G-\{v\}$.由于 G 是不含圈的连通图且 $\deg(v)=1$,所以 $G-\{v\}$ 是不含圈的连通图,即 $G-\{v\}$ 是 $n-1$ 阶无向树,它恰有 $n-2$ 条边.因此,G 恰有 $n-1$ 条边.

【例 7-6】 设 G 是一棵无向树且有 3 个 3 度节点和 1 个 2 度节点,其余均为 1 度节点.

(1) 求出该无向树共有多少个节点.

(2) 画出两棵不同构的满足上述要求的无向树.

解 (1) 设 G 有 x 个节点度数为 1,则 G 的节点数为 $x+3+1=x+4$.由无向树的性质 1 知,G 恰有 $x+3$ 条边.

由握手定理,有 $3 \times 3+1 \times 2+x \times 1=2(x+3)$,于是 $x=5$.所以 G 有 9 个节点.

(2) 两棵不同构的满足上述要求的无向树如图 7-19 所示.

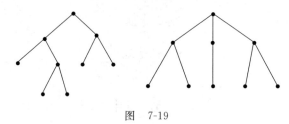

图 7-19

性质 2 $n(n \geq 2)$阶无向树至少有 2 个度为 1 的节点.

证 由性质 1 的证明过程知,$n(n \geq 2)$阶无向树 G 至少有 1 个度为 1 的节点.假定 G 仅有 1 个度为 1 的节点,则其余节点的度数 ≥ 2,这时 $\sum_{v} \deg(v) \geq 2(n-1)+1$.而根据性质 1 和握手定理知 $\sum_{v} \deg(v) = 2(n-1)$,这显然是一个矛盾.故 G 至少有 2 个度为 1 的节点.

【例 7-7】 证明:不同构的 4 阶无向树 G 只能是如图 7-20 所示的图形.

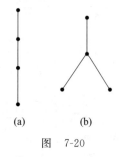

(a)　　(b)

图 7-20

证 根据性质 1,4 阶无向树恰有 3 条边,由握手定理知,其所有节点度数之和为 $2 \times 3=6$.根据性质 2,4 阶无向树至少有 2 个度为 1 的节点.

若 G 恰有 2 个度为 1 的节点,则其度数序列为 2,2,1,1,此时其图形如图 7-20(a)所示.

若 G 恰有 3 个度为 1 的节点,则其度数序列为 3,1,1,1,此时其图形如图 7-20(b)所示.

2. 无向树的 6 个等价命题

【定理 7-8】 以下关于无向 (n,m) 图 G 的 6 个命题等价.

(1) G 是一棵无向树.
(2) G 不含有圈且 $m=n-1$.
(3) G 连通且 $m=n-1$.
(4) G 不含有圈,但增加一条新边后得到一个且仅一个圈.
(5) G 连通,但删除任意一条边(若存在的话)后便不连通.
(6) G 的每一对节点有且仅有一条路径.

证 (1)⇒(2). 由性质 1 即得.

(2)⇒(3). 假设 G 不连通,则 G 有 $k(k\geqslant 2)$ 个连通分支,它们都是树,其节点数分别为 $n_1,n_2,\cdots,n_k$,边数分别为 $m_1,m_2,\cdots,m_k$. 由性质 1 知,$m_i=n_i-1,i=1,2,\cdots,k$. 于是

$$m=\sum_{i=1}^{k}m_i=\sum_{i=1}^{k}(n_i-1)=\sum_{i=1}^{k}n_i-k=n-k<n-1$$

与已知矛盾.

(3)⇒(4). 先证明 G 不含有圈,对 n 归纳. 当 $n=1$ 时,边数 $m=0$,显然不含有圈. 假设 $n\geqslant 2$ 且连通 $(n-1,n-2)$ 图没有圈. 对于 G,由于 $m=n-1$,由性质 2 的证明过程知,存在一个度数为 1 的节点 v. 这时,由归纳假设知 $G-\{v\}$ 中没有圈,进而 G 不含有圈.

若在 G 中添加一条边 uv,由于 G 是连通图,在 G 中 u 可达 v. 于是在 $G+uv$ 中存在圈. 若 $G+uv$ 含有两个圈,则 G 必含有圈,不可能.

(4)⇒(5). 若 G 不连通,则存在两个不可达的节点 u 和 v,当在 G 中添加一条边 uv 后不会出现圈. 若删除一条边后仍连通,则 G 中有圈.

(5)⇒(6). 由连通性知,G 的每一对节点之间有一条路径. 若有两条,则 G 中有圈,这时删除圈中的一条边后 G 仍连通,矛盾.

(6)⇒(1). 由于 G 的每一对节点之间有一条路径,于是 G 是连通图. 若 G 中有圈,则圈上的两个节点之间存在两条路径.

很容易从上述定理得出无向树的更多性质.

7.3.3 生成树

如图 7-21(a) 所示的无向图不是无向树,但其生成子图是无向树,如图 7-21(b) 和图 7-21(c) 所示.

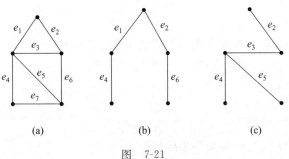

图 7-21

【定义7-4】 设$G=(V,E)$是无向图,若G的生成子图T是无向树,则称T为G的**生成树**(spanning tree).T中的边称为树枝(branch),其余的边称为关于T的弦(chord).

由图7-21(b)和(c)知,一个无向图的生成树不一定唯一,但不是任意无向图都存在生成树.

【定理7-9】 设G是无向图,则G存在生成树的充要条件是G是连通图.

证 ($\Rightarrow$)显然.

($\Leftarrow$)因为G连通,若G无圈,则G本身就是G的生成树.若G中存在圈,由定理7-7知,删除该圈上的一条边,得一个连通生成子图.继续该过程,一直到没有圈为止.最后得到的生成子图是一棵无向树,它就是G的生成树.

由定理7-9有以下推论.

推论 $n(n \geqslant 1)$阶连通图至少有$n-1$条边.

由此可见,$n(n \geqslant 1)$阶无向树是边数最少的连通无向图.

【例7-8】 设G是连通无向图,T是G的任意一棵生成树,C是G的任意一个圈,则C至少含有一条关于生成树T中的弦.

证(反证) 若C不包含任意一条关于生成树T中的弦,则C中的所有边均在生成树T中,这意味着T中含有圈,不可能.

【例7-9】 设G是连通无向图,T是G的任意一棵生成树,F是G的任意边割集,则F至少有一条T中的树枝.

证(反证) 若边割集F不含有生成树T中的树枝,则删除F中的所有边后,得到的子图必含有生成树T,进而是连通的,矛盾.

7.3.4 最小生成树

设$G=(V,E)$是边赋权的连通无向图,在有些问题的讨论中,不但要得出G的一棵生成树,而且要求生成树各边的权之和最小.

【定义7-5】 设G是一个边赋权的连通无向图,G的生成树各边的权之和称为该生成树的权,G中权最小的生成树称为**最小生成树**(minimal spanning tree).

下面分别介绍求边赋权的连通无向(n,m)图的最小生成树的算法.

算法1 克鲁斯卡尔(Kruskal,1956)的避圈法.

先将图G的m条边按权从小到大的顺序排列:$e_1, e_2, \cdots, e_m$;然后按从左至右的顺序依次选取各边,具体如下:

(1) 选取第一条边e_{i_1},只要e_{i_1}不构成圈即可,令$j \leftarrow 1$.

(2) 若$j = n-1$,则算法结束,否则转向(3).

(3) 假定已经选取了$e_{i_1}, e_{i_2}, \cdots, e_{i_k}$,再选取$e_{i_{k+1}}$,只要$\{e_{i_1}, e_{i_2}, \cdots, e_{i_k}, e_{i_{k+1}}\}$不构成圈即可.令$j \leftarrow j+1$,转向(2).

克鲁斯卡尔的避圈法的基本思想是:以边的权从小到大的顺序逐步选边,但必须去掉产生圈的边,即避免圈的产生,直至得到$n-1$条边为止.该算法的正确性是显然的.

【例7-10】 使用克鲁斯卡尔的避圈法求出如图7-22(a)所示的边赋权图G的最小生成树.

解 按克鲁斯卡尔的避圈法可得出其最小生成树

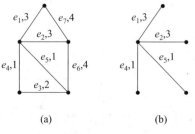

图 7-22

T,如图 7-22(b)所示.

算法 2 普里姆(Prim,1957)算法.

基本思想：从任意节点出发,选取与其关联且权最小的边以及该边的另一个关联节点,两点及边构成图 H. 再选取与 H 中所有节点关联的权最小的边及不在 H 中的另一个与该边关联的节点,将它们全并入 H. 继续该过程,直到 H 包含了 G 的所有节点.

算法 3 管梅谷(1975)的破圈法.

基本思想：在 G 中任意选取一个圈,去掉该圈上权最大的一条边,直到不含圈为止.

习题 7.3

1. 分别画出所有不同构的 5 阶无向树和 6 阶无向树.

2. 设 G 是无向树且有 2 个 4 度节点和 3 个 3 度节点,其余均为 1 度节点.
 (1) 求出该无向树共有多少个节点.
 (2) 画出两棵满足上述要求且不同构的无向树.

3. 设 G 是无向树且有 n_i 个 i 度节点, $i=2,3,\cdots,k$,其余均为 1 度节点,求 1 度节点的个数.

4. 证明：连通无向图 G 是无向树的充要条件是 G 的每一条边都是桥.

5. 设 G 是无向树且 $\Delta(G) \geqslant k$,证明：G 至少有 k 个 1 度节点.

6. 证明：恰有两个 1 度节点的无向树是一条路径.

7. 对于图 7-23(a)和(b)所示的两个图,分别画出其所有不同构的生成树.

8. 求出 K_6 中所有不同构的生成树.

9. 求出图 7-24 所示的边赋权图 G 的最小生成树的权.

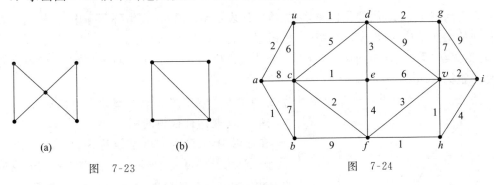

图 7-23   图 7-24

10. 证明：(1) n 阶无向树的所有节点度数之和为 $2(n-1)$.

(2) 设 $d_1,d_2,\cdots,d_n$ 是 n 个正整数($n \geqslant 2$),若 $\sum_{i=1}^{n} d_i = 2(n-1)$,则存在一棵无向树,其节点度数分别为 $d_1,d_2,\cdots,d_n$.

7.4 有 向 树

7.3 节讨论的是无向树. 本节讨论有向树的有关内容,它们在计算机算法设计及程序设计研究中都起着重要作用.

7.4.1 有向树的定义

【定义 7-6】 若有向图 $G=(V,E)$ 在不考虑边的方向时是一棵无向树,则该有向图称为**有向树**(directed tree)。

图 7-25 是两棵有向树的例子。

在一棵有向树中,节点 v 的前驱元素称为 v 的**父节点**(parent),v 的后继元素称为 v 的**子节点**(child)。实际上,在一个**无环有向图**(directed acyclic graph,DAG)中均可以定义父节点和子节点,若有向边 $(u,v) \in E$,则称 u 是 v 的父节点,v 是 u 的子节点。

图 7-26 是两个无环有向图的例子。一般说来 DAG 不是有向树,但它常用在讨论拓扑排序及关键路径中。量子线路就是无环有向图,因为它不需要利用反馈信息。

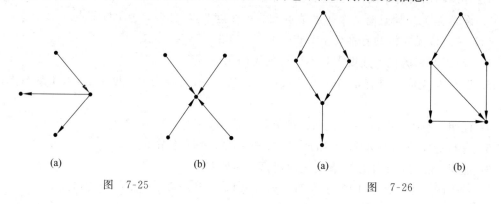

图 7-25   图 7-26

7.4.2 根树

在有向树中,更常用的是根树,它能清楚地表示层次结构。在编译程序中,根树用于表示源程序的语法结构;在数据库系统中,根树用于表示信息的组织形式。

【定义 7-7】 一棵有向树,若恰有一个节点入度为 0,而其余节点入度均为 1,则该有向树称为**根树**(rooted tree)。

注意 根树在计算机科学中常称为树,其他概念在含义上也与图论有细微不同。

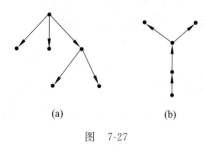

图 7-27

图 7-27 是两棵根树的例子。

在根树中,入度为 0 的节点称为**根**(root),出度为 0 的节点称为**叶**(leaf),出度不为 0 的节点称为**分支节点**(branch vertex),不是根的分支节点称为**内点**(internal vertex)。

一般将根树的根画在上方或下方,这时边的方向都朝下,如图 7-27(a)所示,或都朝上,如图 7-27(b)所示。正因为这样,在实际应用中,根树的方向是可以省略的。

为了方便,可以借助家族树中的概念称呼根树中的节点。若有向边 $(u,v) \in E$,则称 u 是 v 的**双亲节点**或**父节点**(parent),v 是 u 的**孩子节点**或**子节点**(child)。节点的**祖先**(ancestor)是从根节点到该节点的路径上所经过的所有其他的分支节点。从一个节点可以到达的任意其他的节点都称为该节点的**后代**(offspring 或 descendants)。

可以证明,从根节点到任意节点有且仅有一条路径. 从根节点到某个节点的路径的长度称为该节点的**层**或**级**(level). 于是,根节点是第 0 层节点,其子节点称为第 1 层节点,以此类推. 父节点在同一层的节点互为**堂兄弟**. 根树中节点的最大层次称为根树的**高度**(height)或**深度**(depth).

【**定义 7-8**】 设 $G=(V,E)$ 是一棵根树,$v\in V$,由节点 v 及其所有后代导出的子图称为 G 的**根子树**(rooted subtree),可以简称为**子树**(subtree).

可以结合如图 7-28[20]所示的根树理解上面提到的概念. 需要注意的是,关于根树中节点的层的含义在有些数据结构中有所不同,它们将根节点称为第 1 层节点,其子节点称为第 2 层节点,以此类推.

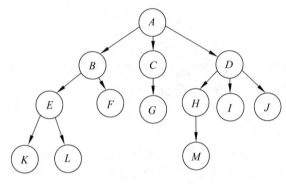

图　7-28

7.4.3　m 叉树

在根树中,一个节点的出度可以称为**元**,或更形象地称为**叉**. 在有的数据结构中称之为度,但这容易与图论中节点的度数概念混淆. 当然,用根树的最大出度称呼其名有时会更直观、方便.

1. m 叉树的有关定义

【**定义 7-9**】 设 $G=(V,E)$ 是一棵根树,若 $\max\limits_{v\in V} od(v)=m$,则称 G 是 **m 叉树**(m-ary tree).

图 7-28 是一棵 3 叉树. 图 7-27(b)是一棵二叉树,但要与数据结构中的二叉树相区别,见下面关于二叉树的进一步说明.

(1) 在 m 叉树 G 中,若对于任意节点 v 均有 $od(v)=m$ 或 0,则称 G 为**正则 m 叉树**(regular m-ary tree).

(2) 所有树叶节点所在的层都相同的正则 m 叉树称为**满 m 叉树**(full m-ary tree).

(3) 在一棵至少 n 个节点的满 m 叉树(根在上方)中,按由上到下由左至右顺序,最前面的 n 个节点导出的子图称为 n 阶顺序 m 叉树(sequential m-ary tree),通常又称为**完全 m 叉树**(complete m-ary tree).

(4) 在高为 h 的 m 叉树 G 中,所有叶节点在第 h 层或第 $h-1$ 层,则称 G 为**平衡 m 叉树**(balanced m-ary tree)

图 7-29(a)是一棵正则二叉树,图 7-29(b)是一棵满二叉树.

2. m 叉树的性质

下面是有关 m 叉树的几个性质,这些性质在数据结构中也要讨论.

性质 1 m 叉树的第 i 层的节点数至多为 $m^i(i\geqslant 0)$.

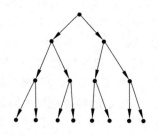

(a) 正则二叉树　　　　(b) 满二叉树

图 7-29

证 对层数 i 归纳. 当 $i=0$ 时, 第 0 层节点仅为树根, 有 $m^0=1$, 结论成立. 设第 $i-1$ 层节点至多 m^{i-1}, 因为每个节点的出度均 $\leqslant m$, 从而第 i 层的节点数至多 $m \times m^{i-1}=m^i$.

显然, 满 m 叉树的第 i 层的节点数恰为 $m^i(i \geqslant 0)$.

性质 2 高度为 h 的 m 叉树至多有 $(m^{h+1}-1)/(m-1)(m \geqslant 2)$ 个节点.

证 由性质 1 知结论成立.

性质 3 一棵有 l 片叶的 m 叉树的高度至少为 $\log_m l$.

证 当所有 l 片叶处于同一层且分支点的儿子数等于或尽可能接近 m 时, 该 m 叉树的高度最小. 对于高度为 h 的 m 叉树, 由性质 1 知 $l \leqslant m^h$, 所以 $h \geqslant \log_m l$.

性质 4 若一棵正则 m 叉树有 l 片叶、t 个分支节点, 则 $(m-1)t=l-1$.

证 有 t 个分支节点的完全 m 叉树有 mt 条边、$t+l$ 个节点, 于是 $mt=t+l-1$, 因此 $(m-1)t=l-1$.

下面是二叉树的几个性质.

性质 5 若二叉树有 l 片叶, 则出度为 2 的节点有 $l-1$ 个.

证 设出度为 1 的节点有 x 个, 出度为 2 的节点有 y 个, 则该二叉树有 $x+y+l$ 个节点、$x+y+l-1$ 条边. 显然, 所有出度之和等于边数, 即
$$x+2y=x+y+l-1$$
于是, 有 $y=l-1$.

性质 6 有 l 片叶的正则二叉树有 $2l-1$ 个节点.

证 由性质 4 知结论成立.

3. 叶赋权 m 叉树

下面讨论叶赋权 m 叉树.

【定义 7-10】 设 $G=(V,E)$ 是一棵 m 叉树, 若 G 的每一片叶上都赋予一个非负实数, 则称 G 为**叶赋权 m 叉树**.

可以将叶理解为苹果, 将叶上所赋的权理解为苹果的质量.

【定义 7-11】 设 $G=(V,E)$ 是一棵叶赋权 m 叉树, 其 l 片叶上的权分别为 $w_1, w_2, \cdots, w_l$, 记根节点到权为 w_i 的叶节点的路径长度 (即距离) 为 $L(w_i)(i=1,2,\cdots,l)$, 称 $\sum_{i=1}^{l} w_i L(w_i)$ 为 m 叉树 G 的**权**, 记为 $W(G)$.

可以将 m 叉树 G 的权 $W(G)$ 理解为 m 叉树 G 承受的"重力", 也可借助于后面的哈夫曼编码帮助理解.

图 7-30(a)~(c)所示的 3 棵二叉树的权分别为

$$7\times 2+5\times 2+2\times 2+4\times 2=36$$
$$7\times 3+5\times 3+2\times 1+4\times 2=46$$
$$7\times 1+5\times 2+2\times 3+4\times 3=35$$

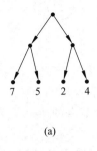
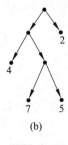

(a)　　　　　(b)　　　　　(c)

图 7-30

下面仅讨论最优二叉树问题,它在解决某些判定问题时可以得到最佳判定算法.所得结论可以推广到一般的最优 m 叉树.

【定义 7-12】 设 $G=(V,E)$ 是一棵叶赋权二叉树,其 l 片叶上的权分别为 $w_1,w_2,\cdots,w_l$,在所有叶数相同以及相应叶上的权也相同的二叉树中,权最小的那棵二叉树称为**最优二叉树**或**哈夫曼(Huffman)树**.

哈夫曼在 1952 年首先给出一个求最优二叉树的有效算法. 其基本思想是:将给定的 l 片叶上的权按从小到大的顺序排列,不妨设为 $w_1\leqslant w_2\leqslant\cdots\leqslant w_l$;分别赋权为 $w_1,w_2,\cdots,w_l$ 的 l 片叶的最优二叉树可以从有 $l-1$ 片叶且权分别为 $w_1+w_2,w_3,\cdots,w_l$ 的最优二叉树得到;再将 $w_1+w_2,w_3,\cdots,w_l$ 按从小到大的顺序排列,继续以上步骤,即可得到最优二叉树.

【例 7-11】 计算有 5 片叶并分别赋权 1,2,3,4,5 的哈夫曼树.

解 对于 1,2,3,4,5,先组合两个最小的权 1 和 2,1+2=3,得 3,3,4,5;在得到的序列中再组合 3 和 3,3+3=6,重新排列后的序列为 4,5,6;再组合 4 和 5,4+5=9,得到序列 6,9;最后组合 6 和 9,6+9=15. 过程如下:

$$
\begin{array}{ccccc}
\underline{1} & \underline{2} & 3 & 4 & 5 \\
 & \underline{3} & \underline{3} & 4 & 5 \\
 & & 6 & \underline{4} & \underline{5} \\
 & & \underline{6} & & \underline{9} \\
 & & & & 15
\end{array}
$$

求得的哈夫曼树如图 7-31 所示.

哈夫曼算法的正确性是显然的.

7.4.4 有序树

在根树中,同一个节点的所有子节点是没有先后顺序的,这与家族树不太一样.同时,在有些应用问题中,需要对同一个节点的所有子节点规定一个先后顺序,通常是从左至右的顺序,这就是有序树.

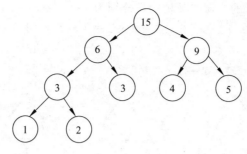

图　7-31

【定义 7-13】 设 $G=(V,E)$ 是一棵根树，若对同一个节点的所有子节点规定一个先后顺序，则称 G 为**有序树**(ordered tree).

在有序树中，一个节点最左边的子节点(含只有一个子节点的情况)常称为该节点的**长子**. 在同一个父节点的所有子节点中，一个节点的最右邻节点称为该节点的**大弟**. 如果在一片森林中，每一棵树都是有序树，且全体有序树的根也规定了先后顺序，则称该森林为**有序森林**(ordered forest)，其中一棵有序树的右边第一棵有序树的根是前一棵有序树的根的**大弟**.

【例 7-12】 用有序树表示表达式 $(a-b)/|c|$.

解　$(a-b)/|c|$ 的有序树表示如图 7-32(a)所示.

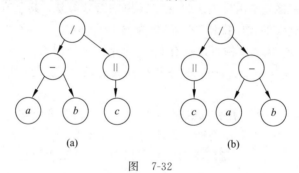

图　7-32

注意　图 7-32(a)与(b)所示的两棵树作为根树是同构的，但作为有序树是不同的，图 7-32(b)表示的是 $|c|/(a-b)$.

7.4.5　定位二叉树

对于二叉有序树，每个分支节点至多有两个子节点. 若对这两个子节点(包括只有一个子节点的情形)，还根据实际情况确定了其左右位置，分别称为**左子节点**和**右子节点**，这就是定位二叉树.

1. 定义

【定义 7-14】 设 $G=(V,E)$ 是一棵有序二叉树，若对同一个节点的所有子节点规定了左右位置，则称 G 为**定位二叉树**(positional binary tree).

图 7-33 是两棵二叉树，作为有序树它们是相同的. 而它们作为定位二叉树是不同的，在图 7-33(a)中 v 是 u 的左子节点，而在图 7-33(b)中 v 是 u 的右子节点.

这里的定位二叉树是数据结构中的二叉树（binary tree），它要区分左子节点和右子节点，进而有左子树和右子树之分。在图 7-33(a)中，r 的左子树是由 s,t,w 导出的子图，r 的右子树是由 u,v 导出的子图；u 的左子树是 v，u 不存在右子树。

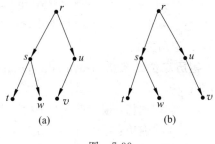

图 7-33

2. 哈夫曼编码

在定位二叉树中，与哈夫曼树密切相关的是哈夫曼编码。现给出前缀及前缀码的定义。

【**定义 7-15**】 设 $\beta = \alpha_1\alpha_2\cdots\alpha_n$ 是长度为 n 的符号串，则称子串 $\alpha_1,\alpha_1\alpha_2,\cdots,\alpha_1\alpha_2\cdots\alpha_{n-1}$ 分别为 β 的长度为 $1,2,\cdots,n-1$ 的**前缀**（prefix）。设 $A = \{\beta_1,\beta_2,\cdots,\beta_m\}$ 是符号串组成的集合，若对于任意 $i \neq j$ 均有 β_i 与 β_j 互不为前缀，则称 A 为**前缀码**（prefix code）。若 $\beta_i(i=1,2,\cdots,m)$ 中只出现 0 或 1 两个符号，则称 A 为**二元前缀码**（binary prefix code）。

用二进制对计算机及通信中使用的符号进行编码时有两个要求：一要保证编码没有歧义，不会将字母传错；二要保证码长尽可能地短。使用定位二叉树，可以将节点的左子节点所在的边标记为 0，而将右子节点所在的边标记为 1，则可以产生唯一的树叶的二进制编码作为通信的符号编码，不会产生歧义，并且是二元前缀码。

【**例 7-13**】 分别求出如图 7-34(a)和(b)所示的两根定位二叉树得到的二元前缀码。

解 将定位二叉树每个分支节点与其左子节点所在的边标为 0，与其右子节点所在的边标为 1，则图 7-34(a)和图 7-34(b)所得到的二元前缀码分别为 $\{00,01,10\}$ 和 $\{00,01,11\}$。

为了保证码长尽可能地短，使用哈夫曼编码即可。**哈夫曼编码**是使得电文总长最短的二元前缀码，其叶上的权为传输各符号的频率，得到的哈夫曼树的权为传输一个符号需要使用的二进制数字的个数。

【**例 7-14**】 $A \sim G$ 这 7 个符号出现的频率为 0.2、0.19、0.18、0.17、0.15、0.1 和 0.01，按它们出现的频率构造哈夫曼编码。

解 先以叶上的权为传输各符号的频率，得到一棵哈夫曼树，如图 7-35 所示，其叶节点的编码即为哈夫曼编码：$\{00,01,1000,1001,101,110,111\}$。

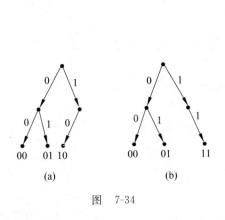

图 7-34

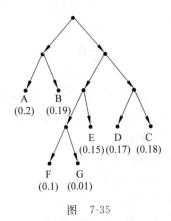

图 7-35

这样得到的哈夫曼编码是最佳二元前缀码，其码长为 4，而该定位二叉树的权为 $2 \times$

$0.2+2\times 0.19+4\times 0.1+4\times 0.01+3\times 0.15+3\times 0.18+3\times 0.17=2.72$,它表示传 1 个按上述频率出现的符号需要 2.72 个二进制数字.

3. 遍历方式

遍历定位二叉树(traversing binary tree)有 3 种方式(如图 7-36 所示):

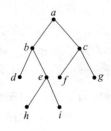

图 7-36

(1) 前序遍历:根节点→左子树→右子树,具体顺序为 $abdehicfg$.

(2) 中序遍历:左子树→根节点→右子树,具体顺序为 $dbheiafcg$.

(3) 后序遍历:左子树→右子树→根节点,具体顺序为 $dhiebfgca$.

4. 有序森林与定位二叉树之间的转换

由于定位二叉树结构简单,因此经常将有序森林(特别是有序树)转换成定位二叉树.

在有序森林 F 与定位二叉树 B 之间根据自然转换规则建立节点的一一对应关系:

(1) 在 F 中 u 是 v 的长子,则 B 中 u 是 v 的左子节点.

(2) 在 F 中 u 是 v 的最右邻节点(大弟),则在 B 中 u 是 v 的右子节点.

【例 7-15】 将图 7-37(a)中的有序森林 F 转换成定位二叉树 B.

解 按自然转换规则得到的定位二叉树 B 如图 7-37(b)所示.

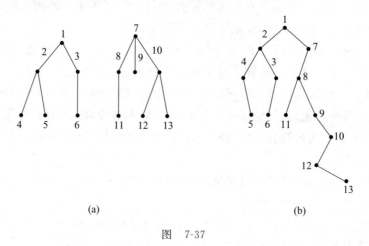

图 7-37

习题 7.4

1. 证明:在根树中,从根到任意节点有且仅有唯一的一条路径(提示:对节点所在的层归纳).

2. 画出所有不同构的 4 阶根树及 5 阶根树.

3. 设有图 7-28 所示的根树 T.

(1) 指出根节点.

(2) 指出叶节点.

(3) 指出分支节点.

(4) 指出内点.

(5) 指出每一层中的节点.

(6) 指出每个节点的父节点.

(7) 指出每个节点的子节点.

(8) 求树高.

(9) 求最大出度.

(10) 给出所有子树.

4. 在如图 7-26 所示的 DAG 中,存在是根树的生成子图吗？若存在,求出其所有不同构的是根树的生成子图.

5. 证明：高度为 h 的 m 叉树至多有 $(m^{h+1}-1)/(m-1)$ ($m \geqslant 2$) 个节点.

6. 证明以下结论：

(1) 正则二叉树的节点个数必是奇数.

(2) n 阶正则二叉树的树叶的数目为 $(n+1)/2$.

(3) n 阶正则二叉树的树高为 $\lfloor \log_2 n \rfloor$,其中 $\lfloor x \rfloor$ 表示小于或等于 x 的最大整数.

7. 设 G 是有 t 个分支节点、l 片叶、高为 h 的满 m 叉树,证明：

(1) G 有 $mt+1$ 个节点.

(2) $l = t(m-1)+1$.

(3) $l \geqslant h(m-1)+1$.

8. 构造有 13 片叶并分别赋权 2,3,5,7,11,13,17,19,23,29,31,37,41 的哈夫曼树,并构造最优三叉树.

9. 用有序树分别表示表达式 $v_1 v_2 - (v_4 + v_5/v_6)v_3$ 和 $a+b(c-d)-e/f$.

10. 在下面给出的 3 个符号串集合中,哪些是前缀码？哪些不是前缀码？若是前缀码,则构造定位二叉树,其树叶代表其二进制编码；若不是前缀码,则说明理由.

(1) $A_1 = \{0,10,110,1111\}$.

(2) $A_2 = \{1,01,001,0000\}$.

(3) $A_3 = \{1,11,101,001,0011\}$.

11. 在通信中,八进制数字 0,1,2,3,4,5,6,7 出现的频率分别为 30%,20%,15%,10%,10%,6%,5%,4%. 设计一个传输它们的最佳前缀码,使通信中出现的二进制数字尽可能地少. 具体要求如下：

(1) 画出相应的哈夫曼树.

(2) 写出每个八进制数字对应的前缀码.

(3) 传输 10 000 个按上述比例出现的八进制数字时,至少要用多少个二进制数字？

12. 将图 7-38 所示的有序森林转换成定位二叉树.

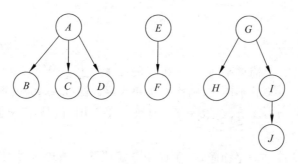

图 7-38

7.5 平 面 图

本节仅讨论无向图.

对于一个无向图,怎样将其画出来本身是无关紧要的,只要与原来的图同构即可.但有些实际问题要求把图画在一个平面上,同时使得图的边在非节点处不相交.例如,单层印刷电路板、集成电路的布线和平面晶体管(1960)等问题就需要满足上面的要求.

虽然在现实生活中出现了立交桥、多层电路板,但平面图问题仍然是基本问题.例如,习题 6.1 第 5 题——"3 户 3 井问题"就是判定一个图是否是平面图的问题.

平面图与地图着色问题密切相关.

7.5.1 平面图的有关概念

【定义 7-16】 设 G 是无向图,若可将 G 画在一个平面上,同时使得任意两条边在非节点处不相交,则称 G 是**可平面图**(planar graph)或简称 G 为**平面图**(plane graph).

设 G 是平面图,则可在一个平面上将图 G 画出来且使得其任意两条边仅在节点处才相交,这样画出的图称为平面图 G 的**平面嵌入**(planar embedding)或平面表示.由于一个平面图与其平面表示是同构的,因此平面图通常是指其平面表示.

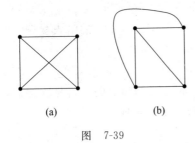

图 7-39

图 7-39(a)和(b)所示的图 G_1 和 G_2 都是平面图.显然,G_2 也是平面图 G_1 的平面嵌入或平面表示.

下面给出两个重要的非平面图的例子,其中的虚线表示该边无论怎样画,都要与其他的边在非节点处相交.

(1) K_5,如图 7-40 所示.
(2) $K_{3,3}$,如图 7-41 所示.

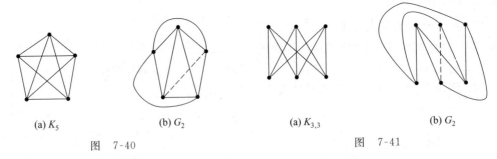

图 7-40　　　　　　　　　　图 7-41

【定义 7-17】 设 G 是简单平面图,若在 G 的任意两个不相邻的节点 u 和 v 之间增加一条边所得到的图 $G+uv$ 是非平面图,则称 G 为**极大平面图**(maximal planar graph).

显然,若 e 是 K_5 的一条边,则 $K_5-\{e\}$ 是极大平面图.但是,若 e 是 $K_{3,3}$ 的一条边,则 $K_{3,3}-\{e\}$ 不是极大平面图.

【定义 7-18】 设 G 是非平面图,若在 G 中任意删除一条边所得到的图是平面图,则称 G 为**极小非平面图**(minimal nonplanar graph).

容易看出，K_5 和 $K_{3,3}$ 都是极小非平面图.

【定义 7-19】 设 G 是平面图，由 G 的若干条边所围成的连通区域称为图 G 的**面**(face)，围成面的回路称为面的**边界**(boundary)，其回路的长度称为该面的**次数**(degree of the face).

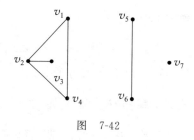

图 7-42

一个区域是连通的，是指其内部可随意走动而不穿过任何边. 在图 7-39(b)中有 4 个面. 如图 7-42 所示中的平面图有两个面，分别是由 $v_1v_2v_3v_2v_4v_1$ 往内围成的一个面和 $v_1v_2v_4v_1+v_5v_6v_5$ 往外围成的一个面.

特别注意，任何平面图都有一个由若干条边往外围成的一个面，它是唯一的一个无限面.

求一个平面图的面可以这样做：在一张较大的纸上画出平面图，然后用剪刀沿着图的所有边剪破，这张纸被分成的每一部分就是一个面.

平面图的两个面相邻是指这两个面有公共的边.

7.5.2 欧拉公式

欧拉在 1750 年研究多面体时发现，多面体的面数等于多面体的棱数减去顶点数加 2，后来发现连通平面图的面数与其节点数、边数之间也有同样的关系.

【定理 7-10】（欧拉公式） 任意 (n,m) 连通平面图 G 的面数 $r=m-n+2$.

证 对 G 的面数 r 归纳. 当 $r=1$ 时，G 只有一个无限面，进而 G 不含任何圈. 因为 G 连通，所以 G 是一棵无向树，进而由无向树的性质 1 知 $m=n-1$，于是有 $r=m-n+2$.

假设 $r-1$ 时结论成立. 由于 $r\geqslant 2$，G 中存在简单回路 C，令 e 是 C 上的一条边，考虑 $G-\{e\}$. 显然，$G-\{e\}$ 是一个连通的平面图. 因为 $G-\{e\}$ 的面数为 $r-1$，根据归纳假设有 $r-1=(m-1)-n+2$，所以有 $r=m-n+2$.

注意 在欧拉公式中，"连通"的条件是必不可少的. 在图 7-42 中，$r=2$，而 $m-n+2=5-7+2=0$.

下面的两个推论非常有用.

推论 1 对于任意 (n,m) 简单连通平面图，若 $n\geqslant 3$，则 $m\leqslant 3n-6$.

证 设 G 是 (n,m) 简单平面图且 $n\geqslant 3$. 根据欧拉公式，G 的面数为 $m-n+2$. 因为 G 是简单图且 $n\geqslant 3$，其每个面至少由 3 条边围成，但每一条边是两个面的公共边或在同一个面中两次出现，于是 $3(m-n+2)/2\leqslant m$，所以 $m\leqslant 3n-6$.

【例 7-16】 证明：K_5 不是平面图.

证 假设 K_5 是平面图，因为 K_5 是简单图且节点数 $n=5$，由推论 1 知，其边数为 $m\leqslant 3n-6=3\times 5-6=9$，而 $m=10$，矛盾.

推论 2 对于任意 (n,m) 简单连通平面图 G，若 G 不含 K_3 子图且 $n\geqslant 3$，则 $m\leqslant 2n-4$.

【例 7-17】 证明：$K_{3,3}$ 不是平面图.

证 假设 $K_{3,3}$ 是平面图，因为 $K_{3,3}$ 是简单图，节点数 $n=6$ 且不含 K_3 子图，由推论2知，其边数为 $m\leqslant 2n-4=2\times 6-4=8$，而 $m=9$，矛盾.

下面的定理是证明五色定理的关键.

【定理 7-11】 任何简单平面图必存在一个度数小于或等于 5 的节点.

证 不妨设 $G=(V,E)$ 是 (n,m) 连通图且 $n\geqslant 3$. 若对于任意 $v\in V$ 均有 $\deg(v)\geqslant 6$，则有

$$\sum_{v \in V} \deg(v) \geqslant 6n \tag{1-1}$$

根据握手定理,有

$$\sum_{v \in V} \deg(v) = 2m \leqslant 2(3n-6) \tag{1-2}$$

(1-1)与(1-2)矛盾,结论得证.

7.5.3 库拉托夫斯基定理

波兰数学家库拉托夫斯基(K. Kuratowski,1896—1980)于1930年给出了判定平面图的充要条件.

先介绍同胚的定义.

【定义 7-20】 若两个图是同构的,或者通过反复进行以下操作(图 7-43)使得它们同构,则称这两个图同胚(homeomorphism):

(1) 移去一条边 $v_1 v_2$,并增加一个节点 v 同时与 v_1, v_2 邻接.

(2) 删除一个度为 2 的节点,且在与该节点邻接的另外两个节点之间连一条边.

【例 7-18】 彼得森图的一个子图如图 7-44 所示,证明该子图同胚于 $K_{3,3}$.

证 显然.

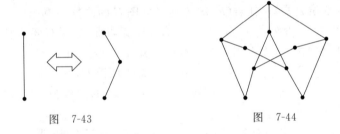

图 7-43　　　　　　图 7-44

【定理 7-12】(库拉托夫斯基定理) 无向图 G 是平面图的充要条件是 G 无同胚于 K_5 和 $K_{3,3}$ 的子图.

库拉托夫斯基定理的证明是较困难的,可阅读参考文献[18].根据库拉托夫斯基定理可知彼得森图不是平面图.

库拉托夫斯基定理给出了平面图的充要条件,但很难将其用于实际的平面图的判定.在1966 年,Lempel,Euler 和 Cederbaum 给出的"灌木生长算法"可以逐次完成平面图的嵌入,它是现代图论算法中十分直观、十分精彩的算法之一,而与之配套的广度优先搜索(BFS)和深度优先搜索(DFS)是很多图论算法的基础,它的基本思想是"走一步是一步,得进且进,行不通时再后退".

7.5.4 平面图的对偶图

对平面图的面的研究可以转换为对其对偶图的节点的研究.

【定义 7-21】 设 G 是平面图,G 的**对偶图**(dual graph)G^* 构造如下:

(1) 在 G 的每个面内取一个点作为 G^* 的节点.

(2) 若 G 内的两个面有公共的边界 e,则在 G^* 中相应的两个节点之间连一条边 e^*,且使 e^* 与 e 相交一次而与 G 的其他边不相交.若 e 是 G 的桥,则 e^* 为 G^* 的**自环**.若 e 是 G 的吊环,则 e^* 为 G^* 的桥.

如图 7-45 所示的对偶图是用空心点和虚线边所画的图.

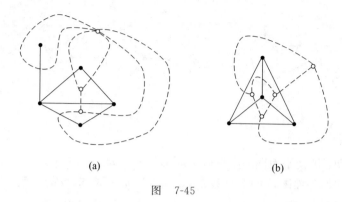

图 7-45

根据定义知,任意平面图的对偶图是平面图且是连通的. 设 G 是 (n,m) 平面图,有 r 个面,则 G^* 是 (r,m) 平面图,有 n 个面.

对于连通平面图 G,其对偶图为 G^*,这时 G^* 的对偶图 G^{**} 为 G 本身. 对于非连通平面图 G,G^{**} 可能与 G 不同构. 例如,在图 7-46 中,(a)为图 G,(b)为 G 的对偶图 G^*,(c)为 G^* 的对偶图 G^{**},G^{**} 与 G 不同构.

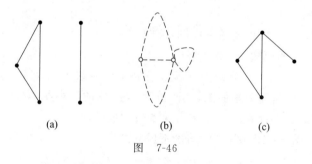

图 7-46

习题 7.5

1. 证明：K_5 和 $K_{3,3}$ 都是极小非平面图.
2. 设 G 是 $n(n\geqslant 3)$ 阶极大平面图,证明：
   (1) G 是连通图.
   (2) G 的每个面都是三角形.
3. 证明：边数 $m<30$ 的简单平面图 G 必存在节点 v 使得 $\deg(v)\leqslant 4$.
4. 设 G 是至少 11 个节点的简单图,证明：G 或 $\overline{G}$ 不是平面图.
5. 利用欧拉公式证明彼得森图是非平面图.
6. 证明：最小度 $\delta(G)\geqslant 3$ 的简单连通平面图 G 的边数不可能为 7.
7. 证明：若 (n,m) 平面图的每个面至少由 $k(k\geqslant 3)$ 条边围成,则 $m\leqslant k(n-2)/(k-2)$.
8. 证明：任意 (n,m) 平面图 G 的面数 $r=m-n+(\omega(G)+1)$,其中 $\omega(G)$ 是图 G 的连通分支数.
9. 证明：任何 $n(\geqslant 3)$ 阶简单平面图 G 必存在 3 个度数小于或等于 5 的节点.

10. 分别画出图 7-47(a)与(b)所示的图的对偶图.

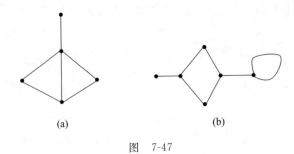

图 7-47

11. 举例说明：即使平面图 $G_1 \cong G_2$，$G_1^* \cong G_2^*$ 也不成立.

12. 设简单连通平面图 G 的节点数 $n=6$ 且边数 $m=12$，求 G 的面数 r 以及围成每个面所需的边数.

13. 给出平面图 G 的对偶图 G^* 是欧拉图的充要条件.

14. 设平面图 G 有两个连通分支 K_3, K_4，G 的对偶图 G^* 是欧拉图还是哈密顿图？阐述理由.

15. 设平面图 G 有 r 个面，且任意两个面均有公共边，求 r 的最大值.

16. 设 $n(n \geqslant 3)$ 阶无向图 G 是极大平面图，证明：G 的对偶图 G^* 是 3-正则图且 G^* 的边连通度 $\lambda(G^*) \geqslant 2$.

17. 设 (n, m) 图 G 是简单连通平面图，证明：

(1) 若 $n \geqslant 3$，则 G 的面数 $r \leqslant 2n-4$.

(2) 若 G 的最小度 $\delta(G) = 4$，则 G 中至少存在 6 个度数小于或等于 5 的节点.

18. 设 (n, m) 图 G 是简单平面图，其面数为 r，且 G 的最小度 $\delta(G) \geqslant 3$.

(1) 若 $r < 12$，则 G 必存在一个至多由 4 条边围成的面.

(2) 举例说明：若 $r=12$，则(1)中结论不成立.

7.6 平面图的面着色

1852 年，英国大学生格思里(F. Guthrie)在给一张地图涂色时发现，要给有公共边的两个区域涂以不同颜色，用 4 种颜色即可. 这就是著名的**四色猜想**(four color conjecture，4CC).

F. Guthrie 将这个结论告诉了他的老师德·摩根，一位当时非常有名的数学家. 由于德·摩根不知道该如何准确回答，便写信向哈密顿求教. 3 天后，哈密顿回信说："我不可能很快解决你的问题."

1879 年，伦敦数学会会员肯普(A. B. Kempe)给出了四色猜想的第一个证明. 10 年后，赫伍德(P. J. Heawood)指出了肯普的证明过程中存在一个不可克服的漏洞，并沿用肯普的方法证明了五色定理，即 5 种颜色足够.

在接下来的近 100 年里，对四色猜想的研究促进了图论以及图的网络理论的发展，它成了数学园地里会下金蛋的鹅. 1976 年，美国的 Kenneth Appel 和 Wolfgang Haken 与 John Koch 合作，在肯普思想的基础上，借助于计算机，用了 1260h，通过 100 多亿次逻辑判断证明了四色猜想,证明的关键技巧是继承了肯普的"色交换技术",它开启了定理机器证明的新篇章,四色猜想变成了四色定理. 1999 年,他们又给出了一些改进,缩短了计算机的运行时间.

尽管四色定理的证明没有得到完全承认,但至今还没有对它的纯数学证明. 四色定理的简短证明可能有朝一日会出现,也许出自一位天才的大学生之手.

本节主要内容是平面图的面着色问题,然后介绍任意无向图的节点着色以及边着色等有关内容.

7.6.1 平面图的面着色定义

【定义 7-22】 设 G 是平面图,若对 G 的每个面涂上一种颜色且使相邻的面出现不同的颜色,则称这种着色的结果为对该平面图的**面着色**(face coloring),所需颜色的最少种数称为**面着色数**(region chromatic number).

图 7-48(a),(b)和(c)中各平面图的面着色数分别为 3,3,2.

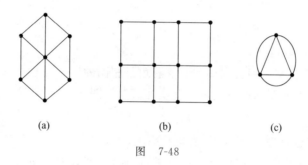

图 7-48

思考 你能给出一种平面图的面着色的算法及实现方案吗?

7.6.2 图的节点着色

1. 任意图的节点着色

【定义 7-23】 设 G 是任意无向图,若对 G 的每个节点涂上一种颜色且使相邻的节点出现不同的颜色,则称这种着色的结果为对该图的**节点着色**(vertex coloring),简称**着色**(coloring),所需颜色的最少种数称为节点着色数,简称**着色数**(chromatic number),记为 $\chi(G)$.

虽然,可进行节点着色的图不含自环. 图 7-48 中各图的节点着色数分别为 3、2、3.

显然,$\chi(K_n)=n$. 很容易证明以下定理.

【定理 7-13】 设 G 是不含自环的图,则 $\chi(G) \leqslant \Delta(G)+1$.

证明留作练习.

可以利用韦尔奇·鲍威尔(Welch Powell)算法对图 G 的节点着色,进而求出 $\chi(G)$ 的上界.

韦尔奇·鲍威尔算法的步骤如下:

(1) 将图 G 的节点按度数从大到小的顺序排列.

(2) 用第一种颜色对第一个节点着色,并且按照其余未着色节点的顺序,将不邻接的每一个节点着上同样的颜色.

(3) 用第二种颜色对尚未着色的节点重复(2). 如此不断继续下去,直到所有的点都着色为止.

【例 7-19】 利用韦尔奇·鲍威尔算法对如图 7-49 所示的图 G 着色.

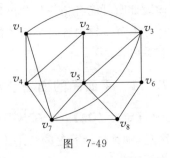

图 7-49

解 (1) 将图 G 的节点按度数从大到小的顺序排列为

$$v_5, v_3, v_7, v_1, v_2, v_4, v_6, v_8$$

(2) 用第一种颜色对 v_5 着色,并且按照节点的以上顺序,将与 v_5 不邻接的节点 v_1 着上同样的颜色.

(3) 用第二种颜色对 v_3 着色,并且按照 v_7, v_2, v_4, v_6, v_8 的顺序,将与 v_3 不邻接的节点 v_4 和 v_8 着上第二种颜色.

(4) 用第三种颜色对 v_7 着色,并且按照 v_2, v_6 的顺序,将与 v_7 不邻接的节点 v_2 和 v_6 着上第三种颜色.

由此可知,$\chi(G) \leqslant 3$. 显然,$\chi(G) = 3$.

2. 平面图的节点着色

平面图的节点着色与一般无向图的节点着色是相同的.

值得注意的是,平面图的面着色可以转换为其对偶图(也是平面图)的节点着色. 于是有以下定理.

【定理 7-14】(五色定理) 设 G 是简单平面图,则 $\chi(G) \leqslant 5$.

证 对图 G 的节点数 n 归纳. 当 $n \leqslant 5$ 时结论显然. 假设对于 $n-1$ 阶简单平面图结论成立.

由定理 7-11 知,G 中存在一个节点 v 使得 $\deg(v) \leqslant 5$. 考虑 $G - \{v\}$. 由归纳假设有 $\chi(G - \{v\}) \leqslant 5$.

若 $\deg(v) < 5$,则与 v 邻接的节点个数 $\leqslant 4$,可对 v 着色.

若 $\deg(v) = 5$,令与 v 邻接的节点分别为 v_1, v_2, v_3, v_4, v_5,对它们分别着色为 c_1, c_2, c_3, c_4, c_5. 设 W_1 为 $G - \{v\}$ 中着色为 c_1, c_3 的节点组成的集,W_2 为 $G - \{v\}$ 中着色为 c_2, c_4 的节点组成的集.

(1) 若 v_1, v_3 分别在 W_1 所导出的子图的不同连通分支中,则将 v_1 所在连通分支中的颜色 c_1, c_3 对调,不影响 $G - \{v\}$ 的着色,再对 v 着色 c_1,完成图 G 的着色.

(2) 若 v_1, v_3 在 W_1 所导出的子图的同一个连通分支中,则从 v_1 到 v_3 存在一条路 L,对 L 上的各点都着色 c_1, c_3. 路 L 与边 vv_1 和 vv_3 构成回路 C,它包含 v_2 或 v_4,但不能同时包含 v_2 和 v_4,于是 v_2 和 v_4 分别属于节点集 W_2 所导出的子图的两个连通分支中. 因此,在包含 v_2 的连通分支中,将颜色 c_2, c_4 对调,不影响 $G - \{v\}$ 的着色,再对 v 着色 c_2,完成图 G 的着色.

7.6.3 任意图的边着色

【定义 7-24】 设 G 是任意无向图,若对 G 的每条边涂上一种颜色且使相邻的边出现不同的颜色,则称这种着色结果为对该图的**边着色**(edge coloring),所需颜色的最少种数称为**边着色数**(edge-chromatic number).

图中的两条边相邻是指它们有公共的节点. 容易得出图 7-48(a)~(c)中各图的边着色数分别为 6,4,6.

本节对图的边着色问题不做更深入的讨论,最后对与拉姆塞(F. P. Ramsey, 1903—1930)理论密切相关的图的边着色的问题进行简单说明.

拉姆塞问题(Ramsey problem) 任给一群人,其中有 p 个人彼此认识或有 q 个人彼此不认识,这样的一群人至少有多少人?

拉姆塞问题的答案记为 $R(p,q)$,称为拉姆塞数.

【**例 7-20**】 证明:在任意 6 个人中,有 3 个人彼此认识或有 3 个人彼此不认识.

证 用 6 个节点分别表示这 6 个人,可得 6 阶完全无向图 K_6. 若两个人认识,则将相应的两个节点所在的边着上红色;若两个人不认识,则将相应的两个节点所在的边着上蓝色.

对于任意的 K_6 的节点 v,因为 $\deg(v)=5$,与 v 关联的边有 5 条,当用红、蓝颜色为边着色时,根据推广的鸽笼原理知,至少 $\lceil \frac{5}{2} \rceil = 3$ 条边着的是同一种颜色,不妨设 vv_1, vv_2, vv_3 是红色. 若 3 条边 v_1v_2, v_2v_3, v_1v_3 是红色,则存在红色 K_3,这意味着有 3 个人相互认识;若 v_1v_2, v_2v_3, v_1v_3 是蓝色,则存在蓝色 K_3,这意味着有 3 个人相互不认识. 结论成立.

注意 在 5 个人的人群中,上述结论不成立. 只需要对 K_5 最外面的 5 条边着以红色,将里面的 5 条边着以蓝色即可. 于是,$R(3,3)=6$. 这是拉姆塞于 1930 年得到的结果.

已经得道的一些结果如下:

$R(3,4) = 9, R(3,5) = 14, R(4,4) = 18$ (1955)
$R(3,6) = 18$ (1964, 1966)
$R(3,7) = 23$ (1968)
$R(3,8) = 28$ (1992)
$R(3,9) = 36$ (1982)
$R(4,5) = 25$ (1993)

就 1993 年利用计算机得到的结果 $R(4,5)=25$ 来说,其计算量相当于一台标准计算机 11 年的计算量. 由此可见,由拉姆塞在 1928 年提出的求 $R(p,q)$ 的难题是对数学科学和计算机科学的又一次极大挑战. 目前,可以先考虑计算 $R(5,5)$,参见 http://mathworld.wolfram.com/RamseyNumber.html. 同时,可以采用上、下界逼近技巧求出拉姆塞数.

习题 7.6

1. 设 G 是不含桥的连通平面图,若 G 的面色数为 2,证明:G 是欧拉图.

2. 证明:$\chi(K_n)=n$.

3. 分别求出图 7-50 所示的两个图的节点着色数和边着色数.

4. 设 G 是不含吊环的图,证明:$\chi(G) \leqslant \Delta(G)+1$.

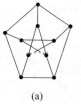
(a)

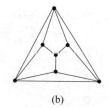
(b)

图 7-50

5. 设图 G 的节点着色数 $\chi(G)=k$，证明：G 至少有 $k(k-1)/2$ 条边.

6. 设图 $G=(V,E)$ 的节点着色数 $\chi(G)=k$，且对于任意 $v\in V$，有 $\chi(G-v)<\chi(G)$，证明：G 的最小度 $\delta(G)\geqslant k-1$.

7. 设 G 是简单图，若 G 的节点表示期末考试的科目，边表示关联的两个节点所对应的科目不能在同一时间考试. 图 G 的节点着色的实际意义是什么？$\chi(G)$ 的实际意义是什么？

8. 用 C_{n-1} 表示有 $n-1$ 个节点的 $n-1$ 边形($n\geqslant 4$). 在 C_{n-1} 内放置一个节点并与 C_{n-1} 中所有节点邻接，这样得到的图称为 n 阶**轮图**，记为 W_n. 证明：$W_n(n\geqslant 4)$ 的边着色数为 $n-1$.

9. 证明：在任意 9 个人中，有 3 个人相互认识或 4 个人相互不认识.

7.7 二部图及匹配

在诸如人员分配、资源分配等问题的讨论中，经常涉及二部图及其匹配.

本节仅对简单无向图进行讨论.

7.7.1 二部图

【**定义 7-25**】 设 $G=(V,E)$ 是简单无向图，若 V 可划分为两部分：V_1 和 V_2，使得对于任意 $e\in E$，都存在 $u\in V_1$，$v\in V_2$，有 $e=uv=\{u,v\}$，则称 G 为**二部图**(bipartite graph)，V_1 和 V_2 称为**互补节点集**.

二部图又称为二分图或偶图. 例如，图 7-51 所示的两个图都是二部图，它们是二部图的一般画法.

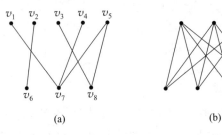

图 7-51

注意 二部图的互补节点集的划分不是唯一的. 例如，在图 7-51(a) 中，可取 $V_1=\{v_1,v_2,v_3,v_4,v_5\}$ 且 $V_2=\{v_6,v_7,v_8\}$，也可取 $V_1=\{v_1,v_3,v_4,v_5,v_6\}$ 且 $V_2=\{v_2,v_7,v_8\}$.

设 G 为二部图，V_1 和 V_2 为互补节点集. 若 V_1 中的所有节点与 V_2 中的所有节点都邻接，则称 G 为**完全二部图**(complete bipartite graph)，记为 $K_{m,n}$，其中 $|V_1|=m$，$|V_2|=n$.

完全二部图 $K_{1,n}$ 称为**星形图**(star graph).

下面的定理给出了简单连通无向图是二部图的充要条件.

【**定理 7-15**】 设 $G=(V,E)$ 为阶数 $\geqslant 2$ 的简单连通无向图，则 G 是二部图的充要条件是 G 中任意回路的长度为偶数.

证 ($\Rightarrow$) 显然.

($\Leftarrow$) 取 $v\in V$，令

$$V_1 = \{u \mid u \in V \text{ 且 } d(u,v) \text{ 是偶数}\}, \quad V_2 = V - V_1 \neq \varnothing$$

若存在边 $e \in E$，其关联的两个节点在同一个 $V_i(i=1,2)$ 中，则 G 中存在长度为奇数的回路，与已知矛盾. 于是，G 的任意边的两个端点，分别在 V_1 和 V_2 中. 故 G 是二部图.

由于在任意阶数 $\geqslant 2$ 的无向树中不存在圈，其中任意回路的长度为偶数，因此任意无向树是二部图.

7.7.2 匹配

工作安排、资源分配、各种配对竞赛以及人员择偶等问题实际上都是匹配问题.

【定义 7-26】 设 $G=(V,E)$ 是简单无向图. 若 $\varnothing \neq M \subseteq E$ 且 M 中的任何两条边都不相邻，则称 M 为 G 的一个**匹配**(matching)或**边独立集**(independent set of edges)，M 中的每条边都称为**匹配边**，其关联的两个节点在 M 中相配. 边数最多的匹配称为**最大匹配**(maximum matching)，其中的边数称为**匹配数**. 所有节点都与 M 中的某边关联的匹配称为**完美匹配**(perfect matching).

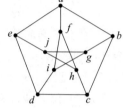

图 7-52

在图 7-52 所示的彼得森图 G 中，$\{ab,fh,id\}$ 和 $\{ab,fi,cd,hj\}$ 是 G 的一个匹配；$\{af,bg,ch,di,ej\}$ 是 G 的最大匹配，匹配数为 5；$\{af,bg,ch,di,ej\}$ 是 G 的完美匹配.

对于简单无向图 $G=(V,E)$，令 $\varnothing \neq W \subseteq V$，若 W 中任意两个节点均不相邻，则称 W 为 G 的**点独立集**(independent set of nodes). 若 $G[W]$ 是完全图，则称 W 为 G 的**团**(clique).

在二部图 $G=(V,E)$ 中，V_1 和 V_2 为互补节点集. 若 M 为 G 的一个最大匹配且 $|M| = \min\{|V_1|, |V_2|\}$，则称 M 为 G 的一个**完备匹配**(complete matching). 当 $|V_1| \leqslant |V_2|$ 时，也称 M 为 G 的一个从 V_1 到 V_2 的完备匹配.

1935 年，霍尔(P. Hall)给出了判定二部图是否存在完备匹配的充要条件——相异性条件.

【定理 7-16】(霍尔定理) 设 $G=(V,E)$ 是二部图，V_1 和 V_2 是其互补节点集. G 中存在从 V_1 到 V_2 的完备匹配的充要条件是 V_1 中的任意 $k(k=1,2,\cdots,|V_1|)$ 个节点至少与 V_2 中的 k 个节点邻接.

埃德蒙兹(J. Edmonds)于 1965 年提出的匈牙利(Hungarian)算法可用于求从 V_1 到 V_2 的完备匹配，可阅读参考文献[4].

根据霍尔定理可得下面的定理.

【定理 7-17】 设 $G=(V,E)$ 是二部图，V_1 和 V_2 为互补节点集. 若存在 $t \geqslant 1$，则使得如下"t 条件"成立：

(1) V_1 中的每个节点至少关联 t 条边.

(2) V_2 中的每个节点至多关联 t 条边.

则 G 中存在从 V_1 到 V_2 的完备匹配.

证 由(1)，V_1 中的任意 $k(k=1,2,\cdots,|V_1|)$ 个节点至少与 kt 条边关联. 再由(2)，这些边至少与 V_2 中的 k 个节点邻接. 由霍尔定理即证.

下面的定理给出了任意简单无向图存在完美匹配的充要条件.

【定理 7-18】 图 $G=(V,E)$ 有完美匹配的充要条件是对于任意 $W \subseteq V$ 均有

$O(G-W) \leqslant |W|$,其中 $O(G-W)$ 表示含奇数个节点的连通分支数.

习题 7.7

1. 判断图 7-53 所示的两个图是否为二部图. 若是二部图,求出其互补节点集.

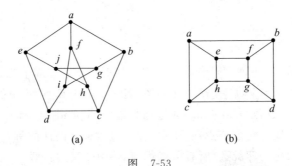

图 7-53

2. 捕获 6 名间谍:a,b,c,d,e,f. 其中,a 会汉语、法语和日语,b 会德语、日语和俄语,c 会英语和法语,d 会汉语和西班牙语,e 会英语和德语,f 会俄语和西班牙语. 如果将这 6 人用两个房间监禁,是否可以使得同一房间里的任意两人都不能直接交谈?

3. 有 6 位老师:张、王、李、赵、孙、周,要安排他们教 6 门课:数学、化学、物理、语文、英语和计算机. 张老师可教数学、计算机和英语,王老师可教英语和语文,李老师可教数学和物理,赵老师只能教化学,孙老师可教物理和计算机,周老师可教数学和物理. 怎样安排老师才能使得每门课都有人教,且每个人都只教一门课?

4. 举例说明:满足"相异性条件"的二部图不一定存在一个 $t \geqslant 1$ 使其满足"t 条件".

5. 某年级共开设了 7 门课,由 7 位老师承担. 已知每位老师都可以教其中的 3 门课. 他们将自己能教的课上报教务处后,教务员发现每门课都恰有 3 位老师能教. 教务员能否安排这 7 位老师每人教 1 门课,且每门课都有人教?(提示:利用"t 条件".)

6. 证明:阶数大于或等于 2 的简单无向图 G 是二部图当且仅当 $\chi(G) \leqslant 2$.

7. 证明:无向树至多有一个完美匹配.

8. 利用定理 7-18 证明:若 n 阶图 G 是 $k-1$ 边连通的 k 正则图,且 n 是偶数,则 G 存在完美匹配.

本 章 小 结

1. 欧拉图

设 $G=(V,E)$ 是任意图,G 中经过所有边一次且仅一次的路称为欧拉轨迹,G 中经过所有边一次且仅一次的回路称为欧拉回路,存在欧拉回路的图称为欧拉图.

欧拉定理 设 G 是连通无向图,则 G 是欧拉图的充要条件是 G 的任意节点度数均为偶数.

中国邮递员问题 在边赋权图中添加平行边后求最短欧拉回路的问题.

要求掌握与欧拉图有关的 3 个概念和欧拉定理,理解其他几个结论,了解中国邮递员问题.

2. 哈密顿图

设 $G=(V,E)$ 是任意图，G 中经过所有节点一次且仅一次的路径称为哈密顿路径，G 中经过所有节点一次且仅一次（除起点重复一次外）的圈称为哈密顿回路，存在哈密顿回路的图称为哈密顿图.

Ore 定理 设 $G=(V,E)$ 是 $n(n \geqslant 3)$ 阶简单无向图，若对于任意的不相邻节点 u,v 有
$$\deg(u) + \deg(v) \geqslant n$$
则 G 是哈密顿图.

旅行商问题 在边赋权图中找出一条权最小的哈密顿回路.

掌握与哈密顿图有关的 3 个概念和 Ore 定理，理解其他几个结论，了解旅行商问题.

3. 无向树

不含有圈的连通无向图称为无向树.

定理 以下关于 (n,m) 无向图 G 的 6 个命题等价.

(a) G 是一棵无向树.
(b) G 不含有圈且 $m=n-1$.
(c) G 连通且 $m=n-1$.
(d) G 不含有圈，但增加一条新边后得到一个且仅一个圈.
(e) G 连通，但删除任意一条边后便不连通.
(f) G 的每一对节点有且仅有一条路径.

设 $G=(V,E)$ 是无向图，无向树的生成子图 T 称为 G 的生成树. 无向图 G 存在生成树的充要条件是 G 是连通图.

设 G 是边赋权的连通无向图，G 中权最小的生成树称为最小生成树. 要求理解求最小生成树的克鲁斯卡尔避圈法.

要求熟练掌握无向树的定义和性质，理解生成树和最小生成树并能运用克鲁斯卡尔算法求出最小生成树.

4. 有向树

要求了解有向树的定义：有向图 $G=(V,E)$，在不考虑边的方向时是一棵无向树，则该有向图称为有向树.

一棵有向树，若恰有一个节点入度为 0，而其余节点入度均为 1，则该有向树称为根树. 要求掌握根树的定义，了解根、叶、分支节点、父节点、子节点、子根树、高度（深度）等有关概念.

最大出度为 m 的根树称为 m 叉树. 设 $G=(V,E)$ 是一棵 m 叉树，若 G 的每一片树叶上都赋予一个非负实数，则称 G 为叶赋权 m 叉树. 理解求最优二叉树的哈夫曼算法.

对同一个节点的所有子节点规定先后顺序的根树就是有序树.

对同一个节点的所有子节点规定左右位置的有序二叉树称为定位二叉树.

要求理解 m 叉树、有序树和定位二叉树的概念，了解左右子节点、哈夫曼编码、遍历方式和有序森林到定位二叉树的转换.

5. 平面图

设 G 是无向图，若可将 G 画在一个平面上，同时使得任意两条边在非节点处不相交，则称 G 为平面图. 要求了解两个重要的非平面图：K_5 和 $K_{3,3}$.

设 G 是平面图,由 G 的若干条边所围成的连通区域称为图 G 的面.

欧拉公式 任意 (n,m) 连通平面图 G 的面数 $r=m-n+2$.

定理 任何简单平面图必存在一个度数 $\leqslant 5$ 的节点.

要求掌握平面图及其面的定义和欧拉公式,能得出欧拉公式的推论并证明上述定理,了解库拉托夫斯基定理和平面图的对偶图.

6. 平面图的面着色

要求理解平面图的面着色(数)、任意无向图的节点着色(数)和边着色(数),了解五色定理,能解决简单的拉姆塞问题,如 $R(3,3)=6$.

五色定理 设 G 是简单平面图,则 $\chi(G)\leqslant 5$.

拉姆塞问题 任给一群人,其中有 p 个人彼此认识或有 q 个人彼此不认识,这个人群至少有 $R(p,q)$ 个人.

7. 二部图及其匹配

若简单无向图 $G=(V,E)$ 的节点集 V 可划分为两部分:V_1 和 V_2,使得对于任意 $e\in E$,都存在 $u\in V_1$,$v\in V_2$,有 $e=uv=\{u,v\}$,则称 G 为二部图.

定理 设 G 为阶数 $\geqslant 2$ 的简单连通无向图,则 G 是二部图的充要条件是 G 中任意回路的长度为偶数.

要求理解二部图的概念和有关结论、完全二部图 $K_{m,n}$,了解互补节点集、匹配(边独立集)、最大匹配、匹配数、完美匹配、点独立集、团、完备匹配等有关概念.

第 8 章 组合计数

我们知道,离散数学研究离散对象.组合计数(简称计数,counting)就是计算满足一定条件的离散对象的安置方式的数目.

对于给定离散对象的安置方式,要考虑其存在性问题、计数问题、构造方法、最优化问题,这些是组合数学研究的全部内容(参见参考文献[9]).组合数学发源于数学消遣和数学游戏,其研究历史可追溯到中国的远古传说"洛图",即从洛河中浮出的神龟背部出现三阶幻方,该幻方的每一行、每一列以及两条对角线的 3 个数字之和都等于 15.对组合数学的研究至今方兴未艾.

计算机科学是研究算法的一门科学,组合计数是算法分析与设计的基础,它对于分析算法的时间复杂度和空间复杂度是至关重要的. 当然,组合计数在程序计数器诸多程序指令运行及耗电量等问题的讨论时也会经常用到.

本章主要讨论组合计数的基本技巧和方法,包括计数原理、排列组合、二项式定理、生成函数与递归关系等内容,它们都与集合、映射、运算和关系密切联系.

8.1 计数原理、排列组合与二项式定理

8.1.1 计数原理

计数原理有加法原理和乘法原理,它们是研究计数的基础.

加法原理(addition principle) 若事件 A_1 有 m_1 种不同选取方式,事件 A_2 有 m_2 种不同选取方式……事件 A_k 有 m_k 种不同选取方式,在这 k 个事件之间没有共同的选取方式时,则这 k 个事件之一发生有 $m_1+m_2+\cdots+m_k$ 种不同选取方式.

例如,假设一个班有 m_1 个男生,有 m_2 个女生,根据加法原理知,该班有 m_1+m_2 个同学. 若将计数的元素划分成若干个不同的类,先分类计数,再相加,这种方法称为分类处理,见图 8-1(a).

乘法原理(multiplication principle) 若事件 A_1 有 m_1 种不同选取方式,事件 A_2 有 m_2 种不同选取方式……事件 A_k 有 m_k 种不同选取方式,则这 k 个事件依次发生有 $m_1 m_2 \cdots m_k$ 种不同选取方式.

例如,假设从 A 到 B 有 m_1 条线路,从 B 到 C 有 m_2 条线路,根据乘法原理知,从 A 先到 B,紧接着再从 B 到 C,就有 $m_1 m_2$ 条线路. 若计数时需要分成独立的几步才能完成,先分别计算每一步的选取方式的种数,再相乘,这种方法称为分步处理,见图 8-1(b).

在计数过程中,分类处理和分步处理可能会

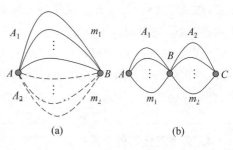

图 8-1

嵌套使用.

8.1.2 排列

1. n 个元素的 r-排列

从 n 个不同的元素中取 r 个出来按顺序排列,就是 n 个元素的 r-**排列**(permutation),其排列个数记为 P_n^r 或 $P(n,r)$.

随着 n 的增大,$n!$ 越来越快地增长.斯特林(J. Stirling)给出的近似公式为

$$n! \approx \sqrt{2\pi n}\left(\frac{n}{e}\right)^n$$

随着 n 的增大,二者的相对误差趋于 0:

$$\lim_{n\to\infty} \frac{n!}{\sqrt{2\pi n}\left(\frac{n}{e}\right)^n} = 1$$

而绝对误差趋于无穷大:

$$\lim_{n\to\infty}\left[n! - \sqrt{2\pi n}\left(\frac{n}{e}\right)^n\right] = +\infty$$

利用乘法原理有下面的定理.

【**定理 8-1**】 对于任意 $r \leqslant n$,有 $P_n^r = n(n-1)\cdots(n-r+1) = \dfrac{n!}{(n-r)!}$.

显然,n 个元素的全排列个数为 $n!$.约定 $P_n^0 = 1$.

2. n 个元素的 r-圆排列

实际上,n 个元素的 r-排列是线排列.如果从 n 个不同的元素中取出 r 个,按顺序排列成一个圆,就是 n 个元素的 r-**圆排列**(circular permutation),这样的排列个数记为 $\odot P_n^r$ 或 $\odot P(n,r)$.注意,圆排列只与相对位置有关,例如图 8-2(a)和(b)中的圆排列是相同的.

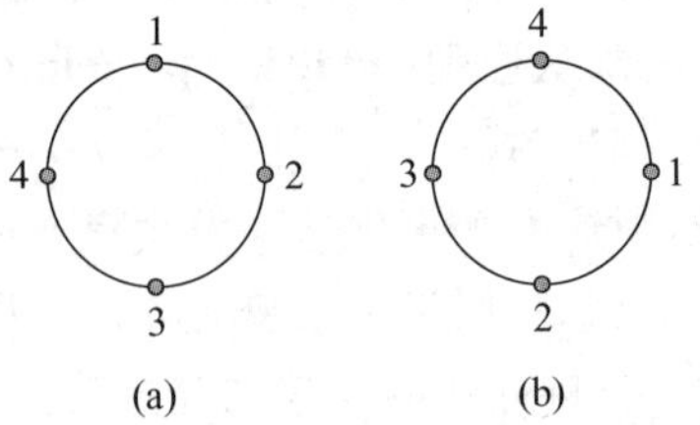

显然,图 8-2 中的圆排列可以得到 1234,2341,3412 和 4123 共 4 个线排列.一般地,一个 r-圆排列可以得到 r 个 r-排列,于是

$$\odot P_n^r = \frac{P_n^r}{r}$$

图 8-2

3. n 个元素的 r-可重排列

前面所讨论的排列中要求没有重复元素.如果从 n 个不同的元素中可重复地取出 r 个元素,按顺序排列,就是 n 个元素的 r-**可重排列**(permutation with repetition),这样的排列个数记为 U_n^r 或 $U(n,r)$.

可以这样理解 r-可重排列:先从 n 个元素中任取一个元素排在第一位置,有 n 种选取方式;将其放回后,再任取一个元素排在第二位置,也有 n 种选取方式……这样一直进行下去,直到排列中有 r 个元素为止.因此,根据乘法原理有

$$U_n^r = n^r$$

4. 有重复元素的全排列

【**定理 8-2**】 设 $A_1, A_2, \cdots, A_k$ 是 k 个不同元素,现有 n_i 个 A_i 元素($i=1,2,\cdots,k$,$n_1 +$

$n_2+\cdots+n_k=n$),即 $A=\{n_1A_1,n_2A_2,\cdots,n_kA_k\}$,则这 n 个元素的全排列个数为
$$\frac{n!}{n_1!n_2!\cdots n_k!}$$

证 记这 n 个可重元素的全排列个数为 N. 将 n_i 个 A_i 元素看作不同的元素:A_i^1,$A_i^2,\cdots,A_i^{n_i}(i=1,2,\cdots,k)$,于是得到 $n_1+n_2+\cdots+n_k=n$ 个不同元素,其全排列个数为 $n!$. 由于 n_i 个不同的元素 $A_i^1,A_i^2,\cdots,A_i^{n_i}$ 的全排列个数为 $n_i!$($i=1,2,\cdots,k$),于是由 n 个可重元素的一个全排列可以得到 n 个不同元素的 $n_1!n_2!\cdots n_k!$ 个全排列,根据乘法原理知 $Nn_1!n_2!\cdots n_k!=n!$,进而
$$N=\frac{n!}{n_1!n_2!\cdots n_k!}$$

例如,3 张百元钞和 2 张五十元钞的全排列个数为 $\frac{5!}{3!\times 2!}=10$.

8.1.3 组合

1. n 个元素的 r-组合

从 n 个不同的元素中取出 r 个放成一堆而不考虑其顺序,就是 n 个元素的 r-组合(r-combination),其组合个数记为 C_n^r 或 $\binom{n}{r}$ 或 $C(n,r)$.

上面的 3 个组合个数的记号都是标准的,但 C_n^r 和 $\binom{n}{r}$ 中 n 和 r 的上下位置容易混淆.

为了方便,约定当 $r>n$ 时,$C_n^r=0$;同时约定 $C_0^0=1$,$C_0^0=1$. 由于一个 r-组合可以得到 $r!$ 个 r-排列,根据乘法原理有下述定理.

【定理 8-3】 $C_n^r=\dfrac{P_n^r}{r!}=\dfrac{n(n-1)\cdots(n-r+1)}{r!}=\dfrac{n!}{(n-r)!r!}$.

2. n 个元素的 r-可重组合

如果从 n 个不同的元素中可重复地取 r 个元素而不考虑其顺序,就是 n 个元素的 r-可重组合(r-combination with repetition),这样的组合个数记为 F_n^r 或 $F(n,r)$.

【定理 8-4】 $F_n^r=C_{n+r-1}^r$.

证(欧拉证法) 不妨设 n 个不同元素分别为 $1,2,\cdots,n$. 可重复选取的 r 个元素为 c_1,$c_2,\cdots,c_r$,可设 $c_1\leqslant c_2\leqslant\cdots\leqslant c_r$. 记 $d_1=c_1,d_2=c_2+1,\cdots,d_r=c_r+(r-1)$,于是得到另外一个组合 $d_1,d_2,\cdots,d_r$. 显然 $f:c_i\to d_i,i=1,2,\cdots,r$ 是集合 $\{c_1,c_2,\cdots,c_r\}$ 到集合 $\{d_1,d_2,\cdots,d_r\}$ 的一一对应关系,于是组合 $c_1,c_2,\cdots,c_r$ 的个数与组合 $d_1,d_2,\cdots,d_r$ 的个数相同. 而组合 $d_1,d_2,\cdots,d_r$ 是 $1,2,\cdots,n,n+1,\cdots,n+r-1$ 这 $n+r-1$ 个不同的元素的 r-组合,其个数为 C_{n+r-1}^r.

说明 一一对应是组合计数常用的解题技巧之一.

容易证明,n 个元素的 r-可重组合个数与不定方程 $x_1+x_2+\cdots+x_n=r$ 的非负整数解的个数相同. 利用这一点,可以证明:若 n 个元素的 r-可重组合中每个元素至少出现一次,则 $r\geqslant n$ 且这样的组合个数为 C_{r-1}^{n-1}.

【例 8.1】 从为数众多的一元、五元、十元、五十元和一百元的纸币中选取 6 张出来,有多少种选取方式?

解 根据题意,就是从 5 个不同的元素中可重复地取 6 个元素而不考虑其顺序的 6-可重组合,其组合个数为

$$F_5^6 = C_{5+6-1}^6 = C_{10}^6 = \frac{P_{10}^6}{6!} = \frac{10 \times 9 \times 8 \times 7 \times 6 \times 5}{6 \times 5 \times 4 \times 3 \times 2 \times 1} = 210$$

与组合 C_n^r 有关的恒等式有近 1000 个,下面是常用的 3 个组合恒等式,可利用组合个数计算公式(定理 8-3)加以证明,也可以根据组合的意义进行"组合证明".

(1) 对称公式:$C_n^r = C_n^{n-r}$.

(2) 加法公式:$C_n^r = C_{n-1}^r + C_{n-1}^{r-1}$.

(3) 移进移出公式:$C_n^r = \frac{n}{r} C_{n-1}^{r-1}$.

8.1.4 二项式定理

与组合密切相关的是下述定理.

【定理 8-5】(二项式定理) 设 n 为正整数,则对于任意 x 和 y,有

$$(x+y)^n = C_n^0 x^n + C_n^1 x^{n-1} y + C_n^2 x^{n-2} y^2 + \cdots + C_n^r x^{n-r} y^r + \cdots + C_n^n y^n = \sum_{r=0}^{n} C_n^r x^{n-r} y^r$$

证 因为 $(x+y)^n = \overbrace{(x+y)(x+y)\cdots(x+y)}^{n}$,对于任意 $r(0 \leqslant r \leqslant n)$,项 $x^{n-r} y^r$ 就是在 $n-r$ 个 $(x+y)$ 中都取 x,而在 r 个 $(x+y)$ 中都取 y,再相乘得到的. 于是 $x^{n-r} y^r$ 的系数就是上述选法的个数,即 n 个元素的 r-组合数 C_n^r.

正因为这样,组合数 C_n^r 又称为**二项式系数**. 根据二项式定理,有

$$(1+x)^n = \sum_{r=0}^{n} C_n^r x^r = 1 + C_n^1 x + C_n^2 x^2 + \cdots + C_n^n x^n$$

$$2^n = (1+1)^n = \sum_{r=0}^{n} C_n^r = C_n^0 + C_n^1 + \cdots + C_n^n$$

思考 将所有 n 个元素的 r-排列和 r-组合列举出来的方法.

习题 8.1

1. 将 A, B, C, D 这 4 个人分成两组,有多少种不同的分组方法?

2. 求万位数字不是 9 和 8 且各位数字互异的五位数的个数.

3. 由 n 个不同元素 $A_1, A_2, \cdots, A_n$ 构成的 A_1, A_2 不相邻的全排列个数有多少?

4. 5 男 5 女围着圆桌交替就座的方式有多少种?

5. 在平面上有 15 个点,且任意 3 个点都不在同一条直线上,通过这些点可以确定多少条不同的直线?可以得到多少个位置不同的三角形?

6. 证明:$C_n^r = C_{n-1}^r + C_{n-1}^{r-1}$.

7. 使用组合个数计算公式 $C_n^r = \frac{n!}{r!(n-r)!}$ 证明定理 8-2.

8.2 生 成 函 数

前面从计数的加法原理和乘法原理出发,介绍了排列、组合的概念以及一些计算排列、组合个数的公式.

生成函数(generating function)又称为母函数,它是解决满足一定要求的排列、组合计

数问题的一种重要工具,也是求解递归关系的一种工具.

利用生成函数解决计数问题的基本思想就是将要计算的个数 $a_r = f(r)$ 转化为一个关于 x 的函数,通过对 x^r 或 $\dfrac{x^r}{r!}$ 的系数的讨论得出结论($r=0,1,2,\cdots$).

8.2.1 组合计数生成函数

【定义 8-1】 对于数列 $a_0, a_1, \cdots, a_r, \cdots$,其组合计数生成函数(ordinary generating function)为

$$G(x) = a_0 + a_1 x + \cdots + a_r x^r + \cdots = \sum_{r=0}^{\infty} a_r x^r$$

在高等数学中,无穷多个函数相加称为函数项级数. 由于 $\sum\limits_{r=0}^{\infty} a_r x^r$ 中的每个函数都是幂函数,所以 $\sum\limits_{r=0}^{\infty} a_r x^r$ 称为幂级数.

设 n 个元素的 r-组合个数为 $a_r, r=0,1,2,\cdots$. 显然有

$$a_r = \begin{cases} 1, & r=0 \\ C_n^r, & r \leqslant n \\ 0, & r > n \end{cases}$$

其组合计数生成函数为

$$1 + C_n^1 x + C_n^2 x^2 + \cdots + C_n^n x^n = (1+x)^n = \overbrace{(1+x)(1+x)\cdots(1+x)}^{n}$$

于是,a_r 就是其组合计数生成函数 $\sum\limits_{r=0}^{\infty} a_r x^r$ 中 x^r 的系数,且

$$\sum_{r=0}^{\infty} a_r x^r = \overbrace{(1+x)(1+x)\cdots(1+x)}^{n} = (1+x)^n$$

实际上,$\overbrace{(1+x)(1+x)\cdots(1+x)}^{n}$ 中第 i 个 $1+x$ 可理解为 n 个元素中的第 i 个元素,其中的"1"表示在组合中不选取第 i 个元素,"x"表示在组合中选取了第 i 个元素($i=1,2,\cdots,n$).

设 n 个元素的 r-可重组合个数为 $a_r, r=0,1,2,\cdots$. 显然有 $a_r = C_{n+r-1}^r$,特别地 $a_0 = 1$. 现考虑 $\overbrace{(1+x+x^2+\cdots)(1+x+x^2+\cdots)\cdots(1+x+x^2+\cdots)}^{n}$,其展开式中的 x^r 来源于第一个括号($1+x+x^2+\cdots$)中的 x^{m_1}、第二个括号($1+x+x^2+\cdots$)中的 x^{m_2}……第 n 个括号($1+x+x^2+\cdots$)中的 x^{m_n} 的乘积,即 $x^{m_1} x^{m_2} \cdots x^{m_n} = x^r$,这时 $m_1 + m_2 + \cdots + m_n = r, m_i \geqslant 0, i=1,2,\cdots,n$. 该不定方程的非负整数解的个数即为 $a_r = C_{n+r-1}^r$. 换句话说,有

$$\sum_{r=0}^{\infty} a_r x^r = \overbrace{(1+x+x^2+\cdots)(1+x+x^2+\cdots)\cdots(1+x+x^2+\cdots)}^{n}$$
$$= (1+x+x^2+\cdots)^n$$

因此,上式的展开式中 x^r 的系数就是 a_r.

实际上,$\overbrace{(1+x+x^2+\cdots)(1+x+x^2+\cdots)\cdots(1+x+x^2+\cdots)}^{n}$ 中的第 i 个 $(1+x+x^2+\cdots)$

可理解为 n 个元素中的第 i 个元素,其中的"1"表示在组合中不取第 i 个元素,"x"表示在组合中第 i 个元素取 1 次,"x^2"表示在组合中第 i 个元素取 2 次,"x^3"表示在组合中第 i 个元素取了 3 次……($i=1,2,\cdots,n$).

上述思想还可以推广. 例如,在组合计数生成函数中出现乘积项 (x^2+x^4),则表示对应的元素可取 2 次或 4 次.

同时,从上面的讨论还可以知道,所有的生成函数是一个形式幂级数,我们并不十分关心该幂级数的收敛域.

对于生成函数,可以像高等数学中函数项级数一样进行加、减、乘、除、微分和积分等运算,参见高等数学相关教材. 研究表明,高等数学中给出的常见函数的幂级数展开所得到的有关结论,在形式幂级数中仍然成立. 例如,下面是 3 个常用的形式幂级数(需要记住):

(1) $\dfrac{1}{1-x}=1+x+x^2+\cdots$.

(2) $(1+x)^m=1+mx+\dfrac{m(m-1)}{2!}x^2+\cdots+\dfrac{m(m-1)\cdots(m-n+1)}{n!}x^n+\cdots$($m$ 为实数).

(3) $\mathrm{e}^x=1+x+\dfrac{1}{2!}x^2+\dfrac{1}{3!}x^3+\cdots$.

下面通过例子说明如何利用组合计数生成函数解决一般的组合计数问题. 注意,一个括号处理一个元素的组合情况。

【**例 8-2**】 一口袋中有 5 个红球和 3 个黄球,还有任意多个绿、白、黑球. 现从中取 3 个球,有多少种选取方式?

解 设取 r 个球的方法有 a_r 种($r=0,1,2,\cdots$),则组合计数生成函数

$$\begin{aligned}G(x)&=a_0+a_1x+a_2x^2+a_3x^3+\cdots\\&=(1+x+x^2+x^3+x^4+x^5)(1+x+x^2+x^3)(1+x+x^2+\cdots)^3\\&=(1+2x+3x^2+4x^3+4x^4+4x^5+3x^6+2x^7+x^8)\left(\dfrac{1}{1-x}\right)^3\end{aligned}$$

其展开式中 x^3 的系数就是要计算的选取方式种数 a_3. 根据幂级数知识有 $a_r=\dfrac{1}{r!}G^{(r)}(0)$,经计算知 $G^{(3)}(0)=210$,所以 $a_3=35$.

在上例中,因为要计算的是取 3 个球的方式种数,可取 $G(x)=(1+x+x^2+x^3)^5$ 或 $G(x)=(1+x+x^2+x^3+\cdots)^5=(1-x)^{-5}$.

【**例 8-3**】 现有 $2n$ 个 A、$2n$ 个 B 和 $2n$ 个 C,求从它们中选出 $3n$ 个字母的方式种数.

解 设取 r 个字母的方式有 a_r 种($r=0,1,2,\cdots$),则组合计数生成函数

$$\begin{aligned}G(x)&=a_0+a_1x+a_2x^2+a_3x^3+\cdots\\&=(1+x+x^2+\cdots+x^{2n})^3=\left(\dfrac{1-x^{2n+1}}{1-x}\right)^3\\&=(1-x^{2n+1})^3(1+(-x))^{-3}\\&=(1-3x^{2n+1}+3x^{4n+2}-x^{6n+3})\left(1+\sum_{k=1}^{\infty}\dfrac{(-3)(-4)\cdots(-k-2)}{k!}(-x)^k\right)\\&=(1-3x^{2n+1}+3x^{4n+2}-x^{6n+3})\left(1+\sum_{k=1}^{\infty}\dfrac{3\times 4\times\cdots\times(k+2)}{k!}x^k\right)\\&=(1-3x^{2n+1}+3x^{4n+2}-x^{6n+3})\sum_{k=0}^{\infty}C_{k+2}^2 x^k\end{aligned}$$

于是,上式中 x^{3n} 的系数为 $C_{3n+2}^2 - 3C_{n+1}^2$.

8.2.2 排列计数生成函数

【定义 8-2】 对于数列 $a_0, a_1, \cdots, a_r, \cdots$,其**排列计数生成函数**(exponential generating function)为

$$E(x) = a_0 + a_1 x + a_2 \frac{x^2}{2!} + \cdots + a_r \frac{x^r}{r!} + \cdots = \sum_{r=0}^{\infty} a_r \frac{x^r}{r!}$$

这时,排列个数 a_r 是 $\frac{x^r}{r!}$ 的系数.

可以证明下述定理.

【定理 8-6】 设 $A_1, A_2, \cdots, A_k$ 是 k 个不同的元素,现有 n 个元素,其中 A_i 元素有 n_i 个 $(i=1,2,\cdots,k, n_1+n_2+\cdots+n_k=n)$,则在这 n 个元素中任取 r 个元素的排列个数为 a_r,其排列计数生成函数为

$$a_0 + a_1 x + a_2 \frac{x^2}{2!} + \cdots + a_r \frac{x^r}{r!} + \cdots$$

$$= \left(1 + x + \frac{x^2}{2!} + \cdots + \frac{x^{n_1}}{n_1!}\right) \left(1 + x + \frac{x^2}{2!} + \cdots + \frac{x^{n_2}}{n_2!}\right) \cdots \left(1 + x + \frac{x^2}{2!} + \cdots + \frac{x^{n_k}}{n_k!}\right)$$

实际上,上式等号右边的第 i 个括号 $\left(1+x+\frac{x^2}{2!}+\cdots+\frac{x^{n_i}}{n_i!}\right)$ 表示第 i 个元素,其中的"1"表示不取第 i 个元素,"x"表示第 i 个元素取了 1 次用来排列,$\frac{x^2}{2!}$ 表示第 i 个元素取了 2 次用来排列……$\frac{x^{n_i}}{n_i!}$ 表示第 i 个元素取了 n_i 次用来排列,当然第 i 个元素最多取 n_i 次 $(i=1,2,\cdots,k)$.

类似地,若一个元素在排列中至少取 2 次,至多取 5 次,则在排列计数生成函数中应出现乘积项 $\left(\frac{x^2}{2!}+\frac{x^3}{3!}+\frac{x^4}{4!}+\frac{x^5}{5!}\right)$. 利用该思想可以解决很多排列计数问题,包括有重复元素的全排列. 注意,一个括号处理一个元素的排列情况.

【例 8-4】 用 0,1,2,3,4 这 5 个数字组成六位数,其中 0 恰出现 1 次,1 出现 2 次或 3 次,2 不出现或出现 1 次,3 没有限制,4 出现奇数次. 按上述要求可组成多少个六位数?

解 先计算不出现 0 而满足其余条件的五位数的个数.

设不出现 0 而满足其余条件的 r 位数个数为 a_r,则排列计数生成函数

$$E(x) = \left(\frac{x^2}{2!} + \frac{x^3}{3!}\right)(1+x)\left(1 + x + \frac{x^2}{2!} + \frac{x^3}{3!} + \cdots\right)\left(x + \frac{x^3}{3!} + \frac{x^5}{5!} + \cdots\right)$$

$$= \left(\frac{x^2}{2} + \frac{x^3}{6}\right)(1+x)e^x \cdot \frac{1}{2}(e^x - e^{-x})$$

$$= \left(\frac{x^2}{4} + \frac{2x^3}{6} + \frac{x^4}{12}\right)(e^{2x} - 1)$$

$$= \left(\frac{x^2}{4} + \frac{2x^3}{6} + \frac{x^4}{12}\right)\left(\sum_{r=0}^{\infty} \frac{(2x)^r}{r!} - 1\right)$$

因此,x^5 的系数为

$$\frac{1}{4} \times \frac{2^3}{3!} + \frac{1}{3} \times \frac{2^2}{2!} + \frac{1}{12} \times \frac{2^1}{1!} = \frac{7}{6}$$

进而 $\frac{x^5}{5!}$ 的系数为 $\frac{7}{6} \times 5! = 140$，即 $a_5 = 140$.

由于在满足要求的六位数中，0 恰出现一次，而由所求出的每个五位数再加上一个 0 可得到 5 个不同的六位数，如由 12134 可得到 121340, 121304, 121034, 120134, 102134, 故满足要求的六位数有 $140 \times 5 = 700$ 个.

【**例 8-5**】 将 n 个点排成一条直线，用红、白、黑 3 种颜色对其任意涂色，要求同色点为偶数(包括 0)，有多少种涂法？

解 这是一个排列问题，设排成一行的 r 个点满足要求的涂法有 a_r 种，$r = 0, 1, 2, \cdots$，则排列计数生成函数

$$E(x) = \left(1 + \frac{x^2}{2!} + \frac{x^4}{4!} + \cdots\right)^3$$

其中每一个括号代表一种颜色.

$$E(x) = \left(\frac{e^x + e^{-x}}{2}\right)^3$$

$$= \frac{e^{3x} + 3e^x + 3e^{-x} + e^{-3x}}{8}$$

$$= \sum_{n=0}^{\infty} \frac{1}{8}(3^n + 3 + 3(-1)^n + (-3)^n)\frac{1}{n!}x^n$$

于是

$$a_n = \frac{1}{8}(3^n + 3 + 3(-1)^n + (-3)^n)$$

习题 8.2

1. 分别写出由数列 $1, -1, \frac{1}{2!}, -\frac{1}{3!}, \frac{1}{4!}, -\frac{1}{5!}, \cdots$ 得出的组合计数生成函数和排列计数生成函数.

2. 现有黄球两只，白球和红球各一只，共有多少种不同的选球方式？

3. 从 n 个不同的元素中允许重复地选取 r 个元素，要求每个元素出现偶数次，有多少种选取方式？

4. 有 6 个数字，其中有三个 1、两个 2、一个 3，能组成多少个四位数？

5. 有 n 颗人造钻石排成一行，今用红、黄、蓝、白、黑 5 种颜色为其着色，只要求红色钻石有偶数颗，有多少种着色方法？

8.3 递归关系

还有一些计数问题可以归结到建立和求解递归关系. 在学习数列时，有时会出现数列的后项是由前项或前几项确定的这种情况，这实际上就是递归关系，又称为递推关系. "想预测他的将来，可以看他的现在和过去；想知道他的现在，可以看他的过去." 这句话体现的正是递归的思想，它与迭代的思想是不同的.

利用递归关系解决计数问题是很重要的方法，在其他数学分支中都会用到此技巧. 就

计算机科学来说,大多数算法都表现为按某种条件重复地执行一些循环,而这些循环经常可以用递归关系来表达. 因此,递归关系的建立和求解对算法分析至关重要.

本节先举例说明如何建立递归关系,再给出常用的求解递归关系的方法. 部分内容涉及高等数学中幂级数及其运算等知识.

8.3.1 递归关系的概念

如果一个问题可以归结到其前面一个问题或前面一些问题,这就是递归问题,**递归**(recurrence)又称为递推.

在已知 $a_0=1$ 时,对于任意正整数 n,定义 $a_n=na_{n-1}$,这实际上是阶乘函数的递归定义,或者说借助于递归给出集合 $\{a_0,a_1,\cdots,a_n,\cdots\}$ 的定义,a_n 的计算归结到其前面的 a_{n-1} 的计算,这时 $a_n=na_{n-1}$ 就是一个递归关系,也称为递归方程或递归函数,其中 $a_0=1$ 称为初始条件或边界条件. 为了讨论递归问题,必须给出其初始条件.

给定数列 $a_0,a_1,\cdots,a_n,\cdots$,该数列中除有限项以外的任何项 a_n 与其前面一项或前面一些项的一个方程称为**递归关系**(recurrence relation),它表示 a_n 与其前面一项或前面一些项的一种关系. 为了求解该递归关系所给出的一些条件称为**初始条件**(initial condition).

对于数列 $a_0,a_1,\cdots,a_n,\cdots$,需要一定的技巧才能得出其递归关系,要得出 a_n 关于 n 的解析表达式 $f(n)$ 有时也是比较困难的,它通常由初始条件和递归关系来确定. 我们现在感兴趣的是得出 a_n 关于 n 的解析表达式.

下面是建立递归关系的两个例子.

【例 8-6】 (**汉诺塔**问题,Hanoi tower problem)在古印度的一座神庙里,有 3 个铜铸的基座,上面各安置一根宝石针,在一根宝石针上由大到小套了 64 个金盘. 梵王命令他的僧侣利用这 3 根宝石针把 64 个金盘从最初的宝石针移到另一根宝石针上(图 8-3).

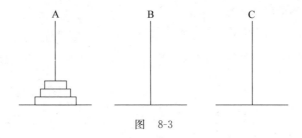

图 8-3

移动的规则如下:

(1) 一次只能移动一个金盘;
(2) 金盘只能放在 3 根宝石针上;
(3) 不允许将大金盘放在小金盘上.

假设 n 是金盘的数目(如 $n=64$),h_n 是按规则需要移动的次数,求 F_n 的初始条件以及递归关系.

解 显然,初始条件为 $h_1=1$.

当有 n 个金盘时,可以先将宝石针 A 最上面的 $n-1$ 个金盘按规则移动到另一根宝石针上,可设为 B,需要移动 h_{n-1} 次;再将 A 上最大的金盘移动到 C 上,需要移动一次;最后将宝石针 B 上的 $n-1$ 个金盘按规则移动到 C 上,又需要移动 h_{n-1} 次.

根据加法原理,有递归关系
$$h_n = 2h_{n-1} + 1$$

【例 8-7】 (斐波那契数列,Fibonacci sequence)1202 年,意大利数学家 Fibonacci 研究了兔子的繁殖问题:年初有一对小兔,雌雄各一. 小兔第一个月长大,第二个月又繁殖出一对雌雄各一的兔子. 以后,成熟的一对大兔每月都繁殖出一对雌雄各一的兔子,而新的一对小兔以同样规律长大、繁殖. 假定兔子都不死,且第 n 个月兔子有 F_n 对,求 F_n 的初始条件以及递归关系.

解 显然,初始条件为 $F_1=1, F_2=1$.

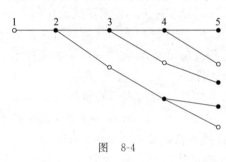

图 8-4

显然,$F_n=$第 n 个月大兔子的对数+第 n 个月小兔子的对数,而第 n 个月大兔子的对数=第 $n-1$ 个月兔子(包括大兔子和小兔子)的对数 F_{n-1},第 n 个月小兔子的对数=第 $n-1$ 个月大兔子的对数=第 $n-2$ 个月兔子(包括大兔子和小兔子)的对数 F_{n-2},见图 8-4,其中实心点表示大兔子对,空心点表示小兔子对.

根据加法原理,有递归关系
$$F_n = F_{n-1} + F_{n-2}$$

于是,斐波那契数列的前 12 项为 1,1,2,3,5,8,13,21,34,55,89,144.

8.3.2 常用的递归关系求解方法

1. 递归法

递归法又称为递推法,是将对数列第 n 项 a_n 的计算转化为对其前面的一个项或一些项的计算,直到最后归结到初始条件.

【例 8-8】 在 $h_1=1$ 时,求解递归关系 $h_n=2h_{n-1}+1$.

解
$$\begin{aligned}
h_n &= 2h_{n-1} + 1 \\
&= 2(2h_{n-2} + 1) + 1 \\
&= 2^2 h_{n-2} + 2 + 1 \\
&= 2^2 (2h_{n-3} + 1) + 2 + 1 \\
&= 2^3 h_{n-3} + 2^2 + 2 + 1 \\
&\vdots \\
&= 2^{n-1} h_1 + 2^{n-2} + \cdots + 2^2 + 2 + 1 \\
&= 2^{n-1} + 2^{n-2} + \cdots + 2^2 + 2 + 1 \\
&= \frac{1 - 2^n}{1 - 2} \\
&= 2^n - 1
\end{aligned}$$

另解 由于 $h_1=1$ 且 $h_n=2h_{n-1}+1$,于是 $h_2=2h_1+1=3=2^2-1$,进而有 $h_3=2h_2+1=7=2^3-1$……这样一直继续下去,很容易得出 $h_n=2^n-1$.

上面的求解过程称为迭代法(iteration method),它与递归法是不同的,特别是在编写程序时使用的数据结构是不同的.

对于汉诺塔问题,当 $n=64$ 时,$h_{64}=2^{64}-1=18\ 446\ 744\ 073\ 709\ 551\ 615$. 若移动一次只需用 1s,完成整个任务约需 5845 亿年. 即使算法已经设计好了,让计算机把所有金盘的移动方式打印出来,也是很困难的. 由此可见,若一个算法的复杂度呈指数增长,那是相当可怕的.

2. 生成函数法

首先,根据所给数列构造其生成函数;其次,利用递归关系以及已知函数的形式幂级数求出该生成函数;最后,想办法得出生成函数中 x^n 或 $\dfrac{x^n}{n!}$ 的系数,即为所求的 a_n.

【例 8-9】 在初始条件 $a_1=1,a_2=1$ 下,求解递归关系 $a_n=\sum\limits_{k=1}^{n-1}a_k a_{n-k}$.

解 由数列 $a_1,a_2,\cdots,a_n,\cdots$ 构造组合计数生成函数:
$$G(x)=a_1 x+a_2 x^2+\cdots+a_n x^n+\cdots$$

由于 $a_n=\sum\limits_{k=1}^{n-1}a_k a_{n-k}$,因此

$$G^2(x)=a_1^2 x^2+(a_1 a_2+a_2 a_1)x^3+\cdots+\left(\sum\limits_{k=1}^{n-1}a_k a_{n-k}\right)x^n+\cdots$$
$$=x^2+a_3 x^3+\cdots+a_n x^n+\cdots=\sum\limits_{n=2}^{\infty}a_n x^n=G(x)-x$$

由此可得

$$G_1(x)=\frac{1+\sqrt{1-4x}}{2},\quad G_2(x)=\frac{1-\sqrt{1-4x}}{2}$$

因为 $G(0)=0$,舍去 $G_1(x)$,所以 $G(x)=\dfrac{1-\sqrt{1-4x}}{2}$.

利用函数 $(1+x)^m$ 的形式幂级数展开公式,有

$$\sqrt{1+x}=(1+x)^{\frac{1}{2}}=1+\sum\limits_{n=1}^{\infty}\frac{(-1)^{n-1}}{n2^{2n-1}}C_{2n-2}^{n-1}x^n$$

因而 $\sqrt{1-4x}=1-\sum\limits_{n=1}^{\infty}\dfrac{2}{n}C_{2n-2}^{n-1}x^n$,进而 $G(x)=\sum\limits_{n=1}^{\infty}\dfrac{1}{n}C_{2n-2}^{n-1}x^n$,故 $a_n=\dfrac{1}{n}C_{2n-2}^{n-1}$,该数称为卡特兰(Catalan)数.

【例 8-10】 在初始条件 $D_0=1$ 下,求解递归关系 $D_n=nD_{n-1}+(-1)^n(n\geqslant 1)$.

解 由数列 $D_0,D_1,\cdots,D_n,\cdots$ 构造排列计数生成函数:
$$E(x)=D_0+D_1 x+D_2\frac{x^2}{2!}+\cdots+D_n\frac{x^n}{n!}+\cdots$$

由于 $D_n=nD_{n-1}+(-1)^n(n\geqslant 1)$,因此

$$E(x)-1=xE(x)-x+\frac{x^2}{2!}-\frac{x^3}{3!}+\cdots+(-1)^n\frac{x^n}{n!}+\cdots$$

进而,有

$$(1-x)E(x)=1-x+\frac{x^2}{2!}-\frac{x^3}{3!}+\cdots+(-1)^n\frac{x^n}{n!}+\cdots=e^{-x}$$

所以,有

$$E(x) = \frac{e^{-x}}{1-x}$$
$$= \left(1 - x + \frac{x^2}{2!} - \frac{x^3}{3!} + \cdots + (-1)^n \frac{x^n}{n!} + \cdots\right)(1 + x + \cdots + x^n + \cdots)$$

因而，$E(x)$ 中 x^n 的系数为 $1 - 1 + \frac{1}{2!} - \frac{1}{3!} + \cdots + (-1)^n \frac{1}{n!}$. 因为 D_n 为 $\frac{x^n}{n!}$ 的系数，所以

$$D_n = \left(1 - 1 + \frac{1}{2!} - \frac{1}{3!} + \cdots + (-1)^n \frac{1}{n!}\right) n!$$

3. 特征方程法

对于常系数线性递归关系，可以考虑用特征方程法求解. 下面分两种情况进行讨论.

1) 常系数线性齐次递归关系

设 k 为正整数，在初始条件 $a_0, a_1, \cdots, a_{k-1}$ 下，递归关系

$$a_n = c_1 a_{n-1} + c_2 a_{n-2} + \cdots + c_k a_{n-k} \quad (n \geqslant k)$$

称为 **k 阶常系数线性齐次递归关系**(linear homogeneous recurrence relation of order k with constant coefficient)，其中 $c_1, c_2, \cdots, c_k$ 为常数且 $c_k \neq 0$.

对于 k 阶常系数线性齐次递归关系，第 n 项 a_n 仅与其前面 k 项 $a_{n-1}, a_{n-2}, \cdots, a_{n-k}$ 有关；系数 $c_1, c_2, \cdots, c_k$ 为常数；该式关于 $a_{n-1}, a_{n-2}, \cdots, a_{n-k}$ 是线性的，即不出现 a_{n-1}^2, $a_{n-1} a_{n-2}$, $\sqrt{a_{n-1}}$ 等；等号右边不是 $c_1 a_{n-1} + c_2 a_{n-2} + \cdots + c_k a_{n-k} + f(n)$ 的形式，而关于 n 的函数 $f(n) \neq 0$.

递归关系 $F_n = F_{n-1} + F_{n-2}$ 是二阶常系数线性齐次递归关系，而 $a_n = 3 a_{n-1}^2 + a_{n-2}$ 非线性，$a_n = 2 a_{n-1} + 3$ 非齐次，$a_n = a_{n-1} + (n-1) a_{n-2}$ 非常系数.

k 阶常系数线性齐次递归关系 $a_n = c_1 a_{n-1} + c_2 a_{n-2} + \cdots + c_k a_{n-k}$ 的**特征方程**(characteristic equation)定义为

$$\lambda^k - c_1 \lambda^{k-1} - c_2 \lambda^{k-2} - \cdots - c_k = 0$$

就递归关系本身而言，满足它的任意一个数列称为其**特解**(special solution)，特解一般比较多. 递归关系一般解所具有的形式就是其**通解**(general solution).

由于 $c_k \neq 0$，其任意一个根 λ 均非 0. 显然，$a_n = \lambda^n$ 是 $a_n = c_1 a_{n-1} + c_2 a_{n-2} + \cdots + c_k a_{n-k}$ 的特解，即 $\lambda^n = c_1 \lambda^{n-1} + c_2 \lambda^{n-2} + \cdots + c_k \lambda^{n-k}$ 当且仅当 $\lambda^k = c_1 \lambda^{k-1} + c_2 \lambda^{k-2} + \cdots + c_k$，即 $\lambda^k - c_1 \lambda^{k-1} - c_2 \lambda^{k-2} - \cdots - c_k = 0$. 这正是将一元 k 次方程称为特征方程的原因.

【定理 8-7】 若递归关系 $a_n = c_1 a_{n-1} + c_2 a_{n-2} + \cdots + c_k a_{n-k} (n \geqslant k)$ 的特征方程 $\lambda^k - c_1 \lambda^{k-1} - c_2 \lambda^{k-2} - \cdots - c_k = 0$ 有 k 个不同的根 $\lambda_1, \lambda_2, \cdots, \lambda_k$，则其通解为 $a_n = C_1 \lambda_1^n + C_2 \lambda_2^n + \cdots + C_k \lambda_k^n$. 给定初始条件 $a_0, a_1, \cdots, a_{k-1}$，可唯一确定其中的待定常数 $C_1, C_2, \cdots, C_k$.

【例 8-11】 在初始条件 $F_1 = 1, F_2 = 1$ 下，求解递归关系 $F_n = F_{n-1} + F_{n-2} (n \geqslant 3)$.

解 递归关系 $F_n = F_{n-1} + F_{n-2}$ 的特征方程为 $\lambda^2 - \lambda - 1 = 0$，其根为

$$\lambda_1 = \frac{1 + \sqrt{5}}{2}, \quad \lambda_2 = \frac{1 - \sqrt{5}}{2}$$

根据定理 8-7，有 $F_n = C_1 \left(\frac{1+\sqrt{5}}{2}\right)^n + C_2 \left(\frac{1-\sqrt{5}}{2}\right)^n$. 由于 $F_1 = 1, F_2 = 1$，可得

$$C_1 = \frac{1}{\sqrt{5}}, \quad C_2 = -\frac{1}{\sqrt{5}}$$

所以
$$F_n = \frac{1}{\sqrt{5}}\left(\frac{1+\sqrt{5}}{2}\right)^n - \frac{1}{\sqrt{5}}\left(\frac{1-\sqrt{5}}{2}\right)^n$$

【定理 8-8】 若递归关系 $a_n = c_1 a_{n-1} + c_2 a_{n-2} + \cdots + c_k a_{n-k} (n \geqslant k)$ 的特征方程 $\lambda^k - c_1 \lambda^{k-1} - c_2 \lambda^{k-2} - \cdots - c_k = 0$ 有 t 个不同的根 $\lambda_1, \lambda_2, \cdots, \lambda_t$,其重数分别为 $r_1, r_2, \cdots, r_t (r_1 + r_2 + \cdots + r_t = k)$,则其解为 $a_n = s_1(n) + s_2(n) + \cdots + s_t(n)$,其中 $s_i(n) = (C_{1i} + C_{2i}n + \cdots + C_{r_i i} n^{r_i - 1}) \lambda_i^n$,$i = 1, 2, \cdots, t$. 给定初始条件 $a_0, a_1, \cdots, a_{k-1}$,可唯一确定其中的所有待定常数.

实际上,定理 8-8 推广了定理 8-7,其证明见参考文献[6].

【例 8-12】 在初始条件 $a_0 = 1, a_1 = 2, a_2 = 7$ 下,求解递归关系
$$a_n = 5a_{n-1} - 7a_{n-2} + 3a_{n-3} \quad (n \geqslant 3)$$

解 递归关系 $a_n = 5a_{n-1} - 7a_{n-2} + 3a_{n-3}$ 的特征方程为 $\lambda^3 - 5\lambda^2 + 7\lambda - 3 = 0$,其根为 $\lambda_1 = 1$(二重根),$\lambda_2 = 3$,于是
$$a_n = (C_1 + C_2 n) 1^n + C_3 3^n = C_1 + C_2 n + C_3 3^n$$

将初始条件 $a_0 = 1, a_1 = 2, a_2 = 7$ 代入,得
$$a_0 = C_1 + 0 C_2 + C_3 3^0 = C_1 + C_3 = 1$$
$$a_1 = C_1 + 1 C_2 + C_3 3^1 = C_1 + C_2 + 3C_3 = 2$$
$$a_2 = C_1 + 2 C_2 + C_3 3^2 = C_1 + 2C_2 + 9C_3 = 7$$

于是 $C_1 = 0, C_2 = -1, C_3 = 1$,进而
$$a_n = 3^n - n.$$

2) 某些常系数线性非齐次递归关系

设 k 为正整数,在初始条件 $a_0, a_1, \cdots, a_{k-1}$ 下,递归关系
$$a_n = c_1 a_{n-1} + c_2 a_{n-2} + \cdots + c_k a_{n-k} + f(n) \quad (n \geqslant k)$$

称为 **k 阶常系数线性非齐次递归关系**(linear non-homogeneous recurrence relation of order k with constant coefficient),其中 $c_1, c_2, \cdots, c_k$ 为常数,$c_k \neq 0$,非齐次项 $f(n)$ 是关于 n 的函数且 $f(n) \neq 0$.

对于一般的非齐次项 $f(n)$ 没有统一的求解方法. 一般情况下有下述定理,但人们仍希望能直接求解或想办法转化成常系数线性齐次递归关系求解.

【定理 8-9】 若 k 阶常系数线性非齐次递归关系 $a_n = c_1 a_{n-1} + c_2 a_{n-2} + \cdots + c_k a_{n-k} + f(n) (n \geqslant k)$ 有特解 b_n,且对应的 k 阶常系数线性齐次递归关系 $a_n = c_1 a_{n-1} + c_2 a_{n-2} + \cdots + c_k a_{n-k}$ 的通解为 B_n,则 $a_n = c_1 a_{n-1} + c_2 a_{n-2} + \cdots + c_k a_{n-k} + f(n)$ 的通解为 $a_n = B_n + b_n$. 给定初始条件 $a_0, a_1, \cdots, a_{k-1}$,可唯一确定其中的所有待定常数.

【例 8-13】 在初始条件 $a_1 = 2$ 下,求解递归关系
$$a_n = a_{n-1} + 3^n \quad (n \geqslant 2)$$

解 因为 $a_n = a_{n-1} + 3^n$,所以 $a_{n-1} = a_{n-2} + 3^{n-1}, a_{n-2} = a_{n-3} + 3^{n-2}, \cdots, a_2 = a_1 + 3^2$,将这些等式左右两边分别相加并整理,得
$$a_n = a_1 + 3^2 + 3^3 + \cdots + 3^n$$

于是
$$a_n = 2 + \frac{9}{2}(3^{n-1} - 1)$$

【例 8-14】 求 $a_n = 1^2 + 2^2 + \cdots + (n-1)^2 + n^2$.

解 根据题意,有 $a_{n-1} = 1^2 + 2^2 + \cdots + (n-1)^2$,于是 $a_n = a_{n-1} + n^2$,这是一个一阶常系数线性非齐次递归关系. 由于 $a_n = 0^2 + 1^2 + 2^2 + \cdots + (n-1)^2 + n^2$,因此,$a_0 = 0, a_1 = 1, a_2 = 5, a_3 = 14$.

由于 $a_n = a_{n-1} + n^2$,进而 $a_{n-1} = a_{n-2} + (n-1)^2$,将这两个等式左右两边分别相减并整理,得
$$a_n = 2a_{n-1} + a_{n-2} + 2n - 1$$
由此可得 $a_{n-1} = 2a_{n-2} - a_{n-3} + 2(n-1) - 1$,再将这两个等式左右两边分别相减并整理,得
$$a_n = 3a_{n-1} - 3a_{n-2} + a_{n-3} + 2$$
因而 $a_{n-1} = 3a_{n-2} - 3a_{n-3} + a_{n-4} + 2$,再将这两个等式左右两边分别相减并整理,得
$$a_n = 4a_{n-1} - 6a_{n-2} + 4a_{n-3} - a_{n-4}$$
这是一个四阶常系数线性齐次递归关系,其特征方程为 $\lambda^4 - 4\lambda^3 + 6\lambda^2 - 4\lambda + 1 = 0$,其根为 $\lambda = 1$(四重根),于是
$$a_n = (C_1 + C_2 n + C_3 n^2 + C_4 n^3) 1^n = C_1 + C_2 n + C_3 n^2 + C_4 n^3$$
将初始条件 $a_0 = 0, a_1 = 1, a_2 = 5, a_3 = 14$ 分别代入上式,得
$$\begin{cases} C_1 = 0 \\ C_2 + C_3 + C_4 = 1 \\ 2C_2 + 4C_3 + 8C_4 = 5 \\ 3C_2 + 9C_3 + 27C_4 = 14 \end{cases}$$
于是 $C_1 = 0, C_2 = \dfrac{1}{6}, C_3 = \dfrac{1}{2}, C_4 = \dfrac{1}{3}$,进而
$$a_n = \frac{1}{6}n + \frac{1}{2}n^2 + \frac{1}{3}n^3 = \frac{1}{6}n(n+1)(2n+1)$$

4. 其他方法

【例 8-15】 在初始条件 $f(1) = 1$ 下,求解递归关系 $f(n) = 2f\left(\dfrac{n}{2}\right) + \dfrac{n}{2} - 1$,其中 $n = 2^k, k$ 为正整数.

解 令 $g(k) = f(2^k) = f(n)$,于是原递归关系变为
$$\begin{cases} g(k) = 2g(k-1) + 2^{k-1} - 1 \\ g(0) = 1 \end{cases}$$
利用递归法,有
$$\begin{aligned} g(k) &= 2[2g(k-2) + 2^{k-2} - 1] + 2^{k-1} - 1 \\ &= 2^2 g(k-2) + 2 \times 2^{k-1} - 2 - 1 \\ &= 2^3 g(k-3) + 3 \times 2^{k-1} - 2^2 - 2 - 1 \\ &\quad \vdots \\ &= 2^k g(0) + k 2^{k-1} - \sum_{i=0}^{k-1} 2^i \\ &= 2^k + k 2^{k-1} - (2^k - 1) \\ &= k 2^{k-1} + 1 \end{aligned}$$

$$=\frac{1}{2\ln 2}n\ln n+1$$

因此,有 $f(n)=\frac{1}{2\ln 2}n\ln n+1$,其中 $n=2^k$,k 为正整数.

习题 8.3

1. 某人上楼梯,每步上 1 个台阶或 2 个台阶,设上 n 个台阶的不同方式的种数为 a_n. 求出关于 a_n 的初始条件以及递归关系.

2. 设有 n 个数 $A_1,A_1,\cdots,A_n$ 的连乘积 $A_1A_1\cdots A_n$,其不同的结合方式的种数用 a_n 表示,求出关于 a_n 的初始条件以及递归关系.

3. 有 n 根火柴,甲、乙二人轮流来取,每人每次仅能取一根或两根. 设由甲先取且最后还由甲取光的方案数为 a_n. 求出关于 a_n 的初始条件以及递归关系.

4. 用递归法求解递归关系
$$a_0=0,\quad a_n=na_{n-1}+n!\quad (n\geqslant 1)$$

5. 用递归法求解递归关系
$$a_0=2,\quad a_n^2=2a_{n-1}^2+1\quad (n\geqslant 1)$$

6. 利用生成函数求解递归关系
$$\begin{cases}a_n=a_{n-1}+2(n-1)\\ a_1=2\end{cases}$$

7. 在初始条件 $a_0=1,a_1=1$ 下,求解递归关系
$$(n-1)a_n=(n-2)a_{n-1}+2a_{n-2}$$

8. 在初始条件 $a_0=0,a_1=2,a_2=10$ 下,求解递归关系
$$a_n=6a_{n-1}-11a_{n-2}+6a_{n-3}\quad (n\geqslant 3)$$

9. 在初始条件 $a_0=1,a_1=0,a_2=1,a_3=2$ 下,求解递归关系
$$a_n=-a_{n-1}+3a_{n-2}+5a_{n-3}+2a_{n-4}\quad (n\geqslant 4)$$

10. 在初始条件 $a_0=1,a_1=2$ 下,求解递归关系
$$a_n=7a_{n-1}-10a_{n-2}+4n^2\quad (n\geqslant 2)$$

11. 利用定理 8-9,在初始条件 $a_0=1,a_1=2$ 下,求解递归关系
$$a_n=7a_{n-1}-12a_{n-2}+n2^n\quad (n\geqslant 2)$$

12. 在初始条件 $f(1)=c$ 下,求解递归关系
$$f(n)=2f\left(\frac{n}{2}\right)+bn$$

其中 b,c 为常数且 $n=2^k$,k 为正整数.

本 章 小 结

1. 计数原理、排列、组合与二项式定理

要求理解加法原理和乘法原理,要清楚何时相加,何时相乘. 记住下列几种情形的计数公式:

n 个元素的 r-排列个数为

$$P_n^r = n(n-1)\cdots(n-r+1) = \frac{n!}{(n-r)!}$$

n 个元素的 r-圆排列个数为

$$\odot P_n^r = \frac{P_n^r}{r}$$

n 个元素的 r-可重排列个数为

$$U_n^r = n^r$$

设 $A = \{n_1 A_1, n_2 A_2, \cdots, n_k A_k\}$，$n_1 + n_2 + \cdots + n_k = n$，这 n 个元素的全排列个数为

$$\frac{n!}{n_1! n_2! \cdots n_k!}$$

n 个元素的 r-组合个数为

$$C_n^r = \frac{P_n^r}{r!} = \frac{n(n-1)\cdots(n-r+1)}{r!} = \frac{n!}{(n-r)!r!}$$

n 个元素的 r-可重组合个数为

$$F_n^r = C_{n+r-1}^r$$

2. 生成函数

(1) 对于数列 $a_0, a_1, \cdots, a_r, \cdots$，其组合计数生成函数为

$$G(x) = a_0 + a_1 x + \cdots + a_r x^r + \cdots = \sum_{r=0}^{\infty} a_r x^r$$

要求掌握利用组合计数生成函数解决一般的组合计数问题的思想.

(2) 对于数列 $a_0, a_1, \cdots, a_r, \cdots$，其排列计数生成函数为

$$E(x) = a_0 + a_1 x + a_2 \frac{x^2}{2!} + \cdots + a_r \frac{x^r}{r!} + \cdots = \sum_{r=0}^{\infty} a_r \frac{x^r}{r!}$$

排列个数 a_r 是 $\frac{x^r}{r!}$ 的系数.

定理 设 $A_1, A_2, \cdots, A_k$ 是 k 个不同元素，现有 n 个元素，其中 A_i 元素有 n_i 个 ($i = 1, 2, \cdots, k, n_1 + n_2 + \cdots + n_k = n$)，在这 n 个元素中任取 r 个元素的排列个数为 a_r，则其排列计数生成函数为

$$a_0 + a_1 x + a_2 \frac{x^2}{2!} + \cdots + a_r \frac{x^r}{r!} + \cdots$$
$$= \left(1 + x + \frac{x^2}{2!} + \cdots + \frac{x^{n_1}}{n_1!}\right)\left(1 + x + \frac{x^2}{2!} + \cdots + \frac{x^{n_2}}{n_2!}\right) \cdots \left(1 + x + \frac{x^2}{2!} + \cdots + \frac{x^{n_k}}{n_k!}\right)$$

要求掌握利用排列计数生成函数解决一般的排列计数问题的思想.

3. 递归关系

要求熟悉递归关系的建立.

要求掌握常用的求解递归关系的方法：递归法、生成函数法、特征方程法和其他方法.

k 阶常系数线性齐次递归关系 $a_n = c_1 a_{n-1} + c_2 a_{n-2} + \cdots + c_k a_{n-k}$ 的特征方程为

$$\lambda^k - c_1 \lambda^{k-1} - c_2 \lambda^{k-2} - \cdots - c_k = 0$$

主要定理 若递归关系 $a_n = c_1 a_{n-1} + c_2 a_{n-2} + \cdots + c_k a_{n-k}$ ($n \geq k$) 的特征方程 $\lambda^k - c_1 \lambda^{k-1} - c_2 \lambda^{k-2} - \cdots - c_k = 0$ 有 t 个不同的根 $\lambda_1, \lambda_2, \cdots, \lambda_t$，其重数分别为 $r_1, r_2, \cdots, r_t$ ($r_1 + r_2 + \cdots + r_t = k$)，则其解为 $a_n = a_1(n) + a_2(n) + \cdots + a_t(n)$，其中 $a_i(n) = (C_{1i} + C_{2i} n + \cdots + C_{r_i, i} n^{r_i - 1}) \lambda_i^n$，$i = 1, 2, \cdots, t$. 给定初始条件 $a_0, a_1, \cdots, a_{k-1}$，可唯一确定其中的所有待定常数.

第 9 章 代数结构

本章介绍代数结构的一般内容以及常见的几种代数结构. 代数结构是用代数方法建立的数学模型.

代数结构简称代数,它是**抽象代数**(abstract algebra)或**近世代数**(modern algebra),不是初等代数,也不是高等代数. 它始于 19 世纪初,形成于 20 世纪 30 年代,在这期间,挪威数学家阿贝尔(N. H. Abel)、法国数学家伽罗瓦(E. Galois)、英国数学家德·摩根和布尔(G. Boole)等人都做出了杰出的贡献.

代数结构研究由一般元素(不仅仅是数字、符号等)组成的集合上的运算,以及运算满足一些给定性质的数学结构的性质.

代数结构在计算机科学中起着重要作用. 前面讨论了集合代数、关系代数和逻辑代数. 实际上,计算机系统本身就是一种代数结构. 众所周知,利用布尔代数可进行逻辑电路设计的分析和优化,利用代数结构可研究抽象数据结构的性质与操作,它也是程序设计语言的理论基础.

本章讲解的群、环、域是根据运算及其所满足的性质按代数结构进行分类的,格和布尔代数是根据序结构进行讨论的,它们在组合计数、代数编码理论、形式语言与自动机理论等领域中都发挥了重要作用. 同时,代数结构的研究采用的是形式化方法,对于培养学习者的抽象思维和计算思维能力是非常有益的. 各种进程代数(process algebra)是研究计算系统形式语义的重要方法.

9.1 代数结构简介

9.1.1 代数结构的定义

代数总是与运算联系在一起的,如代数式、代数和、代数方程以及代数数等. 先给出代数的定义.

【**定义 9-1**】 设 A 是非空集合,$f_1,f_2,\cdots,f_k(k\geqslant 1)$ 是 A 上的代数(封闭)运算,则集合 A 连同其上的代数运算 $f_1,f_2,\cdots,f_k$ 称为**代数结构**(algebra structure)或**代数系统**(algebra system),简称**代数**(algebra),记为 $(A,f_1,f_2,\cdots,f_k)$,在已知运算 $f_1,f_2,\cdots,f_k$ 的情况下可简记为 A.

对于代数结构 $(A,f_1,f_2,\cdots,f_k)$ 的理解,需要注意以下几点:

(1) $A\neq\varnothing$.

(2) $f_1,f_2,\cdots,f_k(k\geqslant 1)$ 是 A 上的代数(封闭)运算(参见 1.3 节).

(3) 运算 $f_1,f_2,\cdots,f_k$ 在代数结构中是有顺序的. 实际上,代数结构 $(A,f_1,f_2,\cdots,f_k)$ 是一个 $(k+1)$ 元组.

(4) 运算 f_i 的元数 $n_i(1\leqslant i\leqslant k)$ 可以相同,也可以不同.

【例 9-1】 验证：下列集合及其上的运算构成代数结构．

(1) 实数集合 $\mathbf{R}$ 关于实数的加法运算 $+$ 构成代数结构 $(\mathbf{R}, +)$．

(2) 实数集合 $\mathbf{R}$ 关于实数的加法运算 $+$ 和实数的乘法运算 $\cdot$ 构成代数结构 $(\mathbf{R}, +, \cdot)$．

(3) 集合 X 的幂集 $P(X)$ 关于集合的并 $(\cup)$ 运算、集合的交 $(\cap)$ 运算和集合的补运算 $^-$ 构成代数结构 $(P(X), \cup, \cap, ^-)$．

解 根据代数结构的定义很容易验证，具体内容略．

【定义 9-2】 设 $(A, f_1, f_2, \cdots, f_k)$ 是代数结构，若 A 是有限集合，则 $(A, f_1, f_2, \cdots, f_k)$ 是**有限代数结构**，否则称为**无限代数结构**．

在例 9-1 中，(1) 和 (2) 中的代数结构是无限代数结构．在 (3) 中，若 X 是有限集合，则 $(P(X), \cup, \cap, ^-)$ 是有限代数结构；若 X 是无限集合，则 $(P(X), \cup, \cap, ^-)$ 是无限代数结构．

9.1.2 两种最简单的代数结构：半群及独异点

下面介绍两种最简单的代数结构．

【定义 9-3】 设 $*$ 是非空集合 S 上的二元代数运算，若 $*$ 满足结合律，即对于任意 $x, y, z \in S$，有 $(x*y)*z = x*(y*z)$，则称 $(S, *)$ 是**半群**(semigroup)．

显然，实数集合 $\mathbf{R}$ 关于其上的乘法运算 $\cdot$ 构成一个半群 $(\mathbf{R}, \cdot)$．

下面的半群在计算机科学的研究中有着重要的作用．

【例 9-2】 设 Σ 是若干个字母组成的集合，称为字母表．由 Σ 中有限个字母组成的序列称为 Σ 上的串；不含任何字母的串称为空串，记为 λ．令 Σ^* 是所有 Σ 上的串组成的集合，其上的运算为连接运算 $\circ$．

对于任意 $\alpha = s_1 s_2 \cdots s_k \in \Sigma^*$，$\beta = t_1 t_2 \cdots t_s \in \Sigma^*$，有 $\alpha \circ \beta = s_1 s_2 \cdots s_k t_1 t_2 \cdots t_s$，很容易验证：$(\Sigma^*, \circ)$ 是半群．

实际上，Σ 上的所有非空串组成的集合 Σ^+ 关于其上的串的连接运算 $\circ$ 也构成一个半群 $(\Sigma^+, \circ)$．

设 $\omega = s_1 s_2 \cdots s_k \in \Sigma^*$，则称串 ω 的长度为 k，记为 $|\omega| = k$．显然，若 $|\alpha| = k$，$|\beta| = s$，则 $|\alpha \circ \beta| = k + s$．

【定义 9-4】 设 $*$ 是非空集合 M 上的二元代数运算，若 $*$ 满足结合律且 M 关于 $*$ 有幺元 e，即对于任意 $x \in M$，有 $x * e = e * x = x$，则称 $(M, *, e)$ 为**独异点**(monoid)，其中幺元 e 是一个独特、奇异的元素．

【例 9-3】 在例 9-2 中，$(\Sigma^*, \circ, \lambda)$ 是独异点，而 $(\Sigma^+, \circ)$ 不是．

注意

(1) $(\Sigma^*, \circ, \lambda)$ 中的 λ 称为**代数常数**．代数结构中的代数常数可以不止一个，例如在后面将学习的布尔代数就有两个代数常数．当然也可以没有代数常数．

(2) $(\Sigma^*, \circ)$ 是半群，$(\Sigma^*, \circ, \lambda)$ 是独异点，它们是两个不同的代数结构．正因为这样，一个最好的处理方式是将代数常数看作 0 元运算，$(\Sigma^*, \circ, \lambda)$ 有一个 0 元运算（及 1 个二元运算），布尔代数有两个 0 元运算．

因为半群中的 $*$ 运算满足结合律，可以定义元素 a 的正整数方幂 a^n（n 为正整数）如下：

$$a^1 = a$$
$$a^n = \overbrace{a * a * \cdots * a}^{n\text{个}} \quad (n \geqslant 2)$$

注意 对任意具有结合性的运算都可以定义元素 a 的正整数方幂 a^n. 对于实数集合 **R** 上的乘法运算,很容易理解;对于实数集合 **R** 上的加法运算 $+$,$a^n = \overbrace{a + a + \cdots + a}^{n\text{个}} = na$.

显然,对于正整数 m 和 n,有下面的结论:

(1) $a^m * a^n = a^{m+n}$.

(2) $(a^m)^n = a^{mn}$.

因为 $*$ 运算是 S 上的封闭运算,所以对于 $a \in S$,有 $a^n \in S$(n 为正整数).

由半群和独异点这两个简单的代数结构可知,特殊的代数结构是将运算满足的条件作为公理进行定义的. 接下去的任务是从这些公理出发,推导出一些有用的结论,它们对于所有满足给定公理的代数系统都成立. 先看一个关于有限半群结论的推导方法,更多的特殊代数结构的结论的推导见后.

【例 9-4】 设 $(S, *)$ 是有限半群,则 $(S, *)$ 中存在幂等元素.

证 取 $a \in S$,显然对于任意正整数 n,有 $a^n \in S$. 因为 S 是有限集合,所以存在正整数 i 和 j(不妨设 $i > j$)使得 $a^i = a^j$.

令 $p = i - j > 0$,显然有 $a^i = a^p * a^j$,即 $a^j = a^p * a^j$,进而有 $a^q = a^p * a^q (\forall q \geqslant j)$.

因为 $p \geqslant 1$,必存在正整数 k 满足 $kp \geqslant j$. 由上面的结论,有 $a^{kp} = a^p * a^{kp}$. 应用该结论 k 次,有

$$a^{kp} = a^p * a^{kp} = a^p * (a^p * a^{kp}) = a^{2p} * a^{kp} = \cdots = a^{kp} * a^{kp}$$

令 $b = a^{kp}$,则 $b * b = b$,即 b 就是有限半群 $(S, *)$ 的幂等元.

9.1.3 子代数

讨论代数结构,一种常用的方法是根据其子代数所具有的性质去推测原代数的性质.

【定义 9-5】 设 $(A, f_1, f_2, \cdots, f_k)$ 是代数结构,$\varnothing \neq S \subseteq A$,若 $(S, f_1, f_2, \cdots, f_k)$ 是代数结构,则称其为 $(A, f_1, f_2, \cdots, f_k)$ 的**子代数**(subalgebra),可记为 $(S, f_1, f_2, \cdots, f_k) \leqslant (A, f_1, f_2, \cdots, f_k)$. 在不强调运算的情况下简称 S 是 A 的子代数,记为 $S \leqslant A$.

一般地,要验证 S 是否是 A 的子代数,只要验证 S 关于 A 中的运算 $f_1, f_2, \cdots, f_k$ 是否封闭即可.

【例 9-5】 在例 9-1(2)中,$(\mathbf{Z}, +, \cdot)$ 是 $(\mathbf{R}, +, \cdot)$ 的子代数,因为整数集合 **Z** 关于加法运算和乘法运算是封闭的.

【例 9-6】 由 1.3 节很容易知道,$(\mathbf{Z}_8, \cdot_8, 1)$ 是独异点,其中 $\mathbf{Z}_8 = \{0, 1, 2, 3, 4, 5, 6, 7\}$,$\cdot_8$ 是模 8 的乘法运算. 取 $S = \{0, 2, 4\}$,这时 S 关于运算 $\cdot_8$ 是封闭的,但因为 $1 \notin S$,即 S 关于 $\mathbf{Z}_8$ 中的 0 元运算不封闭,所以 S 不是 $\mathbf{Z}_8$ 的子代数.

9.1.4 代数结构的同态与同构

借助于映射(函数)可以讨论两个代数结构之间的关系.

为了讨论方便,先给出下面的定义.

【定义 9-6】 设 $(A, f_1, f_2, \cdots, f_k)$ 和 $(B, g_1, g_2, \cdots, g_k)$ 是代数结构,若 f_i 与 $g_i (1 \leqslant i \leqslant k)$ 有相同的运算元数,则称这两个代数结构是**同类型的**.

下面给出的是两个一般的代数结构同态的定义,针对具体的重要代数结构还会重新给出定义.

【定义 9-7】 设 $(A, f_1, f_2, \cdots, f_k)$ 和 $(B, g_1, g_2, \cdots, g_k)$ 是同类型的代数结构,若存在 $\varphi: A \to B$ 且 φ 保持所有运算,即对于 n_i 元运算 f_i 和 $g_i (1 \leqslant i \leqslant k)$,有

$$\varphi(f_i(x_1, x_2, \cdots, x_{n_i})) = g_i(\varphi(x_1), \varphi(x_2), \cdots, \varphi(x_{n_i})), \quad \forall x_1, x_2, \cdots, x_{n_i} \in A$$

即先(在 A 中)运算再映射等于先映射再(在 B 中)运算,则称 φ 为 $(A, f_1, f_2, \cdots, f_k)$ 到 $(B, g_1, g_2, \cdots, g_k)$ 的**同态映射**,称 $(A, f_1, f_2, \cdots, f_k)$ 和 $(B, g_1, g_2, \cdots, g_k)$ **同态**(homomorphism).

请注意同态映射与同态的区别与联系,参见下面的两个例子.

【例 9-7】 对于代数结构 $(\mathbf{Z}, +, \cdot)$ 和 $(\mathbf{Z}_m, +_m, \cdot_m)$(其运算参见例 1-17),令 $\varphi: \mathbf{Z} \to \mathbf{Z}_m$,对于任意 $x \in \mathbf{Z}, \varphi(x) = x \bmod m$. 证明:$\varphi$ 是 $(\mathbf{Z}, +, \cdot)$ 到 $(\mathbf{Z}_m, +_m, \cdot_m)$ 的同态映射.

证 对于任意 $x, y \in \mathbf{Z}$,因为

$$\varphi(x+y) = (x+y) \bmod m = x \bmod m +_n y \bmod m = \varphi(x) +_m \varphi(y)$$
$$\varphi(x \cdot y) = (xy) \bmod m = x \bmod m \cdot_m y \bmod m = \varphi(x) \cdot_m \varphi(y)$$

所以,φ 是 $(\mathbf{Z}, +, \cdot)$ 到 $(\mathbf{Z}_m, +_m, \cdot_m)$ 的同态映射.

【例 9-8】 证明:代数结构 $(\Sigma^*, \circ, \lambda)$ 与 $(\mathbf{N}, +, 0)$ 同态.

证 令 $\varphi: \Sigma^* \to \mathbf{N}$,对于任意 $x \in \Sigma^*, \varphi(x) = |x|$. 对于任意 $x, y \in \Sigma^*$,有

$$\varphi(x \circ y) = |x \circ y| = |x| + |y| = \varphi(x) + \varphi(y)$$

且 $\varphi(\lambda) = |\lambda| = 0$,所以 φ 是 $(\Sigma^*, \circ, \lambda)$ 到 $(\mathbf{N}, +, 0)$ 的同态映射,于是 $(\Sigma^*, \circ, \lambda)$ 与 $(\mathbf{N}, +, 0)$ 同态.

同态一般用于模型简化.下面的定理说明了研究代数结构同态映射的必要性.

【定理 9-1】 设 φ 是代数结构 $(A, f_1, f_2, \cdots, f_k)$ 到 $(B, g_1, g_2, \cdots, g_k)$ 的同态映射,则 $(\varphi(A), g_1, g_2, \cdots, g_k)$ 是 $(B, g_1, g_2, \cdots, g_k)$ 的子代数,称 $(\varphi(A), g_1, g_2, \cdots, g_k)$ 为同态映射 φ 的**同态像**.

证 显然,$\varphi(A)$ 关于运算 $g_1, g_2, \cdots, g_k$ 封闭,于是有 $\varphi(A) \leqslant B$.

定理 9-1 说明,同态像是 $(A, f_1, f_2, \cdots, f_k)$ 在同态映射下的缩影,因此可以通过讨论较简单的同态像的性质来探测其原像 $(A, f_1, f_2, \cdots, f_k)$ 的性质.下面的例子可以进一步帮助理解同态像是如何对原代数结构进行缩影的.

【例 9-9】 很容易验证,代数结构 $(\mathbf{Z}, \cdot)$ 与 $(B, *)$ 同态,其中 $\cdot$ 是 $\mathbf{Z}$ 上的乘法运算,$B = \{\text{正}, \text{负}, \text{零}\}$,$B$ 上的运算 $*$ 的定义如表 9-1 所示.

表 9-1

*	正	负	零
正	正	负	零
负	负	正	零
零	零	零	零

解 定义 $\varphi: \mathbf{Z} \to B$ 如下:

$$\varphi(x) = \begin{cases} \text{正}, & x > 0 \\ \text{负}, & x < 0 \\ \text{零}, & x = 0 \end{cases}$$

对于任意 $x, y \in \mathbf{Z}$,有 $\varphi(x \cdot y) = \varphi(x) * \varphi(y)$,因此,代数结构 $(\mathbf{Z}, \cdot)$ 与 $(B, *)$ 同态.

在例 9-9 中,$\varphi(\mathbf{Z}) = B$ 将整数集合上乘法运算的特征完全表示出来了.

但请注意,两个同态的代数结构之间可能存在多个同态映射,请自己举例加以说明.

下面给出的是两个一般的代数结构(单同态、满同态)同构的定义.

【**定义 9-8**】 设 φ 是代数结构 $(A, f_1, f_2, \cdots, f_k)$ 到 $(B, g_1, g_2, \cdots, g_k)$ 的同态映射.

(1) 若 φ 是单射,则称 φ 为 $(A, f_1, f_2, \cdots, f_k)$ 到 $(B, g_1, g_2, \cdots, g_k)$ 的**单同态映射**.

(2) 若 φ 是满射,则称 φ 为 $(A, f_1, f_2, \cdots, f_k)$ 到 $(B, g_1, g_2, \cdots, g_k)$ 的**满同态映射**.

(3) 若 φ 是双射,则称 φ 为 $(A, f_1, f_2, \cdots, f_k)$ 到 $(B, g_1, g_2, \cdots, g_k)$ 的**同构映射**,称代数结构 $(A, f_1, f_2, \cdots, f_k)$ 与 $(B, g_1, g_2, \cdots, g_k)$ **同构**(isomorphism),记为
$$(A, f_1, f_2, \cdots, f_k) \cong (B, g_1, g_2, \cdots, g_k)$$

由定义 9-8 知,两个同构的代数结构在本质上是完全相同的,两者仅仅是集合中的元素符号可能不同,其上的运算符号也可能不同,参见下面的例子.

【**例 9-10**】 设代数结构 $(A, *)$ 和 $(B, +)$ 分别如表 9-2 和表 9-3 所示.

表 9-2

*	a	b
a	a	b
b	b	a

表 9-3

+	偶	奇
偶	偶	奇
奇	奇	偶

很容易验证,$(A, *) \cong (B, +)$.

【**定义 9-9**】 设 φ 是代数结构 $(A, f_1, f_2, \cdots, f_k)$ 到 $(A, f_1, f_2, \cdots, f_k)$ 的同态(或同构)映射,则称 φ 是 $(A, f_1, f_2, \cdots, f_k)$ 的**自同态**(或**自同构**)**映射**.

习题 9.1

1. 举出 4 个代数结构的例子.

2. 判断表 9-4 给定的集合及其上定义的运算是否构成代数结构,在相应的位置填 √(是)或 ×(否).

表 9-4

集合＼运算	+	−	·	$\|x-y\|$	$\|x\|$	max	min
Z							
N							
$\{x \mid 0 \leqslant x \leqslant 10\}$							
$\{x \mid \|x\| \leqslant 5\}$							
$\{2x \mid x \in \mathbf{Z}\}$							

3. 设 $(S, *)$ 是半群,$a \in S$,在 S 上定义运算。如下:
$$\forall x, y \in S, x \circ y = x * a * y$$
证明:$(S, \circ)$ 是半群.

4. 证明:$(\mathbf{Z}_n, \cdot_n, 1)$ 是独异点.

5. 分别给出子半群及子独异点的定义.

6. 设 φ 是仅一个二元运算代数结构 $(A, *)$ 到 $(B, \circ)$ 的同态映射,证明:

(1) 若 $*$ 在 A 中可交换,则 $\circ$ 在 $\varphi(A)$ 中可交换.

(2) 若 $*$ 在 A 中有零元 θ,则 $\circ$ 在 $\varphi(A)$ 中有零元 $\varphi(\theta)$.

7. 证明:正实数集合 $\mathbf{R}^+$ 关于乘法运算 $\cdot$ 所构成的代数结构 $(\mathbf{R}^+, \cdot)$ 与实数集合 $\mathbf{R}$ 关于加法运算 $+$ 所构成的代数结构 $(\mathbf{R}, +)$ 同构.

8. 非零实数集合 $\mathbf{R}^*$ 关于乘法运算 $\cdot$ 所构成的代数结构 $(\mathbf{R}^*, \cdot)$ 与实数集合 $\mathbf{R}$ 关于加法运算 $+$ 所构成的代数结构 $(\mathbf{R}, +)$ 同构吗?为什么?

9. 设代数结构 $(A, *)$ 和 $(B, \circ)$ 中的运算都是二元的,在 $A \times B$ 上定义运算 $\triangle$ 如下:对于任意的 $(x_1, y_1), (x_2, y_2) \in A \times B$,
$$(x_1, y_1) \triangle (x_2, y_2) = (x_1 * x_2, y_1 \circ y_2)$$
证明:$(A \times B, \triangle)$ 是代数结构,称为 $(A, *)$ 和 $(B, \circ)$ 的**积代数**.

9.2 群

一元四次及以下的方程有求根公式. 1826 年,24 岁的挪威数学家阿贝尔证明了一般一元五次及以上方程 $a_0 x^n + a_1 x^{n-1} + \cdots + a_{n-1} x + a_n = 0 (a_0 \neq 0, n \geqslant 5)$ 不可用根式求解,完全解决了长达 200 多年悬而未决的难题. 他还研究了能用根式求解的方程的特征等问题,连当时的数学大师高斯也未能理解其成果的重要意义. 在贫困中渡过 27 个春秋的阿贝尔因结核病死于 1829 年 4 月 6 日,3 天后,迟到的柏林大学数学教授聘书才送达.

法国数学家伽罗瓦继续了阿贝尔的工作,考虑哪些方程可以用根式求解. 出身富裕、才思敏捷的伽罗瓦用根的置换构成的群等知识给出了能用根式求解方程的条件. 他的文章两次分别被柯西(Cauchy)和傅里叶(Fourier)遗失,而泊松"完全不能理解"他的想法. 伽罗瓦曾两次因政治罪入狱,并于 1832 年 5 月 31 日因抑郁而死,他在死的前夜将结果寄给了他的朋友. 借助于伽罗瓦的研究工作,还可以证明自公元前 300 年欧几里德开始的长达 2000 年的限用圆规、直尺的古希腊四大几何作图难题——将任意角三等分、作正 n 边形、倍立方(作一个立方体,使其体积为单位立方体体积的 2 倍)和化圆为方(作正方形,其面积是半径为 1 的圆的面积 π,π 是超越数)是不可解的. 伽罗瓦超越时代的天才思想在他去世约 40 年后才被人理解和接受,正是由于他的奇特思想和巧妙方法,才有今天的近世代数,即代数结构.

群论是研究事物对称性的一种代数结构,其研究方式是根据给定的几条规则研讨其性质,推导过程是在符号之间进行的,因此是一种形式化方法. 各种各样的逻辑演算系统也采用这种方法. 这种形式化方法的训练对计算机专业至关重要,因为计算机处理的就是符号. 群在组合计数、机器人位置变换、网络理论、机器学习、纠错码研制和椭圆曲线算法设计等方面也有广泛而深入的应用.

本节对群这种代数结构进行较为详细的讨论,通过对它的讨论,可以熟悉一般代数结构的讨论模式.

9.2.1 群的有关概念

群除了有一个非空集合 G 外,更重要的是集合 G 上的代数运算 $\cdot$ 及其所满足的运算性质.

【定义 9-10】 设 G 是非空集合，$\cdot$ 是 G 上的二元代数运算. 若下列 3 个条件成立，则 $(G,\cdot)$ 称为**群**(group).

(1) $\cdot$ 满足结合律：$\forall x,y,z\in G, (x\cdot y)\cdot z = x\cdot(y\cdot z)$.

(2) G 关于 $\cdot$ 有单位元，通常记为 e：$\forall x\in G, x\cdot e = e\cdot x = x$.

(3) G 中每一个元素在 G 中都有逆元：$\forall x\in G, \exists x^{-1}\in G, x\cdot x^{-1} = x^{-1}\cdot x = e$.

正如在 1.3 节所说的那样，运算符号可以根据需要选取，当然可以和 9.1 节一样用 $*$ 表示. 选择 $\cdot$，是因为群中的运算可以读作"乘"(product 或 multiplication). 同时，在仅讨论群时，可以省略运算符号，但本书不打算这样做. 和 9.1 节一样，在不强调群的运算符号时，可以将 $(G,\cdot)$ 记为 G.

容易验证，实数集合 $\mathbf{R}$ 关于数的加法运算 $+$ 构成群 $(\mathbf{R},+)$. 但 $\mathbf{R}$ 关于数的乘法运算 $\cdot$ 不能构成群，即 $(\mathbf{R},\cdot)$ 不是群，因为 $0\in\mathbf{R}$，但 0 关于乘法运算没有逆元，即不存在 $x\in\mathbf{R}$ 满足 $0\cdot x = x\cdot 0 = 1$.

【例 9-11】 验证：非 0 实数集合 $\mathbf{R}-\{0\}$ 关于数的乘法运算 $\cdot$ 构成群.

解 首先 $\mathbf{R}-\{0\}$ 关于 $\cdot$ 是封闭的：$\forall x,y\in\mathbf{R}-\{0\}$，有 $x\cdot y\in\mathbf{R}-\{0\}$.

$\mathbf{R}-\{0\}$ 上的数的乘法运算 $\cdot$ 满足下列 3 个条件：

(1) 结合律：$\forall x,y,z\in\mathbf{R}-\{0\}, (x\cdot y)\cdot z = x\cdot(y\cdot z)$.

(2) $\mathbf{R}-\{0\}$ 关于 $\cdot$ 有单位元 1：$\forall x\in\mathbf{R}-\{0\}, x\cdot 1 = 1\cdot x = x$.

(3) $\mathbf{R}-\{0\}$ 中每一个元素 $x\in\mathbf{R}-\{0\}$ 在 $\mathbf{R}-\{0\}$ 中都有逆元 $\dfrac{1}{x} = x^{-1}\in\mathbf{R}-\{0\}$：

$$x\cdot\frac{1}{x} = \frac{1}{x}\cdot x = 1$$

因此，$(\mathbf{R}-\{0\},\cdot)$ 是群.

【例 9-12】 设 $G=\{e,a,b,c\}$，其上的 $\cdot$ 运算的定义见表 9-5，容易验证 $(G,\cdot)$ 是群，称为克莱因(Klein)四元群.

表 9-5

$\cdot$	e	a	b	c
e	e	a	b	c
a	a	e	c	b
b	b	c	e	a
c	c	b	a	e

【定义 9-11】 设 $(G,\cdot)$ 是群. 若 $|G|=n<\infty$，则称 $(G,\cdot)$ 为 n 阶**有限群**(finite group)；若 G 是无限集合，则 $(G,\cdot)$ 称为**无限群**(infinite group).

显然，上面两个例子所举的群都是无限群. 下面是有限群的例子.

【例 9-13】 设 $A=\mathbf{R}-\{0,1\}$，对于任意 $x\in A$，在 A 上定义 6 个映射如下：

$$f_1(x) = x, \quad f_2(x) = \frac{1}{x}, \quad f_3(x) = 1-x,$$

$$f_4(x) = \frac{1}{1-x}, \quad f_5(x) = \frac{x-1}{x}, \quad f_6(x) = \frac{x}{x-1}$$

令 $G=\{f_1,f_2,f_3,f_4,f_5,f_6\}$，证明 G 关于映射(函数)的复合运算。构成群$(G,\circ)$.

证 首先证明 G 关于复合运算。是封闭的. 根据复合运算。的定义知
$$(f_i \circ f_j)(x) = f_j(f_i(x)), \quad i,j=1,2,3,4,5,6$$
得到 G 关于复合运算。的运算表，如表 9-6 所示.

表 9-6

$\circ$	f_1	f_2	f_3	f_4	f_5	f_6
f_1	f_1	f_2	f_3	f_4	f_5	f_6
f_2	f_2	f_1	f_5	f_6	f_3	f_4
f_3	f_3	f_4	f_1	f_2	f_6	f_5
f_4	f_4	f_3	f_6	f_5	f_1	f_2
f_5	f_5	f_6	f_2	f_1	f_4	f_3
f_6	f_6	f_5	f_4	f_3	f_2	f_1

例如，因为 $(f_2 \circ f_3)(x) = f_3(f_2(x)) = f_3\left(\dfrac{1}{x}\right) = 1 - \dfrac{1}{x} = \dfrac{x-1}{x} = f_5(x)$，所以 $f_2 \circ f_3 = f_5$. 其余推导略.

由表 9-6 知，G 关于复合运算。是封闭的，满足以下 3 个条件：

(1) 显然，复合运算。满足结合律.

(2) 由表 9-6 知，G 关于复合运算。的单位元是 f_1，因为 $f_1 \circ f_i = f_i \circ f_1 = f_i, i=1,2,3,4,5,6$.

(3) 由表 9-6 知 $f_5 \circ f_4 = f_4 \circ f_5 = f_1$，所以 $f_5^{-1} = f_4$ 且 $f_4^{-1} = f_5$. 类似地可得 $f_1^{-1} = f_1$，$f_2^{-1} = f_2, f_3^{-1} = f_3, f_6^{-1} = f_6$. 也就是说，$G$ 中每个元素在 G 中都有逆元.

故 $(G,\circ)$ 是群. 显然，$(G,\circ)$ 是 6 阶有限群.

【定义 9-12】 设 $(G,\cdot)$ 是群，若其运算 $\cdot$ 是可交换的，则称 $(G,\cdot)$ 为**交换群**(commutative group)或**阿贝尔群**(Abel group).

容易知道，例 9-11 和例 9-12 是阿贝尔群，例 9-13 不是阿贝尔群.

设 $(G,\cdot)$ 是群，e 是其单位元，对于任意 $a \in G, n \in \mathbf{Z}$，有
$$a^0 = e$$
$$a^n = \overbrace{a \cdot a \cdots \cdot a}^{n} \quad (n \text{ 为正整数})$$
$$a^n = \overbrace{a^{-1} \cdot a^{-1} \cdots \cdot a^{-1}}^{-n} \quad (n \text{ 为负整数})$$

由定义知，对于负整数 n，有 $a^n = (a^{-1})^{-n}$.

元素 a 的阶是使得 $a^n = e$ 的最小正整数，用 $|a|$ 表示.

与半群中只能定义元素的正整数方幂有所不同，因为 G 中有单位元，可以定义 0 次方幂，因为每个元素都有逆元，就可以定义负整数方幂.

需要注意的是，方幂运算是对群中的运算来说的. 例如在群 $(\mathbf{Z}, +)$ 中，有 $3^{-1} = -3$，$3^2 = 3+3 = 6, 3^{-2} = 3^{-1} + 3^{-1} = (-3) + (-3) = -6$ 等.

设 $(G,\cdot)$ 是群，若存在 $a \in G$，使得 G 中每个元素均为 a 的某个整数方幂，则称 $(G,\cdot)$

为**循环群**(cycle group),a 称为该循环群的生成元.

容易验证,$(\mathbf{Z}_m,+_m)$ 是 m 阶循环群,$(\mathbf{Z},+)$ 是无限循环群.

由群的定义知,群是含有幺元 e 的半群. 在下面讨论群的有关结论时,关键是利用群中任意元素均存在逆元这一结论.

【**定理 9-2**】 设 $(G,\cdot)$ 是群,则 $\cdot$ 满足消去律.

证 对于任意 $a,b,c\in G$,若 $a\cdot b=a\cdot c$,因为 $a\in G$ 有逆元 $a^{-1}\in G$,于是有 $a^{-1}\cdot(a\cdot b)=a^{-1}\cdot(a\cdot c)$,因此 $(a^{-1}\cdot a)\cdot b=(a^{-1}\cdot a)\cdot c, e\cdot b=e\cdot c$,所以 $b=c$. 这样,$\cdot$ 满足左消去律. 同理可证,$\cdot$ 满足右消去律.

9.2.2 子群

一般来说,子群比原来的群要"小". 通过对子群的研究可以洞察原群的一些性质.

【**定义 9-13**】 设 $(G,\cdot)$ 是群,$\varnothing\neq H\subseteq G$,若 H 关于群 G 的运算构成群,则称 $(H,\cdot)$ 是 $(G,\cdot)$ 的**子群**(subgroup),记为 $(H,\cdot)\leqslant(G,\cdot)$,可简记为 $H\leqslant G$.

根据定义容易验证 $(Z,+)\leqslant(R,+)$.

对于任意群 $(G,\cdot)$,设 e 为其单位元,则 $\{e\}$ 和 G 都是 G 的子群,称为 G 的平凡子群.

【**定理 9-3**】 设 $(G,\cdot)$ 是群,$\varnothing\neq H\subseteq G$,则 $H\leqslant G$ 当且仅当下列两个条件同时成立:

(1) $\forall x,y\in H$,有 $x\cdot y\in H$;

(2) $\forall x\in H$,则 x 在 G 中的逆元 $x^{-1}\in H$.

证 必要性显然成立.

为证明充分性,根据子群定义,只需要证明 G 中的单位元 $e\in H$ 即可.

因为 H 非空,必存在 $a\in H$. 由(2)知,$a^{-1}\in H$. 由(1)知,$a\cdot a^{-1}=e\in H$.

【**例 9-14**】 设 $(G,\cdot)$ 是群,令 $Z(G)$ 表示所有与 G 中元素可交换的元素组成的集合,即 $Z(G)=\{x\,|\,x\in G,\forall a\in G: x\cdot a=a\cdot x\}$,则 $Z(G)\leqslant G$,称 $Z(G)$ 为 G 的中心.

证 由于对于任意 $a\in G$ 均有 $e\cdot a=a\cdot e$,所以有 $e\in Z(G)\neq\varnothing$.

(1) $\forall x,y\in Z(G)$,由已知条件可知,对于任意 $a\in G$ 有 $x\cdot a=a\cdot x, y\cdot a=a\cdot y$,于是

$$(x\cdot y)\cdot a=x\cdot(y\cdot a)=x\cdot(a\cdot y)=(x\cdot a)\cdot y=(a\cdot x)\cdot y$$
$$=a\cdot(x\cdot y)$$

所以有 $x\cdot y\in Z(G)$.

(2) $\forall x\in Z(G)$,则对于任意 $a\in G$ 有 $a^{-1}\cdot x=x\cdot a^{-1}$,两边取逆得 $x^{-1}\cdot a=a\cdot x^{-1}$,因此 $x^{-1}\in Z(G)$.

由定理 9-3 知,$Z(G)\leqslant G$.

可以证明**拉格朗日**(Lagrange)**定理**:若 G 是有限群,$H\leqslant G$,则 $|H|\,|\,|G|$.

群的同态与同构是借助于映射来讨论两个群之间的关系,它是研究群的一种重要方法.

9.2.3 群的同态

类似于 9.1 节一般代数结构间的同态映射定义,群的同态映射和同构映射的定义如下.

【**定义 9-14**】 设 $(G_1,*)$ 和 $(G_2,\circ)$ 是群,如果存在 $\varphi:G_1\to G_2$ 且 φ 保持运算,即对于任意 $x_1,x_2\in G_1$,均有 $\varphi(x_1*x_2)=\varphi(x_1)\circ\varphi(x_2)$,则称 φ 为群 $(G_1,*)$ 到群 $(G_2,\circ)$ 的**同态映射**,又称群 $(G_1,*)$ 与群 $(G_2,\circ)$ **同态**. 若 φ 还是双射,则称 φ 为群 $(G_1,*)$ 到群 $(G_2,\circ)$ 的同

构映射,又称群$(G_1,*)$与群$(G_2,\circ)$**同构**,记为$(G_1,*)\cong(G_2,\circ)$.

【例 9-15】 设$(\mathbf{R}^+,\cdot)$是正实数集合关于数的乘法运算构成的群,$(\mathbf{R},+)$是实数集合关于数的加法运算构成的群,证明:群$(\mathbf{R}^+,\cdot)$与群$(\mathbf{R},+)$同态.

证 令$\varphi:\mathbf{R}^+\to\mathbf{R},\varphi(x)=\ln x,\forall x\in\mathbf{R}^+$. 对于任意$x_1,x_2\in\mathbf{R}^+$,因为
$$\varphi(x_1\cdot x_2)=\ln(x_1x_2)=\ln x_1+\ln x_2=\varphi(x_1)+\varphi(x_2)$$
所以,φ是群$(\mathbf{R}^+,\cdot)$到群$(\mathbf{R},+)$的同态映射,故$(\mathbf{R}^+,\cdot)$与$(\mathbf{R},+)$同态.

下面是不同构的两个群的例子.

【例 9-16】 证明:非0实数集合$\mathbf{R}^*$关于乘法运算所构成的群$(\mathbf{R}^*,\cdot)$与实数集合$\mathbf{R}$关于加法运算所构成的群$(\mathbf{R},+)$不同构.

证 假设$(\mathbf{R}^*,\cdot)\cong(\mathbf{R},+)$,则存在同构映射$\varphi$,这时$\varphi(1)=0$.

设$\varphi(-1)=a$,则$a\neq 0$,而$\varphi(1)=\varphi((-1)\cdot(-1))=\varphi(-1)+\varphi(-1)=a+a=2a=0$,于是$a=0$,矛盾.

习题 9.2

1. 令$\mathbf{R}[x]$表示所有系数为实数的关于x的多项式组成的集合,验证$\mathbf{R}[x]$关于多项式的加法运算构成群$(\mathbf{R}[x],+)$.

2. 令$\mathbf{M}_n(\mathbf{R})$表示元素为实数的所有n阶方阵组成的集合,验证$\mathbf{M}_n(\mathbf{R})$关于矩阵的加法运算构成群$(\mathbf{M}_n(\mathbf{R}),+)$,并说明$\mathbf{M}_n(\mathbf{R})$关于矩阵的乘法运算·所构成的代数结构$(\mathbf{M}_n(\mathbf{R}),\cdot)$不能构成群.

3. 设$\mathbf{Z}_m=\{0,1,2,\cdots,m-1\}$,$+_m$是模$m$加法运算,$\cdot_m$是模$m$乘法运算.

   (1) 证明$(\mathbf{Z}_m,+_m)$是群.

   (2) 举例说明一般情况下$(\mathbf{Z}_m-\{0\},\cdot_m)$不是群,并推出$(\mathbf{Z}_m-\{0\},\cdot_m)$是群的充要条件.

4. 在整数集合$\mathbf{Z}$上定义 $*$ 运算如下:
$$\forall x,y\in\mathbf{Z},x*y=x+y-2$$
证明:$(\mathbf{Z},*)$是阿贝尔群.

5. 设S是任意非空集合,G是S到S的所有双射组成的集合,证明:G关于映射的复合运算$\circ$构成群.

6. 设$(G,\cdot)$是群,证明:若对于任意$x\in G$都有$x^2=e$,其中e为G中的单位元,则$(G,\cdot)$是阿贝尔群.

7. 证明:集合X的幂集$P(X)$关于集合的对称差运算$\oplus$构成群$(P(X),\oplus)$.

8. 证明:群$(G,\cdot)$只有单位元是其唯一的幂等元素.

9. 设$(G,\cdot)$是有限群且$|G|$是偶数,证明:G中必存在元素$x\neq e$满足$x\cdot x=e$,其中e为G中的单位元.

10. 设$(G,\cdot)$是有限半群,证明:若·运算满足消去律,则$(G,\cdot)$是群.

11. 设$G=\{f|f:\mathbf{R}\to\mathbf{R},\exists a,b\in\mathbf{R},a\neq 0,f(x)=ax+b\}$,$G$上的运算为映射的复合运算$\circ$,证明:

   (1) $(G,\circ)$是群.

   (2) 设$H=\{f|f\in G,f(x)=x+b\}$,则$H\leqslant G$.

(3) 设 $K=\{f\,|\,f\in G, f(x)=ax\}$，则 $K\leqslant G$.

12. 设 $G=\{(x,y)\,|\,x,y\in \mathbf{R}, x\neq 0\}$，对于任意 $(x_1,y_1)\in G$ 和 $(x_2,y_2)\in G$，定义
$$(x_1,y_1)\cdot(x_2,y_2)=(x_1x_2,x_2y_1+y_2)$$
证明：

(1) $(G,\cdot)$ 不是阿贝尔群.

(2) 令 $H=\{(1,y)\,|\,y\in \mathbf{R}\}$，则 $H\leqslant G$.

13. 令 $\varphi: \mathbf{R}\to \mathbf{R}^*$，$\varphi(x)=\mathrm{e}^x$，证明：$\varphi$ 是 $(\mathbf{R},+)$ 到 $(\mathbf{R}^*,\cdot)$ 的同态映射.

9.3 环 和 域

群是仅有一个二元运算的代数结构，环是有两个二元运算的代数结构. 环理论在计算机科学特别是编码理论的研究中有诸多应用.

9.3.1 环的定义

【定义 9-15】 设 $(R,+,\cdot)$ 是含两个二元运算的代数结构，若以下 3 点都成立，则称 $(R,+,\cdot)$ 是**环**(ring).

(1) $(R,+)$ 是阿贝尔群.

(2) $(R,\cdot)$ 是半群.

(3) $\cdot$ 对 $+$ 可分配.

为了方便，通常将环的第一种运算 $+$ 称为加法，第二种运算 $\cdot$ 称为乘法，同时规定乘法运算较加法运算级别高. 跟以前一样，环的加法和乘法一般不是数的加法和乘法.

下面是几种常见的环的例子.

【例 9-17】 容易验证，关于数的加法和乘法运算，下列代数结构是环.

(1) $(\mathbf{Z},+,\cdot)$（整数环）.

(2) $(\mathbf{R},+,\cdot)$.

【例 9-18】 设 R 是所有 n 阶整数矩阵组成的集合，则 R 对于矩阵的加法运算 $+$ 和矩阵的乘法运算 $\cdot$ 构成环，称为**矩阵环**.

解 (1) $(R,+)$ 是阿贝尔群，其加法幺元为零矩阵 $\mathbf{0}$，任意元素 $A\in R$ 关于加法的逆元为其负矩阵 $-A$.

(2) $(R,\cdot)$ 是半群.

(3) 矩阵乘法运算 $\cdot$ 对加法运算 $+$ 可分配，即对于任意 $A,B,C\in R$ 有
$$A\cdot(B+C)=A\cdot B+A\cdot C$$
$$(B+C)\cdot A=B\cdot A+C\cdot A$$
因此 $(R,+,\cdot)$ 是环.

【例 9-19】 验证，$\mathbf{Z}_n=\{0,1,2,\cdots,n-1\}$ 对于模 n 加法运算 $+_n$ 和模 n 乘法运算 $\cdot_n$ 构成环，称为**模 n 剩余类环**.

【例 9-20】 设实数集合 $\mathbf{R}$ 上关于 x 的多项式组成的集合为 $\mathbf{R}[x]$，则 $\mathbf{R}[x]$ 对于多项式的加法运算 $+$ 和多项式的乘法运算 $\cdot$ 构成环，称为 $\mathbf{R}$ 上的**多项式环**.

9.3.2 几种特殊的环

下面介绍几种特殊的环.

【**定义 9-16**】 设 $(R, +, \cdot)$ 是环,有

(1) 若 R 中的乘法运算 $\cdot$ 可交换,则称 $(R, +, \cdot)$ 是**交换环**.

(2) 若 R 中的乘法运算 $\cdot$ 有幺元,则称 $(R, +, \cdot)$ 是**含幺环**,其乘法幺元记为 1.

(3) 若对于任意 $x \neq 0, y \neq 0$,均有 $x \cdot y \neq 0$,则称 $(R, +, \cdot)$ 是**无零因子环**,其中 0 是环的零元(加法幺元).

(4) 若 $(R, +, \cdot)$ 是含幺、无零因子、交换环,则称 $(R, +, \cdot)$ 为**整环**(integral domain).

(5) 若 $(R, +, \cdot)$ 是含幺环且任意 $a(a \neq 0$ 且 $a \in R)$ 关于乘法运算都有逆元,则称 $(R, +, \cdot)$ 为**除环**.

关于交换环或含幺环的判断是容易的,对于无零因子环有以下说明:

(1) 环的零元是加法幺元.

(2) 对于整数环 $(\mathbf{Z}, +, \cdot)$,因为其零元是 0,对于任意 $x \neq 0, y \neq 0$,均有 $x \cdot y \neq 0$,所以整数环 $(\mathbf{Z}, +, \cdot)$ 是无零因子环.

(3) 若 $x \neq 0, y \neq 0$ 且 $x \cdot y = 0$,则称 x 和 y 是零因子. 含有零因子的环称为**有零因子环**. 例如,对于模 6 剩余类环 $(\mathbf{Z}_6, +_6, \cdot_6)$,其零元为 0,显然 $2 \neq 0, 3 \neq 0$,但 $2 \cdot_6 3 = 0$,所以 2 和 3 是零因子,因此环 $(\mathbf{Z}_6, +_6, \cdot_6)$ 是有零因子环.

【**例 9-21**】 对于 $m > 1$,模 m 剩余类环 $(\mathbf{Z}_m, +_m, \cdot_m)$ 是无零因子环的充要条件是 m 为素数.

证 ($\Rightarrow$) 假设 m 不是素数,则存在正整数 $k, l \in \mathbf{Z}_m$ 使得 $kl = m$,这时 $k \neq 0, l \neq 0$,而 $k \cdot_m l = 0$,所以 $k, l \in \mathbf{Z}_m$ 是零因子,与 $(\mathbf{Z}_m, +_m, \cdot_m)$ 是无零因子环矛盾.

($\Leftarrow$) 若 m 为素数,对于任意 $k, l \in \mathbf{Z}_m$,若 $k \neq 0, l \neq 0$,则 $kl \bmod m \neq 0$,于是 $k \cdot_m l \neq 0$,因此 $(\mathbf{Z}_m, +_m, \cdot_m)$ 是无零因子环.

根据定义,在 $m = 1$ 时,$(\{0\}, +, \cdot)$ 也是无零因子环.

很容易验证,$(\mathbf{Z}, +, \cdot)$ 是整环但不是除环.

下面介绍一个重要的除环的例子——**四元数除环**. 在计算机图形学中,**四元数**(quaternion)可用于讨论四维分形的三维投影.

【**例 9-22**】 设 i, j, k 是 3 个符号,规定 i, j, k 之间的乘法如表 9-7 所示. 称 $a + b\mathrm{i} + c\mathrm{j} + d\mathrm{k}$ 为四元数,其中 a, b, c, d 是实数. 所有四元数组成的集合为 R,对于任意 $a_1 + b_1\mathrm{i} + c_1\mathrm{j} + d_1\mathrm{k} \in R$ 和 $a_2 + b_2\mathrm{i} + c_2\mathrm{j} + d_2\mathrm{k} \in R$,规定其上的加法运算 + 为"合并同类项":

表 9-7

$\cdot$	i	j	k
i	-1	k	$-\mathrm{j}$
j	$-\mathrm{k}$	-1	i
k	j	$-\mathrm{i}$	-1

$$(a_1 + b_1\mathrm{i} + c_1\mathrm{j} + d_1\mathrm{k}) + (a_2 + b_2\mathrm{i} + c_2\mathrm{j} + d_2\mathrm{k})$$
$$= (a_1 + a_2) + (b_1 + b_2)\mathrm{i} + (c_1 + c_2)\mathrm{j} + (d_1 + d_2)\mathrm{k}$$

其上的乘法运算 $\cdot$ 为"利用分配律展开,按表 9-7 的乘法计算,再合并同类项":

$$(a_1 + b_1\mathrm{i} + c_1\mathrm{j} + d_1\mathrm{k}) \cdot (a_2 + b_2\mathrm{i} + c_2\mathrm{j} + d_2\mathrm{k})$$

$$= (a_1a_2 - b_1b_2 - c_1c_2 - d_1d_2) + (a_1b_2 + a_2b_1 + c_1d_2 - d_1c_2)i +$$
$$(a_1c_2 + a_2c_1 + b_2d_1 - b_1d_2)j + (a_1d_2 + a_2d_1 + b_1c_2 - b_2c_1)k$$

则$(R, +, \cdot)$是除环.

证 容易验证$(R, +, \cdot)$是环. 对于任意$0 \neq a + bi + cj + dk \in R$, 其乘法逆元为

$$(a + bi + cj + dk)^{-1} = \frac{1}{a^2 + b^2 + c^2 + d^2}(a - bi - cj - dk)$$

所以$(R, +, \cdot)$是除环. 但应注意到, R关于乘法运算$\cdot$不可交换.

9.3.3 域的定义

【定义9-17】 设$(F, +, \cdot)$是环, 若$(F - \{0\}, \cdot)$是阿贝尔群, 则称$(F, +, \cdot)$是**域** (field).

根据定义知道, 对于域$(F, +, \cdot)$有$|F| \geq 2$.

【例9-23】 验证: $(\mathbf{R}, +, \cdot)$是域, 而整数环$(\mathbf{Z}, +, \cdot)$不是域.

解 因为$(\mathbf{R}, +, \cdot)$是环且$(\mathbf{R} - \{0\}, \cdot)$是阿贝尔群, 所以$(\mathbf{R}, +, \cdot)$是域.

虽然$(\mathbf{Z}, +, \cdot)$是环, 但$(\mathbf{Z} - \{0\}, +, \cdot)$不是群, 因为$\mathbf{Z}$中除1和$-1$外, 其余元素关于乘法运算在$\mathbf{Z}$中都没有逆元.

实际上, 常见的3种数域分别为有理数域$(\mathbf{Q}, +, \cdot)$、实数域$(\mathbf{R}, +, \cdot)$、复数域$(\mathbf{C}, +, \cdot)$.

【例9-24】 设$F = \{a + b\sqrt{3} | a, b \in \mathbf{Q}\}$, 则$F$关于数的加法$+$和矩阵乘法$\cdot$构成域.

证 容易验证$(F, +, \cdot)$是环. 对于任意$0 \neq a + b\sqrt{3} \in F$; 若$a - b\sqrt{3} \neq 0$, 则$1/(a + b\sqrt{3}) = a/(a^2 - 3b^2) - b\sqrt{3}/(a^2 - 3b^2) \in F$; 若$a - b\sqrt{3} = 0$, 则$a = b\sqrt{3} \neq 0$, 这时$1/(a + b\sqrt{3}) = \sqrt{3}/6b \in F$. 于是$a + b\sqrt{3} \neq 0$均有逆元, 因此$(F - \{0\}, \cdot)$是阿贝尔群, 进而$(F, +, \cdot)$是域.

由于$(\mathbf{R}, +, \cdot)$是整环, 由例9-23可进一步证明下例.

【例9-25】 证明: 域是整环, 但整环不一定是域.

证 对于域$(F, +, \cdot)$, 显然它是含幺交换环. 对于任意$0 \neq x, y \in F$, 若$x \cdot y = 0$, 因为x^{-1}存在, 于是$x^{-1} \cdot (x \cdot y) = x^{-1} \cdot 0$, 因此$y = 0$, 与$y \neq 0$矛盾, 因此$(F, +, \cdot)$是无零因子环. 所以域$(F, +, \cdot)$是整环.

显然$(\mathbf{Z}, +, \cdot)$是整环但不是域.

下面证明以下定理.

【定理9-4】 阶≥ 2的有限整环是域.

证 设$(F, +, \cdot)$是有限整环, 只需证明$(F - \{0\}, \cdot)$是群即可. 对于任意$a \in F - \{0\}$, 令$aF = \{a \cdot x | x \in F\}$, 构造映射

$$f: F \to aF, f(x) = a \cdot x, \forall x \in F$$

(1) 若$f(x_1) = f(x_2)$, 即$a \cdot x_1 = a \cdot x_2$, 由于$a \neq 0$, 于是$x_1 = x_2$, 所以$f$是单射.

(2) 对于任意$y \in aF$, 存在$x \in F$使得$y = a \cdot x$, 于是$f(x) = y$, 即f是满射.

因为F有限且$aF \subseteq F$, 所以$F = aF$. 由于$1 \in F = aF$, 必存在$b \in F$使得$a \cdot b = 1$, 于是b是a关于乘法运算的逆元.

故$(F,+,\cdot)$是域.

9.3.4 有限域

有限域(finite field)称为伽罗瓦域,有 q 个元素的伽罗瓦域记为 $GF(q)$.

有限域理论在计算机密码学中有着非常重要的应用,特别是研究公钥密码学中的大素数测试算法和椭圆曲线密码体制(elliptic curve cryptography).

【例 9-26】 验证:环$(\mathbf{Z}_5,+_5,\cdot_5)$是域,但环$(\mathbf{Z}_6,+_6,\cdot_6)$不是域.

解 因为$(\mathbf{Z}_5,+_5,\cdot_5)$是交换环,只需要验证$(\mathbf{Z}_5-\{0\},\cdot_5)$是群即可.由于 $1 \cdot_5 1=1$, $2 \cdot_5 3=1, 4 \cdot_5 4=1$,于是对于乘法运算来说有 $1^{-1}=1, 2^{-1}=3, 3^{-1}=2, 4^{-1}=4$.

对于环$(\mathbf{Z}_6,+_6,\cdot_6)$,因为 $2\cdot_6 3=0$, 2 和 3 是零因子,所以$(\mathbf{Z}_6,+_6,\cdot_6)$不是整环,进而不是域.

可以证明以下定理.

【定理 9-5】 环$(\mathbf{Z}_m,+_m,\cdot_m)$是域当且仅当 m 是素数.

证 ($\Rightarrow$)若 m 不是素数,即存在 $1<k,l<m$ 使得 $m=kl$,这时 $0\neq k,l\in \mathbf{Z}_m$ 且 $k\cdot_m l=0$,k 和 l 是零因子,与已知$(\mathbf{Z}_m,+_m,\cdot_m)$是域矛盾.

($\Leftarrow$)设 m 是素数,对于任意 $0\neq x\in \mathbf{Z}_m$,则 x 与 m 互素,即存在整数 p,q 使得 $px+qm=1$,这时$(px+qm) \bmod m=1$,于是$(p \bmod m)\cdot_m x=1$,因此 x 关于乘法运算的逆元为 $p \bmod m \in \mathbf{Z}_m$.

下面将不加证明地给出几个关于有限域的结论,先给出域的同态与同构的定义.

【定义 9-18】 设$(F_1,+,\cdot)$和$(F_2,\oplus,\odot)$是域,若 $\varphi: F_1\to F_2$ 且 φ 分别保持域的加法运算和乘法运算,即

$$\varphi(x_1+x_2)=\varphi(x_1)\oplus\varphi(x_2)$$
$$\varphi(x_1\cdot x_2)=\varphi(x_1)\odot\varphi(x_2)$$

则称 φ 为$(F_1,+,\cdot)$到$(F_2,\oplus,\odot)$的**域同态映射**. 若 φ 是双射且 φ 是域同态映射,则称 φ 为$(F_1,+,\cdot)$到$(F_2,\oplus,\odot)$的**域同构映射**,又称域$(F_1,+,\cdot)$与$(F_2,\oplus,\odot)$**同构**,记为$(F_1,+,\cdot)\cong(F_2,\oplus,\odot)$.

【定理 9-6】 下面的结论成立:

(1) 设$(F,+,\cdot)$是有限域,则存在素数 p 和正整数 n 使得 $|F|=p^n$.

(2) 对于任意素数 p 和正整数 n,存在 p^n 个元素的有限域.

(3) 元素个数相同的有限域是同构的.

习题 9.3

1. 验证整数集合 $\mathbf{Z}$ 关于数的加法运算 $+$ 和乘法运算 $\cdot$ 构成环.

2. 设 $R=\left\{\begin{bmatrix} a & b \\ c & d \end{bmatrix}\bigg| a,b,c,d\in \mathbf{Z}\right\}$,证明:$R$ 关于矩阵的加法运算 $+$ 和乘法运算 $\cdot$ 构成环.

3. 设 $R=\{a+b\sqrt{3}|a,b\in \mathbf{Z}\}$,证明:$R$ 关于数的加法运算 $+$ 和乘法运算 $\cdot$ 构成环.

4. 设 R 是区间$(-\infty,+\infty)$上的所有连续函数组成的集合,对于任意 $f,g\in R$,定义

$$(f+g)(x)=f(x)+g(x), (f\circ g)(x)=f(g(x)), \forall x\in(-\infty,+\infty)$$

判断$(R,+,\circ)$是否能构成环.

5. 设X是集合,$P(X)$是X的幂集,证明:$P(X)$关于集合的对称差运算$\oplus$和交运算$\cap$构成环$(P(X),\oplus,\cap)$.

6. 证明:$(\mathbf{R}[x],+,\cdot)$是整环,但不是除环.

7. 证明:乘法运算可交换的除环是整环.

8. 设$R=\{a+bi|a,b\in\mathbf{Q}\}$,证明:$R$关于数的加法运算$+$和乘法运算$\cdot$构成除环(该环称为**高斯数环**).

9. 设$R=\mathbf{Z}\times\mathbf{Z}$,定义$R$上的加法运算$+$和乘法运算$\cdot$如下:对于任意$(x_1,y_1)\in R$,$(x_2,y_2)\in R$,

$$(x_1,y_1)+(x_2,y_2)=(x_1+x_2,y_1+y_2)$$
$$(x_1,y_1)\cdot(x_2,y_2)=(x_1\cdot x_2,y_1\cdot y_2)$$

证明$(R,+,\cdot)$是环,并求出该环的所有零因子.

10. 设$(R,+,\cdot)$是含幺交换环,$x\notin R$是未定元,对于任意$r\in R$,$x\cdot r=r\cdot x$.令$R[x]=\{f(x)|f(x)=a_0+a_1x+a_2x^2+\cdots+a_nx^n,a_i\in R,i=0,1,2,\cdots,n\in\mathbf{N}\}$,证明:$R[x]$关于多项式的加法运算$+$和乘法运算$\cdot$构成环(称$(R[x],+,\cdot)$为**环$R$上的关于$x$的一元多项式环**).

11. 设$(R,+,\cdot)$是环,若R的乘法运算$\cdot$满足幂等性,即对于任意$x\in R$,有$x\cdot x=x$,则称$(R,+,\cdot)$是**布尔环**.证明:

(1) 对于任意$x\in R$,有$x+x=0$.

(2) 布尔环是交换环.

(3) 若$|R|>2$,则$(R,+,\cdot)$不是整环.

12. 设$(R,+,\cdot)$是环,$A=R^R$,定义A上的运算分别为函数的加法与乘法,即:对于任意$f,g\in A$,$(f+g)(x)=f(x)+g(x)$,$(f\cdot g)(x)=f(x)\cdot g(x)$,$\forall x\in R$.证明:$(A,+,\cdot)$是环.

13. 设$(R,+,\cdot)$是含幺元1的环,对于任意$x,y\in R$,定义

$$x\oplus y=x+y+1,\quad x\odot y=x\cdot y+x+y$$

证明:

(1) $(R,\oplus,\odot)$是含幺环.

(2) 令$\varphi(x)=x-1$,则φ是环$(R,+,\cdot)$到环$(R,\oplus,\odot)$的同构映射.

14. 验证:高斯数环$(R,+,\cdot)$是域,其中$R=\{a+bi|a,b\in\mathbf{Q}\}$.

15. 构造一个3阶域$(F,+,\cdot)$的运算表.

16. 设$(\mathbf{C},+,\cdot)$是复数域,令$\varphi:\mathbf{C}\to\mathbf{C}$,$\varphi(a+bi)=a-bi$,其中$i^2=-1$,证明:$\varphi$是$(\mathbf{C},+,\cdot)$的自同构映射.

9.4 格与布尔代数

格论是戴德金(R. Dedekind)在研究交换环及其理想时提出的,它是一种重要的代数结构.格论是计算机语言的指称语义的理论基础,在计算机应用逻辑研究中有着重要作用.

布尔代数是英国数学家布尔在1847年左右对逻辑思维法则进行研究时提出的,后来很

多数学家,特别是亨廷顿(E. V. Hungtington)和斯通(E. H. Stone),对布尔代数进行了一般化研究. 1938 年,香农(C. E. Shannon)发表的 *A Symbolic Analysis of Relay and Switching Circuits* 论文为布尔代数在工艺技术中的应用开了先河,自此以后,布尔代数在自动推理和逻辑电路设计的分析和优化等问题的讨论中都有最直接的应用,作为计算机设计基础的数字逻辑就是布尔代数.

本节先介绍格,在此基础上引入分配格和有补格,而把布尔代数作为一种特殊的格加以讨论. 格和布尔代数都是按"序结构"进行的讨论,它们本质上也是代数结构.

9.4.1 格的定义和性质

设$(L, \leqslant)$是偏序集,$\leqslant$是 L 上的偏序. 一般来说,L 中的两个元素的上确界及下确界不一定存在. 例如,在如图 9-1 所示的偏序集中,$\{c,b\}$无上确界,$\{a,d\}$无下确界.

【定义 9-19】 设$(L, \leqslant)$是偏序集$(L \neq \varnothing)$,若 L 中任意两个元素都存在上确界以及下确界,则称$(L, \leqslant)$是**格**(lattice). 为了方便,这样的格可称为**偏序格**.

根据定义 9-19 知,图 9-2 和图 9-3 所示的偏序集都是格.

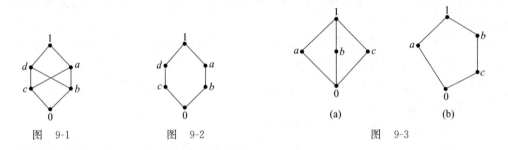

图 9-1　　　　图 9-2　　　　图 9-3

图 9-3(a)所示的格称为**钻石格**,图 9-3(b)所示的格称为**五角格**.

【例 9-27】 证明:$(P(X), \subseteq)$是格,其中 $P(X)$是集合 X 的幂集.

证 显然,$(P(X), \subseteq)$是偏序集. 对于任意 $A,B \in P(X)$,就集合包含关系来说,有 $\sup\{A,B\} = A \cup B \in P(X)$,$\inf\{A,B\} = A \cap B \in P(X)$,所以$(P(X), \subseteq)$是格.

图 9-4(a)~(c)分别是 $X=\{a\}$,$X=\{a,b\}$,$X=\{a,b,c\}$时格$(P(X), \subseteq)$的哈斯图.

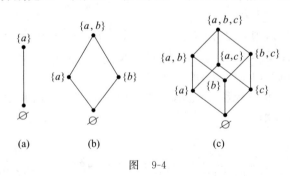

图 9-4

类似地,所有 A 到 B 的关系构成的集合 $\mathscr{R}$ 关于包含关系$\subseteq$构成格$(\mathscr{R}, \subseteq)$.

【例 9-28】 证明:$(D_n, |)$是格,其中 D_n 是自然数 n 的正因数组成的集合,$|$ 是其上的整除关系.

证 显然,$(D_n,|)$是偏序集.根据整除关系的定义知,对于任意$x,y\in D_n$有
$$\sup\{x,y\} = \mathrm{LCM}(x,y) = [x,y] \in D_n, \inf\{x,y\} = \mathrm{GCD}(x,y) = (x,y) \in D_n$$
所以,$(D_n,|)$是格.

图 9-5(a)~(c)分别是$n=8,n=6,n=30$时格$(D_n,|)$的哈斯图.

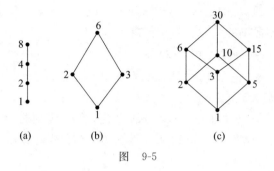

图 9-5

【**例 9-29**】 令F是所有合式公式(WFF)组成的集合,$\Rightarrow$是公式间的逻辑蕴涵关系,则$(F,\Rightarrow)$是格.

证 显然,$(F,\Rightarrow)$是偏序集.就逻辑蕴涵关系$\Rightarrow$来说,对于任意$A,B\in F$,

(1) 因为$A\Rightarrow A\vee B,B\Rightarrow A\vee B$,所以$A\vee B$是$\{A,B\}$的上界.如果$A\Rightarrow C,B\Rightarrow C$,那么$A\vee B\Rightarrow C$,所以$\sup\{A,B\}=A\vee B\in F$.

(2) 因为$A\wedge B\Rightarrow A,A\wedge B\Rightarrow B$,所以$A\wedge B$是$\{A,B\}$的下界.如果$C\Rightarrow A,C\Rightarrow B$,那么$C\Rightarrow A\wedge B$,所以$\inf\{A,B\}=A\wedge B\in F$.

由(1)和(2)知,$(F,\Rightarrow)$是格.

设$(L,\leqslant)$是格,对于任意$x,y\in L$,$\{x,y\}$的上确界$\sup\{x,y\}\in L$存在且$\{x,y\}$的下确界$\inf\{x,y\}\in L$存在,这时$\sup\{x,y\}$和$\inf\{x,y\}$还是唯一的,因此可以定义格上的求上确界运算＋和求下确界运算•.

【**定义 9-20**】 设$(L,\leqslant)$是格,对于任意$x,y\in L$,分别定义格上的**求上确界运算＋**和**求下确界运算•**为
$$x+y = \sup\{x,y\}$$
$$x\cdot y = \inf\{x,y\}$$

例如,在格$(P(X),\subseteq)$中,对于任意$A,B\in P(X)$有
$$A+B = A\cup B,\quad A\cdot B = A\cap B$$
在例 9-29 中的格$(F,\Rightarrow)$中,对于任意$A,B\in F$有
$$A+B = A\vee B,\quad A\cdot B = A\wedge B$$

显然,格$(L,\leqslant)$上的求上确界运算＋和求下确界运算•是L上的代数运算.

格上的＋是求上确界运算,可以看作格的加法运算,读作"加";同样,格上的•是求下确界运算,可以看作格的乘法运算,读作"乘".

这种表示格的求上(下)确界运算的符号＋(•)与通常所采用的运算符号$\vee$($\wedge$)不尽一致,这样做是为了与后面讨论的布尔代数所采用的运算符号一致.通过本章的学习,使用符号＋和•不会引起任何混淆,且便于读写.

由于"上确界$\leqslant$上界"以及"下界$\leqslant$下确界",根据定义 9-20 易知有以下定理.

【**定理 9-7**】 设 $(L,\leqslant)$ 是格，则对于任意 $x,y\in L$，有

(1) $x\leqslant x+y, y\leqslant x+y$.

(2) $x\cdot y\leqslant x, x\cdot y\leqslant y$.

为了方便讨论格的其他性质，先介绍格的对偶原理，它是格的重要性质之一.

设 $(L,\leqslant)$ 是格，$\geqslant$ 是 $\leqslant$ 的逆关系，即 $y\geqslant x\Leftrightarrow x\leqslant y$. 显然，$(L,\geqslant)$ 是格，且 $(L,\leqslant)$ 与 $(L,\geqslant)$ 的哈斯图是互相颠倒的. 于是，对于任意 $x,y\in L$，有

$$\sup_{(L,\leqslant)}\{x,y\}=\inf_{(L,\geqslant)}\{x,y\}, \quad \inf_{(L,\leqslant)}\{x,y\}=\sup_{(L,\geqslant)}\{x,y\}$$

若 L 关于 $\leqslant$ 存在最大元素，记为 1，则 $(L,\geqslant)$ 存在最小元素，记为 0；若 L 关于 $\leqslant$ 存在最小元素 0，则 $(L,\geqslant)$ 存在最大元素 1.

【**定义 9-21**】 对于任意关于格 $(L,\leqslant)$ 的命题，将命题前提和结论中的 $\leqslant$ 改为 $\geqslant$，将 $+$ 改为 $\cdot$，将 $\cdot$ 改为 $+$，将 0 改为 1，将 1 改为 0，这样得到的命题称为原命题的**对偶命题**.

显然有下面的定理.

【**定理 9-8**】 对于任意关于格 $(L,\leqslant)$ 的真命题，其对偶命题亦为真.

例如，在定理 9-7 中，由 $x\leqslant x+y$ 可得出 $x\geqslant x\cdot y$，即 $x\cdot y\leqslant x$. 由 $y\leqslant x+y$ 可得出 $y\geqslant x\cdot y$，即 $x\cdot y\leqslant y$.

在格的性质中，有很多都是成对出现的. 在定理 9-9 的证明中，注意"上确界$\leqslant$上界"以及"下界$\leqslant$下确界"技巧的充分利用.

【**定理 9-9**】 设 $(L,\leqslant)$ 是格，对于任意 $x_1,x_2,y_1,y_2\in L$，若 $x_1\leqslant y_1$ 且 $x_2\leqslant y_2$，则 $x_1+x_2\leqslant y_1+y_2$ 且 $x_1\cdot x_2\leqslant y_1\cdot y_2$.

证 根据定理 9-7 有 $y_1\leqslant y_1+y_2$ 及 $y_2\leqslant y_1+y_2$，由已知条件 $x_1\leqslant y_1$ 且 $x_2\leqslant y_2$ 以及符号 $\leqslant$ 的传递性知

$$x_1\leqslant y_1+y_2 \quad 且 \quad x_2\leqslant y_1+y_2$$

于是 y_1+y_2 是 $\{x_1,x_2\}$ 的上界，而 x_1+x_2 是 $\{x_1,x_2\}$ 的上确界，根据"上确界$\leqslant$上界"知 $x_1+x_2\leqslant y_1+y_2$.

同理可证 $x_1\cdot x_2\leqslant y_1\cdot y_2$.

事实上，"若 $x_1\leqslant y_1$ 且 $x_2\leqslant y_2$，则 $x_1+x_2\leqslant y_1+y_2$"的对偶命题是"若 $x_1\geqslant y_1$ 且 $x_2\geqslant y_2$，则 $x_1\cdot x_2\geqslant y_1\cdot y_2$"，即"若 $x_1\leqslant y_1$ 且 $x_2\leqslant y_2$，则 $x_1\cdot x_2\leqslant y_1\cdot y_2$".

定理 9-9 所述性质称为格的**保序性**. 在格 $(L,\leqslant)$ 中，对于任意 $x\in L$，由于 $x+x=\sup\{x,x\}=x$ 及 $x\cdot x=\inf\{x,x\}=x$，所以格的加法运算 $+$ 和格的乘法运算 $\cdot$ 具有幂等性.

设 $(L,\leqslant)$ 是格，对于任意 $x\in L$，有 $x+x=x$ 及 $x\cdot x=x$.

下面的定理是格的**特征性质**.

【**定理 9-10**】 设 $(L,\leqslant)$ 是格，对于任意 $x,y,z\in L$ 有如下性质.

(1) **交换性**：$x+y=y+x, x\cdot y=y\cdot x$.

(2) **结合性**：$(x+y)+z=x+(y+z), (x\cdot y)\cdot z=x\cdot(y\cdot z)$.

(3) **吸收性**：$x+(x\cdot y)=x, x\cdot(x+y)=x$.

证 (1) 显然.

(2) 由于 $x\leqslant x+(y+z), y\leqslant y+z\leqslant x+(y+z)$，于是 $x+y\leqslant x+(y+z)$. 又因为 $z\leqslant$

$y+z \leqslant x+(y+z)$,因此$(x+y)+z \leqslant x+(y+z)$.

同样可得 $x+(y+z) \leqslant (x+y)+z$. 所以$(x+y)+z=x+(y+z)$.

利用对偶原理,有$(x \cdot y) \cdot z = x \cdot (y \cdot z)$.

(3) 因为$x \leqslant x$且$x \cdot y \leqslant x$,所以$x+(x \cdot y) \leqslant x$. 而显然$x \leqslant x+(x \cdot y)$,因此$x+(x \cdot y)=x$.

利用对偶原理,有 $x \cdot (x+y)=x$.

正因为如此,将具有两个二元运算且满足定理 9-10 的性质(1)、(2)和(3)的代数结构$(L,+,\cdot)$称为格,这样定义的格称为**代数格**. 可以证明偏序格和代数格本质相同.

设$(L,+,\cdot)$是格,$\varnothing \neq M \subseteq L$,若$(M,+,\cdot)$是格,则称$(M,+,\cdot)$是$(L,+,\cdot)$的**子格**(sublattice). 实际上,只要M关于$+$和$\cdot$封闭,则M是L的子格. 对于两个格$(L_1,+_1,\cdot_1)$和$(L_2,+_2,\cdot_2)$,可类似考虑它们的同态与同构.

保序映射是序结构中的重要概念.

【**定义 9-22**】 设$(L_1, \leqslant_1)$和$(L_2, \leqslant_2)$是格,存在$\varphi: L_1 \to L_2$,对于任意$x_1,x_2 \in L_1$,若$x_1 \leqslant_1 x_2$,有$\varphi(x_1) \leqslant_2 \varphi(x_2)$,则称$\varphi$为格$(L_1, \leqslant_1)$到格$(L_2, \leqslant_2)$的**保序映射**.

保序映射可以进一步推广到一般的关系R上考虑.

【**例 9-30**】 设$(S, \leqslant)$是格,其哈斯图如图 9-3(b)所示. 令$\varphi: S \to P(S)$,
$$\varphi(x) = \{y \mid y \in L, y \leqslant x\}$$
则φ是格$(S, \leqslant)$到格$(P(S), \subseteq)$的保序映射.

证 根据φ的定义有$\varphi(1)=S$,$\varphi(a)=\{0,a\}$,$\varphi(b)=\{0,b,c\}$,$\varphi(c)=\{0,c\}$,$\varphi(0)=\{0\}$. 显然,当$x_1 \leqslant x_2$时,有$\varphi(x_1) \subseteq \varphi(x_2)$,所以$\varphi$为格$(S, \leqslant)$到格$(P(S), \subseteq)$的保序映射.

9.4.2 分配格

以下例子表明,格不满足分配性.

【**例 9-31**】 举例说明在格$(L, \leqslant)$中,格的乘法运算$\cdot$和格的加法运算$+$相互不一定可分配.

解 在图 9-3(a)中,因为$a \cdot (b+c)=a \cdot 1=a$,而$(a \cdot b)+(a \cdot c)=0+0=0$,所以$a \cdot (b+c) \neq (a \cdot b)+(a \cdot c)$,即格的乘法运算$\cdot$对格的加法运算$+$不可分配.

同样,由于$a+(b \cdot c)=a+0=a$,而$(a+b) \cdot (a+c)=1 \cdot 1=1$,所以$a+(b \cdot c) \neq (a+b) \cdot (a+c)$,即格的加法运算$+$对格的乘法运算$\cdot$不可分配.

【**定义 9-23**】 设$(L, \leqslant)$是格,若格的乘法运算$\cdot$对格的加法运算$+$可分配(或格的加法运算$+$对格的乘法运算$\cdot$可分配),则称$(L, \leqslant)$为**分配格**(distributive lattice).

【**例 9-32**】 证明:$(P(X), \subseteq)$是分配格.

证 由于格$(P(X), \subseteq)$诱导的代数结构为$(P(X), \cup, \cap)$,对于任意$A,B,C \in P(X)$,显然有
$$A \cap (B \cup C) = (A \cap B) \cup (A \cap C)$$
所以$(P(X), \subseteq)$是分配格.

事实上,$(F, \Rightarrow)$也是分配格,其中F是所有合式公式组成的集合,$\Rightarrow$是公式间的逻辑蕴涵关系.

由例 9-32 知,钻石格不是分配格. 实际上,五角格也不是分配格. 钻石格和五角格是两个非常重要的非分配格的例子. 很容易证明下述两个定理.

【定理 9-11】 （1）小于 5 个元素的格为分配格.

（2）任意链是分配格.

【定理 9-12】 设 $(L,\leqslant)$ 是格,则 L 是分配格的充要条件是：对于任意 $x,y,z\in L$,由 $x+y=x+z$ 和 $x\cdot y=x\cdot z$ 可以推出 $y=z$.

9.4.3 有补格

一般来说,格 L 不一定存在最大元与最小元. 例如,实数集 $\mathbf{R}$ 关于数的小于或等于关系 $\leqslant$ 所作成的格 $(\mathbf{R},\leqslant)$ 没有最大元和最小元.

【定义 9-24】 设 $(L,\leqslant)$ 是格,若 L 存在最大元以及最小元,则称 $(L,\leqslant)$ 为**有界格**（bounded lattice）.

按偏序集中的约定：有界格的最大元记为 1,最小元记为 0. 根据定义知,在有界格 $(L,\leqslant)$ 中,对任意 $x\in L$,有 $0\leqslant x\leqslant 1$,进而有 $x+1=1,x\cdot 1=x,x+0=x,x\cdot 0=0$,于是有界格 L 关于 $\cdot$ 运算有乘法幺元 1,关于 $+$ 运算有加法幺元 0.

【例 9-33】 证明：对任意集合 X,$(P(X),\subseteq)$ 是有界格.

证 由于 $\varnothing,X\in P(X)$,且对于任意 $A\in P(X)$ 均有 $\varnothing\neq A\subseteq X$,所以 $(P(X),\subseteq)$ 的最大元为 X,最小元为 $\varnothing$. 因此 $(P(X),\subseteq)$ 是有界格.

显然,任意有限格是有界格.

【定义 9-25】 设 $(L,+,\cdot)$ 是有界格,$x\in L$,若存在 $y\in L$,使得 $x+y=1$ 且 $x\cdot y=0$,则称 y 为 x 的**补元**（complement）.

显然,在任意有界格中,若 b 为 a 的补元,则 a 为 b 的补元；0 与 1 互为补元. 但对于有界格,不是每个元素均有补元,同时一个元素的补元未必唯一.

【例 9-34】 对于哈斯图如图 9-6 所示的格,讨论每个元素的补元.

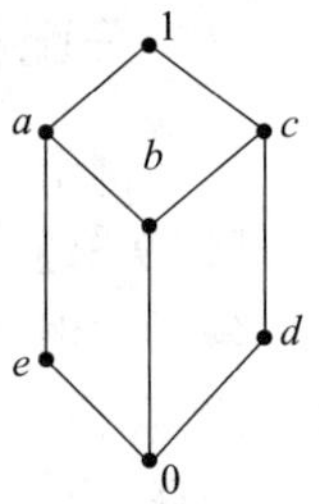

解 0 与 1 互为补元. a 的补元为 d. b 的补元不存在. c 的补元为 e. d 的补元为 a 和 e. e 的补元为 c 和 d.

【定义 9-26】 设 $(L,+,\cdot)$ 是有界格,若 L 中每个元素都有补元,则称 $(L,+,\cdot)$ 为**有补格**（lattice complemented）.

图 9-6

【例 9-35】 证明：对任意集合 X,$(P(X),\subseteq)$ 是有补格.

证 因为 $(P(X),\subseteq)$ 是有界格,而对于任意 $A\in P(X)$,取 $X-A\in P(X)$,由于 $A\cup(X-A)=X$ 且 $A\cap(X-A)=\varnothing$,所以 $A\in P(X)$ 有补元,因此 $(P(X),\subseteq)$ 是有补格.

同样,$(F,\Rightarrow)$ 也是有补格,其中 F 是所有合式公式组成的集合,$\Rightarrow$ 是公式间的逻辑蕴涵关系.

【定理 9-13】 在分配格中,若一个元素存在补元,则补元是唯一的.

证 设 $(L,\leqslant)$ 是有界分配格,$a\in L$,b 和 c 是 a 的补元,则
$$a+b=1,a\cdot b=0$$
$$a+c=1,a\cdot c=0$$
于是 $a+b=a+c,a\cdot b=a\cdot c$,由分配格的性质知 $b=c$.

根据定理 9-13 知,在有补分配格中,每个元素都有唯一的补元. 正因为如此,在有补分配格中可以定义一个元素的补运算 $\overline{}$,它是其上的一元代数运算. 显然,在有补分配格中 $\overline{0}=1,\overline{1}=0$,且对于任意 $x\in L$ 有 $\overline{\overline{x}}=x$.

下面的定理是有补分配格的重要性质.

【定理 9-14】 设$(L, \leqslant)$是有补分配格，则德·摩根律成立，即对于任意$x, y \in L$，有

(1) $\overline{x+y} = \bar{x} \cdot \bar{y}$.

(2) $\overline{x \cdot y} = \bar{x} + \bar{y}$.

证 (1) 由于

$$(x+y) + (\bar{x} \cdot \bar{y}) = ((x+y) + \bar{x}) \cdot ((x+y) + \bar{y})$$
$$= ((x + \bar{x}) + y) \cdot (x + (\bar{y} + y))$$
$$= (1 + y) \cdot (x + 1) = 1 \cdot 1 = 1$$

并且

$$(x+y) \cdot (\bar{x} \cdot \bar{y}) = (x \cdot (\bar{x} \cdot \bar{y})) + (y \cdot (\bar{x} \cdot \bar{y}))$$
$$= ((x \cdot \bar{x}) \cdot \bar{y}) + (\bar{x} \cdot (\bar{y} \cdot y))$$
$$= (0 \cdot \bar{y}) + (\bar{x} \cdot 0) = 0 + 0 = 0$$

所以$\overline{x+y} = \bar{x} \cdot \bar{y}$.

(2) 与(1)的证明类似.

9.4.4 布尔代数

【定义 9-27】 元素个数大于或等于2的有补分配格$(B, \leqslant)$称为**布尔代数**（Boolean algebra）或**布尔格**.

如图9-7所示是偏序集与各种格之间的关系.

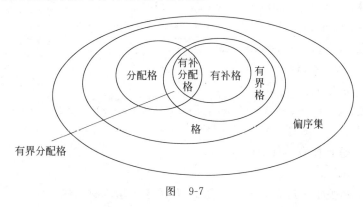

图 9-7

仅有1个元素的有补分配格是布尔代数的退化情形，一般不作为布尔代数考虑，可参见布尔代数的公理化定义.

显然，在任何布尔代数或布尔格中有两个特殊元素，一个是其最小元0，另一个是其最大元1. 当然$0 \neq 1$.

由前面的讨论知，在任意布尔代数$(B, \leqslant)$中可以定义3种代数运算：对于任意$x, y \in B$，有

(1) 布尔加$+$：$x + y = \sup\{x, y\}$.

(2) 布尔乘$\cdot$：$x \cdot y = \inf\{x, y\}$.

(3) 布尔补$^-$：$\bar{x}$.

【例 9-36】 设$|X| \geqslant 1$，证明$(P(X), \subseteq)$是布尔代数，称$(P(X), \subseteq)$为**集合代数**.

证 由于$(P(X), \subseteq)$既是有补格又是分配格,在$|X| \geqslant 1$时$(P(X), \subseteq)$是布尔代数.

同理,所有A到B的关系组成的集合$\mathscr{R}$关于包含关系$\subseteq$构成布尔代数$(\mathscr{R}, \subseteq)$,称为**关系代数**.

【**例 9-37**】 证明:$(F, \Rightarrow)$是布尔代数,其中F是所有合式公式组成的集合,$\Rightarrow$是公式间的逻辑蕴涵关系,称$(F, \Rightarrow)$为**逻辑代数**.

证 由于$(F, \Rightarrow)$既是有补格又是分配格,而$0, 1 \in F$,所以$(F, \Rightarrow)$是布尔代数.

特别地,令G是所有命题公式组成的集合,则$(G, \Rightarrow)$称为**命题代数**. 令H是仅含命题变元$p_1, p_2, \cdots, p_n$的所有命题公式组成的集合,则$(H, \Rightarrow)$是布尔代数,这时$|H| = 2^{2^n}$.

由例 9-36 和例 9-37 知,集合代数和逻辑代数都是布尔代数,因此它们有完全相似的性质.

【**定理 9-15**】 设$(B, \leqslant)$是布尔代数,则对于任意$x, y, z \in B$.

因为$(B, \leqslant)$是格,所以有

(1) $x \leqslant x + y = \sup\{x, y\}, y \leqslant x + y = \sup\{x, y\}$,

$x \cdot y = \inf\{x, y\} \leqslant x, x \cdot y = \inf\{x, y\} \leqslant y$.

(2) 对偶原理成立.

(3) **保序性**:对于任意$x_1, x_2, y_1, y_2 \in L$,若$x_1 \leqslant y_1$且$x_2 \leqslant y_2$,则$x_1 + x_2 \leqslant y_1 + y_2$且$x_1 \cdot x_2 \leqslant y_1 \cdot y_2$.

(4) **幂等性**:$x + x = x, x \cdot x = x$.

(5) **交换性**:$x + y = y + x, x \cdot y = y \cdot x$.

(6) **结合性**:$(x + y) + z = x + (y + z), (x \cdot y) \cdot z = x \cdot (y \cdot z)$.

(7) **吸收性**:$x + (x \cdot y) = x, x \cdot (x + y) = x$.

(8) $x \leqslant y \Leftrightarrow x + y = y \Leftrightarrow x \cdot y = x$.

因为$(B, \leqslant)$是分配格,所以有

(9) **分配性**:$x \cdot (y + z) = (x \cdot y) + (x \cdot z), x + (y \cdot z) = (x + y) \cdot (x + z)$.

(10) 若$x + y = x + z$且$x \cdot y = x \cdot z$,则$y = z$.

因为$(B, \leqslant)$是有补格,所以有

(11) $0 \leqslant x \leqslant 1$.

(12) **幺元**:B关于$\cdot$运算有乘法幺元 1,B关于$+$运算有加法幺元 0.

因为$(B, \leqslant)$是有补分配格,所以有

(13) **有补律**:$a + \bar{a} = 1, a \cdot \bar{a} = 0$.

(14) **对合律**:$\bar{\bar{x}} = x$.

(15) **德·摩根律**:$\overline{x + y} = \bar{x} \cdot \bar{y}, \overline{x \cdot y} = \bar{x} + \bar{y}$.

(16) $x \leqslant y \Leftrightarrow x \cdot \bar{y} = 0 \Leftrightarrow \bar{x} + y = 1$.

以下是布尔代数的性质:

(1) **交换律**:$x + y = y + x, x \cdot y = y \cdot x$.

(2) **分配律**:$x \cdot (y + z) = (x \cdot y) + (x \cdot z), x + (y \cdot z) = (x + y) \cdot (x + z)$.

(3) **幺元律**:$x + 0 = x, x \cdot 1 = x$.

(4) **有补律**:$x + \bar{x} = 1, x \cdot \bar{x} = 0$.

正因为这样,亨廷顿将满足上述 4 个性质的代数结构$(B, +, \cdot, ^-, 0, 1)$称为布尔代数,其

中$|B|\geqslant 2$. 注意,布尔代数的上述两种定义本质上相同.

显然,若 X 是无限集,则$(P(X),\subseteq)$是无限布尔代数. $(F,\Rightarrow)$ 也是无限布尔代数,其中 F 是所有合式公式组成的集合,$\Rightarrow$ 是公式间的逻辑蕴涵关系.

若$|X|=n\geqslant 1$,则$|P(X)|=2^n$,$(P(X),\subseteq)$是有限布尔代数.

两个布尔代数同构的定义类似于一般代数结构同构,下面给出**有限布尔代数**(finite Boolean algebra)的结构定理.

【**定理 9-16**】(斯通定理) 设$(B,+,\cdot,^-,0,1)$是有限布尔代数,则存在有限集合 X 使得$(B,+,\cdot,^-,0,1)$与集合代数$(P(X),\bigcup,\bigcap,^-,\varnothing,X)$同构.

由斯通定理有以下两个推论.

推论 1 任意有限布尔代数$(B,+,\cdot,^-,0,1)$的元素个数为 2^n,其中 n 为正整数.

推论 2 在同构意义下,2^n 个元素的有限布尔代数是唯一的,其中 n 为正整数.

习题 9.4

1. 如图 9-8 所示的哈斯图的偏序集是否是格?为什么?

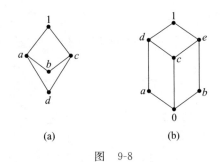

图 9-8

2. 证明:$(\mathbf{Z}^+,|)$是格,其中 $\mathbf{Z}^+$ 是正整数集合,$|$ 是其上的整除关系.

3. 说明 $\mathbf{Z}$ 关于整除关系 $|$ 不是格,但$(\mathbf{Z},\leqslant)$是格,其中 $\leqslant$ 是数的小于或等于关系.

4. 设$(L,\leqslant)$是格,证明:对于任意 $x,y,z\in L$,有$(x\cdot y)\cdot z=x\cdot(y\cdot z)$.

5. 设$(L,\leqslant)$是格,证明:对于任意 $x,y\in L$,有 $x\cdot(x+y)=x$.

6. 设$(L,\leqslant)$是格,证明:对于任意 $x,y,z\in L$,有$(x\cdot y)+(x\cdot z)\leqslant x\cdot(y+z)$.

7. 设$(L,\leqslant)$是格,对于任意 $a,b\in L$,若 $a\leqslant b$ 且 $a\neq b$,则记为 $a<b$. 假设 $a<b$,令 $I=\{x|x\in L,a\leqslant x\leqslant b\}$,证明:$(I,\leqslant)$是格.

8. 证明:五角格不是分配格.

9. 证明:$(F,\Rightarrow)$是分配格,其中 F 是所有合式公式组成的集合,$\Rightarrow$ 是公式间的逻辑蕴涵关系.

10. 证明:任意链是分配格.

11. 说明$(\mathbf{R},\leqslant)$是否是分配格,其中 $\leqslant$ 是实数集 $\mathbf{R}$ 上的小于或等于关系.

12. 证明:钻石格和五角格是有补格(如图 9-9 所示).

13. 证明:元素个数大于或等于 3 的链不是有补格.

14. 证明:$(F,\Rightarrow)$是有补格,其中 F 是所有合式公式组成的集合,$\Rightarrow$ 是公式间的逻辑蕴涵关系.

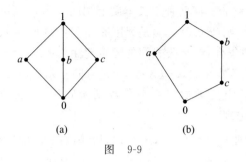

图 9-9

15. 设 n 是正整数,令 D_n 表示 n 的所有正因数组成的集合,对于整除关系 $|$,判断 $(D_n,|)$ 是否有补格,并说明原因.

16. 在布尔代数 $(B,+,\cdot,^-,0,1)$ 中,对于任意 $x,y\in B$,证明:
(1) $x+(\bar{x}\cdot y)=x+y$.
(2) $x\cdot(\bar{x}+y)=x\cdot y$.
(3) $(x\cdot y)+(x\cdot \bar{y})=x$.
(4) $(x+y+z)\cdot(x+y)=x+y$.

17. 设 $(B,+,\cdot,^-,0,1)$ 是布尔代数,对于任意 $x,y,z\in B$,化简下列各式:
(1) $(1\cdot x)+(0\cdot \bar{y})$.
(2) $(x\cdot z)+z+((y+\bar{y})\cdot z)$.
(3) $\overline{x+y}+\overline{x\cdot y}$.
(4) $(\bar{x}\cdot \bar{y}\cdot z)+(x\cdot \bar{y}\cdot z)+(x\cdot \bar{y}\cdot \bar{z})$.

本 章 小 结

1. 代数结构

前面几章分别讨论的是集合代数、关系代数和逻辑代数. 一个集合 A 及 A 上的封闭运算 $f_1,f_2,\cdots,f_k(k\geqslant 1)$ 就构成代数结构 $(A,f_1,f_2,\cdots,f_k)$. 对于特定的代数结构,一般要求其中的运算具有某种性质.

设 $*$ 是非空集合 S 上的二元代数运算,若 $*$ 满足结合律,则 $(S,*)$ 就是半群. 设 $*$ 是非空集合 M 上的二元代数运算,若 $*$ 满足结合律且 M 关于 $*$ 有幺元 e,则 $(M,*,e)$ 就是独异点.

子代数一般比原来的代数结构要"小". 讨论代数结构,一种常用的方法是根据其子代数所具有的性质去推测原代数的性质.

借助于映射可以讨论两个代数结构之间的关系:代数结构的同态与同构,这是讨论代数结构的又一种常用的方法.

要求了解代数结构的定义、子代数和代数结构的同态与同构,理解半群和独异点的定义.

2. 群的定义及性质

设 G 是非空集合,$\cdot$ 是 G 上的二元代数运算,$(G,\cdot)$ 在满足下列 3 个条件时是群.

(1) ·满足结合律：$\forall x,y,z\in G, (x\cdot y)\cdot z=x\cdot(y\cdot z)$.
(2) G 关于·有单位元,通常记为 e：$\forall x\in G, x\cdot e=e\cdot x=x$.
(3) G 中每一个元素在 G 中都有逆元：$\forall x\in G, \exists x^{-1}\in G, x\cdot x^{-1}=x^{-1}\cdot x=e$.

例如,$(\mathbf{R},+)$、$(\mathbf{R}-\{0\},\cdot)$ 是群.

运算可交换的群是交换群或阿贝尔群. 非阿贝尔群的最小阶是 6, 例如 $A=\{1,2,3\}$ 上的所有置换构成的集合 S_3 关于映射的复合运算。构成的群 $(S_3,\circ)$.

设 $(G,\cdot)$ 是群,若存在 $a\in G$,使得 G 中每个元素均为 a 的某整数方幂,则称 $(G,\cdot)$ 为循环群. 以下是很重要的两类循环群：$(\mathbf{Z}_m,+_m)$ 是 m 阶循环群,$(\mathbf{Z},+)$ 是无限循环群.

设 $(G,\cdot)$ 是群,$\varnothing\neq H\subseteq G$,若 H 关于 G 的运算构成群,则称 $(H,\cdot)$ 是 $(G,\cdot)$ 的子群,记为 $H\leqslant G$.

要求掌握群的定义,理解阿贝尔群、循环群和群同态与群同构. 记住以下结论：若 G 是有限群,$H\leqslant G$,则 $|H|\mid|G|$.

3. 环和域

设 $(R,+,\cdot)$ 是含两个二元运算的代数结构,若
(1) $(R,+)$ 是阿贝尔群.
(2) $(R,\cdot)$ 是半群.
(3) ·对＋可分配.
则称 $(R,+,\cdot)$ 是环.

例如,$(\mathbf{Z},+,\cdot)$、$(\mathbf{R},+,\cdot)$、$(\mathbf{Z}_m,+_m,\cdot_m)$ 是环.

要求掌握环的定义,理解交换环、含幺环、无零因子环、整环和除环等概念.

设 $(F,+,\cdot)$ 是环,若 $(F-\{0\},\cdot)$ 是阿贝尔群,则称 $(F,+,\cdot)$ 是域,例如 $(\mathbf{R},+,\cdot)$、$(\mathbf{Z}_p,+_p,\cdot_p)$（其中 p 为素数）是域.

有限域的以下结论成立：
(1) 设 $(F,+,\cdot)$ 是有限域,则存在素数 p 和正整数 n,使得 $|F|=p^n$.
(2) 对于任意素数 p 和正整数 n,存在 p^n 个元素的有限域.
(3) 元素个数相同的有限域是同构的.

要求掌握域的定义,记住有限域的上述 3 个结论.

4. 格与布尔代数

设 $(L,\leqslant)$ 是偏序集,若 L 中任意两个元素都存在上确界以及下确界,则称 $(L,\leqslant)$ 是格. 格 $(L,\leqslant)$ 中的运算满足交换性、结合性和吸收性.

设 $(L,\leqslant)$ 是格,若格中的运算相互可分配,则称格 $(L,\leqslant)$ 为分配格.

设 $(L,+,\cdot)$ 是有界格,若对 L 中每个元素 $a\in L$,存在 $b\in L$,使得 $a+b=1$ 且 $a\cdot b=0$,则称 $(L,+,\cdot)$ 为有补格.

元素个数大于或等于 2 的有补分配格 $(B,\leqslant)$ 称为布尔代数. 例如 $(P(X),\subseteq)$、$(\mathscr{R},\subseteq)$、$(F,\Rightarrow)$ 是布尔代数.

设 $(L,\leqslant)$ 是有补分配格,则德·摩根律成立,即对于任意 $x,y\in L$,有
(1) $\overline{x+y}=\overline{x}\cdot\overline{y}$.
(2) $\overline{x\cdot y}=\overline{x}+\overline{y}$.

斯通定理 设 $(B,+,\cdot,^-,0,1)$ 是有限布尔代数,则存在有限集合 X,使得 $(B,+,\cdot,^-,$

0,1)与集合代数$(P(X), \cup, \cap, -, \varnothing, X)$同构,进而

(1) 任意有限布尔代数$(B, +, \cdot, -, 0, 1)$的元素个数为2^n,其中n为正整数.

(2) 在同构意义下,2^n个元素的有限布尔代数是唯一的,其中n为正整数.

要求掌握格的定义,理解格的运算和运算性质;掌握分配格、有补格和布尔代数的定义,理解格、分配格、有补格、布尔代数的有关性质;记住有限布尔代数的斯通定理及其推论.

附录 A 离散数学常用符号

表 A-1 第 1 章中的离散数学符号

符 号	含 义
U	全集
$x \in A$	x 属于 A
$x \notin A$	x 不属于 A
N	自然数集合，包括 0
Z	整数集合
Z$^+$	正整数集合
Q	有理数集合
R	实数集合
C	复数集合
$|A|$	集合 A 的基数，有限集合的元素个数
$\varnothing$	空集，空关系，空图
$A \subseteq B$	A 是 B 的子集
$A = B$	集合相等
$A \subset B$	A 是 B 的真子集
$P(X), 2^X$	X 的幂集
$(x_1, x_2, \cdots, x_n)$	n-元组
$A_1 \times A_2 \times \cdots \times A_n$	笛卡儿积
$f: A \to B$	映射，函数
$\mathrm{dom} f$	定义域
$\mathrm{ran} f$	值域
$\lceil x \rceil$	天花板函数
$\lfloor x \rfloor, [x]$	地板函数，取整函数
B^A	A 到 B 的所有映射组成的集合
$f(X)$	X 在映射 f 下的像
$f^{-1}(Y)$	Y 在映射 f 下的原像
f^{-1}	逆映射，逆函数，反函数
$f \circ g$	映射 f 和 g 的复合

续表

符 号	含 义
I_A	A 上的恒等映射，A 上的恒等关系
$A\cup B, A+B$	集合 A 与 B 的并
$A\cap B, A\cdot B, AB$	集合 A 与 B 的交
$\overline{A}$	集合 A 的补集
$A-B$	集合 A 与 B 的差
$A\oplus B$	集合 A 与 B 的对称差（环和）
$A\sim B$	A 和 B 对等
$|A|\leqslant|B|$	A 的基数小于或等于 B 的基数
$|A|<|B|$	A 的基数小于 B 的基数
$\aleph_0$	可数集合基数
$\aleph$	实数集合基数

表 A-2　第 2 章中的离散数学符号

符 号	含 义
$A\times B$	A 与 B 的笛卡儿积，A 到 B 的全关系
$xRy, (x,y)\in R, Rxy$	x 与 y 有关系 R
$\mathrm{dom}R$	关系 R 的定义域
$\mathrm{ran}R$	关系 R 的值域
G_R	关系图
M_R	关系矩阵
$R\cup S$	关系 R 与 S 的并
$R\cap S$	关系 R 与 S 的交
$\overline{R}$	关系 R 的补
$R-S$	关系 R 与 S 的差
$R\oplus S$	关系 R 与 S 的对称差（环和）
R^{-1}	逆关系
$R\circ S$	复合关系
R^n	关系的幂运算
$R|_B$	R 在 B 上的限制
$r(R)$	自反闭包
$s(R)$	对称闭包
$t(R)$	传递闭包

续表

符 号	含 义
$[x]_R$	等价类
A/R	商集
$(A, \leqslant)$	偏序集
$\text{lub}(S)$ 或 $\sup(S)$	上确界
$\text{glb}(S)$ 或 $\inf(S)$	下确界

表 A-3 第 3 章中的离散数学符号

符 号	含 义	符 号	含 义
1, T, t	真	$p \xrightarrow{n} q$	条件否定
0, F, f	假	$A = B$	逻辑等值
$\neg p$	非 p	A^*	对偶式
$p \wedge q$	合取	$H_1, H_2, \cdots, H_n \Rightarrow C$	有效推理形式
$p \vee q$	析取	P	P 规则,前提引入规则
$p \oplus q$	异或	T	T 规则,结论引入规则
$p \rightarrow q$	条件,蕴涵	CP	条件证明规则
$p \leftrightarrow q$	双条件,等价	E	逻辑等值式
$p \uparrow q$	与非	I	逻辑蕴含式
$p \downarrow q$	或非		

表 A-4 第 4 章中的离散数学符号

符 号	含 义	符 号	含 义
$\forall$	全称量词	UG	全称量词产生规则
$\exists$	存在量词,特称量词	ES	存在量词消去规则
US	全称量词消去规则	EG	存在量词产生规则

表 A-5 第 5 章中的离散数学符号

符 号	含 义	符 号	含 义
$\mid$	整除关系	$\equiv_m$	模 m 同余关系
D_n	n 的所有正因数组成的集合	$\mathbf{Z}_m = \{0, 1, 2, \cdots, m-1\}$	模 m 同余类
$x(\bmod\ m)$	x 模 m 运算	$+_m$	模 m 加法运算
$\gcd(m, n), (m, n)$	m 和 n 的最大公因数	$\cdot_m$	模 m 乘法运算
$\varphi(n)$	欧拉函数	RSA	RSA 密码算法
$\text{lcm}(m, n), [m, n]$	m 和 n 的最小公倍数		

表 A-6 第 6 章中的离散数学符号

符号	含义	符号	含义
$G=(V,E)$	图	$G[F]$	由 F 导出的子图
$uv, \{u,v\}$	无向边	$G-F$	去掉 F 中的所有边得到的生成子图
$(u,v), <u,v>$	有向边	$G_1 \cup G_2$	图的并
K_n	完全无向图	$G_1 \cap G_2$	图的交
$\overline{G}$	补图	$G_1 - G_2$	图的差
$\deg(v)$	度数	$G_1 \oplus G_2$	图的对称差(环和)
$od(v)$	出度	$G_1 \cong G_2$	图同构
$id(v)$	入度	$d(u,v)$	距离
$\Delta(G)$	最大度	$\mathrm{diam}(G)$	直径
$\delta(G)$	最小度	$w(G)$	连通分支数
$\Delta^+(G)$	最大出度	$\kappa(G)$	点连通度
$\delta^+(G)$	最小出度	$\lambda(G)$	边连通度
$\Delta^-(G)$	最大入度	$A(G), A$	邻接矩阵
$\delta^-(G)$	最小入度	$P(G)$	可达矩阵
$G[W]$	由 W 导出的子图	$M(G)$	关联矩阵
$G-W$	去掉 W 中节点得到的子图		

表 A-7 第 7 章中的离散数学符号

符号	含义	符号	含义
$W(G)$	m 叉树的权	$\chi(G)$	节点着色数
G^*	对偶图	$K_{m,n}$	完全二部图

表 A-8 第 8 章中的离散数学符号

符号	含义	符号	含义
P_n^r 或 $P(n,r)$	n 个元素的 r-排列	U_n^r 或 $U(n,r)$	n 个元素的 r-可重排列
C_n^r 或 $\binom{n}{r}$ 或 $C(n,r)$	n 个元素的 r-组合	F_n^r 或 $F(n,r)$	n 个元素的 r-可重组合
$\odot P_n^r$ 或 $\odot P(n,r)$	n 个元素的 r-圆排列		

表 A-9 第 9 章中的离散数学符号

符号	含义
$(S, f_1, f_2, \cdots, f_k) \leqslant (A, f_1, f_2, \cdots, f_k)$	子代数
$(A, f_1, f_2, \cdots, f_k) \cong (B, g_1, g_2, \cdots, g_k)$	同构
$\|G\|$	群 G 的阶

续表

符　号	含　义
a^n	a 的 n 次幂
$\lvert a \rvert$	元素 a 的阶，元素 a 的周期
S_n	n 次对称群
$(H,\cdot)\leqslant(G,\cdot), H\leqslant G$	子群
$GF(q)$	有限域
$(L,\leqslant)$	偏序格
$x+y$	上确界运算
$x\cdot y$	下确界运算
$(L,+,\cdot)$	代数格
$(B,\leqslant)$	布尔格
$(B,+,\cdot,^{-},0,1)$	布尔代数

附录 B 中英文名词对照表

k 阶常系数线性非齐次递归关系 linear non-homogeneous recurrence relation of order k with constant coefficient
k 阶常系数线性齐次递归关系 linear homogeneous recurrence relation of order k with constant coefficient
k 正则图 k-regular graph
m 叉树 m-ary tree
n 元关系 n-ary relation
n 元组 ordered n-tuple
阿贝尔群 Abelian group
半群 semigroup
彼得森图 Petersen graph
边 edge
边独立集 independent set of edges
边割集 cut-set of edges
边界 boundary
边连通度 edge-connectivity
边着色 edge coloring
边着色数 edge-chromatic number
变换 transformation
并 union
补 complement
补图 complementary graph
不可数集合 uncountable set
布尔表达式 Boolean expression
布尔代数 Boolean algebra
布尔格 Boolean lattice
布尔函数 Boolean function
层 level
差 subtraction
乘法原理 multiplication principle
重言式 tautology
出度 out-degree
初始条件 initial condition
传递闭包 transitive closure
传递性 transitive
粗糙集 rough set

存在量词 existential quantifier
存在量词产生规则 Existential quantifier Generalization
存在量词消去规则 Existential quantifier Specification
代数结构 algebra structure
代数运算 algebraic operation
单射 injection, one-to-one
单位元 identity element
单向连通分支 unilateral connected component
单向连通图 unilateral connected digraph
导出子图 induced subgraph
德·摩根律 De Morgan law
等价 equivalence, if and only if
等价关系 equivalent relation
等价类 equivalent class
笛卡儿积 Cartesian product
地板函数 floor function
递归 recurrence
递归关系 recurrence relation
递推 recurrence
第二数学归纳法 second mathematical induction
第一数学归纳法 first mathematical induction
点割集 cut-set of vertices
点连通度 vertex-connectivity
定位二叉树 positional binary tree
定义域 domain
独异点 monoid
度数 degree
对称闭包 symmetric closure
对称差 symmetric difference
对称群 symmetric group
对称性 symmetric
对等 equivalent to
对合性 involutive property
对偶式 dual formula
对偶图 dual graph
多重边 multiple edges
二部图 bipartite graph

反对称性	antisymmetric	合数	composite number
反函数	invertible function	核	kernel
反自反性	irreflexive	恒等映射	identity function
分配格	distributive lattice	后代	offspring, descendants
分配性	distributive property	后件	consequent
封闭运算	closed operation	弧,有向边	arc, directed edge
否定	negation, not	互素	coprime
父节点	parent	划分	partition
复合关系	composition	环	cycle, ring
复合函数	composition function	环和	ring sum
复合命题	compound statement	回路	circuit
赋权图	weighted graph	基数	cardinality, cardinal number
覆盖	covering	极大平面图	maximal planar graph
高度	height	极大相容类	maximal compatible class
割边	bridge	极大项	maximal term
割点	cut point	极大元	maximal element
个体	individual	极小非平面图	minimal nonplanar graph
个体域	domain of individuals	极小项	minimal term
根树	rooted tree	极小元	minimal element
根子树	rooted subtree	集合	set
公倍数	common multiple	计数	counting
公因数	common divisor	加法原理	addition principle
功能完备联结词集	complete group of connectives	伽罗瓦域	Galois field
孤立点	isolated vertex	简单回路	closed trail
关联	incident	简单图	simple graph
关联矩阵	incidence matrix	交	intersection
关系	relation	交换群	commutative group
关系的定义域	domain of relation	交换性	commutative property
关系的幂运算	power of relation	节点着色	vertex coloring
关系的限制	restriction of relation	节点着色数	chromatic number
关系的值域	range of relation	结合性	Associative property
关系矩阵	matrix of relation	结论	conclusion
关系图	graph of relation	解释	interpretation
轨迹	trail	距离	distance
哈夫曼树	Huffman tree	可达	accessible
哈密顿回路	Hamiltonian cycle	可达矩阵	accessible matrix
哈密顿路径	Hamiltonian path	可满足式	contingency, satisfactable formula
哈密顿图	Hamiltonian graph	可平面图	planar graph
哈斯图	Hasse diagram	可数集合	countable set
哈希函数	Hash function	可重排列	permutation with repetition
函词	function	可重组合	combination with repetition
函数	function	空集	empty set
合取	conjunction, AND	空图	empty graph
合取范式	conjunctive normal form	块	block

拉姆齐问题	Ramsey problem	偏序格	lattice
理想	ideal	偏序集	poset
连通分支	connected component	平凡图	trivial graph
连通图	connected graph	平面图	plane graph
链	chain	前件	antecedent
邻接	adjacent	前束范式	prenex normal form
邻接矩阵	adjacency matrix	前提	antecedent, premise, hypothesis
零图	discrete graph	前缀码	prefix code
零元素	zero element	强连通分支	strongly connected component
路	walk, way	强连通图	strongly connected digraph
路的长度	length of walk	桥	bridge
路径	path	圈	cycle
旅行商问题	Traveling Salesman Problem	全称量词产生规则	universal quantifier generalization
逻辑变量	logical variable	全称量词消去规则	universal quantifier specification
逻辑常量	logical constant	全集	universal set
逻辑等值	logically equal	全序	total order
逻辑联结词	logical connectives	群	group
满射	surjection, onto	容斥原理	inclusion-exclusion principle
矛盾式	contradiction	入度	in-degree
密文	ciphertext	弱连通分支	weakly connected component
密钥	key	弱连通图	weakly connected digraph
幂等性	idempotent property	散列函数	Hash function
幂等元	idempotent element	森林	forest
面	face	商	quotient
面着色	face coloring	商集	quotient set
面着色数	region chromatic number	商群	quotient group
命题	proposition, statement	上界	upper bound
命题变元	proposition variable	上确界	least upper bound
命题公式	proposition formula	深度	depth
模糊集合	fuzzy set	生成函数	generating function
母函数	generating function	生成树	spanning tree
逆关系	converse	生成元	generator
逆函数	invertible function	生成子图	spanning subgraph
逆映射	invertible mapping	树根	root
逆元素	invertible element	树枝	branch
欧拉轨迹	Eulerian trail	双射	bijection, one-to-one correspondence
欧拉函数	Euler function	素数	prime
欧拉回路	Eulerian circuit	特解	special solution
欧拉图	Eulerian graph	特征方程	characteristic equation
排列	permutation	天花板函数	ceiling function
排列计数生成函数	exponential generating function	通解	general solution
匹配	matching	同构	isomorphism
偏序	partial order	同胚	homeomorphism

同态	homomorphism	有效式	valid
同余关系	congruence relation	有效推理形式	valid argument form
图	graph	有序森林	ordered forest
完备匹配	complete matching	有序树	ordered tree
完美匹配	perfect matching	右陪集	right coset
完全二部图	complete bipartite graph	余数	remainder
谓词	predicate	域	field
谓词公式	predicate formula	域的特征	characteristic of field
无限集合	infinite set	元素	element
无限群	infinite group	元素的阶	element order
无向边	edge	原像	inverse image
无向图	undirected graph	原子命题	atom
无向完全图	complete graph	圆排列	circular permutation
吸收性	absorptive property	约束变元	bound variable
析取	disjunction, OR	运算	operation
析取范式	disjunctive normal form	蕴涵	implication, IF…THEN
辖域	scope, domain of variables	真值	truth
下界	lower bound	真值表	truth table
下确界	greatest lower bound	真值指派	assignment
弦	chord	真子集	proper subset
线性序	linear order	整除	divide
相容关系	compatible relation	整环	integral domain
相容类	compatible class	正规子群	normal subgroup
像	image	直径	diameter
消去性	cancellation property	值域	range
悬挂点	pendant vertex	置换	permutation
循环群	cyclic group	置换群	permutation group
幺元	identity element	中国邮递员问题	Chinese postman problem
叶	leaf	主合取范式	major conjunctive form
异或	exclusive or, XOR	主析取范式	major disjunctive form
因数	divisor	子代数	subalgebra
映射	mapping	子格	sublattice
永假式	contradiction	子环	subring
永真式	tautology	子集	subset
有补格	lattice complemented	子节点	child
有界格	bounded lattice	子群	subgroup
有限布尔代数	finite Boolean algebra	子树	subtree
有限集合	finite set	子图	subgraph
有限群	finite group	自反闭包	reflexive closure
有限域	finite field	自反性	reflexive
有向边,弧	directed edge, arc	自环	loop
有向树	directed tree	自由变元	free variable
有向图	digraph, directed graph	组合	combination

组合计数生成函数　ordinary generating function
祖先　ancestor
最大公因数　greatest common divisor
最大匹配　maximum matching
最大元　greatest element
最小公倍数　least common multiple
最小生成树　minimal spanning tree
最小元　least element
左陪集　left coset
作用域　scope，domain of variables

附录 C 部分习题答案及提示

习题 1.1

1. (1) $\{x \mid x \in \mathbf{R}, x^2 - 5x + 6 = 0\} = \{2, 3\}$.

   (2) $\{2x \mid x \in \mathbf{N}\} = \{0, 2, 4, \cdots, 2x, \cdots\}$.

2. $\varnothing$ 是空集,它里面没有元素;$\{\varnothing\}$ 是由空集 $\varnothing$ 组成的集合,它里面有一个元素 $\varnothing$;$\{\{\varnothing\}\}$ 里面有一个元素,为 $\{\varnothing\}$,但 $\{\varnothing\}$ 与 $\varnothing$ 是不同的.

3. (1) 成立. (2) 不成立. (3) 成立. (4) 成立.

4. $A = \{a, b\}, B = \{a, b, \{a, b\}, c\}$.

5. (1) 不成立. (2) 不成立. (3) 不成立. (4) 不成立.

6. (1) $\{\varnothing, \{\varnothing\}\}$. (2) $\{\varnothing, \{a\}, \{b\}, \{c\}, \{a,b\}, \{a,c\}, \{b,c\}, \{a,b,c\}\}$.

   (3) $\{\varnothing, \{\{a,b,c\}\}\}$.

9. $A \times A = \{(a,a), (a,b), (b,a), (b,b)\}$

   $A \times B = \{(a,1), (a,2), (a,3), (b,1), (b,2), (b,3)\}$

   $B \times A = \{(1,a), (1,b), (2,a), (2,b), (3,a), (3,b)\}$

   $A \times B \times A = \{(a,1,a), (a,1,b), (a,2,a), (a,2,b), (a,3,a), (a,3,b),$
   $\qquad\qquad\qquad (b,1,a), (b,1,b), (b,2,a), (b,2,b), (b,3,a), (b,3,b)\}$

   $(A \times B) \times A = \{((a,1),a), ((a,1),b), ((a,2),a), ((a,2),b), ((a,3),a),$
   $\qquad\qquad\qquad\quad ((a,3),b), ((b,1),a), ((b,1),b), ((b,2),a), ((b,2),b),$
   $\qquad\qquad\qquad\quad ((b,3),a), ((b,3),b)\}$

10. 若 $A = \varnothing$,不能得出 $B = C$;若 $A \neq \varnothing$,则 $B = C$.

习题 1.2

1. $\lceil 1.5 \rceil = 2, \lceil -1 \rceil = -1, \lceil -1.5 \rceil = -1, \lfloor 1.5 \rfloor = 1, \lfloor -1 \rfloor = -1, \lfloor -1.5 \rfloor = -2$.

2. (1) f 是单射,不是满射,不是双射.

   (2) f 不是单射,不是满射,不是双射.

   (3) f 是单射,是满射,是双射.

   (4) f 不是单射,不是满射,不是双射.

   (5) f 是单射,不是满射,不是双射.

3. 例如 $f: \mathbf{N} \to \mathbf{N}, f(x) = 2x$.

5. 令 $A = \{a, b, c\}, f(a) = f(b) = f(c) = a$,即对于任意 $x \in A, f(x) = a$,显然 $f: A \to A$ 且 $f \neq I_A$. 而对于任意 $x \in A$,有 $(f \circ f)(x) = f(f(x)) = f(a) = a$,因此 $f \circ f = f$. 若 f 的逆映射存在,则满足条件的 f 不存在.

7. 例如 $A = \{a, b\}, B = \{1, 2, 3\}, C = \{\alpha, \beta, \gamma, \delta\}$,令 $f(a) = 1, f(b) = 2, g(1) = \alpha, g(2) = \beta, g(3) = \beta$,则显然有 $(f \circ g)(a) = g(f(a)) = g(1) = \alpha, (f \circ g)(b) = g(f(b)) = g(2) = \beta$,于是 $g \circ f$ 是 A 到 C 的单射,但 g 显然不是单射.

11. 分别为 $6, 0, 0$ 个. 若 $m < n$,则不存在满射;若 $m \geq n$,则 A 到 B 的满射共有 $S(m, n)$

$\cdot n!$ 个. 若 $m>n$, 则不存在单射; 若 $m\leqslant n$, 则 A 到 B 的单射共有 $C_n^m \cdot m!$ 个. 若 $m\neq n$, 则不存在双射; 若 $m=n$, 则 A 到 B 的双射共有 $m!$ 个.

13. $f^{-1}=g\circ h, g^{-1}=h\circ f, h^{-1}=f\circ g$.

14. $A(2,3)=9, A(3,2)=29$.

习题 1.3

1. 减法运算 — 不是, 其余均是.

2. $3^1+3^2=12\notin A$.

3. 3^9.

4. 表 1-6: 不满足幂等性, 满足交换性, 1 是单位元, 1 的逆元为 1, 2 和 3 都没有逆元.

   表 1-7: 满足幂等性, 不满足交换性, 1 是单位元, 1 的逆元为 1, 2 和 3 都没有逆元.

11. $p_1(1)=1, p_1(2)=2, p_1(3)=3$

    $p_2(1)=2, p_2(2)=1, p_2(3)=3$

    $p_3(1)=3, p_3(2)=2, p_3(3)=1$

    $p_4(1)=1, p_4(2)=3, p_4(3)=2$

    $p_5(1)=2, p_5(2)=3, p_5(3)=1$

    $p_6(1)=3, p_6(2)=1, p_6(3)=2$

G 关于复合映射 $\circ$ 的运算表如表 C-1 所示.

表 C-1

$\circ$	p_1	p_2	p_3	p_4	p_5	p_6
p_1	p_1	p_2	p_3	p_4	p_5	p_6
p_2	p_2	p_1	p_5	p_6	p_3	p_4
p_3	p_3	p_6	p_1	p_5	p_4	p_2
p_4	p_4	p_5	p_6	p_1	p_2	p_3
p_5	p_5	p_4	p_2	p_3	p_6	p_1
p_6	p_6	p_3	p_4	p_2	p_1	p_5

由表 C-1 可知, 对于任意 $p_i\in G$, 有 $p_i\circ(1)(2)(3)=(1)(2)(3)\circ p_i=p_i$, 所以 1, 2, 3 是 G 关于复合映射 $\circ$ 的单位元.

由表 C-1 可知, $p_1^{-1}=p_1, p_2^{-1}=p_2, p_3^{-1}=p_3, p_4^{-1}=p_4, p_5^{-1}=p_6, p_6^{-1}=p_5$.

习题 1.4

1. (1) $A\cup B=\{a,b,c,d,e,f,g\}$.

   (2) $B\cap C=\{f\}$.

   (3) $A-D=\{a,b,c,g\}$.

   (4) $(A\cap B)-C=\{g\}-C=\{g\}-\{a,c,f\}=\{g\}$.

   (5) $\overline{D}=\{a,b,c,d,e,g\}$.

   (6) $B\oplus C=(B\cup C)-(B\cap C)=\{a,c,d,e,f,g\}-\{f\}=\{a,c,d,e,g\}$.

   (7) $A\cap(B\cup C)=\{a,b,c,g\}\cap\{a,c,d,e,f,g\}=\{a,c,g\}$.

   (8) $(A\cup D)-\overline{C}=\{a,b,c,g,f,h\}-\{b,d,e,g,h\}=\{a,c,f\}$.

(9) $\overline{A \cup C} = \overline{\{a,b,c,f,g\}} = \{d,e,h\}$.

(10) $A \cup B \cup C = \{a,b,c,d,e,f,g\}$.

5. 例如,取 $A=\{a,b,c\}, B=\{1,2\}$,令 $f:A \to B, f(a)=f(b)=2, f(c)=1$. 再取 $X=\{a,c\}, Y=\{b,c\}$,这时 $f(X)=\{1,2\}, f(Y)=\{1,2\}$,因此 $f(X) \cap f(Y) = \{1,2\}$. 由于 $f(X \cap Y) = f(\{c\}) = \{1\}$,所以有 $f(X \cap Y) \neq f(X) \cap f(Y)$.

7. (1) 不成立. (2) 不成立. (3) 成立.

8. (2) 因为 $A \subseteq A \cup B$,于是 $P(A) \subseteq P(A \cup B)$. 同样, $P(B) \subseteq P(A \cup B)$,所以 $P(A) \cup P(B) \subseteq P(A \cup B)$.

例如 $A=\{a,b\}, B=\{b,c\}$,于是 $P(A)=\{\varnothing, \{a\}, \{b\}, \{a,b\}\}$ 且 $P(B)=\{\varnothing, \{b\}, \{c\}, \{b,c\}\}$,因此

$$P(A) \cup P(B) = \{\varnothing, \{a\}, \{b\}, \{c\}, \{a,b\}, \{b,c\}\}$$

这时 $|P(A) \cup P(B)|=6$. 而 $A \cup B = \{a,b,c\}$,所以 $|P(A \cup B)| = 2^3 = 8$. 显然有 $P(A) \cup P(B) \neq P(A \cup B)$.

10. (1) $A \cap B \cap C = \varnothing$. (2) $A \subseteq B \cup C$. (3) $A-B=A-C$.

13. 例如 $A=\{a\}, B=C=\{b\}$,则 $A \cup (B \oplus C) = A \cup \varnothing = A$. 由于 $A \cup B = A \cup C$,所以 $(A \cup B) \oplus (A \cup C) = \varnothing$,因此 $A \cup (B \oplus C) \neq (A \cup B) \oplus (A \cup C)$.

15. 设 $A_1, A_2, \cdots, A_n$ 是集合,则

$$|A_1 \cup A_2 \cup \cdots \cup A_n| = \sum_{i=1}^{n} |A_i| - \sum_{1 \leq i < j \leq n} |A_i \cap A_j|$$
$$+ \sum_{1 \leq i < j < k \leq n} |A_i \cap A_j \cap A_k| - \cdots$$
$$+ (-1)^{n+1} |A_1 \cap A_2 \cap \cdots \cap A_n|$$

16. $n!\left(1 - \frac{1}{1!} + \frac{1}{2!} + \cdots + (-1)^n \frac{1}{n!}\right)$.

习题 1.5

1. 有 15 个不同的划分.

4. 均不一定. 例如 $A=\{a,b,c,d\}$,取 A 的划分为 $\pi_1 = \{\{a\}, \{b,c,d\}\}, \pi_2 = \{\{a\}, \{d\}, \{b,c\}\}$.

5. (3) 将 n 个元素的集合 A 划分成两个块: A_1 和 A_2. 先将 A 中的第一个元素放在第一个块 A_1 中. 对于其余的 $n-1$ 个元素,分别考虑是否与第一个元素放在同一个块(即 A_1)中,只有两种情况发生: $x \in A_1$ 或 $x \notin A_1$,于是共有 $\overbrace{2 \times 2 \times \cdots \times 2}^{n-1 \text{个}} = 2^{n-1}$ 种放的方式,但要排除所有元素都在 A_1 中而 A_2 为空的情形,故 $S(n,2) = 2^{n-1} - 1$.

6. (1) $\{A_1, A_2, A_5\}$ 是 A 的划分.

(2) $\{A_1, A_3, A_5\}$ 不是 A 的覆盖.

(3) $\{A_3, A_6\}$ 是 A 的划分.

(4) $\{A_2, A_3, A_4\}$ 不是 A 的覆盖.

7. 共 5 个.

习题 1.6

2. 选取 $(0,1)$ 开区间的一个可数子集合 $\{a_0, a_1, \cdots, a_n, \cdots\}$,再构造双射.

3. 令 $f:[0,1] \to [a,b], f(x)=a+(b-a)x$.

4. 对于正有理数集合 $\mathbf{Q}^+=\{n/m \mid m,n \in \mathbf{N}, m \neq 0, m$ 与 n 互素$\}$，令 $f:\mathbf{Q}^+ \to \mathbf{N} \times \mathbf{N}$, $f(n/m)=(m,n)$，利用 $\mathbf{N} \sim \mathbf{N} \times \mathbf{N}$ 可证.

5. 在 $\mathbf{R}-\mathbf{Q}$ 中选取可数子集 $\{a_0, a_1, \cdots a_n, \cdots\}$，再利用 $\mathbf{Q}$ 可数即可构造双射.

6. 假设 $|A|=|P(A)|$，则存在 A 到 $P(A)$ 的双射 f. 令 $S=\{x \mid x \notin f(x)\}$，考虑 $y \in S$ 是否为真.

习题 2.1

2. 有 16 个.

3. $R=\{(1,0),(2,1),(3,2),(4,3),(0,0),(2,1),(4,2)\}$.

4. (1) $R=\{(2,0),(3,0),(4,0),(5,0),(6,0),(2,2),(2,4),(2,6),(3,3),(3,6),(4,4),(5,5),(6,6)\}$.

   (2) $R=\{(1,0),(2,0),(2,1),(3,1),(3,2),(4,2),(4,3),(5,3),(5,4)\}$.

   (3) $R=\{(2,3),(2,5),(3,2),(3,4),(3,5),(4,3),(4,5),(5,2),(5,3),(5,4),(5,6),(6,5)\}$.

   (4) $R=\{(3,2),(4,2),(4,3),(5,2),(5,3),(6,2),(6,3),(6,5)\}$.

5. 图 2-3 至图 2-5 均不是 A 到 B 的函数，图 2-6 是 A 到 B 的函数.

6. (1) f 不能构成 $\mathbf{R}$ 上的函数. (2) f 能构成 $\mathbf{R}$ 上的函数.

习题 2.2

1. $R \cup S=\{(0,3),(1,2),(2,1),(3,0),(0,1),(2,3)\}$,
   $R \cap S=\{(1,2)\}$,
   $\bar{R}=A \times A-R=\{(0,0),(0,1),(0,2),(1,0),(1,1),(1,3),(2,0),(2,2),(2,3),(3,1),(3,2),(3,3)\}$.
   $R-S=\{(0,3),(2,1),(3,0)\}$,
   $S-R=\{(0,1),(2,3)\}$,
   $R \oplus S=(R-S) \cup (S-R)=\{(0,3),(2,1),(3,0),(0,1),(2,3)\}$.

3. $R^{-1}=\{(b,b),(c,b),(a,c)\}$,
   $S^{-1}=\{(a,b),(a,c),(d,c),(c,d)\}$,
   $R \circ S=\{(b,a),(b,d)\}$,
   $S \circ R=\{(d,a)\}$,
   $R^2=R \circ R=\{(b,b),(b,c),(b,a)\}$,
   $S^2=S \circ S=\{(c,c),(d,a),(d,d)\}$,
   $R \circ S \circ R=(R \circ S) \circ R=\varnothing$,
   $S \circ R^2=\varnothing$.

6. 例如，取 $A=\{a,b,c\}, B=\{1,2,3\}, C=\{\alpha,\beta,\gamma\}$，令
   $S=\{(a,1),(a,2),(b,2)\}, T=\{(a,2),(a,3)\}, R=\{(1,\alpha),(2,\beta),(3,\alpha)\}$
   这时 $(S \cap T) \circ R=\{(a,2)\} \circ R=\{(a,\beta)\}$，而
   $S \circ R=\{(a,\alpha),(a,\beta),(b,\beta)\}, T \circ R=\{(a,\alpha),(a,\beta)\}$
   显然 $S \circ R \cap T \circ R=\{(a,\alpha),(a,\beta)\}$，所以 $(S \cap T) \circ R \neq (S \circ R) \cap (T \circ R)$.

9. 对 m 归纳.

10. 由于 $|A|=n$，A 上不同的关系共有 2^{n^2} 个，考虑关系 $R^0,R^1,R^2,\cdots,R^{2^{n^2}}$ 即可.

11. $\bigcup\limits_{n=0}^{\infty} R^n = R^0 \cup R^1 \cup R^2 = \{(a,a),(b,b),(c,c),(d,d),(b,c),(c,a),(b,a)\}$.

12. $\mathbf{N}$ 上的关系 $R=\{(x,y)|y=x+1\}=\{(0,1),(1,2),(2,3),\cdots\}$ 及 $S=\{(x,y)|x=y+1\}=\{(1,0),(2,1),(3,2),\cdots\}$，这时 $R\circ S=I_{\mathbf{N}}$，但 R 和 S 不是 $\mathbf{N}$ 上的双射.

习题 2.3

3. $R_1=\{(a,b),(b,c),(a,c)\}$,
   $R_2=\{(a,b),(b,c),(a,c),(b,a),(b,b),(a,a)\}$,
   $R_3=\{(a,b),(b,c),(a,c),(c,b),(a,a),(b,b),(c,c)\}$.

4. (1) 取 $A=\{a,b,c\}$，A 上的关系 $R=\{(a,b),(b,c)\}$.
   (2) 必要性证明用反证法.

5. (1) 取 $A=\{a,b,c\}$，A 上的关系 $R=\{(a,b),(b,c),(c,a)\}$.

6. n^2-n.

7. 逆命题不成立. 取 $A=\{a,b,c\}$，A 上的关系 $R=\{(a,a),(a,b),(b,b)\}$.

8. R 具有自反性、反对称性和传递性.

9. ∞ 具有自反性、对称性和传递性.

10. 当 $|X|=1$ 时，则 $R=\{(X,X)\}$ 具有对称性、反对称性和传递性；当 $|X|\geqslant 2$ 时，R 具有对称性.

11. 例如 $R=\{(a,a),(b,a),(a,b),(b,c)\}$.

12. (1) 真. (2) 真. (3) 真. (4) 假. (5) 假.

习题 2.4

2. $r(R)=R\cup I_A=\{(a,a),(a,b),(b,a),(b,c),(c,d),\underline{(b,b),(c,c),(d,d)}\}$,
   $s(R)=R\cup R^{-1}=\{(a,a),(a,b),(b,a),(b,c),(c,d),\underline{(c,b),(d,c)}\}$,
   $t(R)=\{(a,a),(a,b),(b,a),(b,c),(c,d),\underline{(b,b),(a,c),(b,d),(a,d)}\}$.

4. 根据传递闭包的定义，并注意到：对于任意 $x,y\in \mathbf{Z}$，若 $x<y$，则存在正整数 m，使得 $y=x+m$，即可证.

7. 设 $R_1\subseteq A\times A$, $R_2\subseteq A\times A$，则下面的结论成立：
   (1) $r(R_1\cap R_2)=r(R_1)\cap r(R_2)$.
   (2) $s(R_1\cap R_2)\subseteq s(R_1)\cap s(R_2)$.
   (3) $t(R_1\cap R_2)\subseteq t(R_1)\cap t(R_2)$.

9. (1) 例如 $A=\{a,b,c\}$，$R=\{(a,b),(b,a)\}$，则 R 是反自反的，而
$$r(R)=\{(a,b),(a,a),(b,b),(c,c)\}$$
$$t(R)=\{(a,b),(b,a),(a,a),(b,b)\}$$
都不具有反自反性.

(2) 例如 $A=\{a,b,c\}$，$R=\{(a,b),(b,c),(c,a)\}$，则 R 是反对称的，而
$$s(R)=\{(a,b),(b,c),(c,a),(b,a),(c,b),(a,c)\}$$
$$t(R)=\{(a,b),(b,c),(c,a),(a,c),(c,b),(b,a),(a,a),(b,b),(c,c)\}$$
都不具有反对称性.

10. $rt(R) = \{(a,b),(b,c),(a,c),(a,a),(b,b),(c,c)\}$.

习题 2.5

5. (1) 若 $|X| \leqslant 1$，则 R 是 A 上的等价关系；若 $|X| \geqslant 2$，则 R 是自反的和对称的，但不具有传递性.

(2) R 是 A 上的等价关系.

6. 例如 $A = \{a,b,c\}$，取
$$R = \{(a,b),(b,a)\} \cup I_A, \quad S = \{(b,c),(c,b)\} \cup I_A$$
这时 R 和 S 是集合 A 上的等价关系.

7. 最小的包含 R 的等价关系为
$$tsr(R) = \bigcup_{i=0}^{\infty}(R \cup R^{-1})^i = I_A \cup (R \cup R^{-1}) \cup (R \cup R^{-1})^2 \cup \cdots$$

8. (2) $A/R = \{\{a,c\},\{b,d\}\}$.

12. 集合 A 的所有的等价关系的个数为 15.

13. 集合 A 的划分 $A/(R_1 \cap R_2)$ 是集合 A 的两个划分 A/R_1 和 A/R_2 的交叉划分.

16. 只要 R 具有自反性和传递性，S 就是集合 A 上的等价关系.

习题 2.6

1. (4) 由 R 产生的所有极大相容类有 4 个，分别为 {set, function, operation, relation}，{operation, relation, logic, algebra, graph}，{set, operation, relation, algebra}，{function, operation, relation, logic}.

2. (1) $R \cup R^{-1} \cup I_A = \{(1,4),(4,1),(2,5),(5,2),(1,1),(2,2),(3,3),(4,4),(5,5)\}$.

(2) A 关于 $R \cup R^{-1} \cup I_A$ 的所有极大相容类分别为 $\{1,4\}$，$\{2,5\}$ 和 $\{3\}$.

3. (2) 当 $\{A_i \mid i \in I\}$ 是集合 A 的划分时，$R = \bigcup_{i \in I} A_i \times A_i$ 是 A 上的等价关系.

5. (3) 例如 $A = \{a,b\}$，$R = \{(a,a),(b,b)\}$.

(4) 和 (5) 例如 $A = \{a,b\}$，取 $R = A \times A$ 及 $S = \{(a,a),(b,b)\}$.

(7) 例如 $A = \{a,b,c\}$，取 $R = \{(a,b),(b,a)\} \cup I_A$ 及 $S = \{(b,c),(c,b)\} \cup I_A$.

习题 2.7

2. $COV(A) = \{(a,b),(b,c),(a,d),(d,e),(c,e)\}$.

5. (1)(3)(4)(5) 例如 $A = \{a,b\}$，$R = \{(a,a),(b,b),(a,b)\}$，$S = \{(a,a),(b,b),(b,a)\}$.

(7) 例如 $A = \{a,b,c\}$，$R = \{(a,b),(a,c)\} \cup I_A$，$S = \{(b,a),(c,b)\} \cup I_A$.

8. (1) 集合 A 的最大元为 a，最小元不存在，极大元为 a，极小元为 d 和 e.

(2) 子集 $\{b,c,d\}$ 的上界为 a，下界为 d，上确界为 a，下确界为 d.

11. (2) $(F(\mathbf{N}), \subseteq)$ 无极大元.

(3) $\varnothing$ 是 $(F(\mathbf{N}), \subseteq)$ 的极小元.

(4) $\sup\{A,B\} = A \cup B$.

(5) $\inf\{A,B\} = A \cap B$.

12. $(A, \subseteq)$ 的极小元为 $\{x\}$，其中 x 为 S 中的任意元素；极大元为 $S-\{x\}$，其中 x 为 S 中的任意元素；没有最小元和最大元.

13. (2) (B^A, R) 存在最大元的必要条件是偏序集 $(B, \leqslant)$ 存在最大元 M. 最大元 $F \in B^A$ 的一般形式为 $F(x) = M, \forall x \in A$, 其中 M 为偏序集 $(B, \leqslant)$ 的最大元.

习题 3.1

1. (1)(2)(4)(6)(7) 是命题,真值为 1.

   (3) 不是命题,因为 x 和 y 的取值未定,于是无法确定 $x > y$ 的真值.

   (5) 是命题,真值为 0.

2. (1) p:我去游泳.

   (2) p:张三看书,q:张三用 iPhone 听音乐.

   (3) p:小李能歌,q:小李善舞.

   (4) p:这学期我选修人工智能课程,q:这学期我选修模式识别课程.

   (5) p:明天去深圳的飞机是上午八点起飞,q:明天去深圳的飞机是上午八点半起飞.

   (6) p:我有时间,q:我回家去看望我的父母.

   (7) p:我今天进城,q:天下雨.

   (8) p:小张外出,q:小张上网,r:小张睡觉.

   (9) p:你刻苦学习,q:你取得好成绩.

   (10) p:你走,q:我留下值班.

习题 3.2

1. (1) $\neg p$:现在不是很多人都有车.

   (2) "-2 是偶数或 3 是正数"的否定命题为"-2 不是偶数并且 3 不是正数".

   (3) $p \vee \neg p$:每个自然数都是整数或者不是每个自然数都是整数.

2. $p \wedge q$:今明两天都有雨.

   $p \vee q$:今天或者明天有雨.

   $p \to q$:如果今天有雨,那么明天有雨.

   $p \oplus q$:今明两天只有一天有雨.

   $p \uparrow q$:不可能今明两天都有雨.

   $p \downarrow q$:不可能今天或明天有雨.

   $p \xrightarrow{\neg} q$:不可能今天有雨,则明天有雨.

3. $\neg(p \wedge q)$:我们不能既去图书馆又去上网.

4. $\neg p \wedge \neg q$.

5. "张红和张兰是姐妹"中的"和"表示的是两个人之间的关系,而联结词 $\wedge$ 表示的是两个命题的合取.

6. 令 p:今天体育课考试,q:今天下雨,r:马老师来了,则 $p \leftrightarrow (\neg q \wedge r)$ 表示"今天体育课考试当且仅当今天不下雨并且马老师来了".

习题 3.3

1. (1) 令 p:a 是奇数,q:b 是奇数,r:$a+b$ 是偶数,该命题符号化为 $p \wedge q \to r$.

   (2) 令 p:正整数 $n \leqslant 2$,q:不定方程 $x^n + y^n = z^n$ 有正整数解,该命题符号化为 $q \to p$.

   (3) 令 p:天在下雨,q:我去书店,该命题符号化为 $p \wedge \neg q$.

   (4) 令 p:两矩阵相等,q:两矩阵对应的元素分别相等,该命题符号化为 $p \leftrightarrow q$.

(5) 令 p：这苹果甜，q：我打算买，该命题符号化为 $p \wedge \neg q$.

(6) 令 p：我接到正式邀请，q：我去参加圣诞晚会，该命题符号化为 $\neg p \rightarrow \neg q$.

(7) 令 p：我和小王是同学，该命题符号化为 p.

(8) 令 p：他看今晚的 NBA 篮球比赛，q：他来上自习，该命题符号化为 $p \wedge \neg q$.

(9) 令 p：她学习成绩好，q：她的动手能力很强，该命题符号化为 $\neg p \wedge q$.

(10) 令 p：我的手机没电了，q：借你的手机用一下，该命题符号化为 $p \wedge q$.

3. (1) 永真式. 利用真值表可知.

(2) 中性式. 分别考虑 $p=0,q=1,r=1$ 和 $p=0,q=0,r=0$.

(3) 中性式. 分别考虑 $p=0,q=0,r=0$ 和 $p=1,q=1,r=0$.

(4) 中性式. 分别考虑 $p=1,q=1,r=1,s=1$ 和 $p=0,q=0,r=0,s=0$.

4. (1) 由 $B \rightarrow A = 0$ 得出 $A = 0$.

(2) 利用真值表及代入定理.

(3) 由 $B \rightarrow A = 0$ 推出 $\neg A \rightarrow \neg B = 0$.

5. 利用真值表及代入定理.

6. (1) 由 $A \rightarrow B = 0$ 推出 $\neg A = 0$.

(2) 若 $(A \vee B) \wedge (A \rightarrow C) \wedge (B \rightarrow C) \rightarrow C$ 为 0，可得出矛盾.

(3) 由 $\neg A = 0$ 推出 $(A \rightarrow B) \wedge (A \rightarrow \neg B) = 0$.

(4) 由 $\neg A \rightarrow B = 0$ 推出 $A = 0$.

习题 3.4

3. (1) 不成立. 取 $A = p, B = p \vee q, C = p$.

(2) 不成立. 取 $A = p, B = p \wedge q, C = p$.

(3) 成立. 因为 $\neg A = \neg B$，所以 $\neg \neg A = \neg \neg B$，于是 $A = B$.

4. 利用真值表法证明.

5. (1)(3)(4) 用等值演算法证明，(2) 用真值表法证明.

6. (1) $\neg A = \neg (A \wedge A) = A \uparrow A$.

(2) $A \wedge B = \neg(\neg(A \wedge B)) = \neg(A \uparrow B) = (A \uparrow B) \uparrow (A \uparrow B)$.

(3) $A \vee B = \neg(\neg A \wedge \neg B) = (\neg A) \uparrow (\neg B) = (A \uparrow A) \uparrow (B \uparrow B)$.

7. (1) $\neg A = \neg(A \vee A) = A \downarrow A$.

(2) $A \wedge B = \neg(\neg A \vee \neg B) = (\neg A) \downarrow (\neg B) = (A \downarrow A) \downarrow (B \downarrow B)$.

(3) $A \vee B = \neg(\neg(A \vee B)) = \neg(A \downarrow B) = (A \downarrow B) \downarrow (A \downarrow B)$.

8. (1)(2) 用真值表法证明，(3)(4) 用等值演算法证明.

9. (1) $A \wedge C = (A \downarrow A) \downarrow (C \downarrow C)$.

(2) $A \vee B = (A \downarrow B) \downarrow (A \downarrow B)$.

(3) $\neg(A \wedge (B \vee C)) = ((A \downarrow A) \downarrow (B \downarrow C)) \downarrow ((A \downarrow A) \downarrow (B \downarrow C))$.

(4) B.

10. (1) 永假式. (2) 中性式.

12. $(p \oplus q)^* = (p \wedge q) \vee (\neg p \wedge \neg q) = p \odot q$.

习题 3.5

1. (1) $p \wedge q$(析取范式和合取范式).

(2) $(\neg p \vee \neg q) \wedge (p \vee q)$(合取范式),$(\neg p \wedge q) \vee (p \wedge \neg q)$(析取范式).

(3) $p \vee \neg q \vee r$(析取范式和合取范式).

(4) $(p \wedge \neg q) \vee r$(析取范式),$(p \vee r) \wedge (\neg q \vee r)$(合取范式).

2. 王教授是上海人.

3. 当只有一个人成绩最好时,是 p;当有两个人成绩并列最好时,应是 p,s 或 p,r.

4. 应派 p 和 s 参加围棋比赛.

5. (1) $(p \wedge q) \vee (\neg p \wedge q) \vee (p \wedge \neg q)$(主析取范式),$(p \vee q)$(主合取范式),中性式.

(2) 主析取范式不存在,$(p \vee q) \wedge (p \vee \neg q) \wedge (\neg p \vee q) \wedge (\neg p \vee \neg q)$(主合取范式),永假式.

(3) $(p \wedge q \wedge r) \vee (p \wedge \neg q \wedge r) \vee (p \wedge \neg q \wedge \neg r) \vee (\neg p \wedge q \wedge r) \vee (\neg p \wedge \neg q \wedge r)$(主析取范式),$(p \vee q \vee r) \wedge (p \vee \neg q \vee r) \wedge (\neg p \vee \neg q \vee r)$(主合取范式),中性式.

(4) $(p \wedge q \wedge r) \vee (\neg p \wedge \neg q \wedge \neg r)$(主析取范式),$(\neg p \vee q \vee r) \wedge (\neg p \vee q \vee \neg r) \wedge (\neg p \vee \neg q \vee r) \wedge (p \vee \neg q \vee r) \wedge (p \vee \neg q \vee \neg r) \wedge (p \vee q \vee \neg r)$(主合取范式),中性式.

6. 原式 $= (\neg p \vee q \vee r) \wedge (\neg p \vee \neg q \vee r) \wedge (p \vee \neg q \vee r)$,中性式.

7. 主析取范式均为 $(p \wedge q \wedge r) \vee (p \wedge q \wedge \neg r) \vee (\neg p \wedge q \wedge r) \vee (\neg p \wedge \neg q \wedge r)$.

8. $A = (p \wedge \neg q \wedge r) \vee (\neg p \wedge q \wedge r) \vee (\neg p \wedge q \wedge \neg r)$.

9. $F = (p \wedge r) \vee (q \wedge r) = (p \wedge q \wedge r) \vee (p \wedge \neg q \wedge r) \vee (\neg p \wedge q \wedge r)$(主析取范式),$F = (\neg p \vee \neg q \vee r) \wedge (\neg p \vee q \vee r) \wedge (p \vee \neg q \vee r) \wedge (p \vee q \vee r) \wedge (p \vee q \vee \neg r)$(主合取范式).

10. $F = (\neg p \wedge \neg q \wedge r) \vee (\neg p \wedge q \wedge r) \vee (p \wedge \neg q \wedge \neg r) \vee (p \wedge q \wedge \neg r)$,$F = (p \vee q \vee r) \wedge (p \vee \neg q \vee r) \wedge (\neg p \vee q \vee \neg r) \wedge (\neg p \vee \neg q \vee \neg r)$(主合取范式).

习题 3.6

3. 利用 $\{\neg, \wedge, \vee\}$ 是功能完备的联结词集证明.

5. (1) 对于只含有联结词 $\neg, \leftrightarrow$ 的任意命题公式 A,使 A 的真值为 1 的所有真值指派的个数为偶数.

(2) 利用(1)及 $p \leftrightarrow q = \neg (p \oplus q)$.

(3) 类似于例 3-28.

习题 3.7

3. 推理形式 $p \rightarrow q, q \Rightarrow p$ 是无效的.

10. (1) 只需要证明 $A \rightarrow B \Rightarrow (A \rightarrow (B \rightarrow C)) \rightarrow (A \rightarrow C)$.

(2) 只需要证明 $A \rightarrow B, A \rightarrow \neg B \Rightarrow \neg A$.

11. $p \rightarrow q \vee r, s \rightarrow \neg r, p \wedge s \Rightarrow q$.

12. 小东爸爸的意思是 $q \rightarrow p$ 且 $q \rightarrow r$;小东理解为 $p \rightarrow q$ 且 $q \rightarrow r$.

习题 4.1

1. $D_1 = \{1, 2, 3, 4, 5\}, D_2 = \mathbf{N}, D_3 = $ 全域.

2. (1) $D = \mathbf{Z}, Q(x): x$ 是有理数.

(2) $D = \mathbf{R}, Q(x): x$ 是有理数,$Z(x): x$ 是整数.

3. (1) a:小赵,$W(x)$:x 是工人.

(2) a:张三,b:李四,$I(x,y)$:x 是 y,$f(x)$:x 的父亲.

(3) a:-3,$Q(x)$:x 是有理数.

(4) a:米卢,$L(x)$:x 喜欢踢足球.

(5) $Q(x)$:x 是有理数,$R(x)$:x 是实数,全称量词 $\forall$.

(6) $Q(x)$:x 是有理数,$R(x)$:x 是实数,存在量词 $\exists$.

(7) a:北京,$H(x)$:x 举办 2008 年奥运会.

(8) $E(x)$:x 锻炼身体,全称量词 $\forall$.

4. (1) $\forall x \exists y E(x,y)$:班上所有同学都选修了一些计算机课程.

(2) $\forall x \forall y E(x,y)$:班上所有同学都选修了所有计算机课程.

(3) $\exists x \exists y E(x,y)$:班上有些同学选修了一些计算机课程.

(4) $\exists x \forall y E(x,y)$:班上有些同学选修了所有计算机课程.

(5) $\forall y \exists x E(x,y)$:所有计算机课程都有班上同学选修.

(6) $\forall y \forall x E(x,y)$:所有计算机课程被班上每个同学选修.

(7) $\exists y \exists x E(x,y)$:一些计算机课程有班上同学选修.

(8) $\exists y \forall x E(x,y)$:一些计算机课程被班上所有同学选修.

5. (1) $\forall x$ 的辖域为 $P(x) \vee \exists y R(y)$,$\exists y$ 的辖域为 $R(y)$.$P(x) \vee \exists y R(y)$ 中的个体变元 x 是约束变元,$R(y)$ 中的个体变元 y 是约束变元,$Q(x)$ 中的个体变元 x 是自由变元.

(2) $\forall x$ 的辖域为 $\exists y(P(x,y) \wedge Q(y,z))$,$\exists y$ 的辖域为 $P(x,y) \wedge Q(y,z)$,$\exists x$ 的辖域为 $P(x,y)$.$P(x,y) \wedge Q(y,z)$ 和 $P(x,y)$ 中的个体变元 x 均为约束变元,$P(x,y) \wedge Q(y,z)$ 中个体变元 y 为约束变元,z 是自由变元,$P(x,y)$ 中的个体变元 y 是自由变元.

(3) 第一次出现的 $\forall x$ 的辖域为 $P(x) \wedge \exists x Q(x)$,$\exists x$ 的辖域为 $Q(x)$,而第二次出现的 $\forall x$ 的辖域为 $P(x)$.个体变元 x 的最后一次出现为自由变元,x 的其他出现均为约束变元.

(4) $\forall x$ 的辖域为 $\forall y(R(x,y) \vee L(z,y))$,$\forall y$ 的辖域为 $R(x,y) \vee L(z,y)$,$\exists x$ 的辖域为 $S(x,y)$.$R(x,y) \vee L(z,y)$ 和 $S(x,y)$ 中的个体变元 x 均为约束变元,$R(x,y) \vee L(z,y)$ 中的个体变元 y 均为约束变元,z 是自由变元,$S(x,y)$ 中的个体变元 y 为自由变元.

6. $\exists x P(x) \wedge \exists x Q(x) = \exists x P(x) \wedge \exists y Q(y)$.

7. $\forall x(P(x,y) \wedge \exists y Q(x,y)) = \forall x(P(x,t) \wedge \exists y Q(x,y))$.

习题 4.2

1. (1) 令 a:小李,$S(x)$:x 是学生,$T(x)$:x 是老师,该命题符号化为 $\neg S(a) \wedge T(a)$.

(2) 令 $P(x)$:x 是人,$M(x)$:x 犯错误,该命题符号化为 $\forall x(P(x) \rightarrow M(x))$.

(3) 令 $S(x)$:x 是大学生,$T(x)$:x 是体育爱好者,该命题符号化为 $\exists x(S(x) \wedge T(x))$.

(4) 令 $T(x)$:x 是老虎,$E(x)$:x 要吃人,该命题符号化为 $\forall x(T(x) \rightarrow E(x))$.

(5) 令 $G(x)$:x 是研究生,$R(x)$:x 科研人才,该命题符号化为 $\neg \forall x(G(x) \rightarrow R(x))$.

(6) 设 $Z(x)$:x 是整数,$E(x)$:x 偶数,$O(x)$:x 奇数,该命题符号化为 $\forall x(Z(x) \rightarrow (E(x) \vee O(x)))$.

(7) 令 $S(x)$:x 是大学生,$T(x)$:x 是老师,$A(x,y)$:x 钦佩 y,该命题符号化为 $\forall x \exists y(S(x) \wedge T(y) \rightarrow A(x,y))$.

(8) 令 $S(x)$:x 是大学生,$L(x)$:x 喜欢《超级女声》节目,该命题符号化为 $\exists x(S(x) \wedge$

$\neg L(x)$.

(9) 令 a:姚明,b:杨利伟,$P(x)$:x 是 NBA 球员,$M(x)$:x 去过太空,该命题符号化为 $P(a) \wedge M(b)$.

(10) 令 $C(x)$:x 是猫,$M(x)$:x 老鼠,$W(x)$:x 白的,$B(x)$:x 是黑的,$G(x)$:x 好的,$A(x,y)$:x 抓住 y,该命题符号化为 $\forall x \forall y(C(x) \wedge (W(x) \vee B(x)) \wedge M(y) \wedge A(x,y) \rightarrow G(x))$.

2. 令 $E(x)$:x 是专家,$T(x)$:x 是教师,$Y(x)$:x 是青年人,则所给命题分别符号化为

(1) $\forall x(E(x) \wedge T(x))$.

(2) $\exists x Y(x)$.

(3) $\exists x(Y(x) \wedge E(x))$.

3. 令 $Z(x)$:x 是整数,$N(x)$:x 是自然数,$Q(x)$:x 是有理数,则所给命题分别符号化为

(1) $\forall x(N(x) \rightarrow Z(x))$.

(2) $\forall x(Z(x) \rightarrow Q(x))$.

(3) $\exists x(Z(x) \wedge \neg N(x))$.

(4) $\exists x(Q(x) \wedge \neg Z(x))$.

(5) $\forall x(N(x) \rightarrow Q(x)) \wedge \exists x(Q(x) \wedge \neg N(x) \wedge \neg Z(x))$.

4. 令 $W(x)$:x 喜欢步行,$C(x)$:x 喜欢坐车,$B(x)$:x 喜欢骑自行车,则所给命题分别符号化为

(1) $\forall x(W(x) \rightarrow \neg C(x))$.

(2) $\forall x(B(x) \vee C(x))$.

(3) $\neg \forall x C(x)$.

(4) $\exists x \neg W(x)$.

5. 令 $A(x)$:x 是动物,$C(x)$:x 是牛,$H(x)$:x 有角,则所给命题分别符号化为

(1) $\forall x(C(x) \rightarrow H(x))$.

(2) $\exists x(A(x) \wedge C(x))$.

(3) $\exists x(A(x) \wedge H(x))$.

6. 令 $B(x)$:x 是鸟,$F(x)$:x 会飞,$M(x)$:x 是猴子,则所给命题分别符号化为

(1) $\forall x(B(x) \rightarrow F(x))$.

(2) $\forall x(M(x) \rightarrow \neg F(x))$.

(3) $\forall x(M(x) \rightarrow \neg B(x))$.

7. 令 $S(x)$:x 是学生,$D(x)$:x 是勤奋的,$C(x)$:x 是聪明的,$H(x)$:x 是有所作为的,则所给命题分别符号化为

(1) $\forall x(S(x) \rightarrow D(x) \vee C(x))$.

(2) $\forall x(D(x) \rightarrow H(x))$.

(3) $\neg \forall x(S(x) \rightarrow H(x))$.

(4) $\exists x(S(x) \wedge C(x))$.

8. 令 $B(x)$:x 是桌上的书,$M(x)$:x 是杰作,$T(x)$:x 是天才,$P(x)$:x 是人,$F(x)$:x 是不出名的,$W(x,y)$:x 写 y,则所给命题分别符号化为

(1) $\forall x(B(x) \rightarrow M(x))$.

(2) $\forall x \forall y(P(x) \wedge M(y) \wedge W(x,y) \rightarrow T(x))$.

(3) $\exists x \exists y(P(x) \wedge F(x) \wedge B(y) \wedge W(x,y))$.

(4) $\exists x(P(x) \wedge F(x) \wedge T(x))$.

9. 令 $R(x):x$ 是兔子,$T(x):x$ 是乌龟,$F(x,y):x$ 比 y 跑得快,则所给命题分别符号化为

(1) $\forall x \forall y(R(x) \wedge T(y) \rightarrow F(x,y))$.

(2) $\exists x \forall y(R(x) \wedge (T(y) \rightarrow F(x,y)))$.

(3) $\neg \forall x \forall y(R(x) \wedge T(y) \rightarrow F(x,y))$.

(4) $\neg \exists x \exists y(R(x) \wedge R(y) \wedge F(x,y) \wedge F(y,x))$.

10. 令 $G(x):x$ 是金子,$L(x):x$ 是闪光的,则所给命题符号化为
$$\forall x(G(x) \rightarrow L(x)) \wedge \neg \forall x(L(x) \rightarrow G(x))$$

习题 4.3

2. (1) 0. (2) 1. (3) 0.

3. (1) 0. (2) 1.

4. (1) 1. (2) 1. (3) 0. (4) 0.

习题 4.4

8. (1) 成立. (2) 成立.

习题 4.5

1. (1)(2)(4) 不是. (3)(5) 是.

2. (1) $\forall x \exists y(\neg A(x) \vee B(x,y))$.

(2) $\exists x \exists y \forall z(P(x,y) \vee \neg Q(z) \vee R(x))$.

(3) $\forall x \forall y \exists z(A(x) \wedge \neg B(y,z))$.

(4) 1.

3. (1) $\forall x \forall y \forall z((\neg A(x) \vee B(y)) \wedge (\neg A(t) \vee C(z)))$.

(2) $\forall x \exists y \forall z(\neg A(x) \vee \neg B(z) \vee C(x,y))$.

(3) $\forall x \exists y \exists z \forall u \forall v(\neg A(x,y,v) \vee B(x,z) \vee C(x,u,z))$.

(4) $\forall x \forall y \exists v \exists z \forall u(\neg A(x,y,z) \vee \neg B(x,u) \vee B(y,v))$.

习题 4.6

3. 对于个体域 D 上的任意解释 I,若 $\forall x(A(x) \vee B(x))=0$,则推出 $\forall xA(x) \vee \forall xB(x)=0$.

4. 对于个体域 D 上的任意解释 I,若 $\forall x(A(x) \rightarrow B(x))=0$,则推出 $\exists xA(x) \rightarrow \forall xB(x)=0$.

5. (1)(2) 均不是永真式.

6. (1)(2) 均不成立.

习题 5.1

1. (1) 自反性和传递性.

(2) 自反性、反对称性和传递性.

(3) 当 $n \geqslant 2$ 时具有自反性、反对称性和传递性；当 $n = 1$ 时具有自反性、对称性、反对称性和传递性.

2. (1) $\{-35, -7, -5, -1, 1, 5, 7, 35\}$.

(2) $D_{35} = \{1, 5, 7, 35\}$.

3. 根据题意，有

$$a_n\left(\frac{r}{s}\right)^n + a_{n-1}\left(\frac{r}{s}\right)^{n-1} + \cdots + a_1\left(\frac{r}{s}\right) + a_0 = 0$$

于是

$$a_0 s^n = -a_n r^n - a_{n-1} s r^{n-1} - \cdots - a_1 s^{n-1} r$$

进而 $r | a_0 s^n$. 类似地，有 $s | a_n r^n$. 由于 $\gcd(r, s) = 1$，因而 $r | a_0$ 且 $s | a_n$.

4. 设 $a = 2k + 1$，则 $a^2 - 1 = (a-1)(a+1) = 4k(k+1)$. 由于 k 和 $k+1$ 中必有一个偶数，故有 $8 | a^2 - 1$.

5. (1) $7 = 0 \times 8 + 7$.

(2) $-7 = (-1) \times 8 + 1$.

(3) $58 = 7 \times 8 + 2$.

(4) $-49 = (-7) \times 8 + 7$.

6. (1) 5.   (2) 14.

7. $(30071)_8$.

8. (1) $\varphi(6) = 2$. (2) $\varphi(8) = 4$. (3) $\varphi(15) = 8$.

9. 假设只有有限个素数，分别为 $p_1, p_2, \cdots, p_k$. 考虑 $n = p_1 p_2 \cdots p_k + 1 \in \mathbf{N}$.

10. $2015 = 5 \times 13 \times 31$.

11. $\gcd(2035, 2019) = 1$. $s = 631, t = -636$.

12. 设 $\gcd(m, n) = d, \gcd(s, t) = k$，则存在 $n', m', s', t' \in \mathbf{Z}$，使得 $m = dm', n = dn', s = ks', t = kt'$，进而 $d = ns + mt = dk(n's' + m't')$，于是 $dk | d$，进而 $k = 1$，即 $\gcd(s, t) = 1$.

13. 因为 $\gcd(m, n_1) = 1$，所以存在整数 s_1, t_1，使得 $s_1 m + t_1 n_1 = 1$. 类似地，因为 $\gcd(m, n_2) = 1$，所以存在整数 s_2, t_2，使得 $s_2 m + t_2 n_2 = 1$. 于是，有 $(s_1 m + t_1 n_1)(s_2 m + t_2 n_2) = 1$，进而

$$(s_1 s_2 m + s_1 t_2 n_2 + s_2 t_1 n_1) m + t_1 t_2 \cdot n_1 n_2 = 1$$

因此，$\gcd(m, n_1 n_2) = 1$.

14. 对于任意 $x, y \in \mathbf{Z}^+$，根据公因数的定义知，$\gcd(x, y) | x$ 且 $\gcd(x, y) | y$，所以 $\gcd(x, y)$ 是 $\{x, y\}$ 的下界. 假定 z 是 $\{x, y\}$ 的下界，则 $z | x$ 且 $z | y$，即 z 是 x 与 y 的公因数. 根据欧几里得算法知，存在整数 s 和 t，使得 $\gcd(x, y) = xs + yt$，于是 $z | \gcd(x, y)$，即 $\gcd(x, y)$ 是 $\{x, y\}$ 的下确界.

习题 5.2

1. (1) 成立. (2) 不成立.

2. 由已知 $n^2 \equiv 1 \pmod{p}$，有 $p | n^2 - 1$，即 $p | (n-1)(n+1)$. 因为 p 是素数，于是 $p | n - 1$ 或 $p | n + 1$，因而 $n \equiv 1 \pmod{p}$ 或 $n \equiv -1 \pmod{p}$.

3. (1) 不成立. (2) 不成立.

4. $\mathbf{Z}_5$ 关于模 5 加法运算 $+_5$ 和模 5 乘法运算 $\cdot_5$ 的运算表分别为表 C-2 和表 C-3.

表 C-2

$+_5$	0	1	2	3	4
0	0	1	2	3	4
1	1	2	3	4	0
2	2	3	4	0	1
3	3	4	0	1	2
4	4	0	1	2	3

表 C-3

$\cdot_5$	0	1	2	3	4
0	0	0	0	0	0
1	0	1	2	3	4
2	0	2	4	1	3
3	0	3	1	4	2
4	0	4	3	2	1

5. ($\Rightarrow$) 因为 $a \equiv b (\mod m)$，于是 $m \mid a-b$，进而 $m \mid (a-b)n$，所以 $an \equiv bn (\mod m)$.

($\Leftarrow$) 因为 $an \equiv bn (\mod m)$，于是 $m \mid (a-b)n$. 因为 $\gcd(m, n) = 1$，所以 $m \mid a-b$，即 $a \equiv b (\mod m)$.

6. (1) 1. (2) 8.

7. (1) 7. (2) 937.

8. (1) 1, 4. (2) 没有解. (3) 6. (4) 256.

9. $x = 2111 + 2310k, k \in \mathbf{Z}$.

10. ($\Rightarrow$) 当 $p = 2, 3$ 时，结论显然成立. 下面设 $p > 3$ 并考虑集合 $S = \{2, 3, \cdots, p-2\}$. 任取 $a \in S$，则 $\gcd(a, p) = 1$，于是存在整数 x 和 y 使得 $ax + py = 1$，进而 $ax \equiv 1 (\mod p)$. 令 $b \equiv x (\mod p)$，由于 $a \in S$，于是 $b \neq 1, p-1$，因此 $b \in S$ 且 $ab \equiv 1 (\mod p)$.

下面证明 $a \neq b$. 若 $a = b$，则 $a^2 \equiv 1 (\mod p)$，进而 $p \mid (a-1)(a+1)$. 因为 p 是素数，于是 $p \mid (a-1)$ 或 $p \mid (a+1)$，这都是不可能的.

由上面的讨论知，S 中的数可分成 $(p-3)/2$ 对，每对数 a 和 b 满足 $ab \equiv 1 (\mod p)$. 因此 $2 \times 3 \times \cdots \times (p-2) \equiv 1 (\mod p)$，进而 $(p-1)! \equiv -1 (\mod p)$.

($\Leftarrow$)(反证) 若 $p = ab (1 < a, b < p)$，由于 $1 < a < p$，显然 $a \mid (p-1)!$. 根据 $(p-1)! \equiv -1 (\mod p)$，知 $p \mid (p-1)! + 1$，由 $p = ab$ 可得出 $a \mid (p-1)! + 1$，于是
$$a \mid ((p-1)!+1) - (p-1)!$$
即 $a \mid 1$，这不可能.

习题 5.3

1. p 和 q 是一元二次方程 $x^2 - (n-\varphi(n)+1)x + n = 0$ 的两个根.

2. (1) 32 19 14 15. (2) SOS.

习题 6.1

1. 能得出任意 6 个人中有 3 个人相互认识或相互不认识的结论.

2. 将每个同学作为一个节点，如果两个人握过一次手，就在相应的两个节点之间画一条无向边，由此得到一个无向图.

3. 将联欢舞会上的每个人作为一个节点，若两个人跳过一次舞，则在相应的两个节点之间画一条无向边，由此得到一个无向图.

4. 将该组里的每个人作为一个节点，若两个人是朋友，则在相应的两个节点之间画一条无向边，由此得到一个无向图.

5. 将 3 户人家分别作为 3 个节点，将 3 口井分别作为另外 3 个节点，若一户人家与 1 口井之间有一条路，则在相应的两个节点之间画一条无向边，由此得到一个无向图.

6. 不妨认为过河的方向是从北岸到南岸,则在北岸可能出现的状态为 $2^4=16$ 种,其中安全状态有下面 10 种:{人,狼,羊,菜},{人,狼,羊},{人,狼,菜},{人,羊,菜},{人,羊},$\varnothing$,{菜},{羊},{狼},{狼,菜}.

现将北岸的 10 种安全状态作为 10 个节点,而渡河的过程则是状态之间的转移,由此得到一个无向图.

第 1 种:{人,狼,羊,菜} → {狼,菜} → {人,狼,菜} → {狼} → {人,狼,羊} → {羊} → {人,羊} → $\varnothing$.

第 2 种:{人,狼,羊,菜} → {狼,菜} → {人,狼,菜} → {菜} → {人,羊,菜} → {羊} → {人,羊} → $\varnothing$.

7. 用 (B,C) 表示 B、C 两个油桶的状态(即桶内装油的千克数),由于 $B=0,1,2,3,4,5$ 且 $C=0,1,2,3$,于是所有状态共 $6\times 4=24$ 种.

现将这 24 种状态作为 24 个节点,当且仅当两种状态可以相互转换时,在两个节点之间画一条无向边,由此得到一个无向图.

有两种将油平分的方案:

第 1 种:$(0,0)\to(0,3)\to(3,0)\to(3,3)\to(5,1)\to(0,1)\to(1,0)\to(1,3)\to(4,0)$.

第 2 种:$(0,0)\to(5,0)\to(2,3)\to(2,0)\to(0,2)\to(5,2)\to(4,3)\to(4,0)$.

9. $n(n-1)/2-m$.

习题 6.2

2. 4.

3. (1) 设 G 是 3-正则 (n,m) 图,根据握手定理有 $3n=2m$. 由于 $2|2m$,因此 $2|n$,即 n 为偶数.

4. 设 $G=(V,E)$ 是 n 阶竞赛图,则其边数为 $|E|=n(n-1)/2$,且对于任意 $v\in V$,有 $\mathrm{od}(v)+\mathrm{id}(v)=n-1$. 根据竞赛图的定义知

$$\sum_{v\in V}\mathrm{od}(v)=\sum_{v\in V}\mathrm{id}(v)=|E|=n(n-1)/2$$

8. G 至少有 7 个节点,G 的度数序列为 4,4,3,3,2,2,2,最大度 $\Delta(G)=4$,最小度 $\delta(G)=2$.

9. 必要性是显然的. 由于 $\sum_{i=1}^{n}d_i\equiv 0(\mathrm{mod}\ 2)$,于是 d_i 为奇数的节点有偶数个. 对于任意 $i(1\leqslant i\leqslant n)$,若 $d_i=2k$,则在节点 v_i 处作 k 个环;若 $d_i=2k+1$,则在节点 v_i 处先作 k 个环,由于 d_i 为奇数的节点有偶数个,进而可以将这些节点两两配对并用一条无向边连接,由此得到一个无向图,其度数序列为 $d_1,d_2,\cdots,d_n$.

习题 6.3

1. 7 个.

2. (5,3)简单无向图的度数序列分别为(1) 3,1,1,1,0;(2) 2,2,2,0,0;(3) 2,2,1,1,0;(4) 2,1,1,1,1.

3. (4,3)简单图的度数序列分别为(1) 3,1,1,1;(2) 3,2,1,0;(3) 2,2,1,1.

5. 观察图 6-19 中的两个无向图的度为 3 的节点,与其邻接的节点都有 3 个,这 3 个节点在图 6-19(a)中只有一个节点度数为 2,但在图 6-19(b)中有两个节点度数为 2,所以

图 6-19(a)与图 6-19(b)不同构.

6. 观察每个节点的出度和入度.

8. 分别考虑所有 3 阶不同构的简单无向图即可.

习题 6.4

1. 在图 6-23(a)中包含所有边的轨迹为 2345215，在图 6-23(b)中包含所有边的轨迹为 126534523614.

2. (1) $\sum_{l=3}^{n} C_n^l \frac{1}{2}(l-1)!$.

   (2) $\sum_{i=1}^{n-2} C_{n-2}^i i!$.

   (3) $\sum_{i=1}^{n-2} C_{n-2}^i i! + 1$.

3. (1) $ABCF, ABCEF, ABEF, ABECF, ADEF, ADECF, ADEBCF$.

   (2) $ABCF, ABCEF, ABEF, ABECF, ADEF, ADECF, ADEBCF, ADEBCEF, ADECBEF$.

   (3) $d(A, F) = 3$.

4. (1) v_1 到 v_4 没有长度为 1 和 2 的路. v_1 到 v_4 长度为 3 的路有一条：$v_1 v_2 v_3 v_4$.

   (2) v_1 到 v_1 长度为 1 的回路有一条：$v_1 v_1$. v_1 到 v_1 长度为 2 的回路有一条：$v_1 v_1 v_1$. v_1 到 v_1 长度为 3 的回路有两条：$v_1 v_1 v_1 v_1, v_1 v_2 v_3 v_1$.

   (3) 图 6-25 中长度为 3 的路共有 30 条，其中有 4 条回路.

5. 显然，在同一个图中任意两条最长轨迹的长度是相同的. 若图 G 的两条最长轨迹 $L_1: u_0 u_1 \cdots u_n$ 和 $L_2: v_0 v_1 \cdots v_n$ 没有公共节点. 因为 G 的任意两个节点之间都存在一条路，所以必存在一条最短路径从 L_1 中的节点 u_i 到 L_2 中的节点 v_j.

   (1) 若 $i \leqslant j$，则轨迹 $L: v_0 v_1 \cdots v_{j-1} v_j \cdots u_i u_{i+1} \cdots u_n$ 的长度大于 n.

   (2) 若 $i > j$，则轨迹 $L: u_0 u_1 \cdots u_{i-1} u_i \cdots v_j v_{j+1} \cdots v_n$ 的长度大于 n.

6. 不妨设 $k = \delta^-$，对于 G 中最长轨迹 $L: u_0 \cdots v_0$，若 L 的长度小于 k，由于 $k = \delta^-$ 且 G 是简单有向图，必存在不在 L 上的节点 w_0 邻接到 u_0，于是 $w_0 u_0 \cdots v_0$ 是长度比 L 大 1 的轨迹，矛盾.

7. 设 G 中存在节点 u 和 v，使得 $od(u) = od(v)$. 因为 G 是竞赛图，不妨设 $(u, v) \in E(G)$，由于 $od(u) = od(v)$，于是在 G 中必存在一个节点 w，使得 $(v, w) \in E(G)$ 而 $(u, w) \notin E(G)$. 由 $(u, w) \notin E(G)$ 可得出 $(w, u) \in E(G)$，进而 $uvwu$ 为 G 的回路，矛盾.

8. 对于任意 $v_1 \in V$，由于 $id(v_1) \geqslant 2$，必存在 $v_2 \in V$，使得 $(v_2, v_1) \in E$. 由于 $id(v_2) \geqslant 2$，必存在 $v_3 \in V$，使得 $(v_3, v_2) \in E$. 以此类推，得到轨迹 $\cdots v_3 v_2 v_1$，由于任意节点 $v \in V$ 的入度 $id(v) \geqslant 2$，所以必存在一个圈.

设 m 是满足下列条件的最小下标：① $v_m \cdots v_3 v_2 v_1$ 含有圈 C_1；② 对于任意 $k < m$，$v_k \cdots v_3 v_2 v_1$ 中都不含有圈. 现从 G 中将 C_1 的边全部去掉，得到一个有向图，在该有向图中每个节点的入度均大于或等于 1，与前面的讨论类似，可得到另一个圈 C_2.

习题 6.5

2. 假设 G 不连通，则 G 的连通分支数 $w(G)$ 大于或等于 2. 任取 G 的 2 个连通分支 C_1 和 C_2，分别在 C_1 和 C_2 中取节点 u 和 v，显然 G 至少有 $(1 + \deg(u)) + (1 + \deg(v)) \geqslant 2 +$

$2\delta(G) \geq 2+n$ 个节点,矛盾.

3. 假设 G 不连通,则 G 可以分解成两个不连通的子图 G_1 和 G_2,其阶数分别为 n_1 和 n_2. 由于 $n_1, n_2 \geq 1$,所以 $n_1, n_2 \leq n-1$. 又因为 G 是简单图,于是 G_1 和 G_2 是简单图,进而 G_1 的边数小于或等于 $n_1(n_1-1)/2$ 且 G_2 的边数小于或等于 $n_2(n_2-1)/2$. 而图 G 的边数等于 G_1 与 G_2 的边数之和.

4. 由于 G 不是完全图,必存在 $u, w \in V$,使得 $\{u, w\} \notin E$. 又由于 G 是连通的,u 可达 w,即 u 到 w 存在一条路 $L: u v_0 \cdots w$. 对 L 的长度 l 归纳.

若 $l=2$,即 $L: uvw$,结论成立.

假设 $l=k$ 时结论成立. 当 $l=k+1$ 时,分两种情况讨论:

(1) v_0 与 w 邻接,令 $v=v_0$,结论成立.

(2) v_0 与 w 不邻接,由于 v_0 到 w 存在一条长度为 k 的路 $L-\{u, v_0\}$,取 $u=v_0$,根据归纳假设知结论成立.

5. (1) 对于 G 中最长的路径 $L: v_0 v_1 \cdots v_l$,其长度为 l,设 G 中与 v_0 邻接的节点有 p 个,因为 $\delta(G)=k$,显然 $p \geq k$. 由于 L 是最长路径,于是与 v_0 邻接的 p 个节点必在 L 上,否则会得出一条比 L 更长的路径,矛盾. 而这时显然有 $p \leq l$,进而 $l \geq k$.

(2) 若 $G-\{v_0, v_1, \cdots, v_{k-1}\}$ 不连通,显然 $v_k, v_{k+1}, \cdots, v_l$ 在同一个连通分支中,则可选取另一个连通分支 C. 令 $u_0 u_1 \cdots u_m$ 是 C 中最长的路径,类似于(1)的证明,可以得出 C 中与 u_0 邻接的节点个数小于或等于 m 且全在 $u_0 u_1 \cdots u_m$ 路径上. 由于 G 是连通图,G 中与 C 中节点邻接的节点只可能为 $v_0, v_1, \cdots, v_{k-1}$. 分两种情况讨论:

① $v_0, v_1, \cdots, v_{k-1}$ 中存在节点与 u_0 邻接. 令 v_i 是与 u_0 邻接的下标最小的节点,则路径 $v_l v_{l-1} \cdots v_k \cdots v_{i-1} v_i u_0 u_1 \cdots u_m$ 的长度为 $l-i+1+m$. 根据 L 是最长路径知 $l-i+1+m \leq l$,于是 $i \geq m+1$. 于是 $v_0, v_1, \cdots, v_{k-1}$ 中至多有 $k-i$ 个节点与 u_0 邻接,进而 $\deg(u_0) \leq (k-i)+m \leq k-1$,与 $\delta(G)=k$ 矛盾.

② $v_0, v_1, \cdots, v_{k-1}$ 中不存在节点与 u_0 邻接,这时与 u_0 邻接的节点全在 C 中. 由于 $\delta(G)=k$,因此 $m=k$,即 u_0 与路径 $u_0 u_1 \cdots u_m$ 上的其余节点均邻接. 因为 C 中必存在节点 u 与 $v_0, v_1, \cdots, v_{k-1}$ 中的某节点 v_i 邻接,而 u 可达 $u_0, u_1, \cdots, u_m$ 中的任意节点,令 v 是第一个在 C 中与 $u_0, u_1, \cdots, u_m$ 中的某节点 u_j 邻接而不在路径 $u_0 u_1 \cdots u_m$ 上的节点,这时路径 $v_l v_{l-1} \cdots v_k v_{k-1} \cdots v_i u \cdots v u_{j-1} \cdots u_0 u_{j+1} \cdots u_m$ 的长度至少为 $l+1$,矛盾.

6. P 的每个等价类是无向图 G 的连通分支的节点集合.

7. $\kappa(K_n) = \lambda(K_n) = n-1$.

8. 设 $G=(V, E), L: v_0 v_1 \cdots v_l$ 是 G 的最长路径,这时与 v_0 以及与 v_l 邻接的节点均在 L 上.

(反证)假设 $l < 2\delta(G)$,设与 v_0 邻接的节点分别为 $v_{i_1}, v_{i_2}, \cdots, v_{i_p}$,而 $v_{i_1-1}, v_{i_2-1}, \cdots, v_{i_p-1}$ 与 v_l 不邻接,则 $\deg(v_l) \leq l-p$,于是

$$\deg(v_0) + \deg(v_l) \leq p + l - p = l < 2\delta(G)$$

而 $\deg(v_0), \deg(v_l) \geq \delta(G)$,即 $\deg(v_0) + \deg(v_l) \geq 2\delta(G)$,矛盾. 于是必存在节点 v_i 与 v_l 邻接且节点 v_{i+1} 与 v_0 邻接,进而得到 G 的长度为 l 的最长路径:

$$v_{i+2} v_{i+3} \cdots v_l v_i \cdots v_1 v_0 v_{i+1} \text{ 或 } v_{i-1} v_{i-2} \cdots v_1 v_0 v_{i+1} \cdots v_l v_i$$

而路径的起点与终点邻接.

不妨设最长路径 $L: v_0v_1\cdots v_l$ 的起点与终点邻接. 由于路径长度为 $l < 2\delta(G)$, 而 $|V| > 2\delta(G)$, 必存在一个节点 u 不在 L 上. 因为 G 是连通图, 不妨设 u 与 L 上的节点 v_i 邻接, 则路径 $uv_iv_{i-1}\cdots v_1v_0v_lv_{l-1}\cdots v_{i+1}$ 的长度为 $l+1$, 矛盾.

9. 任意删除 G 的 $k-1$ 个节点, 得到图 G', 这时 G' 的阶数为 $n' = n-k+1$, 而 $\delta(G') \geqslant (n+k-1)/2 - (k-1) = (n-k+1)/2 = n'/2$, 由第 2 题知 G' 是连通的, 故 $\kappa(G) \geqslant k$.

10. $\delta(G) \leqslant 2m/n$.

12. ($\Rightarrow$)(反证) 若存在 $\varnothing \neq W \subset V$, 而不存在 G 中起点在 W 中、终点在 $V-W$ 中的边, 显然 W 中的节点不可达 $V-W$ 中的节点, 这与 G 是强连通图的条件矛盾.

($\Leftarrow$) 对于任意 $u, v \in V$, 由于 G 的边连通度至少为 1, 因此 u 到 $V-\{u\}$ 中的节点 u_1 有边, 即 $(u, u_1) \in E$. 对于 $W = \{u, u_1\}$, 必存在节点 $u_2 \in V-W$, 使得 $(u, u_2) \in E$ 或 $(u_1, u_2) \in E$, 于是总存在从 u 到 u_2 的路. 继续这个过程, 一定存在从 u 到 v 的路.

由 $u, v \in V$ 的任意性知, G 是强连通图.

习题 6.6

1. (a) $\boldsymbol{A}(G_1) = \begin{bmatrix} 1 & 1 & 0 \\ 1 & 0 & 2 \\ 0 & 2 & 0 \end{bmatrix}$, $\boldsymbol{P}(G_1) = \begin{bmatrix} 1 & 1 & 1 \\ 1 & 1 & 1 \\ 1 & 1 & 1 \end{bmatrix}$.

   (b) $\boldsymbol{A}(G_2) = \begin{bmatrix} 1 & 1 & 0 \\ 0 & 0 & 0 \\ 0 & 2 & 0 \end{bmatrix}$, $\boldsymbol{P}(G_2) = \begin{bmatrix} 1 & 1 & 0 \\ 0 & 1 & 0 \\ 0 & 1 & 1 \end{bmatrix}$.

2. (1) 从 v_3 到 v_2 长度为 4 的路有两条, 分别为 $v_3v_1v_4v_3v_2$ 和 $v_3v_2v_4v_3v_2$.

   (2) G 中长度为 3 的路共有 26 条, 其中有 6 条回路.

   (3) G 是强连通图.

3. (1) 图 G 的邻接矩阵为 $\boldsymbol{A} = \begin{bmatrix} 1 & 2 & 1 & 0 \\ 0 & 0 & 1 & 0 \\ 0 & 0 & 0 & 1 \\ 0 & 0 & 1 & 0 \end{bmatrix}$.

   (2) G 中 v_1 到 v_4 的长度为 4 的路有 4 条, 分别为 $v_1e_1v_1e_1v_1e_4v_3e_6v_4$, $v_1e_4v_3e_6v_4e_7v_3e_6v_4$, $v_1e_1v_1e_2v_2e_5v_3e_6v_4$, $v_1e_1v_1e_3v_2e_5v_3e_6v_4$.

   (3) G 中 v_1 到 v_1 的长度为 3 的回路有 1 条, 为 $v_1e_1v_1e_1v_1e_1v_1$.

   (4) G 中长度为 4 的路共有 16 条, 其中有 3 条回路.

   (5) G 中长度小于或等于 4 的路共有 46 条, G 中长度小于或等于 4 的回路有 8 条.

   (6) G 是单向连通图.

4. $\boldsymbol{M}(G_1) = \begin{bmatrix} 0 & 0 & 0 & 1 & 0 & 1 \\ 2 & 1 & 1 & 0 & 0 & 0 \\ 0 & 1 & 1 & 0 & 1 & 1 \\ 0 & 0 & 0 & 1 & 1 & 0 \end{bmatrix}$, $\boldsymbol{M}(G_2) = \begin{bmatrix} -1 & 0 & 0 & 1 & 0 \\ 1 & 1 & -1 & 0 & 0 \\ 0 & -1 & 1 & 0 & 1 \\ 0 & 0 & 0 & -1 & -1 \end{bmatrix}$.

习题 6.7

2. v_4 到 v_1、v_2、v_3 不存在路径, v_4 到 v_5、v_6、v_7 的最短路径分别为 v_4v_5, $v_4v_5v_6$, $v_4v_5v_6v_7$.

3. 从 u 到 v 的最短路径只有一条: $udecfhv$, 其权为 9.

习题 7.1

3. 图 7-3(a)可以. 图 7-3(b)不可以.

4. (1) 4 笔可以画出 $aei, kgc, badcbfjilkj, dhefghl$. (2) 两笔可以画出 $eabiadhg, fgcjdcbfeh$.

7. 先利用迪杰斯特拉算法求出 v_1 到 v_6 的最短路径 $v_1v_4v_5v_2v_6$,再将该路径所经过的边重复一次即可.

8. 先利用迪杰斯特拉算法求出 B 到 E 的最短路径 BGE,其权为 28,再将该路径所经过的边重复一次即可,于是从邮局 C 出发的一条欧拉回路为 $CBGEGBAFDACDEC$,其权为 281.

10. 对 k 归纳. 当 $k=1$ 时, G 恰含两个度数为奇数的节点,由定理 7-3 知结论成立.

假定小于或等于 k 时结论成立. 当连通图有 $2(k+1)$ 个奇数节点时,任意取 $v_1, v_2 \in V$, 由于 G 连通,必存在从 v_1 到 v_2 的路径 L, 从 G 中删除路径 L 中的所有边,得连通分支 G_1, $G_2, \cdots, G_r (r \geqslant 1)$. 若存在节点度数全为偶数的连通分支,根据欧拉定理,该连通分支中存在欧拉回路,该欧拉回路与路径 L 一起构成一条轨迹. 因此不妨设连通分支 $G_1, G_2, \cdots, G_s (1 \leqslant s \leqslant r)$ 中有度数为奇数的节点,根据握手定理知,度数为奇数的节点个数为偶数 $2k_i (i=1, 2, \cdots, s)$. 由于 v_1 和 v_2 的度数为奇数,因此 $\sum_{i=1}^{s} k_i = k$, 进而 $k_i \leqslant k$. 根据归纳假设知,对于连通分支 $G_i (i=1, 2, \cdots, s)$, G_i 中存在 k_i 条轨迹,它们包含了 G_i 中的所有边. 于是 G 中存在 $\sum_{i=1}^{s} k_i + 1 = k+1$ 条轨迹,它们包含了 G 中的所有边.

习题 7.2

1. 图 7-14 所示的两个图均是哈密顿图.

3. (1) 彼得森图不是哈密顿图. (2) 可以. (3) 不能. (4) 是.

5. 可以. 将立方体投影在平面上.

6. (1) 对于 G 中任意两个不相邻的节点 u 和 v, 有 $\deg(u) + \deg(v) \geqslant n$. (2) 不一定.

7. 对于任意不相邻的节点 $u, v \in V$, 考虑任意节点 $w \in V - \{u, v\}$. 根据已知条件, u 与 w 邻接,或者 v 与 w 邻接. 又因为 u 与 v 不邻接,因此 u 与 w 且 v 与 w 邻接. 根据 w 的任意性有 $\deg(u), \deg(v) \geqslant n-2$, 于是 $\deg(u) + \deg(v) \geqslant 2(n-2)$. 由于 $n \geqslant 4$, 所以 $2(n-2) \geqslant n$, 于是 $\deg(u) + \deg(v) \geqslant n$.

8. K_n 中有 $\frac{1}{2}(n-1)!$ 条不同的哈密顿回路.

10. 哈密顿回路在节点 h, j, l 处各只有两条边经过,于是分别有 3 条边不能行遍,共有 9 条边不能行遍. 哈密顿回路在节点 a, c, e 处也各只有两条边经过,各有 1 条边不能行遍,共有 3 条边不能行遍. 在节点 p 处也只有两条边供行遍. 于是可供行遍的边小于或等于 $27-(9+3+1)=14$ 条,故所给的图不是哈密顿图.

11. 权最小的哈密顿回路为 $v_1v_4v_3v_2v_1$.

习题 7.3

1. 不同构的 5 阶和 6 阶无向树分别有 3 棵和 6 棵.

2. (1) G 有 14 个节点.

3. 叶节点的个数 $x = n_3 + 2n_4 + \cdots + (k-2)n_k + 2$.

5. 设 G 是 n 阶无向树,它有 x 个叶节点. 若 $x<k$,由于 G 至少有一个节点的度数大于或等于 k,则 G 的其余 $n-x-1$ 个节点度数均大于或等于 2. 根据握手定理,有

$$2(n-1) = \sum_{i=1}^{n} \deg(v_i) \geqslant 2(n-x-1)+k+x$$

由此可得出 $x \geqslant k$,这与 $x<k$ 矛盾. 所以 G 至少有 k 个叶节点.

6. 设 G 是 n 阶无向树,它恰有两个叶节点,于是其余 $n-2$ 个节点 $v_1, v_2, \cdots, v_{n-2}$ 中的每个节点至少为 2 度. 根据握手定理,有

$$2(n-1) = 2 + \sum_{i=1}^{n-2} \deg(v_i)$$

因此,对于任意 $i(i=1,2,\cdots,n-2)$,有 $\deg(v_i)=2$. 这时,G 中存在一条从一个叶节点到另一个叶节点的欧拉轨迹,且该轨迹是一条路径.

7. 图 7-23(a) 和图 7-23(b) 所示的两个图,不同构的生成树分别有 3 棵和两棵.

8. K_6 中不同构的生成树共 6 棵.

9. 最小生成树的权为 16.

10. (2) 对于 n 归纳. 当 $n=2$ 时,显然成立. 假设 $n-1$ 时结论成立. 对于 n 个正整数 $d_1, d_2, \cdots, d_n(n \geqslant 2)$,因为 $\sum_{i=1}^{n} d_i = 2(n-1)$,所以必存在一个正整数为 1,不妨设 $d_n=1$,同时必存在一个大于或等于 2 的正整数,不妨设为 d_{n-1}. 考虑 $n-1$ 个正整数 $d_1, d_2, \cdots, d_{n-2}$, $d_{n-1}-1$,由于 $d_1+d_2+\cdots+d_{n-2}+(d_{n-1}-1)=2((n-1)-1)$,根据归纳假设知,存在一棵 $n-1$ 阶无向树,其节点度数分别为 $d_1, d_2, \cdots, d_{n-2}, d_{n-1}-1$. 在该树的基础上,增加一个与度数为 $d_{n-1}-1$ 节点邻接的 1 度节点,得到一棵 n 阶无向树,其节点度数分别为 $d_1, d_2, \cdots, d_n$.

习题 7.4

2. 不同构的 4 阶根树和 5 阶根树分别有 4 棵和 9 棵.

4. 图 7-26(a) 和图 7-26(b) 不同构的是根树的生成子图,分别有 1 棵和 3 棵.

10. 显然 A_1 和 A_2 中的各符号串互不为前缀,因此 A_1 和 A_2 是前缀码. 在 A_3 中,1 既是 11 的前缀,又是 101 的前缀,所以 A_3 不是前缀码.

习题 7.5

2. (1) 若 G 不是连通图,则 G 至少有两个连通分支. 设 C_1 和 C_2 是 G 的两个连通分支,在 C_1 和 C_2 中各取一个节点 u 和 v,于是在 G 添加一条边 uv,所得到的图 $G+uv$ 仍是平面图,这与 G 是极大平面图相矛盾,于是 G 是连通图.

(2) 由于极大平面图是简单图,于是 G 的每个面至少由 3 条边围成. 假设存在 G 的一个面 R 至少由 4 条边围成,其面的边界为 $v_1 v_2 v_3 v_4 \cdots v_l$. 若 v_1 与 v_3 在 G 中不邻接,则在 R 内添加边 $v_1 v_3$,所得到的图仍为平面图,与已知矛盾. 于是 v_1 与 v_3 在 G 中邻接且边 $v_1 v_3$ 在 R 的外部. 同样 v_2 与 v_4 在 G 中也邻接且边 $v_2 v_4$ 也在 R 的外部. 因此得到两条边 $v_1 v_3$ 和 $v_2 v_4$,它们相交于 R 的外部,这与 G 是平面图相矛盾. 故 G 的每个面都是三角形.

3. 不妨设 G 的阶数 $n \geqslant 3$,否则结论是显然的. 根据定理 7-10 的推论 1 知,$m \leqslant 3n-6$. 若对于 G 的任意节点 v,均有 $\deg(v) \geqslant 5$,由握手定理知

$$2m = \sum_{v} \deg(v) \geqslant 5n$$

于是 $n \leqslant \frac{2}{5}m$, 进而 $m \leqslant 3n-6 \leqslant 3 \times \frac{2}{5}m-6$. 因此 $m \geqslant 30$, 与已知矛盾. 所以问题得证.

4. (反证)假设 G 和 $\overline{G}$ 都是平面图, 则根据定理 7-10 的推论 1 知, G 和 $\overline{G}$ 的边数均小于或等于 $3n-6$, 其中 n 是 G 或 $\overline{G}$ 的节点数. 由于 G 和 $\overline{G}$ 的边数之和为 K_n 的边数 $\frac{1}{2}n(n-1)$, 于是 $\frac{1}{2}n(n-1) \leqslant 2(3n-6)$, 即 $n^2-13n+24 \leqslant 0$, 由此可得 $n < 11$, 矛盾. 故 G 或 $\overline{G}$ 不是平面图.

5. (反证)假设彼得森图 G 是平面图, 由于 G 是连通图, 根据欧拉公式, G 的面数为 $m-n+2$. 因为 G 的每个面至少由 5 条边围成, 但每一条边是两个面的边界, 于是 $5(m-n+2)/2 \leqslant m$, 所以 $3m-5n+10 \leqslant 0$. 因为彼得森图 G 有 $m=15, n=10$, 于是 $3 \times 15 - 5 \times 10 + 10 = 5 \leqslant 0$, 显然不可能. 因此彼得森图是非平面图.

6. (反证)设 G 是 (n,m) 图, 这里 $m=7$. 根据定理 7-10 的推论 1 知, $m \leqslant 3n-6$, 即 $7 \leqslant 3n-6$, 于是 $3n \geqslant 13$. 根据握手定理, 有 $2 \times 7 = \sum_v \deg(v) \geqslant 3n$, 即 $3n \leqslant 14$.

9. 由定理 7-11 知, 任何简单平面图必存在一个度数小于或等于 5 的节点. 不妨假设 G 是连通图, 否则 G 至少两个连通分支, 若其中一个连通分支的节点个数大于或等于 3, 或每个连通分支的节点个数均小于或等于 2, 结论均成立. 当 $n \geqslant 3$ 时, 若恰有两个节点度数小于或等于 5, 则其余 $n-2$ 个节点的度数均大于或等于 6, 于是 $\sum_v \deg(v) \geqslant 6(n-2)+2$. 根据定理 7-10 的推论 1 可知 $m \leqslant 3n-6$, 由握手定理有 $\sum_v \deg(v) = 2m \leqslant 2(3n-6)$, 矛盾.

12. 根据欧拉公式知, 面数 $r=m-n+2=12-6+2=8$. 由于每条边恰为两个面的边界, 因此围成所有面的边数之和为 $2 \times 12 = 24$. 又由于简单平面图的每个面至少由 3 条边围成, 所以围成每个面所需的边数恰为 3.

13. 平面图 G 的对偶图 G^* 是欧拉图的充要条件是 G 的每个面均由偶数条边围成.

14. G 的对偶图 G^* 不是欧拉图, 因为 G^* 中无限面所在节点的度数为奇数 7. G^* 也不是哈密顿图, 因为 G^* 中无限面所在节点为割点.

15. 考虑平面图 G 的对偶图 G^*, 由已知条件知 G^* 是无向完全图 K_r. 由于 G^* 是平面图, 而 K_r 为平面图时, r 的最大值为 4.

16. 由于极大平面图的每个面都是三角形, 因此 G^* 的每个节点的度数均为 3, 所以 G^* 是 3-正则图. 在 G^* 中任意删除一条边 $e^* = u^* v^*$, 则 u^* 和 v^* 所在的两个面是相邻的. 由于 G^* 的每个面都是三角形, 于是删除 e^* 后 G^* 中仍存在一条从 u^* 到 v^* 的路, 因此 G^* 仍是连通的, 故 G^* 的边连通度 $\lambda(G^*) \geqslant 2$.

17. (1) 根据欧拉公式, 有 $r=m-n+2$. 当 $n \geqslant 3$ 时, 有 $m \leqslant 3n-6$, 于是 $r \leqslant (3n-6) - n + 2 \leqslant 2n-4$.

(2) (反证)设 G 中至多含 5 个度数小于或等于 5 的节点, 则其余 $n-5$ 个节点的度数均大于或等于 6. 由于 $\delta(G)=4$, 根据握手定理, 有
$$5 \times 4 + 6(n-5) \leqslant \sum_v \deg(v) = 2m \leqslant 2(3n-6)$$
于是 $6n-10 \leqslant 6n-12$, 这是不可能的.

18. 不妨设 G 是连通图. 根据欧拉公式,有 $r = m - n + 2$. 由握手定理知 $3n \leqslant \sum_v \deg(v) = 2m$,进而 $-n \geqslant -2/3m$. 由于 $r < 12$,因此
$$m - 2/3m + 2 \leqslant m - n + 2 < 12$$
于是 $m < 30$.

若 G 的每个面至少由 5 条边围成,则 $5r \leqslant 2m$,进而 $r \leqslant 2/5m$,于是 $m - 2/3m + 2 \leqslant r = m - n + 2 \leqslant 2/5m$,因此 $m \geqslant 30$,矛盾.

(2) 正十二面体图 G(参见图 7-9).

习题 7.6

1. 因为 G 中不含有桥,任何一条边都是两个不同面的边界. 对于 G 的任意节点 v,由于 G 的面色数为 2,于是 $\deg(v)$ 为偶数. 根据欧拉定理知 G 是欧拉图.

3. 图 7-50(a)中的节点着色数为 3,边着色数为 4. 图 7-50(b)中的节点着色数和边着色数均为 4.

5. 由于 $\chi(G) = k$,设图 G 用 $1, 2, \cdots, k$ 种颜色对节点着色,且分别涂上这 k 种颜色的节点集合分别为 $V_1, V_2, \cdots, V_k$,则对于任意 $i \neq j$,V_i 与 V_j 之间至少存在一条边,否则可以给 V_i 和 V_j 中的节点涂上同一种颜色,这与已知 $\chi(G) = k$ 矛盾. 于是 G 至少有 $k(k-1)/2$ 条边.

6. (反证)若存在节点 $u \in V$,使 u 的度数 $\deg(u) \leqslant k - 2$,由于 $\chi(G) = k$,因此 $\chi(G - u) \leqslant k - 1$. 由于 $\deg(u) \leqslant k - 2$,对 G 中与 u 邻接的节点至多用 $k - 2$ 种颜色着色,在 $k - 1$ 种颜色中至少还有一种颜色未用,就用这种颜色对节点 u 着色,其他节点着色与 $G - v$ 相同,于是得出 $\chi(G) \leqslant k - 1$,与已知矛盾. 故 G 的最小度 $\delta(G) \geqslant k - 1$.

7. 图 G 的节点着色方案对应的是考试安排表,节点着色需要的颜色种数表示不同考试时间的个数. $\chi(G)$ 表示安排考试时间的最少个数.

习题 7.7

1. 图 7-53(a)所示的图为彼得森图,因此它不是二部图,因为存在一个长度为 5 的圈 $abcdea$.

图 7-53(b)所示的图是二部图,其互补节点集为 $V_1 = \{a, d, f, h\}$ 和 $V_2 = \{b, c, e, g\}$.

2. 将 6 人作为节点 a, b, c, d, e, f,若两人至少会同一种语言,则相应的两个节点邻接,由此得到一个二部图,其互补节点集为 $V_1 = \{a, e, f\}$ 和 $V_2 = \{b, c, d\}$.

3. 存在完美匹配 M:{Zhang, English},{Wang, Chinese},{Li, Math},{Zhao, Chemistry},{Sun, Computer},{Zhou, Physics}.

6. ($\Rightarrow$)设 G 是二部图,其互补节点集为 V_1 和 V_2,将 V_1 中的节点涂一种颜色,而将 V_2 中的节点涂另一种颜色,则相邻的节点出现不同的颜色. 考虑到 V_1 和 V_2 可能无节点相邻,所以 $\chi(G) \leqslant 2$.

($\Leftarrow$)设 $\chi(G) \leqslant 2$,若 $\chi(G) = 1$,则由于 G 的阶数大于或等于 2,所以 G 是零图,显然 G 是二部图. 若 $\chi(G) = 2$,则用两种颜色即可对 G 的节点着色. 令着一种颜色的节点组成的集合为 V_1,着另一种颜色的节点组成的集合为 V_2,于是对于任意边 $e = v_1 v_2$,由于 v_1 和 v_2 着色不同,所以它们分别属于不同的集合 V_1 和 V_2,即 V_1 和 V_2 是图 G 的互补节点集,故 G 是二

部图.

7. 假设无向树 G 有两个不同的完美匹配 M_1 和 M_2,考虑 $M_1 \oplus M_2$. 由于 $M_1 \neq M_2$,所以必存在 $M_1 \oplus M_2$ 的一个连通分支,其每个节点的度数为 2,进而在 $M_1 \oplus M_2$ 中存在圈,这与 G 是无向树的条件矛盾. 故无向树至多有一个完美匹配.

8. 对于任意 $W \subseteq V$,令 $G-W$ 的所有含奇数个节点的连通分支分别为 $G_1, G_2, \cdots, G_p$,对于任意 $1 \leqslant i \leqslant p$,记 q_i 为 G_i 与 W 之间相连的边数. 因为 G 是 k 正则图,于是有 $q_i = \sum_{v \in V(G_i)} \deg(v) - 2|E(G_i)| = k|V(G_i)| - 2|E(G_i)|$,即 q_i 与 k 有相同的奇偶性($1 \leqslant i \leqslant p$).

又因为 G 是 $k-1$ 边连通的,所以 $q_i \geqslant k$($1 \leqslant i \leqslant p$). 于是

$$p \leqslant \frac{1}{k} \sum_{i=1}^{p} q_i \leqslant \frac{1}{k} \sum_{v \in W} \deg(v) = |W|$$

特别地,当 $W = \emptyset$ 时,由于 n 是偶数,这时 $p = 0 = |W|$,上式仍成立. 根据定理 7-18 知,G 存在完美匹配.

习题 8.1

1. 7 种.

2. 21 168 个.

3. $(n-2)(n-1)!$ 个.

4. 2880 种.

5. 455 个.

习题 8.2

2. 12 种选球方式,其中包含 1 种每个球都不选的方式.

3. $a_r = \begin{cases} C_{n+r-1}^{r}, & r \text{ 为偶数} \\ 0, & r \text{ 为奇数} \end{cases}$.

4. 38.

5. $a_n = \dfrac{5^n + 3^n}{2}$.

习题 8.3

1. 初始条件为 $a_1 = 1, a_2 = 2$. 递归关系为 $a_n = a_{n-1} + a_{n-2}$ ($n \geqslant 3$).

2. 初始条件为 $a_1 = 1, a_2 = 1$. 递归关系为 $a_n = \sum_{k=1}^{n-1} a_k a_{n-k}$ ($n \geqslant 3$).

3. 初始条件为 $a_0 = 0, a_1 = 1, a_2 = 1, a_3 = 1$. 递归关系为 $a_n = a_{n-2} + 2a_{n-3} + a_{n-4}$ ($n \geqslant 4$).

4. $nn!$.

5. $a_n = \sqrt{5 \times 2^n - 1}$.

6. $a_n = n^2 - n + 2$.

7. $a_n = \left(\sum_{k=0}^{n} k\right) \dfrac{(-2)^{n-k}}{(n-k)!}$.

8. $a_n = 2(3^n - 2^n)$.

9. $a_n = \dfrac{1}{52}(42 - 29n + 7n^2)(-1)^n + \dfrac{5}{13} 2^{n-1}$.

10. $a_n = \frac{103}{8} + \frac{13}{2}n + n^2 - \frac{41}{3}2^n + \frac{43}{24}5^n$.

11. $a_n = -14 \times 3^n + 5 \times 4^n + (2n+10)2^n$.

12. $f(n) = n\left(c + b\frac{\ln n}{\ln 2}\right)$.

习题 9.1

2. 答案如表 C-4 所示.

表 C-4

运算\集合	+	-	·	$\|x-y\|$	$\|x\|$	max	min
Z	√	√	√	√	√	√	√
N	√	×	√	√	√	√	√
$\{x\|0\leq x\leq 10\}$	×	×	×	√	√	√	√
$\{x\|\|x\|\leq 5\}$	×	×	×	×	√	√	√
$\{2x\|x\in \mathbf{Z}\}$	√	√	√	√	√	√	√

7. 令 $\varphi:\mathbf{R}^+ \to \mathbf{R}, \varphi(x) = \ln x, \forall x \in \mathbf{R}^+$.

8. $(\mathbf{R}^*, \cdot)$ 与 $(\mathbf{R}, +)$ 不同构.

若 φ 是 $(\mathbf{R}^*, \cdot)$ 与 $(\mathbf{R}, +)$ 的同构映射,则因为 0 是 $(\mathbf{R}^*, \cdot)$ 的幺元且 1 是 $(\mathbf{R}, +)$ 的幺元,于是 $\varphi(1) = 0$. 设 $\varphi(-1) = y$. 一方面, $1 \neq -1$ 且 φ 是双射,于是 $y \neq 0$;另一方面, $0 = \varphi(1) = \varphi((-1) \cdot (-1)) = \varphi(-1) + \varphi(-1) = y + y$,于是 $y = 0$, 这与 $y \neq 0$ 矛盾. 故 $(\mathbf{R}^*, \cdot)$ 与 $(\mathbf{R}, +)$ 不同构.

习题 9.2

2. 由于 $E = \mathrm{diag}(1,1,\cdots,1) \in M_n(\mathbf{R})$ 是 $M_n(\mathbf{R})$ 关于矩阵的乘法运算 · 的单位元,而对于 n 阶零矩阵 $\mathbf{0}$,不存在任何 $A \in M_n(\mathbf{R})$ 满足 $\mathbf{0} \cdot A = A \cdot \mathbf{0} = E$,即 n 阶零矩阵 $\mathbf{0}$ 关于矩阵的乘法运算 · 无逆元,故 $(M_n(\mathbf{R}), \cdot)$ 不构成群.

3. $(\mathbf{Z}_6 - \{0\}, \cdot_6)$ 不是群,$(\mathbf{Z}_m - \{0\}, \cdot_m)$ 是群的充要条件是 m 是素数.

4. x 关于运算 $*$ 存在逆元 $4 - x$.

6. 对于任意 $x \in G, x^{-1} = x$.

9. 对于任意 $x \in G$,因为 $(x^{-1})^{-1} = x$,所以 x 和 x^{-1} 在群 G 中是成对出现的. 显然 $e \cdot e = e$,即 $e = e^{-1}$. 如果对于任意 $x \neq e$,均有 $x \cdot x \neq e$,即 $x \neq x^{-1}$,则 $|G|$ 是奇数,与已知矛盾.

10. 对于任意 $a \in G$,分别考虑 $H_1 = \{ag | g \in G\}$ 和 $H_2 = \{ga | g \in G\}$,可证 G 中有单位元. 再证明 a 有逆元.

11. (1) G 关于映射的复合运算 。 是封闭的,且若 $f(x) = ax + b$,则 $f^{-1}(x) = \frac{1}{a}x + \left(-\frac{b}{a}\right)$.

12. (1) $(x, y) \in G$,有逆元 $\left(\frac{1}{x}, -\frac{y}{x}\right) \in G$.

习题 9.3

4. $(R, +, \circ)$ 不能构成环,因为函数的复合运算 。 对函数的加法运算 + 不可分配.

8. 对于任意 $0 \neq a+bi \in R, a,b \in \mathbf{Q}, \dfrac{a}{a^2+b^2} - \dfrac{b}{a^2+b^2}i \in R$.

9. $(x,0) \in R(x \neq 0)$ 和 $(0,y) \in R(y \neq 0)$ 是环 $(R,+,\cdot)$ 的所有零因子.

11. (1) 对于任意 $x \in R$, 考虑 $(x+x) \cdot (x+x)$.

(2) 对于任意 $x \in R$, 考虑 $(x+y) \cdot (x+y)$.

(3) 若 $(R,+,\cdot)$ 不是含幺环, 则 $(R,+,\cdot)$ 当然不是整环. 若 $(R,+,\cdot)$ 是含幺环, 其幺元为 1, 由于 $|R| > 2$, 必存在 $a \in R, a \neq 0, 1$. 由于 $a \cdot (a-1) = a \cdot a - a = 0$, 所以 a 和 $a-1$ 是环 $(R,+,\cdot)$ 的零因子, 因此 $(R,+,\cdot)$ 不是整环.

13. (1) -1 是 R 关于 $\oplus$ 的单位元, $-x-2$ 是 x 关于 $\oplus$ 的逆元, 0 是 R 关于 $\odot$ 的单位元.

15. $(F,+,\cdot) \cong (\mathbf{Z}_3, +_3, \cdot_3)$.

习题 9.4

1. 图 9-8(a) 所示的哈斯图的偏序集不是格, 虽然 $\{a,c\}$ 有下界 b 和 d, 但 $\{a,c\}$ 无下确界.

图 9-8(b) 所示的哈斯图的偏序集是格, 因为其任意两个元素均有上确界和下确界.

2. 对于任意 $x,y \in \mathbf{Z}^+$, 有 $\sup\{x,y\} = [x,y]$ 且 $\inf\{x,y\} = \gcd(x,y)$.

3. 因为 $2|-2$ 且 $-2|2$, 而 $2 \neq -2$, 所以 $\mathbf{Z}$ 关于整除关系 $|$ 不具有反对称性.

对于任意 $x,y \in \mathbf{Z}$, 有 $\sup\{x,y\} = \max\{x,y\}$ 且 $\inf\{x,y\} = \min\{x,y\}$.

4.~6. 多次利用"下界小于或等于下确界".

7. 对于任意 $x,y \in I$, 有 $a \leqslant x \leqslant b$ 且 $a \leqslant y \leqslant b$, 这时 $a \leqslant x \cdot y \leqslant b$ 且 $a \leqslant x+y \leqslant b$.

11. $(\mathbf{R}, \leqslant)$ 是链.

15. $(D_{12}, |)$ 不是有补格, 而 $(D_{15}, |)$ 是有补格.

17. (1) x. (2) z. (3) $\overline{x \cdot y}$. (4) $\overline{y}(z+x)$.

参 考 文 献

[1] 何新贵. 模糊知识处理的理论与技术[M]. 2版. 北京:国防工业出版社,1998.
[2] ROSEN K H. Discrete Mathematics and Its Applications[M]. 8th ed. [s. l.]: McGraw-Hill Companies, Inc. , 2020.
[3] 谭浩强. C语言程序设计[M]. 5版. 北京:清华大学出版社,2017.
[4] 王元元,张桂芸. 离散数学导论[M]. 北京:科学出版社,2002.
[5] 郑宗汉,郑晓明. 算法设计与分析[M]. 北京:清华大学出版社,2005.
[6] 卢光辉,孙世新,杨国武. 组合数学及其应用[M]. 北京:清华大学出版社,2014.
[7] 王国胤. Rough集理论与知识获取[M]. 西安:西安交通大学出版社,2001.
[8] 陈莉,刘晓霞. 离散数学[M]. 2版. 北京:高等教育出版社,2010.
[9] 邓辉文. 离散数学习题解答[M]. 4版,北京:清华大学出版社,2020.
[10] 左孝凌,李为鉴,刘永才. 离散数学[M]. 上海:上海科学技术文献出版社,1982.
[11] 卢开澄. 计算机密码学——计算机网络中的数据保密与安全[M]. 3版. 北京:清华大学出版社,2003.
[12] 屈婉玲,耿素云,张立昂. 离散数学[M]. 2版. 北京:高等教育出版社,2015.
[13] 古天龙,常亮. 离散数学[M]. 北京:清华大学出版社,2010.
[14] 傅彦,王丽杰,尚明生,等. 离散数学实验与习题解答[M]. 北京:高等教育出版社,2007.
[15] 杨炳儒,谢永红,刘宏岗,等. 离散数学[M]. 北京:高等教育出版社,2012.
[16] 王元元. 计算机科学中的现代逻辑学[M]. 北京:科学出版社,2001.
[17] 王岚,乐毓俊. 计算机自动推理与智能教学[M]. 北京:北京邮电大学出版社,2005.
[18] 王朝瑞. 图论[M]. 3版. 北京:北京理工大学出版社,2001.
[19] 王树禾. 图论[M]. 北京:科学出版社,2004.
[20] 严蔚敏,吴伟民. 数据结构(C语言版)[M]. 北京:清华大学出版社,2018.
[21] 蒋长浩. 图论与网络流[M]. 北京:中国农业出版社,2001.
[22] BOLLOBAS B. 现代图论:影印版[M]. 北京:科学出版社,2001.
[23] 刘海明,刘洪. 计算机专业研究生入学考试全真题解(1)——数据结构与离散数学分册[M]. 北京:人民邮电出版社,2000.
[24] 傅彦,顾小丰,王庆先,等. 离散数学及其应用[M]. 2版. 北京:高等教育出版社,2013.
[25] 刘任任,王婷,周经野. 离散数学[M]. 2版. 北京:中国铁道出版社,2015.
[26] 唐李洋,刘杰,谭昶,等. 计算机科学中的数学:信息与智能时代的必修课[M],北京:电子工业出版社,2019.

图书资源支持

感谢您一直以来对清华版图书的支持和爱护。为了配合本书的使用,本书提供配套的资源,有需求的读者请扫描下方的"书圈"微信公众号二维码,在图书专区下载,也可以拨打电话或发送电子邮件咨询。

如果您在使用本书的过程中遇到了什么问题,或者有相关图书出版计划,也请您发邮件告诉我们,以便我们更好地为您服务。

我们的联系方式:

地　　址:北京市海淀区双清路学研大厦 A 座 714

邮　　编:100084

电　　话:010-83470236　010-83470237

客服邮箱:2301891038@qq.com

QQ:2301891038(请写明您的单位和姓名)

资源下载:关注公众号"书圈"下载配套资源。

书圈

获取最新书目

观看课程直播